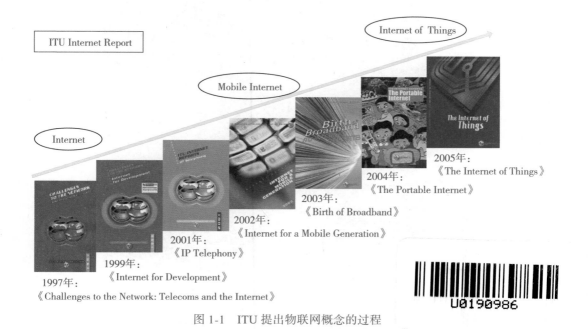

图 1-1 ITU 提出物联网概念的过程

图 1-5 3D 试衣镜系统工作原理示意图

图 1-7　汽车自动泊车过程

a）互联网提供全球性公共信息服务

智能工业　　　智能交通　　　智能电网

智能医疗　　　智能物流　　　智能环保

b）物联网提供行业性、专业性、区域性应用

图 1-18　互联网与物联网提供的服务

a) 互联网构造了人与人信息交互与共享的信息世界

b) 物联网融合了信息世界与物理世界

图 1-19 物联网实现信息世界与物理世界的融合

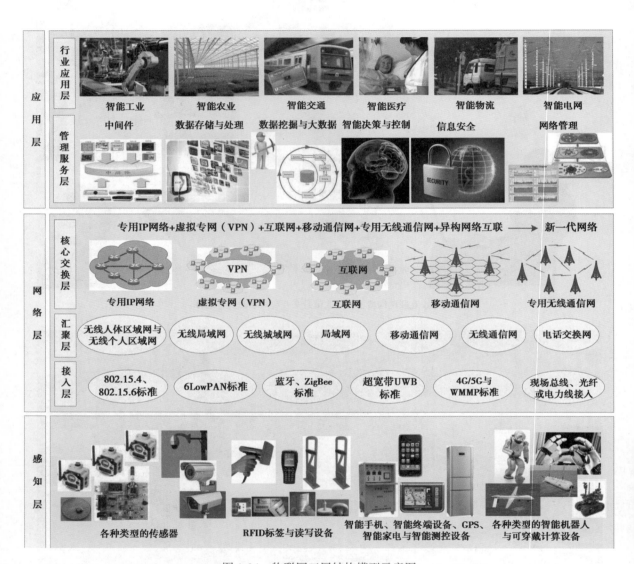

图 1-24　物联网三层结构模型示意图

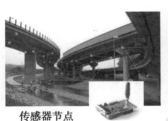

传感器节点

a) 单一的传感器节点

收费站执行器 车辆RFID

b) RFID感应节点与执行器分离

传感器与执行器一体的工业装配机器人与机械手

c) 传感器节点与执行器一体

图 1-25　不同结构的物联网应用系统的示意图

图 1-35　物联网应用示意图

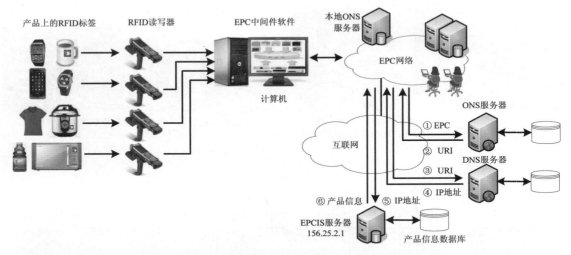

图 2-20   EPC 网络系统结构与工作原理示意图

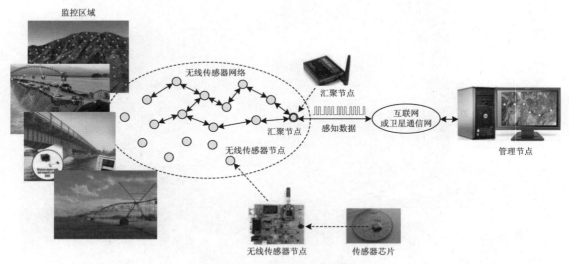

图 3-22   无线传感器网络结构示意图

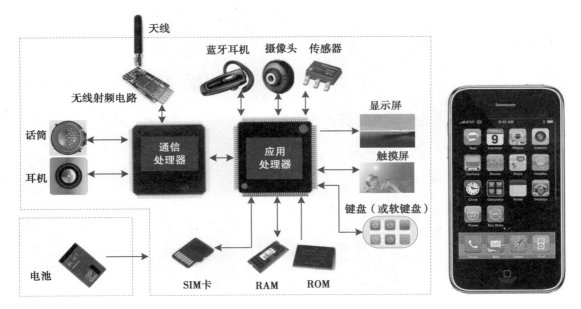

图 4-2 智能手机组成结构示意图

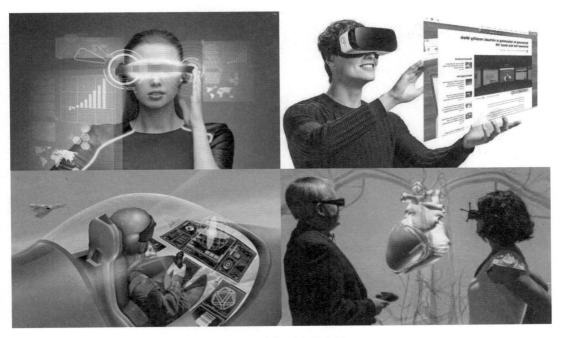

图 4-7 虚拟现实的应用

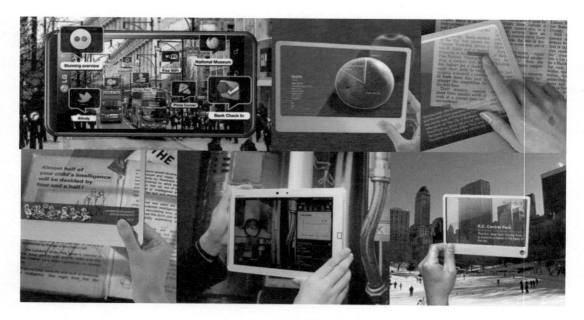

图 4-12 增强现实的应用

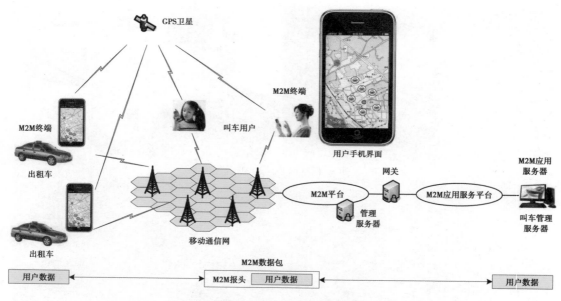

图 5-14 移动通信网中的 M2M 通信示意图

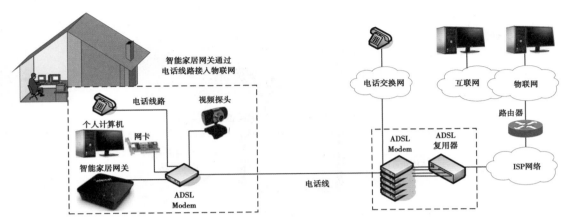

图 5-18　智能家居网关通过 ADSL 接入物联网的结构示意图

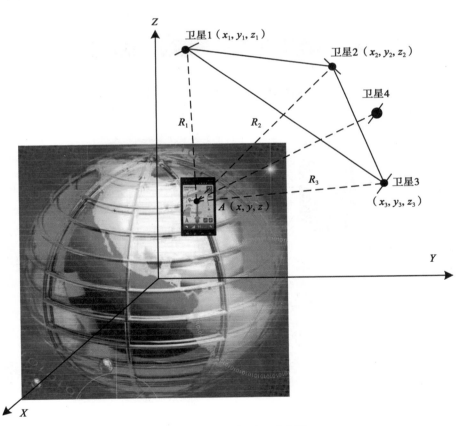

图 6-9　GPS 定位原理示意图

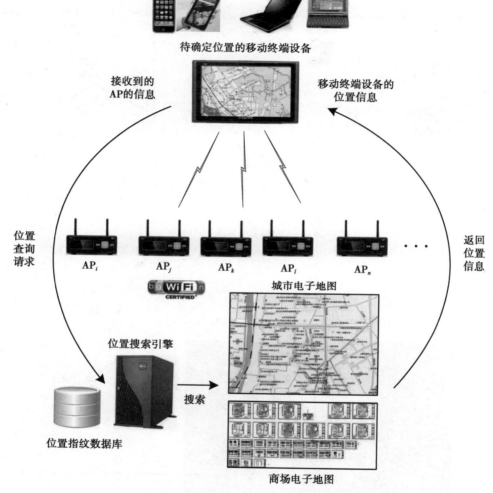

智能手机 　　计算机 　　PDA

待确定位置的移动终端设备

接收到的
AP的信息

移动终端设备的
位置信息

位置
查询
请求

返回
位置
信息

AP_i 　　AP_j 　　AP_k 　　AP_l 　　AP_n 　· · ·

城市电子地图

位置搜索引擎

搜索

位置指纹数据库

商场电子地图

图 6-16 　基于 Wi-Fi 的定位原理示意图

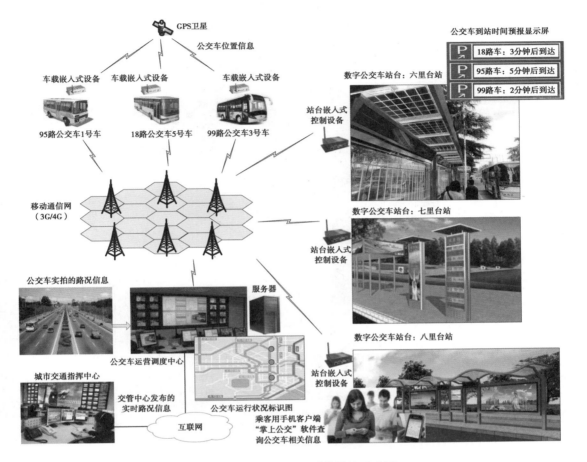

图 6-20 "掌上公交"系统结构示意图

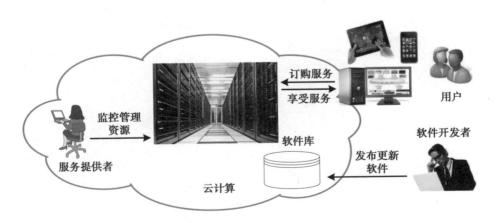

图 7-6 云计算模式示意图

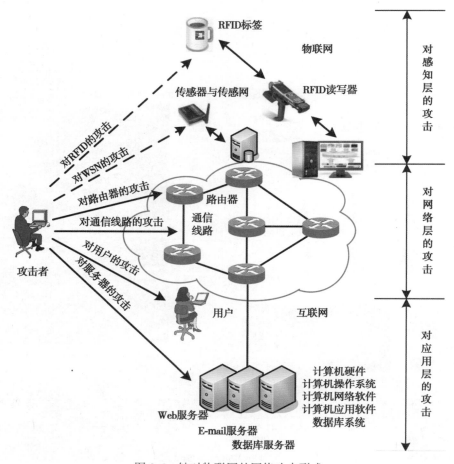

图 8-6　针对物联网的网络攻击形式

图 9-3　特斯拉超级工厂

图 9-5 物联网在农业生产中的应用

图 9-9 车联网的示意图

图 9-11　Google 无人驾驶汽车

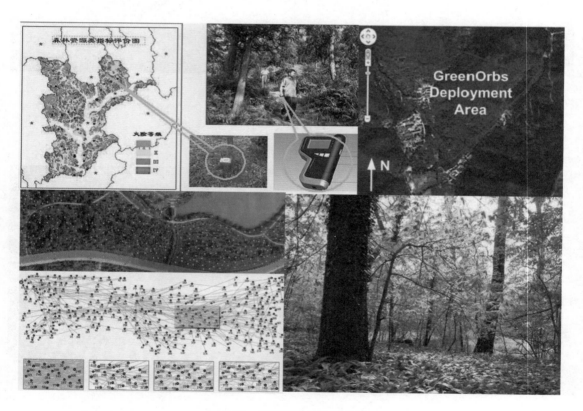

图 9-20　绿野千传系统示意图

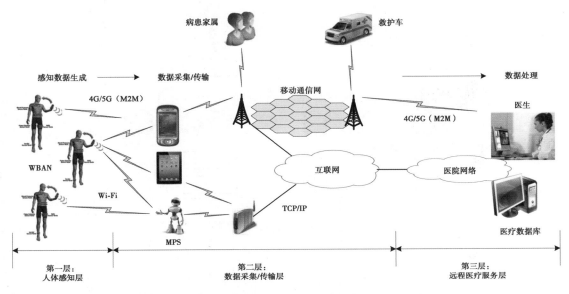

图 9-28　基于 WBAN 的智能远程医疗监控系统示意图

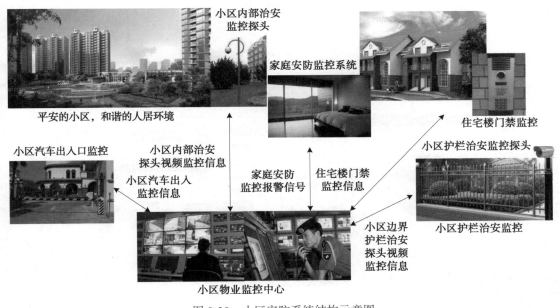

图 9-30　小区安防系统结构示意图

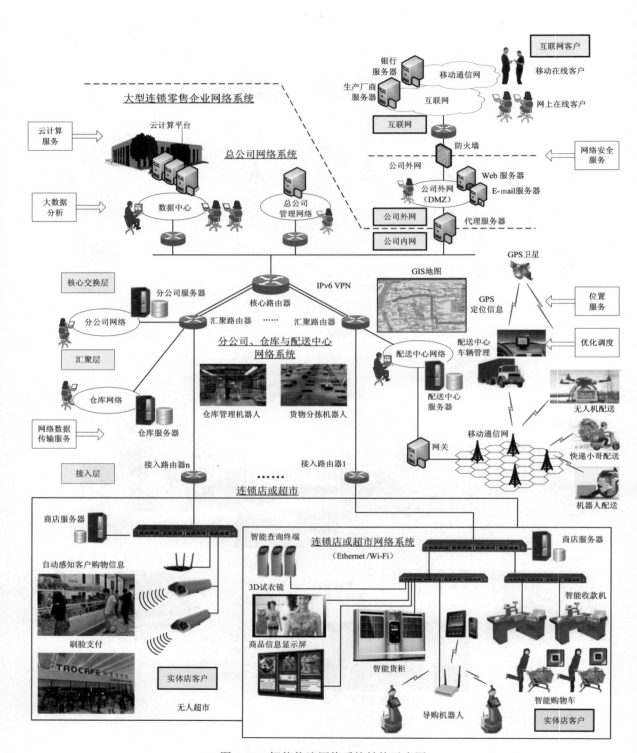

图 9-39 智能物流网络系统结构示意图

"十二五"普通高等教育本科国家级规划教材
"十二五"国家重点图书出版规划
物联网工程专业系列教材

物联网工程导论

第2版

吴功宜 吴英 编著

南开大学

INTRODUCTION
TO INTERNET OF THINGS

机械工业出版社
CHINA MACHINE PRESS

图书在版编目（CIP）数据

物联网工程导论 / 吴功宜，吴英编著 . —2 版 . —北京：机械工业出版社，2017.10（2023.11 重印）

（物联网工程专业系列教材）

ISBN 978-7-111-58294-6

Ⅰ. 物…　Ⅱ. ①吴…　②吴…　Ⅲ. ①互联网络 – 应用 – 教材　②智能技术 – 应用 – 教材　Ⅳ. ① TP393.4　② TP18

中国版本图书馆 CIP 数据核字（2017）第 260359 号

　　本书在介绍物联网发展背景及技术特征的基础上，对物联网感知层、网络层、应用层的各项关键技术进行了全面讨论，并介绍了物联网网络安全及物联网应用系统构建方面的知识。

　　本书层次清晰、结构完整、语言流畅、图文并茂，为读者展现了物联网技术的全景，有助于读者进一步学习和研究物联网技术。本书可作为高校物联网工程、计算机及相关专业"物联网工程导论"课程的教材或参考书，也可供物联网技术人员和研究人员阅读。

出版发行：机械工业出版社（北京市西城区百万庄大街 22 号　邮政编码：100037）
责任编辑：朱　劼　　　　　　　　　　　　责任校对：殷　虹
印　　刷：三河市国英印务有限公司　　　　版　　次：2023 年 11 月第 2 版第 15 次印刷
开　　本：185mm×260mm　1/16　　　　　印　　张：21　　　插　　页：8
书　　号：ISBN 978-7-111-58294-6　　　　定　　价：49.00 元

客服电话：(010) 88361066　68326294

前 言

《物联网工程导论》的第 1 版出版于 2012 年。当时，物联网刚刚出现，面临很多争议。我们在接受教育部高等学校计算机类专业教学指导委员会物联网工程专业教学专家组邀请，编写"物联网工程导论"课程教材时，感到压力很大。一方面，面对社会对物联网的质疑，我们希望通过这本教材来诠释物联网产生的必然性；另一方面，在物联网技术体系尚不明晰的情况下，教材要保证技术内容的科学性、教学体系的系统性、教材用书的严谨性，的确非常困难。可以说，本书第 1 版的写作实际上是定位在"求生存"这个目标上，因此注重内容的全面和严谨，避免出现遗漏和谬误。随着物联网技术、应用和研究的发展，物联网的技术体系逐步明晰，世界各国都高度重视物联网的发展，著名的 IT 企业纷纷布局物联网，物联网产业链逐步形成。随着教学研究工作的深入，作者对物联网技术的理解也不断深入。2012 年我们只能讲"物联网是大趋势"，到了 2017 年我们可以说"物联网不是趋势，而是现实"。物联网的出现预示着"世上万物凡存在，皆互联；凡互联，皆计算；凡计算，皆智能"的发展前景。

作者长期从事计算机网络、互联网与物联网技术相关课程的教学、科研工作，基于之前的工作积累，在准备和编写本书的过程中，认真地思考了物联网的发展背景与技术演变的过程，深刻地认识到物联网将会对社会发展产生重大影响。这种认识可以总结为以下四个方面。

第一，物联网是在互联网基础上发展起来的，但是它不是简单的互联网应用功能的延伸和接入规模的扩展。物联网融入了普适计算与信息物理融合系统（CPS）的"人 - 机 - 物"融合与环境智能的理念，将催生大量具有"计算、通信、控制、协同与自治"特征的智能设备与智能系统，推动社会经济发展模式的转变，促进产业的快速发展。物联网与互联网、移动互联网将呈现出"你中有我，我中有你""相互促进"的共生状态。

第二，邬贺铨院士用"大智移云联万物"来描述物联网的发展，作者认为是很有道理的。物联网是一个协同创新平台，它一方面支撑着大数据、云计算、智能、移动计算、下一代网络等新技术，另一方面支撑着智能工业、智能农业、智能医疗、智能交通等各行各业的应用。目前发展迅速的云计算、大数据、人工智能、深度学习、虚拟现实与增强现实、可穿戴计算、智能机器人技术，都在物联网应用中展现出迷人的魅力。物联网为多学科、跨行业的科技创新与产业发展提供了千载难逢的机遇和环境。可以预见，在"数据为王"的时代，物联网的重要性将会日益凸显出来。

第三，从学科发展的角度看，物联网是计算机、通信、电子、控制、数据与智能等多学科交叉融合的产物。物联网将引发计算机科学与信息技术在更大范围、更深层次的应用，带动更为广泛的行业和产业的融合，推动交叉学科的发展，创造出更多新的交叉学科。这种发展趋势必将直接影响我国高等院校学科的布局，以及相关专业的培养目标与教学内容。例如，物联网智能交通的发展正在推动全球汽车产业重大的变化。卡尔·奔驰在发明汽车时绝没有想到，作为机械工业巅峰之作的汽车，正在逐步转变为高度电气化、智能化和网络化的机电产品。为了适应社会与产业对新型人才的需求，高校的汽车专业必然要从传统的机械制造业人才培养的模式，向适应汽车电气化、智能化、网络化需求的复合型、交叉人才培养方向转变。社会对新型人才需求变化的影响将出现在很多专业，这也为"新工科"的发展提出了重要的课题。

第四，应用创新是物联网发展的核心，用户体验是物联网应用系统设计的灵魂。物联网研究需要很多奇思妙想的创意，需要用到智能人机交互、可视化、虚拟现实与增强现实技术，以及智能硬件与可穿戴计算、智能机器人技术。这正是物联网的魅力所在，也是物联网发展日新月异的动力和源泉。物联网的发展已经让人目不暇接。

尽管以上提到的问题都会不同程度地呈现在本教材中，但是面对这样一个快速发展的领域，教材的内容落后于技术与应用的发展是必然的，教材只能起到抛砖引玉的作用。因此，我们在编写本教材的过程中，着重注意处理以下两个问题：第一，贴近技术发展前沿，保持导论教材的科学性与前瞻性；第二，贴近教师和学生，保持导论教材的系统性与趣味性。

在第2版的编写准备过程中，机械工业出版社华章分社对部分高校"物联网工程导论"课程的授课老师进行了调研。作者认真研究了诸位老师的意见，在章节结构、内容选取与习题等方面做了相应的改进，表现在以下几个方面：

第一，第2版由9章组成，比第1版减少了1章。其中第5章"物联网通信与网络技术"取代了第1版的第5章、第6章。第1版的第10章"物联网应用"只给出了

4 个领域的应用，第 2 版的第 9 章"物联网应用"列举了物联网在智能工业、智能农业、智能物流等 9 个重点领域的应用示例。

第二，结合技术与产业发展，第 2 版增加了一些新的内容。根据授课老师的意见，凡是有后续课程专门讨论的技术内容，第 2 版在保持教材体系完整性的前提下，尽量压缩内容和篇幅，为增加的新技术内容留出空间。

第三，根据授课老师的建议，第 2 版在每一章的开头增加了"本章教学要求"，结尾增加了"本章小结"，并对每一章的习题做了大幅调整。第 2 版的习题采取"单选题"与"思考题"两种形式。本书将为用书教师提供单选题的参考答案。同时为了提高学生的学习兴趣，作者尽可能地贴近学生的生活与学习的实际体验，结合物联网技术与应用的最新发展，设置了多道趣味性的思考题。例如，增加了同学们感兴趣的无人驾驶汽车与高精度地图、无人超市与刷脸支付、智能物联网硬件与智能人机交互等新内容，同时习题中相应增加了像人脸识别应用系统设计，以及无人驾驶汽车可能存在的网络攻击及对策研究等思考题。由于这些新技术都在研究之中，因此不可能要求学生给出一个确切和统一的答案。建议任课教师结合 MOOC 课程，有选择地选取思考题，通过"翻转课堂"的形式组织学生充分讨论，鼓励学生通过互联网查询资料，让年轻的学子们开阔思路，提出一些奇思妙想。如果这些讨论使得某些学生受到启发，他们可以组成团队，根据这些奇思妙想的解决思路，继续开展学习和研究，带着创新性的研究成果参加教育部计算机教指委组织的全国性的物联网大赛，甚至可以成为今后学生创新创业的课题。这样就将物联网导论课程教学从应试和知识传授型，转变为启发、引导学生的创新、创业型课程。

第四，为了配合导论课程的教学，我们已经初步完成了配套 MOOC 课程的建设。为了帮助教师备课，我们出版了配套的教师和学生参考用书《解读物联网》⊖；对于导论课时较少的学校，我们编写了《物联网技术与应用》⊜一书。这样，《物联网工程导论（第 2 版）》《解读物联网》《物联网技术与应用》与 MOOC 课程初步形成了一个线上、线下相结合的"物联网工程导论"课程教学体系。

作者已经在大学任教 40 多年，从事计算机网络课程教学也有 30 多年，见证了我国互联网发展的过程以及取得的辉煌成就。根据我国互联网络信息中心（CNNIC）第 40 次《中国互联网络发展状况统计报告》公布的数据，截至 2017 年 6 月，中国网民规模达 7.51 亿，互联网普及率为 54.3%；我国手机网民规模达 7.24 亿，网民中使用手机

⊖ 《解读物联网》一书已由机械工业出版社出版，书号 978-7-111-52150-1。
⊜ 《物联网技术与应用》一书已由机械工业出版社出版，书号 978-7-111-43157-2。

上网的人群比例达到 96.3%。从这些数据可以看出，无论是互联网、移动互联网的网民数量，还是在物联网的发展态势上，我国都位居世界前列。但是，我们必须清醒地认识到：我国是信息技术应用的大国，但还不是信息技术的强国。创新是一个民族的灵魂。中华民族要屹立于 21 世纪强国之林，必须要培养出一大批学术和技术精英。大学在创新思想的产生方面应该走在前面。这些年来，作者与教学科研团队结合自身的科研与教学实践，搜集和整理了我国与世界各国在物联网相关技术发展以及应用方面的成功案例，试图以国际视野结合我国国情，努力写出一本能够跟得上时代步伐的"物联网工程导论"课程教材，为培养我国物联网技术精英和促进物联网工程专业教育的发展、为实现"网络强国"之梦贡献出自己的绵薄之力。

作者在准备和写作的过程中认真阅读了很多书籍和文献，请教了很多老师。这本教材的内容实际上凝聚了很多智者的心血，作者只是将个人能够理解的部分内容按照自己的思路整理出来。同时，由于有多年的阅读积累过程，作者在参考文献中列出了一些主要的参考书籍，但不可避免会存在遗漏。书中从互联网或专业网站上选择和编辑了一些图片，希望能以图文并茂的方式帮助读者理解知识。在选择图片时，作者考虑了图片的新闻性、正面引用、教学使用与不涉及个人肖像权等问题。

在本书完稿之时，衷心感谢教育部高等学校计算机类专业教学指导委员会的王志英教授、傅育熙教授、李晓明教授、蒋宗礼教授，感谢物联网工程专家组的王东教授、黄传河教授、朱敏教授、李士宁教授、桂小林教授、秦磊华教授、胡成全教授、方粮教授、蒋建伟教授，在与诸位教授交流、讨论的过程中，作者学到了很多知识，受到很多启发。

感谢 Intel 大学合作部对本书编写所给予的技术支持。

感谢在本书调研过程中积极参与问卷调查，并提出很多宝贵修改意见的兄弟院校的老师。特别感谢南京航空航天大学孙涵教授，太原理工大学李爱萍、高保禄老师，安徽建筑大学张振亚老师，长沙理工大学弓晋丽老师，延安大学李富星老师，无锡城市职业技术学院蒋勋老师，内蒙古农业大学李宏慧老师等对本书第 1 版给予的反馈和对第 2 版的建议。

感谢南开大学计算机与控制工程学院网络实验室刘瑞挺教授、徐敬东教授、张建忠教授以及张玉副教授、许昱玮博士和同学，他们在新技术的研究方面的成果与方法给了作者很多的启发和帮助。感谢武汉大学牛晓光副教授在第 2 版修订过程中给予的很多帮助。感谢牛秀卿教授，正是有她的理解和支持，作者这些年来才能够安心研究和写作。

感谢机械工业出版社热情的邀约。

本书内容符合教育部高等学校计算机类专业教学指导委员会审定的《物联网工程专业规范》关于"物联网工程导论"课程的知识体系的要求。全书由吴功宜规划和统稿,第1~4、8章由吴功宜执笔完成,第5~7、9章由吴英副教授执笔完成。吴英在物联网新技术应用方面提出了很多修改意见与建议,并完成了很多有创意的插图。

本书可以作为高校物联网工程专业,以及计算机与信息技术相关专业的教材或参考书,可以作为高校物联网相关公选课的教材,也可供物联网技术研究与产品研发人员、技术管理人员阅读。

面对日新月异的物联网技术,作者无法预料,更谈不上"把控"这样一个复杂的局面。导论内容涉及多个学科,作者多年的教学与研究只是专注于计算机网络、互联网与网络安全等相对专业的领域,对其他学科与领域的很多知识了解有限。书中对某一方面技术的理解如有错误或不准确之处,以及总结中出现挂一漏万的问题,恳请读者和同行不吝赐教。

吴功宜
wgy@ nankai. edu. cn
2017 年 5 月 4 日于南开大学

教学建议

教学目的

本课程的教学目的是通过系统介绍物联网的基本概念、核心技术，以及物联网在各行各业的应用，向学生展示一个应用前景广阔的物联网世界，启发学生的学习兴趣，培养学生的创新思维能力。

各章内容要点及课时安排

根据教育部计算机教指委审定的《高等院校物联网工程专业发展战略研究报告暨专业规范（试行）》中对"物联网工程导论"课程总学时数的建议，结合本教材内容安排，建议安排总学时数为 48 学时。

章	主要内容	建议学时
第 1 章 物联网概论	物联网的定义与主要技术特征，物联网的层次结构模型，物联网与互联网的区别，物联网的关键技术与产业发展	6 学时
第 2 章 RFID 与 物联网应用	在讨论自动识别技术研究与发展的基础上，系统地介绍 RFID 标签基本工作原理、结构与分类，EPC 编码体系，以及 RFID 读写器功能、分类、结构与设计方法	5 学时
第 3 章 传感器与 传感网技术	在讨论传感器基本概念、传感器分类、智能传感器与无线传感器研究与发展的基础上，系统地介绍无线传感器网络的基本概念、在物联网中的应用，以及研究与发展	6 学时
第 4 章 物联网智能硬件与嵌入式系统	在讨论嵌入式系统与智能硬件的概念的基础上，系统地介绍物联网智能硬件的类型、特点与智能硬件人机交互技术研究，以及可穿戴计算、智能机器人在物联网中的应用	6 学时
第 5 章 物联网通信 与网络技术	在讨论计算机网络与移动通信网技术的研究与发展的基础上，系统地介绍物联网接入方法与数据传输技术的特点	4 学时

（续）

章	主 要 内 容	建 议 学 时
第 6 章 位置信息、定位 技术与位置服务	在讨论物联网位置信息的重要性的基础上，系统地介绍 GPS 定位系统与定位技术，以及位置服务的基本概念	3 学时
第 7 章 物联网智能 数据处理技术	在讨论物联网智能数据处理技术的基本概念、物联网数据的特点的基础上，系统地介绍物联网与云计算、物联网与大数据等问题	6 学时
第 8 章 物联网网络安全	在讨论网络空间安全与网络安全的基本概念的基础上，分析物联网可能存在的网络攻击类型、物联网网络安全发展的新动向，以及 RFID 安全与隐私保护的研究	4 学时
第 9 章 物联网应用	围绕学生生活与感兴趣的问题，选取智能工业、智能农业、智能交通、智能电网、智能环保、智能医疗、智能安防、智能家居与智能物流等九大应用领域有代表性的成功案例，向学生展现出物联网广阔的应用前景，以开阔学生的学术视野，加深对物联网概念与理论的理解，启发学生进一步学习物联网技术的兴趣	8 学时

本书每一章的习题均采用"单选题"与"思考题"两种形式。为了提高学生的学习兴趣，作者尽可能地贴近学生的生活与学习的实际体验，结合物联网技术与应用的新发展来设置趣味性强的"思考题"。

书中标有 * 的章节为可选内容，教师可以根据学生的学习基础、课时与教学活动的安排自行选择。

教学方法与评价建议

教材中增加了学生们感兴趣的"无人驾驶汽车""刷脸支付""智能物联网硬件"与"智能人机交互"等新内容，同时在习题中相应增加了像"人脸识别"应用系统设计，以及"无人驾驶汽车"可能存在的网络攻击及对策研究等思考题。由于这些新技术都在研究之中，不可能要求学生能够给出一个确切和统一的答案，因此建议采用本书作为导论课程教材时，结合导论的 MOOC 课程的内容、教师掌握的本地教学资源、实践教学基地的企业资源，有选择地选取各章思考题或自己设定的课题，通过"翻转课堂"的形式来组织学生充分进行讨论，鼓励学生通过互联网查询资料，让年轻的学子们开阔思路，提出一些"奇思妙想"的解决办法。

选择的课题建议宁小勿大、宁具体勿抽象。题目不在大小，关键在于它是否有价值，重点考察学生们思考问题的深度。也许通过这些课题的讨论使得某些学生受到启发，他们可以组成团队，沿着这些"奇思妙想"的解决思路，继续开展学习和研究，带着创新性的研究成果去参加教育部计算机教指委组织的全国物联网大赛，甚至可能成为今后学生"创新创业"的课题。

建议导论课程的评价考核采用结构成绩，期终总评成绩的 40% 为对物联网应用系统概念性设计的内容的考核，60% 是综合学生在"翻转课堂"中讨论的表现，以及在完成课题中的态度、作用、贡献与合作精神的综合评定成绩。

希望将导论课程的学习过程变成一个"启发式""自主"与"愉快"的探索过程，同学之间"相互合作、相互学习"、师生之间"教学相长"的过程，将导论教学从"应试和知识传授型"课程逐步转变为启发、引导学生"创新、创业型"的课程。

目　录

第 1 章 物联网概论

任何一项重大科学技术发展的背后，必然有其深厚的社会发展与技术发展背景。本章在分析物联网发展的社会与技术背景基础上，将对物联网的基本概念、定义与技术特征、关键技术，以及物联网产业链与产业特点进行系统的讨论，帮助读者建立对物联网的全面认识，激发读者进一步学习物联网技术的兴趣。

本章教学要求
- 了解物联网发展的社会背景与技术背景。
- 掌握物联网的定义与技术特征。
- 理解物联网体系结构的基本概念。
- 理解物联网与互联网的区别与联系。
- 了解物联网关键技术与产业发展趋势。

1.1 物联网发展的社会背景

1.1.1 物联网概念的提出

1. 比尔·盖茨与电子别针

物联网概念最早可以追溯到比尔·盖茨于 1995 年出版的《未来之路》。在《未来之路》一书中，比尔·盖茨已经多次提到"物 - 物互联"的设想。比尔·盖茨想象用一根别在衣服上的"电子别针"与家庭电子服务设施连接，通过"电子别针"感知来访者的位置，控制室内的照明和温度，控制电话和音响、电视等家电设备。但是，由于当时网络技术与传感器应用水平的限制，比尔·盖茨朦胧的"物联网"理念没有引起人们的重视。

2. Auto-ID 实验室、RFID 与物联网的概念

1998 年，美国麻省理工学院 Auto-ID 实验室的研究人员在成功地完成了产品电子代码（Electronic Product Code，EPC）研究的基础上，提出了利用射频标签（Radio Frequency Identification，RFID）、无线网络与互联网，构建物 - 物互联的物联网的概念与解决方案。

3. 物联网概念的提出

"物联网"的概念产生于 20 世纪 90 年代，而它真正引起各国政府与产业界的重视是在 2005 年国际电信联盟（International Telecommunications Union，ITU）发布的互联网研究报告《物联网（The Internet of Things）》之后。

　　ITU 是电信行业最有影响力的国际组织之一。从 1997～2005 年，ITU 从研究互联网到移动互联网对电信业发展影响的角度，发布了七份"ITU Internet Report"研究报告（如图 1-1 所示）。从这七份研究报告的内容中，我们可以看出 ITU 提出物联网概念的发展过程。

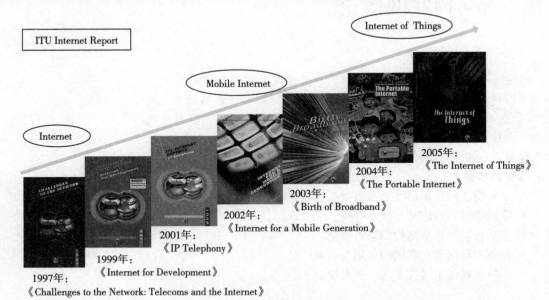

图 1-1　ITU 提出物联网概念的过程

　　（1）1997 年：《挑战网络：电信和互联网》

　　1997 年 9 月，ITU 发布了第 1 个研究报告——《挑战网络：电信和互联网（Challenges to the Network：Telecoms and the Internet）》。报告论述了互联网的发展对电信业的挑战，同时指出互联网给电信业带来了重大的发展机遇。1999 年发布的第 2 个研究报告的题目是《互联网发展（Internet for Development）》。2001 年发布的第 3 个研究报告的题目是《IP 电话（IP Telephony）》。

　　（2）2002 年：《移动互联网时代》

　　2002 年 9 月，ITU 发布了第 4 个研究报告——《移动互联网时代（Internet for a Mobile Generation）》。报告讨论了移动互联网发展的背景、技术与市场需求，以及手机上网与移动互联网服务。报告指出：移动互联网的发展将引领我们进入一个移动的信息社会。

　　（3）2003 年：《宽带的诞生》

　　2003 年 10 月，ITU 发布了第 5 个研究报告——《宽带的诞生（Birth of Broadband）》。报告讨论了计算机、通信和广播电视网络的三网融合问题，以及宽带网络发展与未来新的应用。报告介绍了宽带网络发展比较好的国家的成功案例，描述了宽带技术对未来信息社会的影响。

　　（4）2004 年：《便携式互联网》

　　2004 年 9 月，ITU 发布了第 6 个研究报告——《便携式互联网（The Portable Internet）》。报告讨论了移动互联网技术、移动接入设备与产业发展趋势，未来移动互联网技术的发展，及其对信息社会的影响。

　　（5）2005 年：《物联网》

　　ITU 于 2005 年 11 月在突尼斯举行的"信息社会峰会"上发布了第 7 个研究报告——《物联

网（The Internet of Things）》。报告描述了世界上的万事万物（小到钥匙、手表、手机，大到汽车、楼房），只要嵌入一个微型的 RFID 芯片或传感器芯片，通过互联网就能够实现物与物之间的信息交互，从而形成一个无所不在的"物联网"。世界上所有的人和物在任何时间、任何地点，都可以方便地实现人与人、人与物、物与物之间的信息交互。报告预见：RFID、传感器、智能嵌入式技术及纳米技术将广泛应用。

从 ITU 的七份研究报告中，我们可以清晰地看出，ITU 的研究人员是在跟踪互联网、移动互联网对电信业发展影响的过程中逐步认识到物联网发展的必然性的。

1.1.2　物联网与智慧地球

国际金融危机爆发以来，为了尽快摆脱危机的影响，很多国家都在寻求和培育新的经济增长点。2009 年 1 月，IBM 公司向美国政府提出了"智慧地球"的研究计划，阐述了他们在物联网技术与产业对未来美国经济与社会发展影响方面的理解。IBM 公司提出了"智慧地球 = 互联网 + 物联网"的概念，描述了将大量传感器嵌入和装备到电网、铁路、桥梁、隧道、公路、建筑、供水系统、大坝、油气管道等各种物体中，并通过超级计算机和云计算组成物联网，实现"人 - 机 - 物"的深度融合。

智慧地球研究计划试图通过在基础设施和制造业中大量嵌入传感器，捕捉运行过程中的各种信息，然后通过无线网络接入到互联网，再经过计算机分析、处理，发出指令，反馈给控制器，远程执行指令。控制的对象小到一个电源开关、一个可编程控制器、一个机器人，大到一个地区的智能交通系统，甚至是国家级的智能电网。通过智慧地球技术的实施，人类可以通过更加精细和动态的方式管理生产与生活，提高资源利用率和生产能力，改善环境，促进社会的可持续发展。

云计算作为一种新兴的计算模式，使物联网中海量数据的实时动态管理与智能分析变为可能，促进了物联网与互联网的智慧融合，从而构成智慧地球。这种深层次的融合需要依靠高效、动态、可扩展的存储与计算能力的支持，而云计算模式能够适应这种需求。云计算的服务交付模式可以实现新的商业模式的快速创新，促进物联网与互联网的融合。按照这个观点，智慧地球、物联网、互联网与云计算之间的关系可以用图 1-2 表示。

美国政府采纳了 IBM 公司的建议，并将"智慧地球"的研究与产业发展设想上升到国家发展战略的高度予以支持，随后出台了总额为 7870 亿美元的《经济复苏和再投资法》，以落实上述计划。美国国家情报委员会（NIC）发表的"2025 年对美国利益有潜在影响的关键技术"报告中，将物联网列为 6 大关键技术之一。物联网与新能源成为美国摆脱经济危机、振兴经济的两大核心武器。

物联网作为一种新的计算模式将引起各国产业结构的变化，甚至造成国家之间竞争格局的变化。物联网作为振兴经济、调整产业结构、确立竞争优势的重大战略决策，对各国的经济与社会发展都将产生重大的影响。美国政府物联网发展计划对世界各国都产生了非常大的影响，欧盟、日本、韩国等纷纷将发展物联网产业作为国家战略，出台了一系列促进物联网发展的政策与行动计划。

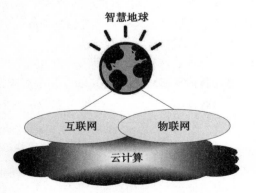

图 1-2　智慧地球、物联网、互联网与云计算的关系

1.1.3 欧盟与各国政府关于物联网的发展规划

1. 欧盟关于物联网的发展规划

（1）欧洲物联网研究项目组的成立

2006 年 9 月欧盟召开了主题为"i2010：创建一个无处不在的欧洲信息社会"的大会。从 2007~2013 年，欧盟计划投入 532 亿欧元研发经费来推动欧洲最重要的 EU-FP7 研究计划，信息技术是其中最大的一个研究领域。为了推动物联网的发展，欧盟电信标准化学会的欧洲 RFID 研究项目组更名为欧洲物联网研究项目组，致力于物联网标准的研究和制定。

（2）欧洲物联网发展的四个阶段

2008 年 5 月 27 日，欧洲智能系统集成技术平台（EPoSSL）发布的"Internet of Things in 2020"报告给出了他们对物联网的定义，并对物联网发展阶段进行了预测。报告预测了物联网发展的四个阶段。

第一个阶段（2010 年前）的特点主要是：基于 RFID 技术实现低功耗、低成本的单个物体间的互联，并在物流、零售、制药等领域开展局部的应用。

第二阶段（2010~2015 年）的特点主要是：利用传感网与无处不在的 RFID 标签实现物与物之间的广泛互联，针对特定的产业制定技术标准，并完成部分网络的融合。

第三阶段（2015~2020 年）的特点主要是：具有可执行指令的 RFID 标签广泛应用，物体进入半智能化，物联网中异构网络互联的标准制定完成，网络具有高速数据传输能力。

第四个阶段（2020 年之后）的特点主要是：物体具有完全的智能响应能力，实现协同工作，人、机、物、服务与网络达到深度融合。

（3）欧盟物联网行动方案

2009 年 6 月欧盟委员会提出了"Internet of Things：An Action Plan for Europe"的物联网行动方案。该行动方案提出了关于加强物联网管理、保护隐私与个人信息、加强支持物联网相关研究的十项建议，以及十二项具体的行动计划。

2. 韩国政府关于物联网的发展规划

2009 年 10 月 13 日，韩国政府通信委员会发布了"基于 IP 的泛在传感网基础设施建设规划"，提出到 2012 年实现构建世界上最先进的物联网基础设施，打造未来的无线通信融合领域超一流的信息通信技术强国的目标。韩国政府提出了泛在感知网络（Ubiquitous Sensor Network，USN）的概念，通过在各种物品中嵌入传感器，在传感器之间自主地传输和采集环境信息，通过网络实现对外部环境的监控。

韩国政府确定了物联网重点发展的四大领域与计划：u-City 计划，韩国政府与产业龙头携手推动智能城市建设；Telematics 示范应用发展计划，发展车用信息通信服务；u-IT 产业集群计划，通过各地的产业分工，带动地方经济的发展，加速新兴科技服务业的发展；u-Home 计划，推动智能家庭应用的发展。

3. 日本政府关于物联网的发展规划

2009 年 7 月，日本政府 IT 战略本部制定了新一代的信息化战略——i-Japan 战略 2015。该战略规划提出，到 2015 年，让信息技术如同水和空气一样融入生活中的每一个角落，针对电子政务、医疗保健、教育与人才三大核心公共事业领域，提出了智能电网、灾难应急处置、智能家居、智能交通与智能医疗保健等项目。

泛在网（Ubiquitous Network，UN）是日本政府提出的一个无处不在的未来网络概念，其核心是通过 IPv6 协议将个人计算机、智能手机、数字电视、信息家电、汽车导航系统、RFID 标签、传感器互联起来，实现泛在个人服务、泛在商业服务、泛在公共服务与泛在行政服务。

1.1.4 物联网与我国战略性新兴产业

我国政府高度重视物联网技术与产业的发展。2010 年 10 月，在国务院发布的《关于加快培育和发展战略性新兴产业的决定》中，明确将物联网列为我国重点发展的战略性新兴产业之一。

2011 年 3 月，在国务院发布的《"十二五"规划纲要》的第十章"培育发展战略性新兴产业"与第十三章"全面提高信息化水平"中，多次强调了"推动物联网关键技术研发和在重点领域的应用示范。"

2011 年 11 月，工业与信息化部发布《物联网"十二五"发展规划》。根据规划要求，我国物联网产业将在智能工业、智能农业、智能物流、智能交通、智能电网、智能环保、智能安防、智能家居等九大重点领域开展应用示范。大力发展物联网产业已经成为我国一项具有战略意义的重要决策。

1.2 物联网发展的技术背景

1.2.1 从人类对技术需求的角度认识物联网发展的必然性

研究物联网技术发展的必然性可以从两个角度入手，一是从人类对技术需求的角度，另一个是从技术本身演变的角度。我们不妨先从人类对技术需求的角度来认识这个问题。

俗话说"人往高处走"，当第一个愿望实现之后，你一定希望实现目标更高的第二个愿望，这是人类思维一个非常自然的规律。当我们回头审视互联网发展的过程时，会发现互联网发展很自然地遵循着"$1/N \rightarrow N=1 \rightarrow N>1 \rightarrow N \sim \infty$"的规律在发展，这个发展过程与人类对技术的需求密不可分，同时也反映出计算模式从"主机计算"到"个人计算"再到"网络计算"的演变过程。这个过程可以用图 1-3 表示。

（1）$1/N$ 阶段

当早期的计算机还是只能安装在计算中心的庞然大物时，对计算机的设计者而言，最有效的办法是采用分时操作系统，将计算机的 CPU 时间分成多个时间片，再把每个时间片分配给每个终端用户。当一台计算机同时为 N 个终端服务时，每个终端用户可以获得的平均计算时间是总的计算时间的 $1/N$。随着 N 数值增大，用户数增多，每个终端用户可能获得的平均计算时间就会减少。凡是使用过早期分时计算机系统的用户都

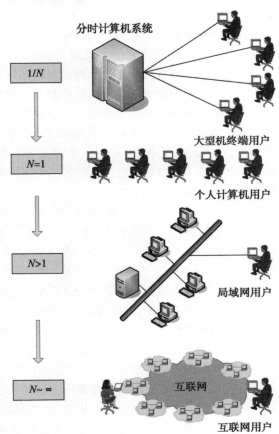

图 1-3 "$1/N \rightarrow N=1 \rightarrow N>1 \rightarrow N \sim \infty$" 的发展规律

会有一个深刻的体会，那就是同时使用的终端用户越多，每次键入命令的响应时间会明显加长，完成同样计算任务的时间就会增加。所以当响应时间开始考验人们耐心的时候，人们自然会萌发出一个需求：如果我一个人使用一台计算机该多好。

（2）$N=1$ 阶段

个人计算机（Personal Computer，PC）的出现满足了一个人使用一台计算机的愿望。个人计算机的应用使得计算机的普及程度大大提高。随着个人计算机应用的深入，人们发现个人计算机的计算能力、软件的配置、数据资源还是有限的。尤其是将个人计算机应用于办公自动化（OA）、计算机辅助设计（CAD）、计算机辅助教育（CAE）等领域时，更深层次的资源共享的愿望就会被提出，将个人计算机互联的需求推动了局域网技术的发展。

（3）$N>1$ 阶段

如果一个科研实验室有多台个人计算机，不同的计算机装有不同的数据处理与制图软件，不同的计算机存储不同的实验数据，还有一些计算机连接打印机，那么在这个实验室工作的研究人员的愿望就不仅仅是每个人使用一台计算机。他们希望能够将这些局部范围内的计算机联网，实现软件、硬件与数据的共享。这种需求直接推动着局域网技术的研究。当我们将一个实验室、一个教学楼、一个学校、一个办公大楼的计算机都互联起来时，人们就可以共享局域网中互联的 N 台计算机的资源，实现一个用户可以使用 N 台计算机资源的理想。但是，随着计算机网络应用的深入，人们自然会提出更大范围计算机资源共享的需求，这就导致了全球范围计算机网络互联的研究。

（4）$N \sim \infty$ 阶段

如果从技术角度来看，互联网（Internet）是一个覆盖全球，通过路由器实现多个广域网、城域网与局域网互联的大型网际网。如果从用户的角度来看，互联网是一个全球范围的信息资源网。接入互联网的所有计算机的资源都可以为其他用户所共享，网络用户可以通过一台接入到互联网的计算机访问网中其他的计算机资源。随着互联网规模的不断扩大，互联的网络数量与计算机数量的增多，没有一个人能够说清楚现在互联网中到底接入了多少台计算机。也许就在你阅读这段文字的期间，又有一批网络和计算机接入到互联网之中。因此可以说，当你将自己的计算机接入到互联网时，你就能够享受到访问无穷多台计算机、共享无限的信息资源的便利。接入到互联网的计算机数量为 $N \sim \infty$。

随着网络在社会生活中的应用不断普及，新的问题又出现了：1）当研究如何将分布于不同地理位置的 RFID 标签与读写器节点互联起来时，我们发现并没有将这些 RFID 节点算在上文所说的"N"之中。2）当研究如何将智能传感器节点互联起来时，我们发现，也没有将这些"智能尘埃"（Smart Dust）算在这个"N"之中。3）当研究如何将分布于不同地理位置的电站智能测控设备、智能电表互联起来时，我们发现也没有将这些能够自动感知物理世界的感知节点与智能测控设备算在这个"N"中。4）当研究如何将分布于不同地理位置、具有高度感知能力和控制能力的智能机器人互联起来时，我们发现也没有将这些用各种传感器与微控制技术武装起来的智能机器人算在这个"N"之中。

当这样的例子越来越多时，作者开始认识到：将人所使用的计算机、智能手机与各种智能终端设备接入互联网被我们认为是理所当然的事，那么未来必然还会有更多的具有感知、通信与计算能力的智能物体互联起来，从而构成物联网。在互联网阶段，我们只做到了"Everybody over IP"，只有到了物联网阶段，我们才能够做到"Everything over IP"。当你看到一头扎着 RFID 耳钉的牛悠闲地在牧场上吃草时，你指着牛问作者：它是不是你所说的物联网中的智能物体？作者会不假思索地回答说：为什么不是呢？

其实，从人类对技术需求的角度来理解物联网的形成与发展，物联网中的智能物体是什么，采用什么样的编码与识别方式，以及用什么方法接入到互联网、移动通信网，或者是独立组成专用网络，这些并不重要，重要的是它们都必然要互联成网，构成协同工作的分布式系统，实现我们所需要的智能服务功能。

1.2.2 从互联网发展的角度认识物联网发展的必然性

1. 互联网的形成

20 世纪 90 年代，世界经济进入了一个全新的发展阶段。世界经济的发展推动着信息产业的发展，信息技术与网络应用已成为衡量 21 世纪综合国力与企业竞争力的重要标准。1993 年 9 月，美国公布了国家信息基础设施（NII）建设计划，NII 被形象地称为"信息高速公路"。美国建设信息高速公路的计划触动了世界各国，各国开始认识到信息产业发展将对经济发展产生重要作用，因此很多国家开始制定各自的信息高速公路建设计划。1995 年 2 月，全球信息基础设施委员会（GIIC）成立，目的是推动与协调各国信息技术与信息服务的发展与应用。在这种情况下，全球信息化的发展趋势已经不可逆转。

图 1-4 给出了从 1970～1995 年 ARPANET 向互联网演变过程中接入网络的主机数量变化的趋势（图的横坐标是时间，纵坐标是接入互联网的主机数）。从图中可以看出，由于早期的 ARPANET 主要是供科研机构与大学使用，因此从 1970～1988 年接入互联网主机数的增长比较平缓。20 世纪 70 年代后期，美国国家科学基金会（NSF）认识到计算机网络对科研与教学工作的重要影响，于 1984 年组建 NSFNET。互联网是在 NSFNET 基础上发展起来的。当时的 NSFNET 的主干网连接美国 6 个超级计算机中心，以及数千所大学、研究实验室、图书馆与博物馆。随着网络规模的继续扩大和应用的扩展，NSF 认识到已经不能完全由政府财政去支付 NSFNET 的费用。1991 年，NSF 只支付 NSFNET 通信费的 10%，同时放宽对 NSFNET 使用的限制，允许互联网用于商业用途和互联网管理的商业化，这就导致互联网各种商业应用的出现，接入互联网的主机规模以指数形式增长。

2. 互联网技术发展对物联网形成的影响

研究互联网技术发展对物联网形成的影响时，我们需要注意以下几个方面的问题。

1）TCP/IP 协议的研究与设计的成功，促进了互联网的快速发展。在互联网形成过程中，广域网、城域网、局域网与个人区域网技术逐步成熟。

2）互联网的大规模应用带来了大批用户接入的需求，促进了接入技术的发展，推动了宽带城域网技术的发展。

3）基于 Web 的电子商务、电子政务、远程医疗、远程教育，以及基于对等结构的 P2P 网络、移动通信技术与移动互联网的应用，使得互联网的应用以超常规的速度发展。

4）无线局域网、无线城域网与无线自组网、无线传感器网络与无线个人区域网的研究与应用为物联网的发展奠定了基础。

如果说广域网的作用是扩大信息社会中资源共享的范围，局域网是进一步扩展了信息资源共享的深度，无线网络与无线个人区域网络增强了人类共享信息资源的灵活性，那么无线传感器网络将会改变人类与自然界的交互方式，它将极大地扩展现有网络的功能和人类认识世界的能力。无线传感器网络已经成为物联网重要的支撑技术之一。

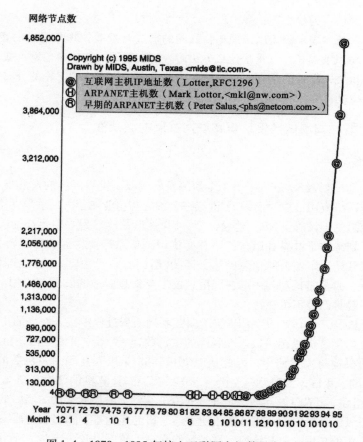

图1-4　1970～1995年接入互联网主机数量变化趋势

1.2.3　从科学研究的角度认识物联网发展的必然性

在讨论物联网的研究背景时，我们需要注意两个重要的研究领域——"普适计算"与"信息物理系统"研究。

1. 普适计算的研究

在研究物联网形成与发展的时候，我们需要注意与互联网同时期发展的另一个重要的研究领域——普适计算（Pervasive Computing）。

（1）普适计算的基本概念

当计算模式从"主机计算""个人计算"发展到"网络计算"时，计算机与信息技术也越来越广泛地渗透到各行各业和人类生活的各个方面。与此同时，感知、网络、智能、嵌入式等各项技术、应用系统与设备大量涌现，随之也出现了"信息过载"的现象。人们面对越来越多的网络系统和功能越来越强、使用越来越复杂的计算设备，常常感到无所适从，于是，一种新的"普适计算"概念应运而生。

1988年，美国计算机科学家马克·韦泽（Mark Weiser）开创性地提出了"普适计算"的设想，为信息技术在人类未来生活中的作用，以及计算模式的改变做出了大胆的预测。

1991年，韦泽在《科学美国人》上发表题为"21世纪的计算机"的文章，正式提出了"普适计算"的概念。韦泽认为:"最深奥的技术恰恰是那些看不见的技术。这些技术交织在日常生活中,与生活融为一体,直至无法区别"。按照韦泽的观点,计算机的使用应该符合人的习惯,可以嵌入到环境中或者穿戴在身上,融入人的日常生活与工具之中,并且能够与人主动和自然地交互,使人们能够在任何时间、任何地点,以任何方式"不假思索"地使用计算设备。

1999 年,IBM 也提出了"普适计算"的概念,欧洲研究团体 ISTAG 提出了"环境智能"的概念。

尽管在不同时间,不同的学者与研究机构分别提出了"普适计算""无处不在的计算"与"环境智能"的概念,但他们追求的目标是相同的,都是使计算机更广泛、更自然地"嵌入"和"融合"到人们生活和工作之中,让人们可以"不假思索"地使用它们,在日常生活和工作中享受计算带来的便利和个性化服务。

下面,我们通过分析有趣的"3D 试衣镜"的基本工作原理,来形象地诠释普适计算的概念。购买商品是一个决策问题,很多因素会影响购买行为,其中一些因素很难定性或定量,甚至很难理解。购买衣服就是这样一类问题。当顾客购买衣服时,他们经常需要参考其他人的购买经验或意见,这里存在着一个难以描述的概念——时尚,这个概念在很大程度上影响着顾客的决定,同时衣服也体现了穿着者个人的情感因素。

当顾客在试衣间试衣时,试衣间里会有一面或多面镜子,顾客可以即时评价穿上一件衣服时的效果。试衣间的镜子是顾客与服装互动的界面,镜子能够为观察者提供"别人看自己是什么样"的信息。有经验的零售商都知道,当一位顾客试穿一件衣服时产生愉悦的感觉,购买的可能性就增加了 3 ~ 4 倍。在这样一种需求的推动下,很多服装店开始使用视频感知技术、智能技术、计算技术支持下的"3D 试衣镜"设备或"试衣间系统"。"3D 试衣镜"是一种"虚拟试衣"的智能系统,图 1-5 给出了 3D 试衣镜系统工作原理示意图。

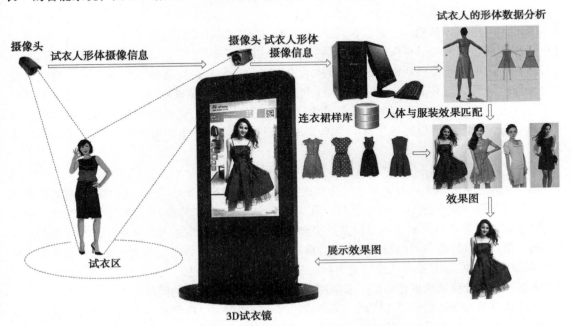

图 1-5　3D 试衣镜系统工作原理示意图

当顾客在试衣区试穿衣服时,安装在不同位置的摄像头会记录顾客的体态与试穿衣服的过程。顾客穿在身上的衣服与挑选的衣服透露出顾客对衣服的选择标准、需求与喜好。3D 试衣镜系统的后台智能软件会根据这些信息，用机器学习的方法产生初步的"知识"；同时软件系统根据摄像头记录下来的顾客体态信息，分析影响顾客选择的体形数据。

如果是老顾客，商店计算机中记录有该顾客多年来购买过的衣服的款式、尺寸、颜色。如果是新顾客，则会根据顾客身上的衣服与挑选的衣服，以及顾客的体形特点，从后台计算机的数据库中挑选出几款可能适合她/他的衣服，生成该顾客身着不同款式、颜色、尺寸衣服的 3D 图像，通过"试衣镜"直观地推荐和显示给顾客。顾客能够从"试衣镜"中看到试穿衣服的效果。当顾客转动身体时，"试衣镜"也可以用 3D 方式将不同角度、不同姿态的着衣效果实时地显示出来，让顾客观看、比较。一旦顾客对某一种款式、颜色、尺寸的衣服有兴趣时，店员就会拿出这款衣服让顾客亲身体验一下舒适的程度。顾客可以结合穿着效果与舒适度来确定是不是要购买这件衣服。

当然，顾客试衣的过程会涉及个人隐私，所以是不是接受商店提供的这一服务，要由顾客自己决定，同时商店必须承诺保护顾客个人隐私。

（2）普适计算的技术特征

从 3D 试衣镜的例子中，我们可以看出普适计算的几个重要技术特征：

第一，普适计算强调的是"无处不在"与"不可见"。

"无处不在"是指随时随地访问信息的能力；"不可见"是指在物理环境中提供多个传感器、嵌入式设备、移动设备，以及其他任何一种有计算能力的设备，在用户不觉察的情况下进行计算、通信，提供各种服务，以最大限度地减少用户的介入，提升用户体验。因此，普适计算并不是强调"计算设备无处不在，而是描述计算如何无处不在地融入到我们的日常生活当中"。

第二，普适计算体现出信息空间与物理空间的融合。

普适计算是一种建立在分布式计算、通信网络、移动计算、嵌入式系统、传感与智能等技术基础上的新型计算模式。它反映出人类对于信息服务需求的提高，具有随时、随地享受计算资源、信息资源与信息服务的能力，以实现人类生活的物理空间与计算机提供的信息空间的融合。随着无线传感器网络、RFID 技术的迅速发展，人们惊奇地发现：普适计算的概念在无线传感器网络与 RFID 应用系统平台上可以得到很好的实践与延伸。作为普适计算实现的重要途径之一，借助大量部署的传感器或 RFID 的感知节点，可以实时地感知与传输我们周边的环境信息，从而将虚拟的信息世界与真实的物理世界融为一体，深刻地改变了人与自然界的交互方式。

第三，普适计算的核心是"以人为本"。

用户在办公室处理工作时需要坐在计算机前，即使使用笔记本电脑，也需要随身带着它。仔细研究普适计算的概念之后，我们发现：在桌面计算模式中，人是以计算机为中心的，即以"计算机为本"。普适计算研究的目标就是突破桌面计算模式，摆脱计算设备对人类活动范围与方式的约束，通过计算与网络技术的结合，将计算机嵌入环境与日常工具中，让计算设备本身从人的视线中"消失"，从而将人的注意力回归到要完成的任务本身。

第四，普适计算的重点在于提供面向用户的、统一的、自适应的网络服务。

普适计算的网络环境包括互联网、移动通信网、电话网、电视网和各种无线网络；普适计算设备包括计算机、智能手机、传感器、汽车、家电等能够联网的设备；普适计算的服务内容包括计算、管理、控制、信息服务。在物理世界中，结合计算能力与控制能力，可将人与人、人与机器、机器与机器的交互最终统一为人与自然的交互，达到"环境智能化"的境界。

第五，普适计算的关键是智能。

人类活动是在普适计算中实现信息空间与物理空间融合的纽带，而计算机"消失"实质上是将人类智能转化为计算智能的结果。因此，智能是普适计算的关键。在普适计算时代，人类的活动行为完全浸润于智能环境中。支持普适计算的智能环境与传统智能环境有两个重要的区别。一是普适计算空间中服务于人类活动的智能实体与用户相行相伴，如影相随；二是普适计算环境对移动的支持。

普适计算作为一种全新的计算模式，跨越人工智能、网络与移动计算、嵌入式系统、自然人机交互、软件结构等多个研究领域，展示了"万事万物，凡存在，皆联网；凡联网，皆计算；凡计算，皆智能"的发展前景，为物联网的发展指明了方向，物联网的研究目标与普适计算有很多是一致的。

第六，泛在网涵盖了物联网与互联网。

普适计算也叫作泛在计算（Ubiquitous Computing） [⊖]或无处不在的计算，同时也出现了与之对应的泛在网（Ubiquitous Network）。读者一定会问：物联网、互联网、传感网与泛在网之间有何关系呢？图 1-6 给出了物联网、互联网、传感网与泛在网之间的关系示意。

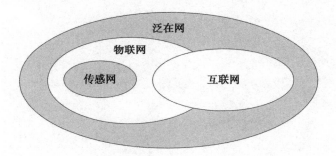

图 1-6 物联网、互联网、传感网与泛在网之间的关系

传感网（Sensor Network）主要是指无线传感器节点组成的无线传感器网络（Wireless Sensor Network，WSN），另一类传感网是由智能光纤传感器节点组成的光纤传感器网络（Optical Fiber Sensor Network）。无论是无线传感器网络还是光纤传感器网络，它们都是物联网的重要组成部分。

因此，普适计算与物联网的关系主要表现在以下三个方面：

第一，普适计算与物联网的研究目标、研究内容、工作模式有很多相同之处。

第二，普适计算的研究方法与研究成果对于物联网技术的研究有着重要的借鉴与启示作用。

第三，物联网的出现使我们在实现普适计算的道路上前进了一大步。

2. 信息物理融合系统的研究

（1）信息物理融合系统的基本概念

在讨论物联网的研究背景时，我们还需要注意与物联网发展密切相关的另一项重要的研究，即信息物理融合系统（Cyber-Physical Systems，CPS）的研究。

随着新型传感器、无线通信、嵌入式与智能技术的快速发展，CPS 研究引起了学术界的重视。CPS 是一个综合计算、网络与物理世界的复杂系统，通过计算技术、通信技术与智能技术的协作，实现信息世界与物理世界的紧密融合。如同互联网改变了人与人的互动一样，CPS 将会改

⊖ "Ubiquitous"一词来自拉丁文，是"无处不在"和"泛在"的意思。

变人与物理世界的互动。

CPS 研究的对象小到纳米级生物机器人，大到涉及全球能源协调与管理的复杂大系统，其研究成果可以用于智能机器人、无人驾驶汽车、无人机，也可以用于智能医疗领域的远程手术系统、人体植入式传感器系统之中。CPS 是将计算和通信能力嵌入到传统的物理系统中，形成集计算、通信与控制于一体的下一代智能系统。

CPS 研究的内容很丰富，我们通过"自动泊车"系统设计所涉及的问题来解释 CPS 的基本概念、研究的基本内容与技术特征。"自动泊车"是无人驾驶汽车的重要功能之一，其过程如图 1-7 所示。

图 1-7　汽车自动泊车过程

对于很多生活在城市中的人来说，寻找一个合适的车位，并且能够将汽车安全、快速、准确地泊入到车位是一件困难的事。在这样的背景下，自动泊车系统应运而生。目前，很多新型号的汽车已经配备了自动泊车功能，汽车一般只需要十几秒就可以完成自动泊车过程。

汽车的自动泊车过程由车位识别、轨迹生成与轨迹控制三个阶段组成（如图 1-8 所示）。主动泊车可以分为平行泊车与垂直泊车，我们可以用平行泊车的过程来解释自动泊车的工作原理。

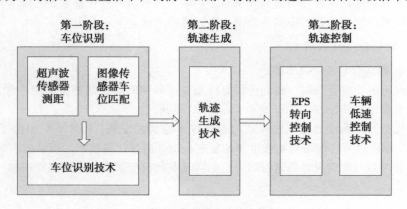

图 1-8　自动泊车的三个阶段

● **车位识别**

自动泊车系统通过超声波传感器和图像传感器感知车辆周边的环境信息，识别泊车的车位。

1）利用超声波传感器实现车位识别。行进中的车辆通过超声波传感器感知泊车环境，对泊车环境中的障碍物精确测距，从而为自动泊车系统提供确定泊车环境模型的准确数据（如图1-9所示）。

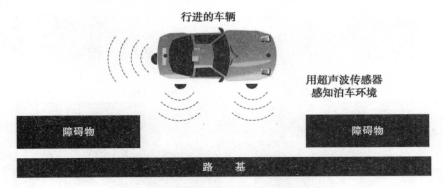

图1-9 利用超声波传感器实现车位识别

当驾驶员选择"自动泊车"功能并按下"泊车"键时，超声波传感器就周期性地向周边发送超声波信号，同时接收反射回来的信号；用计数器统计超声波从发射到接收的时间，计算出车辆与障碍物的距离。

一般情况下，能够提供自动泊车功能的汽车要在车的前端、后端和两侧安装8个以上的超声波传感器，以便提供车辆周边不同方位障碍物的精确距离信息，确定待选择的空闲车位是否能够满足泊车条件，从而实现车位识别功能。

2）利用图像传感器实现车位调节。行进中的车辆通过图像传感器感知泊车环境。利用在车尾安装的广角摄像头，采集车位环境图像信息，并将环境图像信息传送到车载计算机的图像处理系统中。图像处理系统根据采集的环境图像信息进行图像测距，并且在图像中建立一个与实际车位大小相同的虚拟车位。通过在图像中调节虚拟车位，可以实现虚拟车位与实际车位之间的匹配，进一步完善车位信息。利用图像传感器实现车位调节过程如图1-10所示。

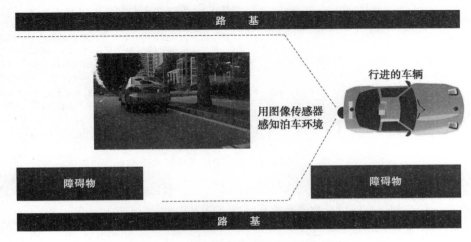

图1-10 利用图像传感器实现车位调节

● 轨迹生成

在轨迹生成阶段，通过建立车辆运动学模型，分析转弯过程中车辆运动半径与方向盘转角的关系，可计算出车辆在泊车过程中可能遇到的碰撞区域。轨迹生成过程如图 1-11 所示。

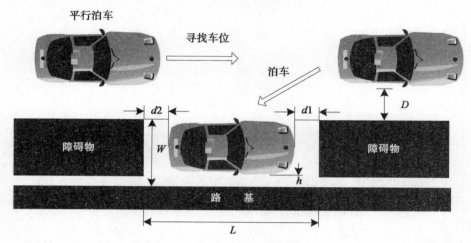

图 1-11　轨迹生成过程

在对泊车过程建模分析的基础上，构造泊车模型，根据几何学原理计算出车辆在泊车过程中的轨迹。当生成的车辆移动轨迹与根据图像分析的车位数据匹配后，将控制车辆实时运动轨迹的转角、速度指令发送给执行机构。

● 轨迹控制

在自动泊车过程中，通过执行实时运动轨迹的转角、转速指令，车辆机械传动系统控制方向盘的转向角与车辆速度，进而控制车辆的泊车过程。

总结自动泊车过程，我们可以看出：设计一个自动泊车系统需要综合利用感知技术、智能技术、计算技术、通信技术与控制技术（如图 1-12 所示）。

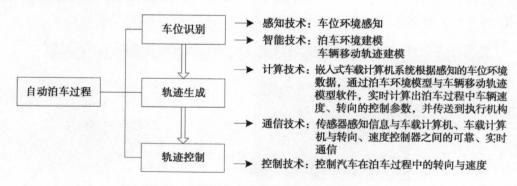

图 1-12　设计自动泊车系统需要应用的技术

自动泊车是无人驾驶汽车重要的功能与研究内容之一。它是感知、智能、计算与控制技术交叉融合的产物，是一种典型的信息物理融合系统。

（2）CPS 的主要技术特征

从自动泊车的实例中，我们可以看到：CPS 是环境感知、嵌入式计算、通信网络深度融合的系统。CPS 的主要技术特征有以下几个方面：

第一，CPS 是"人-机-物"深度融合的系统。

CPS 系统的本质就是以"人-机-物"的融合为目标的计算技术，从而实现人的控制在时间、空间等方面的延伸，因此，CPS 也称为"人-机-物融合系统"。CPS 的意义在于将物理设备联网，使得物理设备具备计算、通信、控制、协同和自治的功能。

第二，CPS 是"3C"与物理设备深度融合的系统。

CPS 是一种综合计算、网络和物理环境的多维复杂系统，通过"3C（Computation，Communication and Control）"技术，使计算、通信和控制技术有机融合、深度协作，实现大型工程系统的实时感知、动态控制和信息服务。

第三，CPS 是环境感知、嵌入式计算、网络通信深度融合的系统。

CPS 是在环境感知的基础上，形成可控、可信与可扩展的网络化智能系统，使系统具有更高的智慧。学术界将 CPS 系统的功能总结为四个字——"感""联""知""控"。

- "感"是指多种感知器协同感知物理世界的状态信息。
- "联"是指连接物理世界与信息世界的各种对象，实现信息交互。
- "知"是指通过对感知信息的智能处理，正确、全面地认知物理世界。
- "控"是指根据正确的认知，确定控制策略，发出指令，指挥执行器协同控制物理世界。

图 1-13 给出了 CPS 中物理世界与信息世界交互过程的示意图，体现了 CPS 的技术特征。

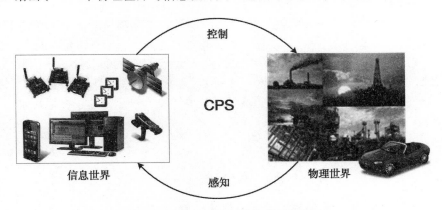

图 1-13　物理世界与信息世界的交互

从以上的分析中，我们可以清晰地看出 CPS 与物联网的关系表现在以下三个方面：

第一，CPS 研究的目标与物联网未来的发展方向是一致的。CPS 与物联网所催生的智能技术与设备、协同工作体系、柔性化生产方式、精细化管理模式将重塑现代产业体系的新格局。

第二，CPS 因控制技术与信息技术融合而兴起，将随着物联网在智能工业、智能农业、智能医疗等各行各业的应用而迅速发展。

第三，CPS 的理论研究与技术研究的成果，对物联网未来的发展有着重要的启示与指导作用。

结合 CPS 研究，我们更深刻地认识到：物联网追求的目标绝不仅仅是物–物相连，而是要催生具有计算、通信、控制、协同和自治功能的智能设备与智能系统，实现"人–机–物""信息空间"与"物理空间"的深度融合。CPS 技术与物联网技术已经成为支撑工业 4.0 发展的核心技术。

综上所述，普适计算与 CPS 研究为物联网的发展奠定了坚实的理论基础，物联网的发展将普适计算与 CPS 应用向前推进了一大步。

1.3 物联网的定义与主要技术特征

1.3.1 物联网的定义

物联网概念的兴起，很大程度上得益于 ITU 的年度互联网报告，但是 ITU 的报告并没有给出一个清晰的物联网的定义。尽管早期我们可以在文章、著作，以及国际组织的文件中可以看到多种有关物联网的定义，但是确切地说很难形成一个公认的定义。随着物联网研究的深入，人们对物联网内涵和技术特点的认识逐步形成了一些共识。综合各种物联网应用系统的共性特征，我们认为：**物联网是按照约定的协议，将具有"感知、通信、计算"功能的智能物体、系统、信息资源互联起来，实现对物理世界"泛在感知、可靠传输、智慧处理"的智能服务系统。**

要理解物联网的定义，需要注意以下三个基本问题：

1）物联网是在互联网基础上发展起来的，但它不是互联网概念、技术与应用的简单扩展。由于大量的物联网应用系统具有行业性、专业性、区域性的特点，以及安全性的特殊要求，因此物联网会沿用一些互联网与移动互联网的成熟技术，但是物联网必然要发展适合自身需求的体系结构、技术、协议与标准。

2）物联网中的"物体（thing）"或"对象（object）"可以是物理世界普通的人或普通的物品。如果我们应用嵌入式技术，给这些"人"或"物"增加"感知、通信与计算"能力，它们就具有了接入到物联网的能力。智能物体（Smart Thing）是对接入到物联网的人和物的一种抽象。

3）正如邬贺铨院士所说：与其说物联网是网络，不如说物联网是业务或应用。物联网通过"人－机－物"的深度融合，实现对物理世界的"泛在感知、可靠传输、智慧处理"，因此物联网是一种智能服务系统。

1.3.2 物联网的主要技术特征

物联网的技术特征主要表现在以下几个方面。

1. 物联网的智能物体具有感知、通信与计算能力

讨论物联网概念时，我们首先会问：什么是物联网中的"物"？图 1-14 回答了这个问题。

要理解这个问题，需要注意以下几点：

第一，物联网中的"物"可以是小到用肉眼几乎看不见的物体，也可以是一个大的建筑物；它可以是固定的，也可以是移动的；它可以是有生命的，也可以是无生命的；它可以是人，也可以是动物。"智能物体"是对连接到物联网中的人与物的一种抽象。

第二，智能物体的物理与生物特征可以不一样，但是有一点是共同的：那就是他们（或它们）都通过配置嵌入式装备，从而获得感知、通信与计算能力。这种智能物体可能是结构简单的 RFID 标签，也可能是结构相对复杂的无线传感器节点，也可能是结构十分复杂的工业机器人。尽管 RFID 标签看起来很小，但是它与标签读写器一起构成了一个小系统；而工业机器人自身就是一个具有感知、执行能力的智能系统。在研究智能工厂时，我们需要考虑的是如何将规模、结构、功能差异很大的各种异构的 RFID 标签系统、工业机器人系统接入到物联网中，实现系统与系统之间的互联、互通和互操作。因此，我们也将物联网称为"系统级的系统"。

可以大到智能电网中的高压铁塔、智能交通系统中的无人驾驶汽车与道路基础设施，或者是飞机、坦克与军舰

什么是物联网中的"物"？

物联网中的"物"被抽象为"智能物体"或"智能对象"

智能物体

可以小到一个智能手表、智能手环、智能眼镜、一个RFID标签，甚至是纳米传感器

可以复杂到一个智能工厂生产线上的工业机器人，也可能简单到一把智能钥匙或一个智能插头、智能灯泡

可以是有生命的人（老人、小孩与战士），或者是带耳钉的牛，也可以是无生命的植物、山体岩石、公路或桥梁

可以是智能传感器、纳米传感器、无线传感器网络节点、RFID标签、GPS终端，或者是到处可见的视频摄像头

可以是服务机器人、工业或农业机器人、水下机器人、无人机、无人驾驶汽车，家用电器、智能医疗设备，或可穿戴计算装置

如果患者通过穿着的智能背心，老人通过智能拐杖接入到智能医疗系统中，那他们不也就成为物联网中的"物"了吗？

图 1-14 物联网中的"物"

2. 物联网可以提供所有对象在任何时间、任何地点的互联

ITU 在泛在网的任何地方、任何时间互联的基础上增加了"任何物体连接"，从时间、地点与物体三个维度对物联网的运行特点做出了分析（如图 1-15 所示）。

图 1-15 描述的物联网一个重要特点是：物联网中任何一个合法的用户（人或物）可以在任何时候（Anytime）、任何地点（Anywhere）与任何一个物体（Anything）通信，交换和共享信息，协同完成特定的服务功能。

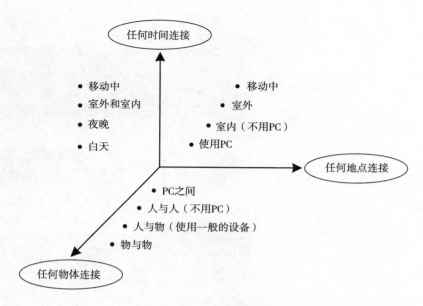

图 1-15　物联网运行的特点

要实现物联网在任何时候、任何地点与任何一个物体通信的要求，需要研究和解决以下几个基本的问题：

1）如何识别不同的物体？
2）如何实现不同物体之间的通信？
3）如何保证物联网的通信质量？
4）如何保护物联网的信息安全与个人隐私？

3. 物联网的目标是实现物理世界与信息世界的融合

现实社会中物理世界与网络虚拟世界是分离的，物理世界的基础设施与信息基础设施是分开建设的。在国民经济建设中，我们在不断地建设和完善物理世界，不断地设计和建设新的建筑物、高速公路、桥梁、机场与公共交通设施。另一方面，我们在社会信息化建设过程中，花了很多钱去铺设光纤，购买路由器、服务器和计算机，组建宽带网络，建立数据中心，开发各种网络服务系统。同时我们也花了很多钱来架设无线基站，发展移动通信产业。

社会发展是一个渐进的过程。当社会和经济发展到一定水平的时候，必然会对科学技术提出新的需求。当经济全球化、生产国际化成为一种发展趋势，同时我们又面临着环境恶化和资源紧缺的局面时，将计算机与信息技术拓展到整个人类社会生活与生存环境之中，将人类的物理世界与网络虚拟世界相融合，已经成为人类必须面对的选择。

物联网应用涵盖的范围小到家庭网络，大到工业控制系统、智能交通系统，甚至是国家级、世界级的应用，这种涵盖并不是物与物的简单互联，而是要催生很多具有"计算、通信、控制、协同和自治"特点的智能设备与智能信息系统。物联网的目标就是要帮助人类对物理世界具有"泛在的感知能力、透彻的认知能力和智慧的处理能力"。这种新的计算模式在帮助人类提高生产力、生产效率的同时，进一步改善人类社会发展与地球生态和谐、可持续发展的关系。物联网的发展符合社会与经济发展的方向，因此物联网的出现立即受到各国政府、产业界与学术界的高度重视也就变得很容易理解了。

1.3.3　物联网与互联网的比较

物联网是在互联网基础上发展起来的，它与互联网在基础设施上有一定程度的重合，但它不是互联网概念、技术与应用的简单扩展，互联网扩大了人与人之间信息共享的深度与广度，而物联网更加强调通过"人－机－物"的融合，实现"泛在感知、可靠传输、智能处理"的功能。未来将会出现互联网与物联网并存的局面。

要深入研究物联网的技术特点，就需要细致地比较物联网与互联网，了解它们之间的相同与不同之处。

1. 物联网与互联网的相同之处

"物联网是在互联网基础之上发展起来的"，这一观点已成为大家的共识。我们可以从以下几个方面来认识物联网与互联网的相同之处。

（1）发展的基础

总结计算机网络技术的发展历程，我们可以清晰地看到计算机网络技术的发展经历了三个阶段：从计算机网络到互联网、从互联网到移动互联网、从移动互联网到物联网（如图 1-16 所示）。

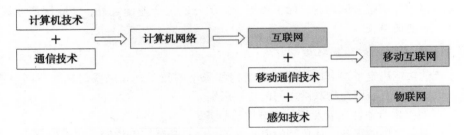

图 1-16　从计算机网络到互联网、移动互联网、物联网

计算机网络是计算机技术与通信技术高度发展、深度融合的产物，而互联网是计算机网络技术最成功的应用。随着电信产业与移动通信技术的发展，互联网与移动通信技术的融合产生了移动互联网。从学科发展的角度，支撑信息学科的三大技术支柱是计算、通信与感知，当计算与通信融合之后，随着感知技术的成熟和广泛应用，人们自然会想到将计算、通信与感知技术融合起来，这就产生了物联网。追根溯源，我们可以清楚地看到互联网、移动互联网与物联网存在着自然的技术演变过程，它们都是计算机网络技术在不同发展阶段和不同应用形态的产物。由于它们"师出同门"，因此必然存在着技术基础与研究方法的很多相通之处。

（2）技术的传承

从技术传承的角度，物联网与互联网在网络体系结构研究方法、网络核心技术——TCP/IP 协议体系、传输网技术与网络安全技术四个方面具有相通之处（如图 1-17 所示）。

互联网体系结构的研究方法，以及网络核心技

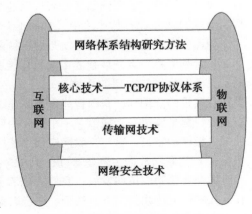

图 1-17　从技术传承的角度认识物联网与互联网相通之处

术——TCP/IP 协议体系是互联网研究历程中的成功之处，因此互联网成功的发展经验可总结为：正确的设计思路，正确的技术路线，正确的运行模式。目前研究人员已经开始将这套思路应用于物联网之中。

互联网的核心技术是 TCP/IP 协议体系。TCP/IP 协议主要的特点是：开放的协议标准、独立于特定的计算机硬件与操作系统、独立于特定的网络硬件、每个联网设备都能得到全球唯一的地址。TCP/IP 协议已经广泛应用于物联网中，很多物联网应用软件都是按照互联网的 Web 应用模式和协议设计的。

互联网的传输网是由世界范围的广域网、城域网、局域网、个人区域网互联而成，这些都已经被用在物联网中。物联网智能医疗的应用催生了人体区域网技术的发展，也进一步丰富了传统的传输网网络类型。

互联网存在的网络安全问题在物联网中依然存在，只是表现形式可能不同。同时，物联网还有很多新的网络安全问题，面临着更加严峻的考验。

（3）产业的传承

互联网产业已经形成从上游"产品制造"、中游"系统集成与软件开发"到下游"应用服务"的完整产业链。物联网涵盖的内容比互联网更加丰富，尤其是在感知设备、控制设备与智能硬件产业方面增加了很多的内容，除了覆盖传统的互联网产业链之外，物联网产业规模更大、应用更广泛、产业链更长。

2. 物联网与互联网的不同之处

应用系统的功能决定了这个应用系统的结构和采用的技术。如果我们从互联网与物联网的功能出发，可以发现互联网与物联网之间的主要区别。

（1）物联网提供行业性、专业性与区域性的服务

历数互联网所提供的服务，从传统的电子邮件、文件传输、万维网、搜索引擎服务，到即时通信、网络音乐、网络视频服务、基于位置的服务，互联网应用的设计者采取开放式的设计思想，试图建立面向全球客户的信息交互与共享网络信息系统。为了推广 Web 服务，设计者制定了创建的网页（Web Page）的超文本标记语言（HTML）协议、定位 Web 页的统一资源定位符（URL）、链接 Web 页的超链接（Hyperlink）协议以及 Web 客户端与 Web 服务器通信的超文本传输协议（HTTP）。只要网站开发者按照这个协议体系开发网站、编写应用程序，就可以方便地链接到全球的 Web 服务体系之中（如图 1-18a 所示）。

相比之下，物联网应用系统是面向行业、专业和区域性的，如图 1-18b 所示，我国在第十二个五年计划中将重点发展智能工业、智能农业、智能电网、智能交通、智能物流等行业的应用。对于关乎国民经济发展的重要应用领域，一定是由政府责成相关的行业主管部门来组织规划、设计、建设的。例如，我国智能电网的建设是由国家电网规划、设计、组建、运行和管理。智能交通的目标是解决一个城市、一个地区内的交通问题。因此，物联网应用系统具有行业性、专业性与区域性的特征。这与互联网应用系统完全不同。

（2）物联网数据主要是通过自动方式获取的

纵观互联网应用的发展，我们可以看到：互联网提供的是人与人之间的信息共享与信息服务，互联网上传输的文本、视频、语音数据主要是通过计算机、智能手机、照相机、摄像机，以人工方式产生的。互联网构成了人与人之间信息交互和共享的信息世界（如图 1-19a 所示）。

物联网的大量信息是通过 RFID 标签、传感器自动产生的，通过网络通信系统传输，由特定的智能信息处理软件处理之后，生成智慧处理策略，再通过控制终端设备实现对物理世界中对

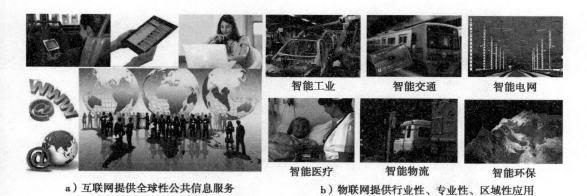

a）互联网提供全球性公共信息服务   b）物联网提供行业性、专业性、区域性应用

图 1-18   互联网与物联网提供的服务

象的控制。例如，在智能交通应用中，不同的交通路口通过视频摄像探头、地埋感应线圈、无人驾驶汽车等物联网接入设备，实时、连续地感知城市交通信息，通过车联网将信息传送到城市交通指挥中心。城市交通指挥中心通过云计算平台与超级计算机对智能交通的大数据进行处理，形成适应当前城市交通状况的交通疏导方案。城市交通指挥中心根据交通疏导方案，通过智能交通网络通信系统将不同路口红绿灯的开启时间指令发送到路口红绿灯控制器。同时，通过车联网向运行的车辆发布路况与疏导信息，帮助驾驶员与无人驾驶汽车了解当前交通状态，选择正确的行驶路线，以达到快速、安全出行的目的。因此，物联网通过"泛在感知、可靠传输、智慧处理"，最终实现信息世界与物理世界的"人 – 机 – 物"融合（如图 1-19b 所示）。

（3）物联网是可反馈、可控制的闭环系统

通过开放式的设计思想，互联网应用为人类构建了一个人与人信息交互与共享的信息世界，而物联网通过感知、传输与智能信息处理，生成智慧处理策略，再通过控制终端设备实现对物理世界中对象进行控制。从这个角度来看，互联网与物联网的区别在于，互联网是开环的信息服务系统，而物联网系统是闭环控制系统。我们可以通过图 1-20 所示的智能交通应用来说明这个问题。

我们可以使用 E-mail 系统发送邮件，使用 FTP 系统下载软件，使用 Web 系统看新闻，使用搜索引擎查询大数据领域的论文，互联网对于我们来说是人与人之间信息交互、信息共享的平台。人是有智慧的，我们不希望有什么力量能够通过互联网来控制我们的思维。即使是通过搜索引擎去查询一件事，我们也只希望计算机将相关的资料按照重要性排序后提交给我们，最终由我们通过人为的判断来决定看什么、不看什么。而在智能交通应用中，我们可以通过交通路口道路的地埋感应线圈、摄像头、车联网将实时感知的交通数据传送到城市交通控制中心。交通控制中心对采集到的实时交通数据进行智能处理之后，形成交通控制指令，再反馈到路口信号灯控制器、道路路口引导指示屏、行进的车辆、执勤的交警，通过调节不同道路的车辆的数量、速度，达到优化道路通行状态的目的。这是智能工业、智能农业、智能电网、智能环保、智能医疗应用系统基本的设计思想。从这个角度看，物联网是可反馈、可控制的闭环系统。

（4）物联网面临着更为严峻的网络安全问题

互联网可以提供开放的、全球性的信息服务，而物联网提供的是行业性、专业性与区域性的服务，是可反馈、可控制的闭环系统，因此物联网面临着更为严峻的网络安全考验。

a) 互联网构造了人与人信息交互与共享的信息世界

b) 物联网融合了信息世界与物理世界

图 1-19　物联网实现信息世界与物理世界的融合

互联网上流传着一句话："在互联网上没有人知道它是一条狗"。这句话看上去是一句戏言，其实不无道理。互联网在最初设计时就强调开放性，互联网不专属于世界上任何一个部门或公司，它通过用户普遍遵守的标准协议——TCP/IP 协议体系，以网际互联的方式逐步按需扩张形成的。用户可以按照邮箱名的结构，在不同的电子邮件服务网站注册自己的邮箱名。互联网所有参与者的真实身份很难确认。而作为物联网的设计者，在构建智能电网、智能物流、智能安防等物联网应用系统时，必须保证接入物联网的传感器、RFID、测控设备有确切的合法身份，保证物联网上传输的数据是合法与正确的。例如，在食品安全溯源系统中，工作人员要给牲畜扎上带有 RFID 标签的耳钉。RFID 标签将记录每一头牲畜的编号、出生时间、生长过程的生理参数、食物的来源等数据。所以，有人戏说："在物联网上，狗也是有'身份'的网民"，这句话是正确的。

智能工业、智能农业、智能交通、智能医疗、智能家居、智能安防、智能物流等应用中会接入大量的智能设备、智能系统与控制系统。物联网中智慧城市的智能楼宇自动控制、电梯系统联动与控制、城市供电与供水控制，关乎国计民生于社会稳定。未来连接到物联网的智能硬件，小到患者的心脏起搏器、家庭照明灯泡与路灯、居民的电子门锁、婴儿监控设备、植入式传感器，

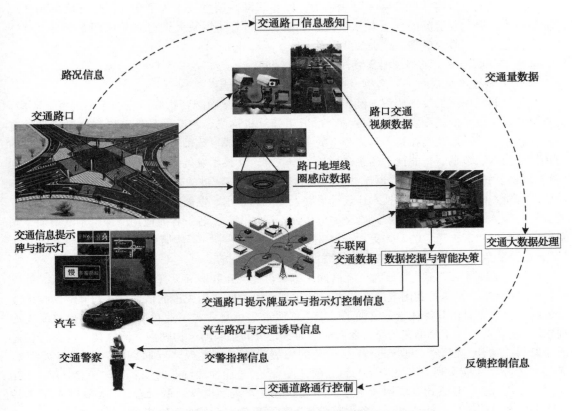

交通路口信息感知

路况信息

交通路口

交通量数据

路口交通
视频数据

路口地埋线
圈感应数据

交通大数据处理

交通信息提示
牌与指示灯

车联网
交通数据

数据挖掘与智能决策

慢

交通路口提示牌显示与指示灯控制信息

汽车

汽车路况与交通诱导信息

交通警察

交警指挥信息

反馈控制信息

交通道路通行控制

图1-20 物联网是可反馈、可控制的闭环系统

大到城市供水、供电系统、智能工厂制造设备、无人驾驶汽车、飞机控制系统，都与人们的生活和工作密切相关，所以针对物联网的攻击有可能造成危及人身安全与社会稳定的重大危害。因此，物联网面临着比互联网更为严峻的网络安全问题。

1.3.4 物联网与"互联网＋"的关系

要深入研究物联网技术与产业发展的环境与特点，就需要对物联网与"互联网＋"的内涵加以系统分析和比较。我们可以从以下两个角度认识物联网与"互联网＋"的关系。

1. 从互联网思维的角度去认识物联网与"互联网＋"的关系

随着互联网的大规模应用，互联网对社会与经济发展的影响日益凸显。人们试图从认识论的层面诠释互联网与各行各业"跨界融合"的基本规律和思维方式，"互联网思维"的概念呼之欲出。企业家、经济学家与计算机科学家都从各自的角度对互联网思维的概念做出了解释，提出了不同的看法。同时，随着互联网技术与应用的发展，人们对互联网重要性的认识不断深化，互联网思维的内涵也在不断变化。目前大家比较认同的看法是：互联网思维是在"互联网＋"、物联网、云计算、大数据、智能技术的支撑下，对传统产业的市场、客户、产品、生产、服务、价值链，进行重新审视、改造、升级，乃至重建行业生态的思维方式。从信息技术对社会发展影响的角度，我们可以用十六个字来表述"互联网思维"的内涵，那就是"跨界、融合，转型、升级，开放、共享，创新、创业"。

因此，我们可以将"互联网+"表述为：以互联网与信息技术为平台，促进互联网与传统产业的深度融合，创造新的行业生态。"互联网+"涵盖的领域大致可以分成四个部分：制造业、现代服务业、政府管理、社会公共服务。

理解"互联网+"的概念时需要注意以下几个问题：

（1）不能将"互联网+"简单地看作"互联网及其应用"

纵观计算机网络的发展历程，经历了从互联网、移动互联网到物联网三个重要的发展阶段。计算机与通信技术的高度发展与深度融合形成了计算机网络，互联网是计算机网络最成功的应用。互联网与移动通信网在技术与业务上的高度融合，形成了移动互联网；互联网、移动互联网与感知、控制、数据、智能技术的融合形成了物联网。从技术发展的角度，我们可以清楚地看到"从互联网、移动互联网到物联网"这样一个自然地传承与演进的过程，三者之间在应用领域与功能上有所不同，但是从核心技术、设计思路上呈现出传承、发展的关系，形成了一个密不可分的有机的整体。随着技术的发展，网络的应用面不断扩大，在各行各业应用的深度不断增加，涵盖的内容更加丰富，产生的影响更加深远。所以，"互联网+"不能简单地视为"互联网及其应用"，而是涵盖互联网、移动互联网与物联网应用的丰富内容。

（2）"互联网+"不是简单的"互联网+××行业=互联网××行业"

"互联网+"是执行我国政府在"九五"规划中提出的"用先进的信息技术与互联网技术改造传统产业"方针的具体体现，贯彻了坚定不移地走"信息化与工业化两化融合"道路的发展理念。"互联网+"不是颠覆传统产业，而是通过先进的互联网、物联网、信息技术与各行各业的"跨界、融合、创新"，改变企业与社会的发展模式。要实现"互联网+"就必然要"跨界"，"跨界"才能实现"互联网"与行业的"融合"，进而推动行业的创新、转型和升级。"互联网+传统行业"体现出互联网"信息世界"与企业"现实世界"的融合。"互联网+"不是互联网技术与传统行业的技术、业务简单叠加的物理反应，而是改革传统产业的发展形态，创造新业态、重构产业链，改造传统产业发展模式的化学反应。"互联网+"将给传统产业注入新的活力，创造新的盈利模式。因此，我们需要从更加宏观的"互联网思维"高度去认识"互联网+"的丰富内涵，以及"互联网+"与物联网技术的关系。

2. 从国家发展战略的角度去认识物联网与"互联网+"的关系

"互联网+"是我国政府从国家战略层面对产业与经济发展思路的一种高度凝练的表述。"互联网+"发展计划希望推动互联网、移动互联网、物联网、云计算、大数据、智能技术与现代制造业以及各行各业的结合，促进电子商务、现代制造业与互联网金融的健康发展。

国务院于2015年7月发布了《关于积极推进"互联网+"行动的指导意见》（以下简称为《指导意见》），明确未来三到十年的发展目标。《指导意见》针对转型升级任务迫切、融合创新特点明显、人民群众最关心的领域，提出了11个具体行动计划，涵盖了制造业、农业、金融、能源等具体产业，涉及环境、养老、医疗等与百姓生活息息相关的多个方面。

《指导意见》提出：到2018年，互联网与经济社会各领域的融合发展进一步深化，基于互联网的新业态成为新的经济增长动力，互联网支撑大众创业、万众创新的作用进一步增强，互联网成为提供公共服务的重要手段，网络经济与实体经济协同互动的发展格局基本形成。到2025年，网络化、智能化、服务化、协同化的"互联网+"产业生态体系基本完善，"互联网+"新经济形态初步形成，"互联网+"成为经济社会创新发展的重要驱动力量。

因此，从以上讨论中可以清晰地看出物联网与互联网+的关系主要表现在三个方面：

第一，"互联网+"是对我国社会与经济发展转型思路高度凝练的表述，它涵盖着互联网、移动互联网、物联网与各行各业"跨界、融合"的丰富内容。

第二，物联网是支撑"互联网＋"发展的核心技术之一。

第三，推进《指导意见》的实施，将为物联网产业开辟更加广阔的发展空间。

1.4 物联网体系结构

1.4.1 物联网体系结构的基本概念

1. 为什么要研究物联网体系结构

谈到体系结构，人们自然会想到计算机体系结构与冯·诺依曼模型、计算机网络体系结构与七层协议模型，以及互联网体系结构。这说明两个重要的问题。第一，对于复杂的计算机系统和计算机网络，我们需要研究出能够表现不同类型计算机、不同类型计算机网络共性特征的结构。第二，体系结构的研究是一项技术走向成熟的重要标志。人们在深入研究物联网时，自然会想到物联网体系结构的问题。显然，物联网体系结构的研究对于物联网技术是十分重要的。

物联网是一个形式多样、涉及社会生活各个领域的复杂大系统。从实现技术角度看，物联网的特点是网络的异构性、规模的差异性、应用的多样性。但不同的物联网应用系统中一定会存在很多内在的共性特征，我们需要寻找它们的共性特征，用分层结构的思想去总结描述物联网结构的抽象模型，以便从更深的层次认识物联网应用系统的结构、功能与原理，帮助技术人员规划、设计、研发、运行与维护大型物联网应用系统。因此，物联网体系结构是物联网研究的重要内容之一。

2. 研究物联网体系结构的基本方法

在体系结构研究方面，物联网与互联网有很多相通之处。互联网同样存在着规模大、网络异构、应用多样的问题，之所以互联网能够有条不紊地运行，其秘诀之一是找到了体系结构研究的正确方法和正确描述大型、异构互联网络共性特征的互联网体系结构模型。因此，研究物联网体系结构应该借鉴互联网的研究方法与思路。

互联网体系结构研究的基本思路是以简单的方法处理复杂问题，通过"化整为零，分而治之"的方法，提出了"层次""接口"与"协议"的概念，解决了按层次结构组织大量网络通信协议的难题，使得看似无法驾驭的互联网从"无序"变成"有序"。其实，这也是人类几千年来处理复杂问题的基本方法。我们不妨用身边的例子来说明这个问题。

我们都使用过邮政系统寄信，也接收过他人来信，大家可能觉得发信与收信过程非常简单。其实，要设计一个覆盖世界各国，服务于几十亿人，适应城市与农村，以及不同语种地区的邮政系统，其规划、设计、组建、管理与运营工作绝不简单，我们的前辈是经过了上百年的实践、总结，才最终确定了目前运行的邮政系统体系的，这里面就隐藏着"体系结构"的概念。

例如，你在南开大学读书，而你家在广州。当你想给父母写信时，第一步是写信的正文；第二步是在信封的左上方写收信人的地址，在信封的中部写收信人的名字，在信封的右下方写发信人（你）的地址；第三步是将信件封进信封，贴上邮票；第四步是将信件投入邮箱。这样，作为发信方任务就完成了。

当你将信件投入邮箱后，邮递员按时从各个邮箱中收集信件，检查邮资是否正确，之后加盖邮戳并转送地区邮政枢纽局。邮政枢纽局的工作人员根据信件的目的地址，将发送到相同地区的邮件分拣后打成邮包，并在邮包上贴上运输线路、中转站地址。如果从天津到广州要通过铁路运输并需要从北京中转，那么所有当天从天津到广州的信件都打在一个包里，贴上标签后由铁路运送到北京，然后由北京通过石家庄、武汉中转，最终到达广州。

邮包送达广州邮政枢纽局后，分拣员将会拆包，并将信件按目的地址分拣到各区邮政分局，由邮递员将信件投递到你家的邮箱中，你父母就能接到你的信了。这样，信件的发送与接收过程就完成了。

世界各地的人们之间可以自由地通信，就是由于邮政系统已经覆盖全世界，并且所有人都知道邮寄信件的规则。同时，由于覆盖全世界的邮政系统采用相同的层次结构方法来组织当地的邮政系统，具有完善的工作流程和接口标准，才能够保证整个邮政系统有条不紊地工作，世界各地的人通过邮政系统正常地发送和接收邮件。

邮政通信系统的设计、组建与运行是建立在以下几个重要的概念基础之上的，这就是协议、层次、接口与体系结构。

（1）协议

我们知道，国内与国际信件的信封写法不一样，图1-21描述了两种信封的写法，图1-21a是国内信件信封的写法，图1-21b是国外信件信封的写法。

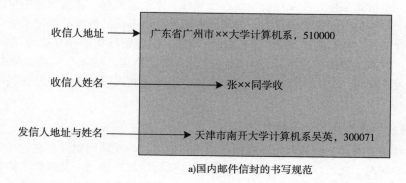

a)国内邮件信封的书写规范

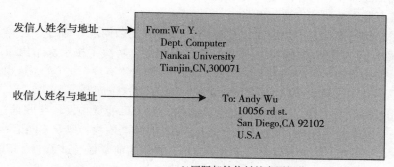

b)国际邮件信封的书写规范

图1-21　两种信封写法示意图

可以看到，国内信件的信封左上方是收信人地址，中间是收信人名字，右下角是发信人的地址。国外信件的信封左上方是发信人的名字与地址，中间部分是收信人的名字和地址。写信时必须遵守这套规范，否则信就会被退回来。国内与国际信封写法的不同则说明针对不同的通信类型需要制定不同的通信规则，这就是通信协议。要保证覆盖全世界的邮政通信系统畅通无阻地运行，就必须制定发信人与收信人、发信者与邮局、邮局与邮局之间一系列的通信协议。

（2）层次与层次结构模型

要保证物联网中大量传感器、计算机、路由器，以及使用者之间有条不紊地交换信息，实现人与物、物与物之间的互联，也必须事先制定一系列通信协议。因此，协议是物联网中的一个基本概念。

我们还可以利用覆盖全世界的邮政系统来说明这个概念。邮政通信系统涉及全国乃至世界人民之间信件传送的复杂问题，要设计、运行和管理这样一个大系统，必须采用"化整为零，分而治之"的方法。邮政系统采用分层结构的设计思想。具体的做法是：

1）将覆盖全球的邮政系统要实现的多个功能分配在不同的层次。

2）不同地区的邮政系统具有相同的层次。

3）不同地区邮政系统的同样层次具有相同功能。

图 1-22 描述了邮政系统的层次划分，以及每一个层次对应的功能。

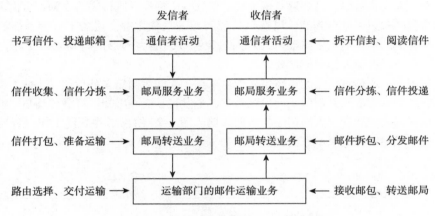

图 1-22　邮政系统的层次与功能划分

从发信人将信件投入邮箱，直到收信人从邮箱取出信件，他们享受着邮政系统所提供的服务，但是他们并不需要知道服务具体是由谁、采取什么方法实现的。也就是说，信件投入邮箱之后，直到收信人接收到这封信，中间的传递的过程对于用户是透明的。系统只要求使用邮政系统的用户遵守信封书写、邮资支付、投递与收取方法的规定，即可提供邮件投递服务。

利用层次结构的设计方法，覆盖全世界的邮政系统才能够长期、正常地运转，说明了这种设计方法的正确性。它体现了一种重要的设计理念，即对于一些难以处理的复杂问题，应该分解为若干个小规模的、容易处理的问题，用"化整为零，分而治之"的办法去解决。

邮政系统成功的设计方法对我们研究物联网的体系结构有着重要的启示和借鉴作用，层次结构是物联网中又一个重要的基本概念。

（3）接口

在邮政系统中，邮箱是发信人、收信人与邮递员之间交互的接口。发信人在寄信时一定要找到一个邮局设置的邮箱，投入信件，发信人的工作就完成了。接下来，邮递员从邮箱中取出信件，进行处理，完成运送、投递过程之后，由收信方的邮递员将信件投到收信人的邮箱，收信人从自己的邮箱中取出信件。在这个过程中，邮箱这个通信接口起到了重要作用，保证邮寄过程顺利进行。

物联网中也需要引入接口的概念。比如，需要规定 RFID 标签与读写器的接口标准，无线传感器网络中无线传感器节点之间通信的接口标准，底层计算机与高层计算机交换数据的接口标准，计算机与终端设备（无论是通过光纤还是通过无线信道接入物联网的网络系统）之间明确的接口标准等。因此，接口是物联网中又一个重要的概念。

综上可知，物联网层次结构模型与协议构成了物联网体系结构。了解了这些基本概念之后，我们可以进一步研究物联网的层次结构模型与描述方法。

1.4.2　人处理物理世界问题的基本方法

在讨论物联网的层次结构模型之前，有必要将物联网工作过程与人对于外部客观的物理世界感知与处理过程做一个比较。我们每一个人的感知器官，如眼、耳、鼻、舌头、皮肤各司其职。眼睛能够看到外部世界，耳朵能够听到声音，鼻子能够嗅到气味，舌头可以尝到味道，皮肤能够感知温度。人就是依据自己的感官所感知的信息，由神经系统传递给大脑，再由大脑综合感知的信息和存储的知识来做出判断，以选择处理问题的最佳方案。这对于每一个能够正常思维的人都是司空见惯的事。但是，如果将人对问题智慧处理能力的形成与物联网工作过程做一个比较，不难看出两者有惊人的相似之处。

人的感官用来获取信息，人的神经用来传输信息，人的大脑用来处理信息，使人具有智慧处理各种问题的能力。物联网处理问题同样要经过三个过程：泛在感知、可靠传输与智能计算，因此有人将它比喻成人的感官、人的神经与人的大脑。图 1-23 给出了物联网工作过程与人的智慧处理问题能力形成的对比关系示意图。

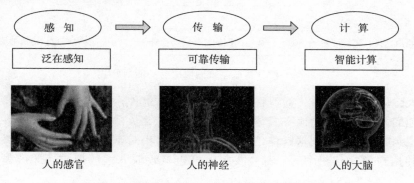

图 1-23　物联网工作过程与人的智能形成的比较

物联网的传输网可能采用互联网中的虚拟专网（Virtual Private Network，VPN）结构，可能采用移动通信网，可能采用无线局域网或无线自组网，也可能采用多种异构网络互联的结构。同时，接入设备可能是 RFID 标签与读写器，可能是不同类型的传感器，可能是智能手机，也可能是笔记本计算机、超级计算机或云计算平台。物联网的应用环境也是千差万别的。物联网的应用系统可能是覆盖全世界的物流供应链，可能是大型码头的集装箱储运管理系统，也可能是深山密林中的无线传感器网络。物联网应用系统的规划、设计和实现涉及多种技术，属于交叉学科的范畴。

尽管物联网系统结构复杂，不同物联网应用系统的功能、规模差异很大，但是它们必然存在着很多内在的共性特征。我们可以借鉴成熟的计算机网络体系结构模型的研究方法，将物联网分为感知层、网络层与应用层。物联网三层结构模型如图 1-24 所示。

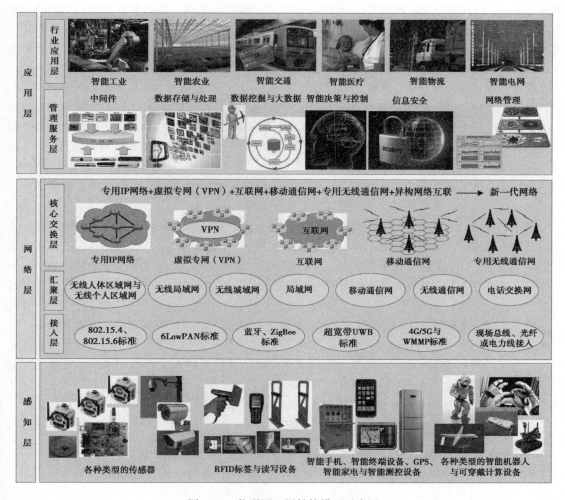

图 1-24　物联网三层结构模型示意图

*1.4.3　物联网感知层

感知层（Sensing Layer）或感知执行层是物联网的基础，是联系物理世界与虚拟信息世界的纽带。理解感知层需要注意以下几个问题。

1. 感知层设备的分类

感知层设备主要分为两类：自动感知设备与人工生成信息设备。

1）自动感知设备：能够自动感知外部物理物体与物理环境信息的设备，包括 RFID、传感器、GPS、智能家用电器、智能测控设备。

2）人工生成信息设备：人工生成信息的智能电子设备，包括智能手机、个人数字助理（PDA）、计算机，它们是自动感知的辅助手段。

2. 感知能力与控制能力

人们将 RFID 比喻成能够让物体"开口"的技术。RFID 标签中存储了物体的信息，通过无线信道将它们存储的数据传送到 RFID 应用系统中。一般的传感器只具有感知周围环境参数的能力。例如，在环境监测系统中，一个温度传感器可以实时地传输它所测量到的环境温度，但是它对环境温度不具备控制能力。而对于一个精准农业物联网应用系统中的植物定点浇灌传感器节点，系统设计者希望它能够在监测到土地湿度低于某一个设定的数值时，就自动打开开关给果树或蔬菜浇水。这种感知节点同时具有控制能力。在物联网突发事件应急处理的应用系统中，核泄漏现场处理的机器人可以根据指令进入指定的位置，通过传感器将周边的核泄漏相关参数测量出来，传送给指挥中心。根据指挥中心的指令，机器人需要打开某个开关或关闭某个开关。从这个例子可以看出，作为具有智能处理能力的传感器节点，必须具备感知和控制能力，同时具备适应周边环境的运动能力。因此，从一块简单的 RFID 标签芯片、一个温度传感器或测控装置，到一个复杂的智能机器人，它们之间重要的区别表现在智能物体是不是需要同时具备感知能力和控制、执行能力，以及需要什么样的控制、执行能力。

图 1-25 给出了不同结构的物联网应用系统的示意图。图 1-25a 描述的是一个应用于桥梁监控的无线传感器网络结构示意图。在这一类应用系统中，无线传感器网络主要的功能是实时监控桥梁安全状态，及时向管理中心报告，对系统状态数据的分析、处理由专业工程师完成，因此这一类系统没有控制与执行的任务，系统中不需要设计执行器。图 1-25b 展示的是一个应用于高速公路收费站 RFID 自动收费 ETC 系统结构示意图。在这一类应用系统中，车辆配制了 RFID 标签，ETC 收费站设置有 RFID 读写器，而执行器控制杆是受 ETC 系统控制的独立的抬杠设备。在这一类系统中，感知节点与执行节点是分开的。图 1-25c 展示的是一个应用于汽车装配线上的智能机器人与机械手结构示意图。在这一类应用系统中，智能机器人或机械手通过传感器感知加工部件的位置与状态信息，同时根据智能控制执行工件的装配工序。在这一类应用系统中，感知节点与执行节点是一体的。

3. 对感知层技术发展的讨论

从感知层技术发展的角度，我们需要注意以下几个重要的发展趋势。

第一，目前讨论的主要是关于大规模与造价低的 RFID 标签、各种传感器的应用问题，这在物联网发展的第一阶段是非常自然和必须的。但是，随着物联网应用发展的深入，感知手段正在从单一传感器的感知，向身份感知、状态感知、位置感知、过程感知、环境感知的多传感手段协同感知、智能感知的方向发展。目前发展迅速的"智能全景视频感知技术"就是一个重要的标志。

第二，新型传感器的发展依赖于新型材料、新机理、新工艺，新一代的光纤传感器、超导传感器、纳米传感器、量子传感器、智能传感器、网络传感器将不断拓展物联网的感知能力与感知手段。

第三，无线传感器与执行器网络的出现，标志着智能机器人、可穿戴计算设备作为"感知器与执行器"合二为一的发展趋势，使得物联网具有更强的综合感知能力，自适应、协同与智慧的处理能力将进一步扩大物联网在智能工业、智能交通、智能医疗、智能环保，以及军事、防灾救灾、安全保卫、航空航天等领域的应用范围。

*1.4.4 物联网网络层

"网络层"也叫做"网络与数据通信层"（Networking and Data Communications Layer）。理解网络层需要注意以下几个问题。

传感器节点

a）单一的传感器节点

收费站执行器　车辆RFID卡

b）RFID感应节点与执行器分离

传感器与执行器一体的工业装配机器人与机械手

c）传感器节点与执行器一体

图 1-25　不同结构的物联网应用系统的示意图

1. 认识接入层、汇聚层与核心交换层

（1）网络层次结构模型与体系结构研究的基本方法

讨论计算机网络层次结构模型有两种基本的方法。第一种方法是采用开放系统互联（OSI）参考模型，将计算机网络分成从物理层到应用层的七层结构。第二种方法是将为应用层计算机进程通信提供数据传输服务的部分都叫做"传输网"或"承载网"。那么，互联的广域网、城域网、局域网与个人区域网，以及电信的移动通信网、电话交换网都属于传输网的范畴。第一种方法适合于网络理论和分层协议的研究，而第二种方法适用于网络应用系统设计与实现的研究。物联网研究的侧重点应该放在网络应用上，因此第二种抽象方法更适合于物联网体系结构的研究。

物联网应用系统多种多样，有小范围的简单应用，有中等规模的协同感知应用，也有大规模的行业性应用。一个小型的物联网应用系统可以是一个文物和珠宝展览大厅的安保系统、一个智能家居系统、一幢大楼的监控系统、一个仓库的物流管理系统。中等规模的物联网应用系统可以是集装箱码头、保税区物流系统、城市智能交通系统、智能医疗保健系统。大规模的物联网应用系统可以是国际民用航空运输的物联网应用系统、海运物流应用系统，也可以是国家级的智能电网、智能环保系统。不同类型的物联网应用系统使用的传感器与 RFID 类型、传感器与 RFID 标签的接入方式、数据量与数据传输方式都会有很大的差别。因此，研究物联网的层次结构，有必要借鉴互联网层次结构研究中成熟的模型。

（2）应用系统体系结构的基本概念

互联网结构是非常复杂的，在最初研究互联网层次结构模型时，研究人员也遇到过类似的问题。经过大量的实践和理论研究，研究人员遵循"自顶向下"的设计方法和思路，提出了应用系统体系结构（Application Architecture）的概念。应用系统体系结构是将一个大型的互联网应用系统分为网络应用与传输网两大部分，将为互联的计算机进程通信提供数据传输服务的部分叫做"传输网"。按照这个定义，广域网、城域网、局域网与个人区域网，以及电信的移动通信网、电话交换网都属于传输网的范畴。设计人员在设计一个大型互联网应用系统时，第一步将注意力集中在应用层功能规划、工作模型与协议设计，以及计算模型与应用软件开发上；第二步再根据应用系统对数据传输服务质量的需求，选择适当的传输网技术与网络结构。这是一种成功的思维方式。依据应用系统体系结构的设计思路，任何一个大型互联网应用系统的设计者都可以将复杂的问题"分而治之"，使得设计、实施与运行管理能够做到层次分明、功能清晰，使得整个系统的设计与实现可以有条不紊地完成。

（3）物联网接入层、汇聚层与核心交换层的基本概念

在分析互联网传输网的结构时，人们引入了接入层、汇聚层与核心交换层的概念。接入层通过各种接入技术，连接最终用户设备；汇聚层聚合接入层的用户流量，实现数据路由、转发与交换；核心交换层为互联网提供一个高速、安全与保证服务质量的数据传输环境。汇聚层与核心交换层的网络通信设备与通信线路就构成了传输网。

在实际设计一个具体的城域网、企业网、园区网或校园网时，设计人员可以根据网络规模的大小与功能需求，在网络结构设计中采用三层结构，或者是取它的一个子集，即只设计接入层与汇聚层，可以在网络规模扩大时再增加核心交换层的通信线路与网络设备。由于物联网的网络规模、采用的传输技术差异很大，因此，在物联网传输层结构中引入了接入层、汇聚层与核心交换层分层结构，使得物联网体系结构具有更好的开放性与可扩展性。

2. 接入层

物联网接入层相当于计算机网络 OSI 参考模型中的物理层与数据链路层。RFID 标签、传感器与接入层设备构成了物联网感知网络的基本单元。

（1）接入层与 RFID 基本单元

图 1-26 给出了 RFID 基本单元结构示意图。理解接入层与 RFID 基本单元结构的关系需要注意以下几个问题。

1）一个基本的 RFID 感知单元由一个 RFID 读写器与多个被读写的 RFID 标签组成。RFID 标签则由 RFID 芯片、接收与发射电路与天线组成。

2）RFID 读写器由天线、接收与发射电路，以及中间件软件、网络接口组成。RFID 读写器一端通过接收与发射电路、天线与 RFID 标签通信，另一端通过网络接口与汇聚层通信。

3）从计算机网络理论角度看，RFID 接入层结构、工作原理与无线局域网相似，RFID 芯片的数据与 RFID 读写器采取"一跳"的方式传输，只需要由物理层与数据链路层完成通信任务，也就是说接入层只需要涉及物理层与数据链路层，不存在网络拓扑控制与路由选择问题。接入层的物理层实现二进制比特数据的传输，数据链路层实现多点接入的控制与数据传输的差错控制。

（2）接入层与无线传感器网络基本单元

图 1-27 给出了无线传感器网络基本单元结构示意图。

无线传感器节点是由感知层的传感器芯片、接入层的数据处理电路、数据发送接收电路与天线组成。多个无线传感器节点组成一个无线传感器网络。

无线传感器网络的特点主要表现在网络规模、自组织网络与拓扑动态变化三个方面。

1）无线传感器网络规模。无线传感器网络规模与应用系统类型相关。例如，如果将它应用

于森林防火和环境监测，必须部署大量传感器以获取精确信息，节点数量可能达到成千上万个甚至更多。同时，这些节点必须分布在所有被检测的地理区域内。因此，网络规模受到节点的数量与分布的地理范围两个因素的影响。

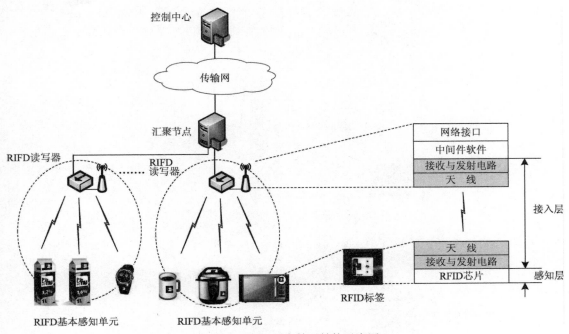

图 1-26　RFID 基本单元结构示意图

2）无线传感器网络自组织的能力。一般情况下，无线传感器节点的位置不能预先精确设定，节点之间的相互邻居关系预先也不知道，传感器节点通常被放置在没有电力基础设施的地方。例如，通过飞机在面积广阔的边境线播撒大量传感器节点，或随意放置到人类不可到达的区域，或者是危险的区域。这就要求传感器节点具有自组织能力，能够自动进行配置和管理，通过拓扑控制机制和网络协议，自动形成转发感知数据的多跳无线网络系统。因此，无线传感器网络是一种典型的无线自组网。

3）无线传感器网络的拓扑重构能力。对传感器节点最主要的限制是节点携带的电池能量有限。传感器节点作为一种微型嵌入式系统，节点的微处理器的计算能力比较弱，存储器容量比较小，但是需要完成感知数据的采集和转换、数据的管理和处理、应答汇聚节点的任务请求、节点控制等多种工作。在使用过程中，可能有部分节点因为能量耗尽或环境因素失效，这就必须增加一些新的节点以补充失效节点，传感器网络中的节点数量的动态增减带来网络拓扑结构的动态变化。这就要求无线传感器网络系统能适应这些变化，具有动态系统重构能力。

从计算机网络的角度看，无线传感器网络通过拓扑控制机制和网络协议，自动形成转发感知数据的多跳无线网络系统，以及为适应拓扑动态变化的重构能力，多数情况是在物理层与数据链路层实现的，接入层技术相对比较复杂。

（3）接入层网络技术类型

接入层网络技术类型可以分为两类：无线接入与有线接入。无线接入主要有无线局域网、无线个人区域网技术与移动通信网中的机器到机器（M2M）通信等。有线接入主要有现场总线网接入、电力线接入、电视电缆与电话线接入等。

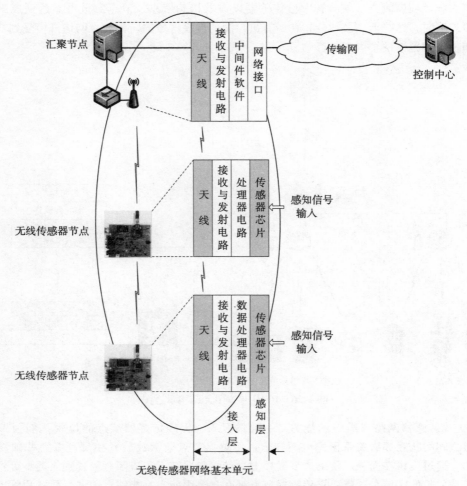

图 1-27 无线传感器网络基本单元结构示意图

3. 汇聚层

（1）设置汇聚层的必要性

图 1-28 给出了一个基于 RFID 的大型零售与物流企业的物联网系统汇聚层与核心交换层结构示意图。由于一个实际的基于 RFID 的大型零售与物流企业的物联网系统由分布在各地的零售商场、仓库与物流中心，以及公司主干网组成，而一个零售商场、仓库与物流配送中心就有多个自动感知的 RFID 基本单元，因此在一个基于 RFID 的大型物联网系统中，我们不可能随意地将接入层产生的数据流不经汇聚，简单地通过核心交换层传输到高层数据处理中心。我们必须参考互联网成功的设计思路，在接入层与核心交换层之间加入汇聚层。

一个实际的公路、铁路、输油管线的安全监控物联网系统是由分布在很长线路上的多个无线传感器网络组成。实际的智能电网是由从发电厂、输变电电路到用户智能电表多种感知单元与数据处理单元组成。要将这些系统中的多个感知单元的数据准确、实时、有序地汇集起来，传送到高层数据处理中心，在整体物联网网络结构设计时就必须考虑在接入层之上加入汇聚层，将汇集、整理后的数据通过核心交换层传送到高层数据处理中心。

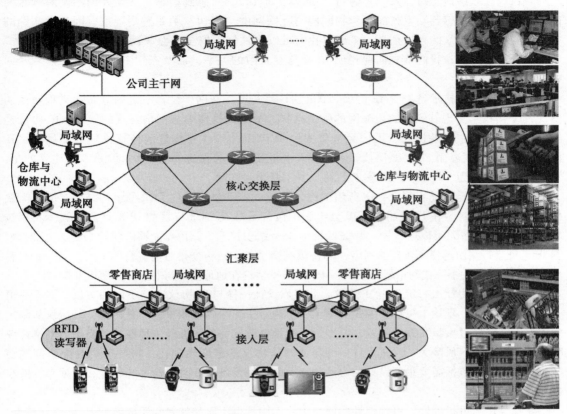

图 1-28　汇聚层与核心交换层结构示意图

（2）汇聚层的主要功能

汇聚层位于接入层与核心交换层之间，它的基本功能是：

- 汇接接入层的用户流量，进行数据分组传输的汇聚、转发与交换。
- 根据接入层的用户流量，进行本地路由、过滤、流量均衡、优先级管理，以及安全控制、地址转换、流量整形等处理。
- 根据处理结果把用户流量转发到核心交换层或在本地进行路由处理。

（3）汇聚层网络技术类型

汇聚层网络技术可以分为无线与有线两类。

无线网络技术主要有无线个人区域网、无线局域网、无线城域网、2G/3G/4G 移动通信的 M2M 通信，以及专用无线通信技术。

有线网络技术主要有局域网、工业现场总线网标准，以及电话交换网技术。

4. 核心交换层

核心交换层为物联网提供高速、安全与具有服务质量保障能力的数据传输环境。在讨论核心交换层时，我们需要注意以下几个问题。

（1）IP 网、IP 专用网络与虚拟专网的概念

在讨论物联网概念时，人们普遍对"Internet of Things"感到疑惑。其实人们不是对物联网的发展与应用前景感到疑惑，而是对物联网与互联网的"密切"关系感到疑惑，因为互联网的安全性受到社会大众的普遍质疑。"难道我们可以在这样不安全的互联网之上发展物联网吗？"回答这个问题之前，我们首先需要说明 IP 网与互联网的关系，以及专用 IP 网络与虚拟专网的概念。

互联网的核心技术是 TCP/IP 协议。TCP 协议是实现互联网中计算机之间分布式进程通信的协议，IP 协议是实现互联网的传输网的路由选择、分组数据传输与网络互联的协议。IP 协议是实现网络互联最主要的协议，人们经常将按照 TCP/IP 协议体系构建的计算机网络简称为"IP 网"。由于互联网遵循 TCP/IP 协议，因此有人也将互联网简称为"IP 网"。但是需要注意的是：互联网可以简称为"IP 网"，但是"IP 网"并不就是互联网。

IP 协议的关键特征有两个：IP 分组结构、IP 地址。IP 协议规定了 IP 分组的结构，所有需要传输的数据都要封装在 IP 分组中。IP 分组头中包含了源 IP 地址与目的 IP 地址。从具体实现技术的角度，"IP 网"可以理解为：数据封装在 IP 分组中传输，路由器能够识别 IP 分组，并能够根据 IP 地址进行路由选择和转发的网络。IP 协议有两个版本，一个是目前流行的 IPv4，另一个是目前正在大力推广的下一代网络层协议——IPv6。IPv6 协议在地址空间与安全性方面优于 IPv4。

有人提出：为什么一定要用 IP 协议，我可以设计一种与 IP 协议完全不同的协议，那不是更安全吗？回答是：理论上可以，但是实际上行不通。主要原因有两个：一是任何一种协议从制定到成熟，需要经过大量实践的考验，要经过不断地修改和完善。设计一种新的、实用的网络协议时间长、投资多、风险大。二是设计一种新的网络协议的难度表现在：需要解决的配套问题更多、更困难，这包括需要重新设计路由器和相关的网络设备，修改操作系统软件、数据库软件与各种应用软件。

在安全性与可扩展性、可操作性的博弈中，人们不得不研究如何利用成熟的 IP 协议与技术，同时要解决它的安全性问题。网络研究人员针对这个问题提出了三种基本的对策：

① 组建 IP 专网的方法

前面说过，遵循 IP 协议的网络叫做"IP 网"，但"IP 网"可以是一个内部专用的网络，而不与互联网有任何连接。IP 专用网络可以简称为"IP 专网"。IP 专网的主要特征是：使用 TCP/IP 协议，但是与互联网没有任何通信线路连接，是物理隔离的。IP 专网是属于组建单位管理的、独立运行的、安全的 IP 网。对于安全性要求高的网络应用系统，如电子政务应用系统就采用了组建 IP 专网的方案。电子政务系统中，涉密文件、数据的传输只能在内部专网中进行，而政府网站等公开为市民服务的数据需要依靠互联网传输。市民可以通过互联网的计算机或移动通信网的手机，向政府有关部门反映情况，了解政策法规，实现网上报税、注册公司等便民服务。但是，涉密文件的发送与信息交互必须在安全的电子政务内部专网中传输。电子政务内部专网与互联网是物理隔离的。

作为典型的物联网应用系统的智能电网的确不会使用互联网这样不安全的通信环境的。在用于发电与送变电过程控制传感器与执行器、用户智能电表、控制中心计算机等重要数据传输都需要使用自己建设和管理的专用网络。在供电信息发布、用户用电查询等公众服务项目的应用时可以使用互联网。智能电网的内部专网与互联网是物理隔离的。图 1-29 给出了电子政务与智能电网两种应用中 IP 专网与互联网作用比较的示意图。图中假设电子政务与智能电网都使用了 IP 专网。

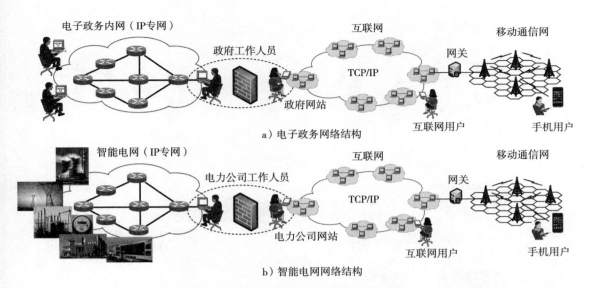

a) 电子政务网络结构

b) 智能电网网络结构

图 1-29 IP 专网与互联网作用的比较

② IP 专网与代理服务器相结合的方法

图 1-30 给出了 IP 专网与代理服务器相结合方法的网络结构示意图。在一些互联网应用中，用户数据需要实时录入到数据库，同时用户随时需要查询自己的数据。例如，在银行网络系统中，客户在超市使用借记卡购物时，银行客服系统会立即通过短信的方式，通过手机通知用户"您尾号为＊＊＊＊卡于＊＊＊＊时间在＊＊＊＊地点消费＊＊＊＊元，余款为＊＊＊＊元"。客户也可以通过互联网查询自己的账户看某笔钱是否到账。银行计算机系统是不能够让客户直接访问的，它采用了图 1-30a 的结构，通过一个代理服务器（Agent Server）隔离客户与内部网络系统。代理服务器在核实了客户合法身份之后，接收客户查询账户的请求，通过代理程序将客户请求变成代理请求，查询数据库，再将查询结果反馈给客户。代理服务器在隔离外部客户所有对内部数据库读写请求的同时，完成客户合理的访问请求。代理服务器起到一种防火墙的作用。

智能物流系统的网络也可以采用图 1-30b 所示的结构。所有货物销售管理、资金流管理、仓库管理、采购管理、货物调运、配送路线规划等企业内部运行环节的数据传输都依靠安全的内部专网。产品推销宣传、网购与客服可以在互联网环境中进行，客户可以通过互联网中的计算机或移动通信网的手机进行产品查询、咨询与网购订单传送。所有客户订单数据只能够由客服人员通过代理服务器传送到内部网络的数据库中，外部用户不能与内部网络的数据库有任何直接的交互。

③ 组建虚拟专网的方法

虚拟专网的全称是"虚拟专用网络"（Virtual Private Network，VPN）。VPN 是指在按照 IP 协议组建的公共传输网络中建立虚拟的专用数据传输通道，将分布在不同地理位置的网络或主机连接起来，提供安全数据传输服务的网络技术。VPN 概念的核心是"虚拟"和"专用"。"虚拟"表示 VPN 是在公共传输网中，通过建立"隧道"或"虚电路"的方式建立的一种"逻辑网络"。"专用"表示 VPN 可以为接入的网络与主机提供保证安全与服务质量的传输服务。很多电子商务应用系统都采用了这种方法。

在物联网中，我们可以在公共传输网中使用 VPN 技术，在多个汇聚层端口之间建立安全的

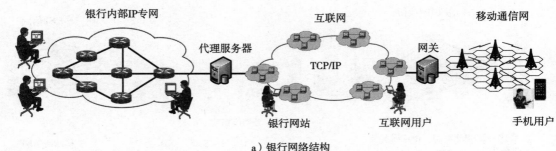

a）银行网络结构

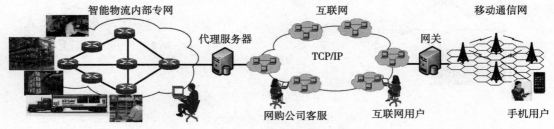

b）智能物流网络结构

图 1-30　IP 专网与代理服务器相结合方法的网络结构示意图

通信"隧道"，以保证物联网数据传输服务质量与安全性。图 1-31 给出了 VPN 结构与基本工作原理示意图。很多不希望独立组建内部专网的物联网应用系统，它的核心交换层网络可以采用 VPN 结构。

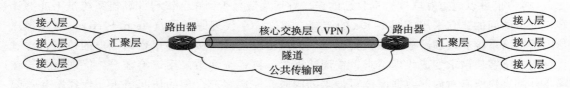

图 1-31　VPN 结构示意图

（2）IP 网与非 IP 网

目前人们认为，物联网核心交换层分为三种基本的结构：IP 网、非 IP 网和混合结构。我们已经对 IP 网结构做了讨论。目前，物联网研究的非 IP 网主要是指移动通信网（2G/3G/4G/5G）传输网与专用无线通信网。在实际应用中必然会出现 IP 网和非 IP 网互联的混合结构。物联网核心交换层主要结构与技术类型如图 1-32 所示。

（3）IP 网与非 IP 网的互联

图 1-33 给出了 IP 网与非 IP 网互联的结构示意图。实现 IP 网与非 IP 网互联的关键网络设备是网关（Gateway）。网关的作用是完成不同协议的网络之间数据分组的格式变换。图中以中文信封与英文信封的书写方法转换来说明这个问题。如果要从 IP 网中传送一个分组到一个非 IP 网，IP 网中的分组格式是 IP 协议规定的，显然与非 IP 网的数据分组格式是不相同的。如果将 IP 网分组不加变换地传送到非 IP 网，那么非 IP 网的网络设备会因为不认识 IP 分组而将它丢弃。网关则可以完成采用不同协议的网络之间数据分组的格式变换。这就和我们日常生活中的邮政系统很相似。我们用中文书写信封与用英文书写信封的规定是不同的。我们如果想给美国大学的一

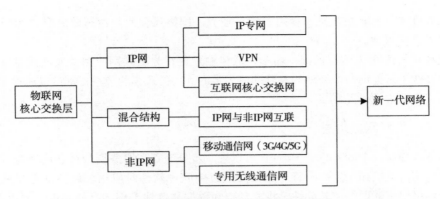

图 1-32　物联网核心交换层主要技术类型

位教授写一封信，那么就一定要将中文信封的写法转换成英文信封的写法，这样邮政系统才不会出现投递错误或无法投递的现象。通过"网关"技术，用协议变换的方法便可将异构的物联网 IP 网与非 IP 网互联起来。

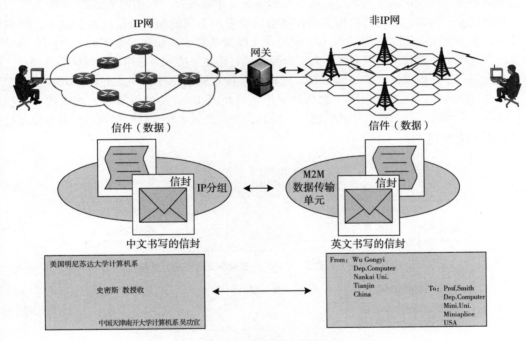

图 1-33　网关作用示意图

目前，学术界比较重视的另一种研究思路是设计一种与 TCP/IP 通信模型不同的新一代网络，以适应物联网不同的应用需求、应用环境、流量模型与资源限制。

（4）无线网络技术将在未来物联网中发挥重要的作用

最初研究的无线网络技术主要是 IEEE802.11 无线局域网。随着移动互联网的发展，无线网络技术已经形成从覆盖人身体周边 1～10m 的人体区域网（WBAN）到无线个人区域网（WPAN），扩展到几十公里的无线城域网（WMAN）；传输速率也从几百 kbps 扩展到 Gbps，基本上已经形成覆盖一座城市的"无处不在"与"全覆盖"的无线网络技术体系。尤其是高速无线局域网 IEEE802.11n 标准的问世，以及可在提供固定的基站之间提供数据传输速率 1Gbps 的高速无线城域网标准 802.16m 的出现，使得各国产业界、网络运营商与各国政府对"无线城市"建设计划产生了高度兴趣。

第五代移动通信网（5G）的高传输率、低传输延迟将为物联网应用的发展提供巨大的推动力。未来物联网中智能的与非智能的、移动或固定的、大的或小的节点，都可以通过无线方式实现更大范围、更加方便的互联。

*1.4.5 物联网应用层

物联网的应用层（Applications Layer）可以进一步分为管理服务层与行业应用层。管理服务层位于网络层与行业应用层之间。管理服务层通过中间件软件对应用层软件屏蔽了感知层的感知设备以及网络层传输网络的差异性，将海量感知数据高效地汇聚、存储起来，利用数据挖掘、大数据处理与智能决策技术，为行业应用层提供服务。

1. 管理服务层的主要功能

（1）中间件

物联网中不同的应用系统将采用不同类型的感知与控制硬件，如不同类型的 RFID 标签、传感器与控制设备。同时，不同的应用系统在网络层会采用不同的网络通信技术。例如，IP 网络通信技术、非 IP 的移动通信网通信技术、有线或无线通信技术。如何屏蔽不同类型感知与控制设备硬件以及网络通信技术的差异性，向下为网络层、感知层接入到应用层的提供标准接口，向上为行业应用层软件提供标准的感知数据，需要借鉴计算机软件技术中成熟的中间件技术。管理服务层通过中间件，在物理上隔离物联网应用系统与 RFID 或传感器硬件、网络技术的差异性，在逻辑上实现应用层与低层的无缝连接。因此，中间件技术是支持物联网应用的重要基础技术，其作用如图 1-34 所示。

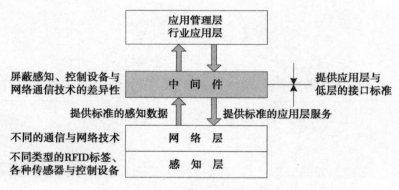

图 1-34 中间件的作用示意图

（2）数据存储服务

从数据获取的角度，感知层的一个重要特点是"以数据为中心"。对于智能物流的 RFID 应用系统角度，高层管理人员关心的是什么品种的商品在什么时间、在哪些商店卖出去多少。他们并不关心采用的是哪种 RFID 芯片、如何组网、数据如何传输、传输出错是如何处理的。对于智能交通系统，用户关心的是哪条道路发生了拥堵、哪条道路畅通、目的地周边有没有停车位，他们并不关心传感器放置在哪里、如何组网、数据是如何传输的、道路拥塞情况是用哪种算法分析的。物联网数据的特点是：海量性、多态性、动态性与关联性。管理服务层要提供物联网海量数据存储、融合、查询、检索的服务功能。

（3）大数据与智能决策服务

面对物联网的海量数据，人们必须借助计算机才能对其深入分析，获得相关的知识。数据挖掘（Data Mining）就是运用关联规则挖掘、分类与预测、聚类分析、时序模式挖掘等算法，从大量数据中提取或"挖掘"知识的过程。例如，在精准农业大棚作物生产的物联网应用中，人们通过传感器获取环境、温度、湿度、土壤等项参数，通过比较、分析大量的历史数据，及时掌握当前农作物生长的环境现状与变化趋势。通过数据挖掘算法，找出影响作物产量的主要因素和获得丰产的最佳条件，再通过控制大棚的温度、湿度，以及恰当的施肥时机与数量，达到以最小的投入获得最高产量和效益的目的。在大型连锁店的销售与物流配送的物联网应用中，管理人员需要分析和比较历年不同季节货物销售数据，分析和预测货物销售的趋势，制定销售策略；通过分析库存情况，决定采购计划；通过对各个销售商店的存货数量的分析，确定物品调度计划，计算配送货车优化的运输路径。最终通过信息流加快物流与资金流的周转，达到节约成本、获取更高经济效益的目的。从中，我们可以看出大数据与智能决策服务发挥的重大作用。

智能工业、智能农业、智能交通、智能医疗、智能环保等物联网应用中的大量传感器、RFID 芯片、视频监控探头、工业控制系统是造成数据"爆炸"的重要原因之一。物联网为大数据技术的发展提出了重大的应用需求，成为大数据技术发展的重要推动力。物联网通过不同的感知手段获取大量的数据不是目的，通过大数据处理，提取正确的知识与准确的反馈控制信息才是物联网对大数据研究提出的真正需求。大数据的应用水平直接影响着物联网应用系统存在的价值与重要性。大数据与智能技术的应用的效果将成为评价物联网应用系统技术水平的关键指标之一。

2. 行业应用层与应用层协议的基本概念

物联网的特点是多样化、规模化与行业化。物联网可以用于智能电网、智能交通、智能物流、智能工业、智能建筑、智能农业、智能家居、智能环境监控、智慧医疗、智慧城市等领域。图 1-35 给出了物联网应用示意图。

物联网层次结构中的行业应用层是由多样化、规模化的行业应用系统构成。为了保证物联网应用系统中人与人、人与物、物与物之间有条不紊地交换数据，就必须制定一系列的信息交互协议。行业应用层的主要组成部分是应用层协议（Application-Layer Protocol）。应用层协议由语法、语义与时序组成。语法规定了智能服务过程中的数据与控制信息的结构与格式；语义规定了需要发出何种控制信息，以及完成的动作与响应；时序规定了事件实现的顺序。

不同的物联网应用系统需要制定不同的应用层协议。例如，智能电网的应用层协议与智能交通的协议不可能相同。为了实现复杂的智能电网的功能，人们必须为智能电网的工作过程制定一系列协议。为了保证物联网中大量的智能物体之间有条不紊地交换信息、协同工作，人们必须制定大量的协议，构成一套完整的协议体系。

物联网网络体系结构是物联网网络层次结构模型与各层协议的集合。物联网体系结构将对物联网应该实现的功能进行精确定义。物联网体系结构是抽象的，而实现协议的技术是具体的。物联网体系结构将在物联网应用发展过程中不断地完善。

3. 支持物联网的共性技术

支持物联网感知层、网络层与应用层的共性技术是：信息安全、网络管理、对象名字服务与服务质量保证。

图 1-35　物联网应用示意图

（1）网络安全

在计算机网络的网络安全研究中，人们提出了 5 项基本的评价标准：可用性、保密性、完整性、不可否认性与可控性。这些基本评价标准也适用于物联网。在研究物联网的网络安全问题时，除了我们在互联网中需要解决的网络安全、计算机系统安全、数据库安全与应用系统安全之外，物联网网络安全还有它特殊性的一面，那就是：RFID 安全、无线网络、位置信息与隐私保护问题。

我们在推广 RFID 应用时，一些黑客就开始研究如何攻击 RFID 应用系统。但"魔高一尺，道高一丈"，网络技术就是在"进攻—防御—再进攻—再防御"的过程中发展与完善的。RFID 标签中的数据是通过无线的方法传输到物联网的。同时由于考虑到 RFID 大规模应用中规模与价格的矛盾，我们必须要控制 RFID 标签的成本，简单和低成本的 RFID 标签不可能支持复杂的密码学计算。目前 RFID 应用系统存在较多的安全隐患。我们可以举一些简单的例子来说明这个问题。RFID 标签在与读写器交换数据时，攻击者可以在附近窃取数据；攻击者也可以发送干扰信号，使得 RFID 标签与读写器的数据交换出现错误，或者使数据交换过程无法正常进行。由于简单的 RFID 标签本身不能够检查所存储的数据是否有病毒或蠕虫。攻击者可以事先将病毒代码写到标签中，然后通过合法的读写器读取其中的数据。如果读写器软件没有病毒检测能力的话，病毒代码就可以很容易地进入 RFID 系统之中。

对无线传感器网络的攻击方法也很多，例如，攻击者很可能俘获一些传感器节点，通过分析传感器节点的数据结构和通信协议，破解无线传感器网络的安全体系，然后就可以方便地窃取、伪造、篡改数据。人们在研究无线传感器网络组建技术的同时,已经开展了多年有关无线网络安全的研究工作。

物联网面临的另一个重要的安全威胁是位置信息与个人隐私保护问题。这一点也不奇怪。因为 RFID 应用系统、无线传感器网络、无线移动通信网都可以获取用户准确的位置信息。在物联网应用发展的同时,必须从法律、道德与技术的多个层面实现对位置隐私的保护。因此,物联网的网络安全是感知层、网络层与应用层的共性需求。

(2)网络管理

任何一种网络,小到个人区域网大到互联网、物联网都存在网络管理问题。

互联网的网络管理研究是建立在 TCP/IP 协议的基础之上的,而物联网的网络管理必须面对 IP 网络与非 IP 网络的异构网络系统,涉及从感知设备接入、汇聚与核心交换,到大型数据处理、处理的计算机系统、云计算平台的所有层次,因此,网络管理是感知层、网络层与应用层的共性需求,物联网的网络管理是一个非常有难度的研究课题。

(3)对象名字服务

在讨论物联网行业应用层时,需要注意 RFID 应用中存在对象名字服务(Object Naming Server,ONS)的问题。在物联网中,ONS 的功能与互联网的域名服务(Domain Name Service,DNS)功能类似。在互联网中,我们在访问一个 Web 网站之前,需要首先通过 DNS 查询到网站的 IP 地址。在物联网中,要查询 RFID 标签对应的物品详细信息必须借助于对象名字服务服务器、数据库与服务器体系。与互联网的 DNS 体系一样,要提高系统运行效率,就必须在物联网网络体系的不同层次,建立本地 ONS 服务器、高层 ONS 服务器,以及根 ONS 服务器,形成覆盖整个物联网的 ONS 服务体系。

(4)服务质量保证体系

在互联网发展过程中,人们用了很大的精力去解决服务质量(Quality of Service,QoS)问题。物联网传输的信息既包括海量感知信息,又包括反馈的控制信息;既包括对安全性、可靠传输要求很高的数字信息(包括对实时性要求很高的视频信息),又包括对安全性、可靠性与实时性要求都很高的控制信息。因此,物联网对数据传输 QoS 的要求将比互联网更复杂,必须在整个物联网网络体系的各层,通过协同工作的方式予以保证。物联网的感知层、网络层与应用层都存在着如何保证数据传输与交互时的 QoS 问题,物联网的 QoS 保证体系的建立是一个富有挑战性的研究课题。

因此,基于以上的讨论,结合物联网应用系统的特点,我们可以构建出如图 1-36 所示的物联网层次结构模型示意图。

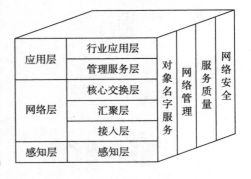

应用层	行业应用层	对象名字服务	网络管理	服务质量	网络安全
	管理服务层				
网络层	核心交换层				
	汇聚层				
	接入层				
感知层	感知层				

图 1-36 物联网层次结构模型

1.5 物联网的关键技术与产业发展

1.5.1 物联网的关键技术

在讨论了物联网发展的社会背景、技术背景,以及物联网定义涵盖的基本内容之后,我们有必要研究支撑物联网发展的核心技术。

1. 从物联网应用系统设计、组建、运行与管理的角度认识关键技术

物联网的多样化、规模化与行业化的特点，决定了物联网涉及的技术门类非常多，且差异性很大。我们可以从一类典型的物联网应用系统入手，归纳出支撑物联网发展的共性关键技术。图1-37给出了物联网典型应用之一的智能物流系统的结构示意图，我们可以从设计这个覆盖全国的物联网应用系统的角度来总结和归纳支撑物联网应用系统设计、组建、运行与管理所需要的共性技术。

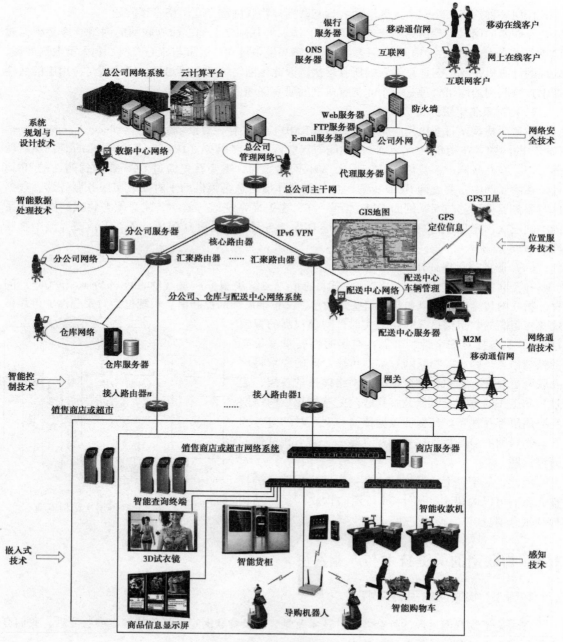

图 1-37　物联网智能物流的系统结构示意图

图 1-36 所示的企业由总公司和分布在不同地区的分公司、仓库、配送中心，以及分散在不同位置的销售商店或超市组成。构建该企业物联网应用系统时一定要将总公司局域计算机网络作为核心网络，通过核心路由器、光纤与汇聚路由器连接，实现与不同地区的分公司、仓库、配送中心的局域计算机网络的互联；汇聚路由器再通过光纤或其他通信线路，使用接入路由器，接入基层销售商店或超市的局域网，以形成覆盖全国的企业专用网络。

该网络是企业投资建设的，专门用于企业内部涉及商业机密的业务数据传输，因此外部互联网用户是不能直接访问企业内部网络的。但是，该企业需要提供供应商网上采购，以及互联网在线用户与移动互联网在线用户的网上采购服务，因此，在公司网络系统中，还需要设计一个公司外网。

公司外网需要通过防火墙等网络安全设备接入互联网，在防火墙内部设置 Web、FTP 与 E-mail 服务器，完成公司对外宣传、发布商品信息、供应商采购等功能，同时要提供互联网客户下单、投诉与售后服务功能。

从网络安全的角度出发，客户的网上订购必须经过公司内部人员处理之后，通过连接公司外网与公司内网的代理服务器，由公司内部工作人员将客户订购信息转发到公司内网中专门用于处理网上订购的部门。因此，设计、实现与运行这样一个大型物联网应用系统，必须有强有力的网络通信与网络安全技术队伍的支持。

分散在不同区域、不同城市的商店、超市承担着商品销售的任务。按照物联网思路设计销售商店或超市时，商品贴有 RFID 标签，商店内部有固定的商品信息查询终端、商品信息显示屏，并配备移动的导购机器人。客户可以推着智能购物车，将需要购买的商品放到智能购物车中。结账时，智能购物车只需经过智能收款机，智能收款机就可以通过商品的 RFID 标签算出付款金额，发送到客户智能手机上。客户只要在通过 RFID 标签进行身份认证的智能手机上按确认键，就可通过网上支付方便地完成整个购物过程。

商品上的 RFID 标签、RFID 读写器、嵌入 RFID 标签的智能手机，以及保障商店安全的视频传感器——摄像头，都属于具有自动感知能力的嵌入式电子设备；商品信息查询终端、商品信息显示屏、导购机器人都属于典型的嵌入式系统。可见，设计、实现与运行一个大型物联网应用系统的技术人员必须懂得感知技术与嵌入式技术。

分散在不同位置的商店或超市需要将实时的销售数据传送到总公司网络存储与处理。总公司的工作人员使用数据挖掘技术，对实时数据进行智能分析，从中找出不同地区、不同商品的畅销、滞销的规律，对库存、缺货数据进行分析，制定不同地区的商品宣传、促销策略。同时，数据分析人员可以使用大数据分析工具，通过对比当前与历史上以及不同地区、不同商店的商品库存、缺货数据，找出有价值的客户群与商品销售的规律，制定不同地区的商品宣传、促销策略。同时，根据货物配送中心的商品库存数据，以及货物配送车辆运送的货物品种、数量、当前位置，规划最佳配送方案，并发送到不同的配送中心，由配送中心调度货物配送车辆的行车路径并发送就近配货的通知。在规划最佳配送方案、调度货物配送车辆的行车路径与就近配货的过程中，需要使用卫星定位技术、位置服务技术与智能控制技术。调度中心调度与货物配送车辆直接需要通过移动通信实现信息的交互。

因此，支撑一个大型物联网系统的计算与存储需要应用到云计算平台，还要应用大数据分析技术、位置服务技术、智能检测与控制技术，并组建强有力的软件编程、维护与运行管理团队来支持。

2. 物联网关键技术和主要内容

上例中的大型零售企业物联网应用系统是智能物流的典型应用，它能够帮助我们理解支撑物联网的关键技术。在智能物流应用的基础上，依据"从点到面"的思路，综合其他类型的物联网应用系统，并结合对未来技术发展趋势的分析，我们可以将物联网的关键技术归纳为如图 1-38 所示的八项内容。

图 1-38 物联网的关键技术

这八项物联网关键技术及涵盖的基本内容如下：

（1）感知技术

感知技术主要包括以下内容：

- RFID 标签与应用
- 传感器应用
- 感知数据融合
- 无线传感器网络
- 光纤传感器网络

（2）计算技术

计算技术主要包括以下内容：

- 海量数据存储与搜索
- 中间件与应用软件编程
- 并行计算与高性能计算
- 大数据
- 云计算
- 可视化

（3）通信与网络技术

通信与网络技术主要包括以下内容：

- 计算机网络应用
- 终端设备接入方法
- 移动通信网 4G/5G 应用
- M2M 与 WMMP 协议应用
- 网络管理方法与应用

（4）嵌入式技术

嵌入式技术主要包括以下内容：

- 嵌入式硬件结构设计与实现
- 嵌入式软件编程
- 智能硬件设计与实现
- 可穿戴计算设备设计与实现

（5）智能技术

智能技术主要包括以下内容：

- 人机交互
- 机器智能与机器学习
- 虚拟现实与增强现实
- 智能机器人
- 规划与决策方法
- 智能控制

（6）位置服务技术

位置服务技术主要包括以下内容：

- 定位方法
- GPS 与 GIS 应用
- 基于位置服务技术与应用

（7）网络安全技术

网络安全技术主要包括以下内容：

- 感知层安全
- 网络层安全
- 应用层安全
- 隐私保护技术与法律法规

（8）物联网应用系统规划与设计技术

物联网应用系统规划与设计技术包括：

- 物联网应用系统规划与设计方法
- 物联网应用软件设计与开发
- 物联网应用系统集成方法
- 物联网应用系统组建、运维与管理

上述技术的知识、能力将在后续物联网工程专业课程中体现，并加以培养和训练。读者也应有意识地深入了解这些关键技术，提升自己的能力。

1.5.2 物联网的产业链结构

物联网产业能够形成从上游"产品制造"、中游"系统集成与软件开发"到下游"应用服务"的完整产业链。图 1-39 给出了物联网产业链结构示意图。

（1）上游的"产品制造"产业

物联网上游的"产品制造"产业包括专用芯片设计与制造、嵌入式系统开发、感知器件与控制设备生产、智能硬件设计与制造、无线通信与网络设备生产、网络安全产品生产。面向物联网的专用芯片、新型传感器与执行器，以及无线通信与网络产品的研发与生产，网络安全技术与产品的研发与制造，决定了物联网智能硬件与物联网应用系统的技术水平，是物联网发展的基础。

（2）中游的"系统集成与软件开发"产业

中游的"系统集成与软件开发"产业包括系统解决方案提供商、系统集成商与软件开发商。系统解决方案提供商为客户提供大型物联网应用系统整体解决方案；系统集成商与软件开发商承接大型物联网应用系统系统的组建、应用软件开发任务。系统解决方案提供商、系统集成商与软件开发商在物联网产业链中担当着重要的角色。

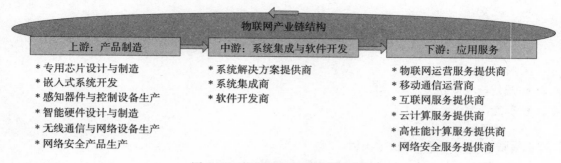

图 1-39　物联网产业链结构示意图

（3）下游的"应用服务"产业

下游的"应用服务"产业包括物联网运营服务提供商、移动通信运营商、互联网服务提供商、云计算服务提供商、高性能计算服务提供商与网络安全服务提供商。移动通信运营商、互联网服务提供商为物联网应用系统提供通信平台；云计算服务提供商、高性能计算服务提供商为物联网应用提供存储与计算范围；网络安全服务提供商为物联网应用系统提供网络安全咨询、检测与安全保障服务。物联网运营服务提供商为中小企业提供行业服务，如智能农业、智能交通、智能安防的基础平台，解决应用系统的网络管理、设备管理、计费管理与用户管理任务。目前很多移动通信运营商、互联网服务提供商承担着物联网运营服务提供商的角色。物联网运营服务提供商的存在对中小型企业进入物联网是有促进作用的。

随着物联网应用的发展，社会将不断对物联网产业提出新的需求，物联网产业上游的"产品制造"、中游的"系统集成与软件开发"、下游的"应用服务"之间将相互依存、相互影响、相互促进，形成良性循环的关系。

1.5.3　物联网产业对国民经济与社会发展的影响

1. 物联网产业的特点

物联网产业主要有以下几个特点。

（1）物联网产业的带动性

物联网的快速发展，预示着信息技术将会在人类社会发展中发挥更为重要的作用。物联网的出现标志着感知、通信与计算技术和产业的交叉融合，必将为信息产业创造更加广阔的发展空间。物联网成为继计算机、互联网与移动通信之后的下一个产值可以达到万亿元级别的新经济增长点。物联网的发展必然要形成一个完整的产业链，并能够提供更多的就业机会。

物联网的产业链包括三个部分：以集成电路设计制造、嵌入式系统为代表的核心产业体系，以网络、软件、通信、信息安全产业和信息服务业为代表的支撑产业体系，以及以智能工业、智能农业、智能物流、智能交通、智能环保等为代表的直接面向应用的关联产业体系。

物联网产业链也可以细分为标识、感知、处理和信息传送四个环节。由物联网应用带动的智能硬件、系统软件与应用软件将会发展成为一个万亿量级的市场。快速增长的市场需求吸引了世界和我国各大 IT 企业纷纷布局物联网，抢占行业发展的先机。国际物联网产业生态布局已经展开，产业链正在逐步形成。物联网的发展将从大规模感知设备的接入入手，向物联网平台与解决方案方向延伸，以获得持续的创造价值的能力。

（2）物联网产业的渗透性

从促进工业化与信息化"两化融合"的角度来看，物联网具有跨学科、跨领域、跨行业、跨平台的综合优势，覆盖范围广、集成度高、渗透性强、创新活跃，将形成支撑工业化与信息化深度融合的综合技术与产业体系。

从物联网发展的系统性与层次性的角度来看，物联网应用可以分为单元级、系统级、系统之系统级三个层次。物联网可以小到一个智能部件、一个智能产品，也可以大到整个智能工厂、智能物流、智能电网。物联网应用将从涵盖单一部件、单一设备、单一环节、单一场景的局部小系统，不断向大系统、局系统演变；从部门级向企业级、产业链与产业生态演变；从数据流闭环体系向复杂大系统演变。物联网将融合互联网与移动互联网、智能、大数据与云计算、新能源与新材料的技术，促进新技术与传统产业的创新融合，从而产生巨大的辐射和带动作用，推动产品、模式与业态的创新，进而促进整个国民经济的发展。

物联网作为创新平台，将渗透到各行各业、社会生活的各个方面。麦肯锡预测，到 2025 年，全球物联网产业规模可以达到 3.9 ~ 11.1 万亿美元。

（3）物联网产业的集成创新性

我们通过一个例子来展现物联网产业的集成创新性。美国曾掀起一场浩大的市政照明 LED 改造潮，路灯 LED 改造看似与电信运营商没有什么关系，但是美国智能路灯公司 Sensity System 将 LED 与物联网技术融合在一起，为街道、机场、购物中心等提供智能 LED 解决方案，创新性地推出了全新的光感网络的概念与服务。这项工程在 LED 灯具中嵌入传感器，除了照明功能，还成为物联网的一个感知节点，可以检测市政 LED 路灯位置和覆盖范围内的温度、湿度、光照强度、地震活动、辐射、风速、空气质量，甚至是否有停车位等参数。数万个 LED 传感节点通过电信运营商提供的窄带增强机器类通信（eMTC）网络，连接成覆盖整个城市的大型物联网系统，整个城市核心区、交通干道，以及大型文化体育场馆、商场、公园、校园均包含在这个系统中。大量节点将感知的城市环境数据汇聚到云计算平台，物联网应用系统通过数据挖掘、大数据与深度学习方法，对城市社会、经济、安全、交通、环境与应急指挥等城市管理数据进行处理，将一个光感物联网系统转变为一个融合云计算、大数据、智能技术的智能物联网平台，为智慧城市提供服务。

综合各种物联网应用系统的特点，我们可以清楚地认识到：物联网产业具有融合云计算、大数据、智能、控制，以及机器学习与深度学习、虚拟现实与增强现实、智能硬件与软件、可穿戴技术与智能机器人等各种新技术，跨各行各业与各个领域的集成创新性特点。这也正体现出物联网产业的巨大魅力。

2. 物联网产业对国民经济与社会发展的影响

物联网产业对国民经济与社会发展的影响主要表现在以下几个方面。

（1）物联网是我国信息化与工业化融合的切入点

经过"九五"到"十二五"4 个五年计划、20 年的信息化建设，我国在信息化的认知水平、信息基础设施的建设水平，以及信息技术应用水平与普及程度上有了很大的提高。2015 年，我国政府推出了"中国制造 2025"发展规划，为我国走新型工业化与信息化融合的道路指明了方向。

物联网是第四次工业革命的重要技术基础，是我国信息化与工业化融合的切入点，也是推动我国经济发展转型的重要机遇。物联网产业的发展将重塑我国制造业、农业、交通、能源、家电、零售业、环境保护、医疗保健等行业结构与产业结构。我国政府高度重视物联网带来新的发展机遇，希望能够实现"后发先至，弯道超车"。根据我国工业与信息化部公布的数据，2015年我国物联网产业规模达到7500亿人民币，预计到2020年，物联网产业规模将达到1.8万亿人民币。

（2）物联网的发展有助于政府公共管理与服务效率的提高

我国正处于城镇化高速发展阶段。城镇化在促进我国发展经济、改善民生、社会进步等方面发挥了重要和基础性的作用，但也带来了水、土地、能源短缺，交通拥挤、环境污染与生态破坏的问题。如何破解这些困境，选择更合适的城镇化和谐发展模式，已经引起我国各级政府的高度重视。

美国市场研究公司Gartner预测，到2020年，全球物联网设备将达到260亿台。物联网可以借助智能传感、定位、通信与控制技术服务于"智慧城市"建设，对城市的道路、建筑物、环境、绿化、环卫，以及水、气、热、管网等各种城市基础设施与运行环境进行监测，实时获取各种数据，运用社会计算的理论和数据挖掘、大数据分析工具，对收集到的数据进行深入分析、汇总和计算，提供预警预报、实时响应、应急处置、协调配置等辅助决策意见，支持城市管理从粗放型向智能化转变，提高政府管理水平与工作效率，构建高效、安全、和谐、互动的城市管理体系，为广大市民提供幸福、便捷、宜居的生活环境。

目前，我国已经有500个城市启动了智慧城市建设计划，未来10年的投入将达到2万亿，这必将对我国经济与社会发展产生不可估量的影响。

（3）物联网的发展将有利于推动人、社会与自然的协调、和谐发展

在环境恶化和资源紧缺的局面下，将物联网技术应用到整个人类社会生活与生存环境之中，使人类的物理世界与网络虚拟世界相融合，已经成为人类必须面对的选择。我们可以将大量感知、控制设备嵌入建筑物、桥梁、道路、汽车、电网，以及农业、湖泊、森林、山脉等自然环境中，提高我们对社会与环境的全面感知能力。借助大数据智能处理技术，人、资源、自然环境到社会管理与经济的运行都将更加智慧，进而推动人、社会与自然的协调、和谐、可持续发展。

综上所述，我们可以清楚地认识到：物联网不仅是一套技术体系，同时存在着一套认识论与方法论，它反映出人类对科学技术与社会进步相互促进的发展规律的认识的进步。物联网在我国经济与社会发展中日益彰显出重要的作用，逐渐成为全社会的共识，这些都为我国物联网的发展创造了良好的社会环境。

1.5.4 我国物联网产业发展的政策环境

物联网是我国战略性新兴产业的重要组成部分，是未来科技竞争的制高点。物联网不仅与国民经济与社会发展息息相关，与提高人民生活水平密不可分，也是我国创新驱动发展战略的重要体现。我国政府高度重视物联网应用的研究与发展，先后出台了一系列规划、行动计划与政策，为推动我国物联网产业发展营造了良好的政策环境。

2010年10月，在国务院发布的《关于加快培育和发展战略性新兴产业的决定》中，明确将物联网列为我国重点发展的战略性新兴产业之一。大力发展物联网产业已经成为我国一项具有战略意义的重要决策。

2011年3月，在国务院发布的《"十二五"规划纲要》的第十章"培育发展战略性新兴产

业"与第十三章"全面提高信息化水平"中，多次强调"推动物联网关键技术研发和在重点领域的应用示范。"

2011 年 4 月，工业与信息化部发布《物联网"十二五"发展规划》。根据规划要求，我国物联网产业将在智能工业、智能农业、智能物流、智能交通、智能电网、智能环保、智能安防、智能家居九大重点领域开展应用示范。规划指出：物联网已成为当前世界新一轮经济和科技发展的战略制高点之一，发展物联网对于促进经济发展和社会进步具有重要的现实意义。

2012 年 5 月，工业与信息化部、财政部发布《物联网发展专项资金管理暂行办法》，规定专项资金的支持范围包括物联网技术研究与产业化、标准研究与制定、应用示范与推广、公共服务平台建设等项目。

2013 年 2 月，国务院发布了《关于推进物联网有序健康发展的指导意见》。该意见明确指出：实现物联网在经济社会各领域的广泛应用，掌握物联网关键核心技术，基本形成安全可控、具有国际竞争力的物联网产业体系，成为推动经济社会智能化和可持续发展的重要力量。

2013 年 9 月，国家发改委会同多部委发布《物联网发展专项行动计划（2013-2015）》，其中包括 10 个物联网发展专项计划，涵盖顶层设计、标准制定、技术研发、应用推广、产业支撑、商业模式、安全保障、政府扶持措施、法律法规保障与人才培养等内容。

2015 年 10 月，在国务院发布的《"十三五"规划纲要》中，将"实施'互联网＋'行动计划，发展物联网技术和应用，发展分享经济，促进互联网和经济社会融合"作为"十三五"期间我国"经济社会发展的主要目标"之一。

2016 年 2 月，在国务院发布的《国家中长期科学和技术发展规划纲要（2006-2020）》中，在"重点领域及其优先主题"中将物联网发展的核心技术"传感器网络及智能信息处理"列为优先主题，并在"前沿技术"中将"智能感知技术"与"自组织网络技术"等列为优先主题。

2016 年 5 月，在中共中央与国务院发布的《国家创新驱动发展战略纲要》中，将"推动宽带移动互联网、云计算、物联网、大数据、高性能计算、移动智能终端等技术研发和综合应用，加大集成电路、工业控制等自主软硬件产品和网络安全技术攻关和推广力度，为我国经济转型升级和维护国家网络安全提供保障"作为战略任务之一。

2016 年 8 月，在国务院发布的《"十三五"国家科技创新规划》中的"新一代信息技术"的"物联网"专题中提出："开展物联网系统架构、信息物理系统感知和控制等基础理论研究，攻克智能硬件（硬件嵌入式智能）、物联网低功耗可信泛在接入等关键技术，构建物联网共性技术创新基础支撑平台，实现智能感知芯片、软件以及终端的产品化"的任务。在"重点研究"中提出了"基于物联网的智能工厂"、"健康物联网"等研究内容，并将"显著提升智能终端和物联网系统芯片产品市场占有率"的作为发展目标之一。

2010 年以来，科技部、交通部、卫生部、商务部等行业主管部委，以及北京、上海、天津、江苏、浙江、湖北、陕西、广东等 20 多个省、直辖市纷纷结合本部门与本地区的实际情况，出台了多项推动物联网产业发展的专项规划、行动方案与发展意见，形成了从国家层面到行业主管部门、地方政府，共同为物联网研究与产业发展营造良好政策环境的可喜局面，有效地促进了我国物联网产业的健康发展。

本章小结

1）物联网的发展具有深厚的社会与技术发展背景。全球信息化为物联网的发展提供了原动力；信息学科的三大支柱——计算、通信和感知的融合，为物联网的发展奠定了理论基础；普适计算与信息物理融合系统（CPS）的研究为物联网技术研究与产业发展指出了方向。

2）物联网向我们描述了世界上的万事万物，在任何时间、任何地点都可以方便地实现"人 – 机 – 物"融合的发展前景。物联网将推动计算、通信、感知、智能、数据科学与社会各行各业在更广范围、更深层次地交叉融合。

3）物联网是我国战略性新兴产业的重要组成部分，是未来科技竞争的制高点。物联网不仅与国民经济与社会发展息息相关，与提高人民生活水平密不可分，也是我国创新驱动发展战略的重要体现。

习题

一、单选题

1. ITU 的研究报告《The Internet of Things》发表于（　　　）。

A）1995 年　　B）2000 年　　C）2005 年　　D）2010 年

2. 以下关于智慧地球特点的描述中，错误的是（　　　）。

A）将传感器嵌入和装备到电网、铁路、桥梁、隧道等各种物体中

B）通过超级计算机和云计算组成物联网

C）捕捉运行过程中的各种信息

D）以物联网取代互联网

3. 以下关于欧盟对物联网发展四个阶段预测的描述中，错误的是（　　　）。

A）第一个阶段（2010 年前）：基于 RFID 技术开展局部的应用

B）第二阶段（2010～2015 年）：制定特定产业的技术标准并完成部分网络的融合

C）第三阶段（2015～2020 年）：实现完全的智能化，完成异构网络全面互联

D）第四个阶段（2020 年之后）：达到人、物、服务与网络的深度融合

4. 以下关于普适计算特点的描述，错误的是（　　　）。

A）核心是"以人为本"

B）体现出信息与物理空间的融合

C）强调"无处不在"与"不可见"

D）提供面向连接的可靠网络服务

5. 以下关于 CPS 特点的描述，错误的是（　　　）。

A）CPS 是一种物联网应用系统

B）CPS 是"人 – 机 – 物"深度融合的系统

C）CPS 是 3C 与物理设备深度融合的系统

D）CPS 是环境感知、嵌入式计算、网络通信深度融合的系统

6. 以下关于物联网特征的描述，错误的是（　　　）。

A）物联网的智能物体具有感知、通信与计算能力

B）物联网的智能物体是指 RFID 节点与 WSN 节点

C）物联网的目标是实现物理世界与信息世界的融合

D）物联网可以提供所有对象在任何时间、任何地点的互联

7. 以下关于物联网与互联网区别的描述，错误的是（　　　）。

A）互联网提供面向全球用户的信息交互与共享信息服务

B）物联网提供行业性、专业性、区域性的服务

  C）互联网数据主要是通过自动方式获取的

  D）物联网是可反馈、可控制的"闭环"系统

8. 以下关于物联网体系结构研究思路的描述，错误的是（　　）。

  A）采用"化整为零，分而治之"的处理方法

  B）研究体系结构要用到网络硬件结构与接口的概念

  C）物联网层次结构模型与网络协议构成了物联网体系结构

  D）物联网体系结构是对各种复杂物联网应用系统结构共性特征的描述

9. 以下关于物联网体系结构特点的描述，错误的是（　　）。

  A）物联网分为感知层、网络层与应用层

  B）网络层进一步分为接入、汇聚与核心交换层

  C）应用层进一步分为管理服务层与行业应用层

  D）物联网网络安全是应用层的特殊需求

10. 以下关于物联网应用层特点的描述，错误的是（　　）。

  A）应用层分为管理服务层与行业应用层

  B）管理服务层位于感知层与行业应用层之间

  C）管理服务层通过中间件软件向应用层屏蔽感知层与网络层的差异性

  D）利用数据挖掘、大数据处理与智能决策技术，为行业应用层提供服务

二、思考题

1. 请试着设计一个具有普适计算技术特征的应用示例。

2. 请试着设计一个具有 CPS 技术特征的应用示例。

3. 请结合物联网的应用，说明为什么说物联网提供的是行业性、专业性、区域性的服务？

4. 请类比物联网层次结构模型讨论中引用的社会邮政系统的例子，找出一个社会生活的实例，分析它的协议、层次、接口与层次结构的含义。

5. 查阅并阅读 ITU 的研究报告《The Internet of Things》原文，写出读书心得和体会。

第 2 章 RFID 与物联网应用

RFID 技术研究与应用的目标是形成在全球任何地点、任何时间自动识别任何物品的物品识别体系。RFID 技术为物联网的发展奠定了重要的基础。本章在介绍自动识别技术发展的基础上，将系统讨论 RFID 基本工作原理、标签分类、应用系统结构、中间件技术，以及 RFID 在各个行业的应用。

本章教学要求
- 了解自动识别技术的发展过程。
- 掌握 RFID 标签技术的基本工作原理。
- 理解 EPC 编码技术的基本工作原理。
- 了解 RFID 读写器的功能、分类与结构。

2.1 自动识别技术

2.1.1 自动识别技术的发展过程

在早期的信息系统中，相当大的一部分数据是通过人工方式输入到计算机系统之中的。由于数据量庞大，数据输入的劳动强度大，人工输入的误差率高，严重影响到生产与管理的效率。

在生产、销售全球化的背景下，数据的快速采集与自动识别成为销售、仓库、物流、交通、防伪、票据与身份识别应用发展的瓶颈。基于条码、磁卡、IC 卡、RFID 的数据采集与自动识别技术的研究就是在这样的背景下产生和发展的。图 2-1 给出了数据自动识别技术发展过程的示意图。

2.1.2 条码技术

1. 条码的基本概念

对于条码，读者一定很熟悉，比如这本书的封底就印有条码。当你到书店买书或者到超市购物时，售货员只需要用条码阅读器在商品的条码上扫一下，商店 POS 收款机上就会立即显示商品的名称、单价等信息。条码的种类很多，常用的条码有一维条码、堆叠线性条码与二维条码。

目前条码已经出现了几十种不同的码制，即码型、编码与应用的标准。例如，一维条码的 EAN 码（EAN-8、EAN-13、UPC）、Codabar 码等；

堆叠线性条码的 PDF-417 码、Code 16K 等；二维条码的 QR 码、CodeOne、DataMatrix 码等。不同码制的码型、编码方法、使用方法与使用环境都不相同。图 2-2 给出了典型的条码示意图。

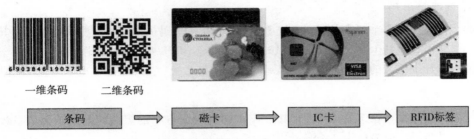

一维条码　　　　二维条码

图 2-1　数据自动识别技术发展过程示意图

一维条码　　　　　　堆叠线性条码　　　　　　二维条码
（EAN码）　　　　　　（PDF-417码）　　　　　（QR码）

图 2-2　典型的条码图形示意图

条码用不同宽度的条（bar）与空（space）组成的符号形式来表示数字或字母。读取条码时，条码阅读器发射的光线被黑色的"条"吸收，白色的"空"将阅读器发射的光线发射回来。阅读器将接收到的光线转化成电信号，并将电信号解码还原出条码所表示的字符或数据，然后传送给计算机。

2. 一维条码

一维条码是指在一个方向（一般是水平方向）表达信息，而在垂直方向不表达任何信息。它由一系列不同宽度的条与空组成，因此又称为一维线性条码。一维条码的优点是编码规则简单，条码阅读器造价较低。它的缺点是：数据容量较小，一般只能包含字母和数字；条码尺寸较大，空间利用率较低；条码一旦出现损坏将被拒读；用条码阅读器扫描条码时对条码的距离与角度有一定的要求。

目前广泛使用的一维 EAN-13 条码是用 2～3 位数字的前缀码表示国家代码，紧接其后的 4～5 位数字表示厂商代码，后面的 5 位数字是商品代码，最后一位是校验码。产品标识为"82 70784 40652 7"的 EAN-13 条码图形如图 2-3 所示。

需要注意的是，一维条码的一组字符或数字只用来表示某一个商品编码，一个商品对应一个编码。当条码阅读器读出图 2-3 中图形所表示的商品编码为"82 70784 40652 7"之后，还需要从连接条码阅读器的计算机数据库中查询出对应的商品详细信息，如商品名、规格、出厂日期、保质期、价格等数据。

国家　　厂商　　　　商品　　校验码
代码　　代码　　　　代码

图 2-3　EAN-13 条码图形示意图

描述商品详细信息的字节长度由商家根据需要来确定，与一维条码表示的数据长度无关。一维条码表示数据的长度是由所选择的码制决定的。例如，EAN-8 为 8 位，EAN-13 为 13 位，UPC 为 12 位。

3. 堆叠线性条码

堆叠线性条码由多个一维条码相互堆叠而成。PDF-417 码是常用的堆叠线性条码，其长度可变，编码最多可以包括 1850 个字母或 2710 个数字字符。PDF-417 堆叠线性条码一般用于识别的物品需要附加详细信息的场景，如危险品运输以及防御系统、卫生健康、电子与化工行业。

4. 二维条码

二维条码是用某种特定的几何图形按一定规律在平面分布的黑白相间的图形记录数字与字符信息。二维条码一般简称为二维码。

二维码主要有以下几个特点：

（1）高密度编码，信息容量大

例如，典型的 QR $^{\ominus}$ 二维码可以用信用卡 2/3（$76 \times 25 mm^2$）的面积表示多达 4296 个字母或 7089 个数字字符，比一维条码的信息容量高很多倍。

（2）编码范围广

二维码可以表示照片、声音、文字、签字、指纹、掌纹等数字信息，也可以表示多种语言文字，还可以表示图像数据。

（3）容错能力强

若二维码因破损、折叠、污染等引起局部损坏，破损面积不超过 50% 时，软件可以根据容错算法正确地恢复出丢失的信息。

（4）纠错能力强

由于二维码使用了纠错算法，因此读码的误码率低于千万分之一。

（5）保密性好

二维码具有多重防伪特性，可以采用密码防伪、软件加密，以及利用所包含的指纹、照片等信息进行防伪，因此具有极强的保密和防伪性能。

（6）成本低

二维码标签易打印和粘贴，造价低廉，持久耐用。

2009 年 12 月，我国铁道部对火车票进行了升级改版。新版火车票最明显的变化是将车票下方的一维条码变成二维防伪条码，使火车票的防伪功能更强。乘客在进站检票时，二维码识读设备对客票上的二维码进行识读，系统将自动辨别车票的真伪并将相应信息存入系统中。

移动互联网和手机电子商务的应用，使得二维码技术得到了快速发展。目前，二维码技术已广泛应用于电子门票、电子名片、产品防伪、身份认证等领域。很多一次性消费的票据，如电影票、音乐会门票、旅游景区门票，都使用了二维码。图 2-4 给出了一个二维码用于网上订购音乐会电子门票的例子。在这类应用中，手机客户可以通过移动互联网电子商务平台远程订购音乐会的门票。票务中心在接收到客户订票请求，并通过网上银行完成订票手续之后，由票务中心计算机自动生成一个标识这张门票的二维码，并通过移动通信网发送到客户手机上。客户在入场检票时出示手机二维码图形，工作人员扫描手机上的二维码之后，将二维码传送到票务中心计算机进行比对，从而完成客户身份确认。

　　$\ominus$　QR 意为快速反应。

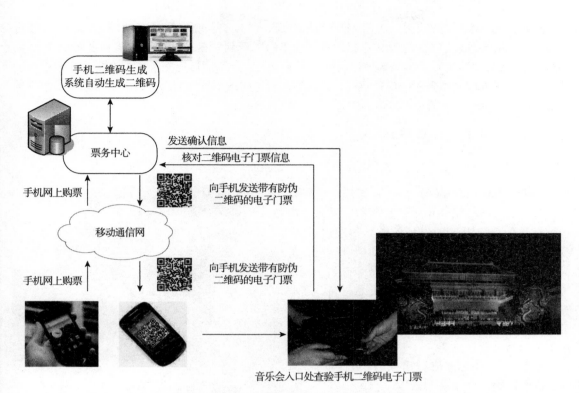

音乐会入口处查验手机二维码电子门票

图 2-4　手机二维码电子门票应用原理示意图

食品与药品安全已经成为广大群众关注的焦点问题，而手机二维码技术对此提供了一个很好的解决方案。如图 2-5 所示，当奶粉出厂时，奶粉罐上有生产厂商印上的防伪二维码标识。同时，这个防伪二维码标识也通过互联网传送到防伪查询中心。客户在购买奶粉时，可以用手机拍码软件拍下二维码图形，然后二维码图形被传送到防伪查询中心。防伪查询中心可以快速将比对的结果通过手机回送给客户。这样，客户就可以迅速辨别出奶粉的真伪，并且可以知道奶粉生产日期、保质期等信息，进而放心购买合格的产品。同理，也可将二维码标识用于名烟、名酒等商品的防伪上。

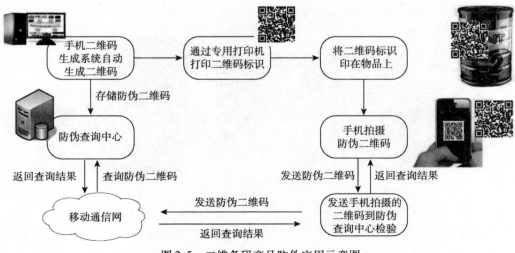

图 2-5　二维条码产品防伪应用示意图

尽管条码已经广泛应用于人们生活的各个方面，但是条码的应用是有条件的，即光学阅读器扫描条码时必须能够看到清晰的条码图形。这里的"看到"是指阅读器与条码之间没有遮挡，必须是可视的；"清晰"是指条码图形没有被污渍遮挡，条码图形完整，也没有折叠或破损。显然，这两个条件限制了条码的应用范围。因此，在有遮挡的不可视情况下也能够自动读出数据的磁卡、IC 卡与 RFID 标签技术应运而生。

2.1.3 磁卡、IC 卡技术

1. 磁卡

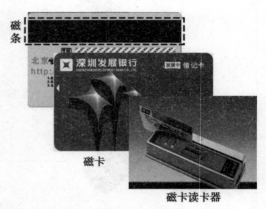

图 2-6 磁卡与磁卡读卡器结构示意图

磁卡（Magnetic Card）是一种卡片状的磁性记录介质，利用磁性载体记录字符与数字信息，与各种读卡器配合，用来标识身份或其他用途。通常，磁卡的一面印刷有说明性信息，如插卡方向；另一面则有磁层或磁条，一般是用 2~3 个磁道来记录有关信息数据。磁条是一层薄薄的磁性材料，它和计算机用的磁带或磁盘是一样的，能够用来记载字母、字符及数字信息。图 2-6 给出了典型的磁卡与磁卡读卡器结构示意图。

我们在很多场合都会用到磁卡，例如食堂就餐、商场购物、乘坐公共汽车、打电话等，学生或员工在进入办公室时也经常用磁卡来识别身份。磁卡成本低廉，这是它易于推广的重要原因。但是，在受压、被折、长时间磕碰、曝晒、高温、磁条划伤/弄脏，或者受到外部磁场的影响时，都会造成磁卡消磁、丢失数据而不能使用的情况。随着技术的发展，IC 卡取代磁卡已经是大势所趋。

2. IC 卡

IC 卡（Integrated Circuit Card）也叫做智能卡（Smart Card），它是通过在集成电路芯片中写入数据来进行识别的。IC 卡与 IC 卡读卡器，以及后台计算机管理系统组成了 IC 卡应用系统。图 2-7 给出了 IC 卡与读卡器的示意图。

接触式IC卡与读卡器　　非接触式IC卡与读卡器　　IC卡

图 2-7　IC 卡与读卡器

IC 卡的外形与磁卡相似，它与磁卡的主要区别在于数据存储媒体不同。磁卡是通过卡上磁条来存储信息的，IC 卡则是通过嵌入卡中的集成电路芯片来存储数据的。因此，与磁卡相比，

IC 卡具有数据存储容量大、安全保密性好、读写方便与使用寿命长的优点。

按照 IC 卡与读卡器是否需要接触才能够读写数据来分类，IC 卡分为接触式 IC 卡与非接触式 IC 卡两类。接触式 IC 卡在使用时必须将卡插入 IC 卡读卡器中，完成 IC 卡与读卡器之间的物理连接之后，才能读取或写入数据。非接触式 IC 卡又称射频卡，读卡器以无线通信方式读写卡中的数据。

尽管 IC 卡已经大量应用于医保、通信、交通、金融等领域，但是在制造、零售、仓储、医疗等领域，能够实现大数量、多品种零件与物品标识，并且能够在仓储、运输、销售过程中以无线方式进行自动识别的只有 RFID 技术。

2.2 RFID 标签与 EPC 编码体系

2.2.1 RFID 标签的基本概念

RFID 是利用无线射频信号空间耦合的方式来实现无接触的标签信息自动传输与识别的技术。RFID 标签又称为电子标签（tag）或射频标签。

RFID 技术的起源可以追溯到雷达的发明。二战时期，战斗机飞行员巧妙地利用雷达反射使友军的雷达操作员远程识别敌我飞机。到了 20 世纪 70 年代初，RFID 技术的雏形出现，当时主要用于军事敏感地区与核领域危险材料的跟踪、监控。20 世纪 70 年代末，RFID 技术开始用于动物与车辆的跟踪，以及自动生产线。20 世纪 80 年代，欧洲一些行业和公司将 RFID 技术用于库存产品统计与跟踪、目标定位与身份认证。

随着集成电路设计与制造技术的不断进步，RFID 芯片向着小型化、高性能、低价格的方向发展，RFID 技术逐步为产业界所认知。2011 年，日本日立公司展示了全世界最小的 RFID 芯片，它仅有 $0.0026mm^2$，看上去就像微粒一样，可以嵌入在一张纸内。图 2-8a 给出了体积可以与普通的米粒比拟的玻璃管封装的动物或人体植入式的 RFID 标签，图 2-8b 给出了很薄的透明塑料封装的粘贴式标签照片。

a）玻璃管封装的植入式RFID   b）透明塑料封装的粘贴式RFID

图 2-8　很小和很薄的 RFID 标签

从概念上讲，RFID 标签与条码技术非常相似，它们都可以用于物品的识别与溯源。两种技术的主要区别在于，条码使用激光阅读器读取数据，而 RFID 通过无线方式读取数据。恰恰由于这个区别使得两者在应用领域上产生了巨大的差距。我们可以用保税区的自动通关系统的应用来说明这个问题。

保税区每天都会有大批集装箱通过海关关口。在这样一个货物量大且需要快速处理的通关系统中，如果使用条码技术，要找到每一件货物上贴的条码，用条码阅读器扫描和读取数据，既费工又费时。无论开通多少条通道，增加多少名海关工作人员，也不可能以这种方式实现保税区大量进出口货物的快速通关，必然造成大批货物积压和延误。这种情况下，采用 RFID 技术会有很好的效果。当货车通过报关关口时，RFID 读写器就已经快速、自动读取车辆、包装箱与货物的 RFID 标签信息，海关审查人员立即获得了准确的进出口货物的名称、数量、发出地、目的地、货主等报关信息，可以根据这些信息来决定是否放行或做进一步检查。使用 RFID 技术能够达到这样的效果，是因为 RFID 具有以下几个主要的特点：

1）RFID 芯片存储的数据量大，最多可以达几千字节。

2）RFID 读写器读取 RFID 标签数据的距离从几厘米到上百米。

3）RFID 标签可以贴在货物的内部、包装箱、运输托盘或运输车辆上。

4）RFID 读写器通过无线方式读取 RFID 标签数据，不需要与货物接触，也不必限定货物摆放的位置与角度。

5）RFID 读写器读取 RFID 标签数据的工作可以在多种环境中完成，货物可以放在仓库或货车车厢的不同位置，工作时间可以在白天或夜晚。

6）根据 RFID 标签的类型，RFID 读写器可以读取数据，也可以写入数据，标签可以循环使用。RFID 标签数据的读写过程是自动完成的。

因此，RFID 技术非常适合物联网的应用需求。RFID 技术可以实现全球范围的各种产品、物资流动过程中动态、快速、准确的识别与管理，目前已广泛应用于智能制造、智能物流、智能交通、智能医疗、智能安防与军事等领域（如表 2-1 所示）。

表 2-1　RFID 的主要应用领域与项目

应 用 领 域	具 体 应 用
物流供应	信息采集、货物跟踪、仓储管理、运输调度、集装箱管理、航空与铁路行李管理
商品零售	商品进货、快速结账、销售统计、库存管理、商品调度
工业生产	供应链管理、生产过程控制、质量跟踪、库存管理、危险品管理、固定资产管理、矿工井下定位
医疗健康	病人身份识别、手术器材管理、药品管理、病历管理、住院病人位置识别
身份识别	身份证等各种证件、门禁管理、酒店门锁、图书管理、涉密文件管理、体育与文艺演出入场券、大型会议代表证
食品管理	水果、蔬菜、食品保鲜管理
动物识别	农场与畜牧场牛、马、猪及宠物识别与管理
防伪保护	贵重商品与烟酒、药品防伪识别与票据防伪、产品防伪识别
交通管理	城市交通一卡通收费、高速不停车收费、停车位管理、车辆防盗、停车收费、遥控开门、危险品运输、自动加油、机动车电子牌照自动识别、列车监控、航空电子机票、机场导航、旅客跟踪、旅客行李管理
军事应用	弹药、枪支、物资、人员、运输与军事物流
社会应用	气水电收费、球赛与音乐会门票管理、危险区域监控、机场旅客位置跟踪
校园应用	图书馆馆藏书籍管理、图书借书管理、图书排序检查、图书快速盘点、学生身份管理、学生宿舍管理

2.2.2 RFID 标签的基本工作原理

1. RFID 标签的结构

图 2-9a 给出了 RFID 标签内部结构示意图，图 2-9b 是 RFID 标签结构组成单元示意图。从图中可以看出，RFID 标签由存储数据的 RFID 芯片、天线与电路组成。

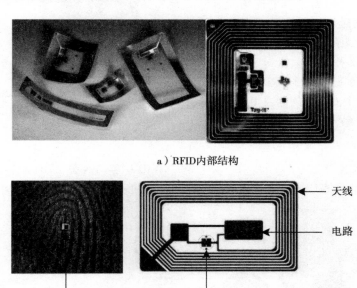

a）RFID内部结构

天线

电路

RFID芯片

b）RFID结构组成单元示意图

图 2-9   RFID 标签结构示意图

2. 理解 RFID 基本工作原理的电磁学基础

RFID 是利用无线射频信号交变电磁场的空间耦合方式自动传输标签芯片存储的信息。理解 RFID 基本工作原理需要先了解以下几个问题。

（1）电磁波与电磁波谱

1864 年，麦克斯韦从大量的实验与理论中推导出描述电磁场的麦克斯韦方程。麦克斯韦方程奠定了电磁场理论的基础。1887 年，德国物理学家赫兹利用实验方法产生了电磁波。描述电磁波的参数有三个：波长 λ、频率 f 与速度 C。它们三者之间的关系为 $\lambda \times f = C$，其中，电磁波在自由空间以光速 C 传播，光速 C 的数值等于 3×10^8 米/秒，频率 f 的单位为赫兹（Hz）。

电磁波的传播有两种方式：一种是在自由空间以无线方式传播；另一种是在有限制的空间以有线方式传播。使用双绞线、同轴电缆、光纤传输电磁波的方式属有线方式。按照频率由低到高的顺序排列，不同频率的电磁波可以分为无线、微波、红外、可见光、紫外线、X 射线与 γ 射线。目前，用于通信的主要有无线、微波、红外与可见光。

（2）电磁场与电磁感应

法拉第电磁感应定律指出：交变的电场产生交变的磁场，交变的磁场又能产生交变的电场。图 2-10 是电磁学教科书中演示法拉第电磁感应定律的实验装置图。由实验可知：当闭合导线通过磁场时，与导线连接的电流计就会显示出感应电流。产生感应电流的条件有三个：电路是闭合的，穿过闭合电路的磁通量发生变化，电路的一部分在磁场中做切割磁力线运动。三个条件缺一不可。

（3）电磁场、近场效应与无线传播

需要注意的是，在电磁感应中存在着近场效应。当导体与电磁场的辐射源的距离在一个波长之内时，导体会受到近场电磁感应的作用。在近场范围内，导体由于电磁耦合的作用，电流沿着磁场方向流动，电磁场辐射源的近场能量被转移到导体。如果辐射源的频率为 915MHz，那么对应的波长大约为 33 厘米。

导体与辐射源的距离大于一个波长时，近场效应就无效了。在一个波长之外的自由空间中，无线电波向外传播，能量的衰减与距离的平方成反比。

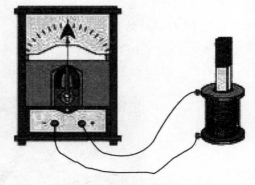

图 2-10　演示法拉第电磁感应定律的实验装置图

3. RFID 标签的工作原理

RFID 标签工作原理如图 2-11 所示。由于无源 RFID 标签与有源 RFID 标签的工作方式不同，因此 RFID 标签工作原理应该分为三种情况进行讨论。

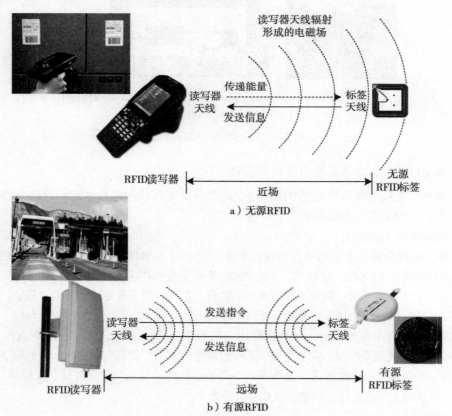

图 2-11　RFID 标签工作原理示意图

（1）被动式 RFID 标签工作原理

被动式 RFID 标签也叫做无源 RFID 标签。无源标签工作原理如图 2-11a 所示。对于无源

RFID 标签，当 RFID 标签接近读写器时，标签处于读写器天线辐射形成的近场范围内。RFID 标签天线通过电磁感应产生感应电流，感应电流驱动 RFID 芯片电路。芯片电路通过 RFID 标签天线将存储在标签中的标识信息发送给读写器，读写器天线再将接收到的标识信息发送给主机。无源标签工作过程就是读写器向标签传递能量，标签向读写器发送标识信息的过程。读写器与标签之间能够双向通信的距离称为"可读范围"或"作用范围"。

（2）主动式 RFID 标签工作原理

主动式 RFID 标签也叫做有源 RFID 标签。处于远场的有源 RFID 标签由内部配置的电池供电。从节约能源、延长标签工作寿命的角度，有源 RFID 标签可以不主动发送信息。当有源标签接收到读写器发送的读写指令时，才向读写器发送存储的标识信息。有源标签工作过程就是读写器向标签发送读写指令，标签向读写器发送标识信息的过程。有源 RFID 标签工作原理如图 2-11b 所示。

（3）半主动式 RFID 标签工作原理

无源 RFID 标签体积小、重量轻、价格低、使用寿命长，但是读写距离短、存储数据较少，工作过程中容易受到周围电磁场的干扰，一般用于商场货物、身份识别卡等运行环境比较好的应用。有源 RFID 标签需要内置电池，标签的读写距离较远、存储数据较多、受到周围电磁场的干扰相对较小，但是标签的体积比较大、价格与维护成本较高，一般用于高价值物品的跟踪。在比较两种基本的 RFID 标签优缺点的基础上，人们自然会想到是不是能够将两者的优点结合起来，设计一种半主动式 RFID 标签。

半主动式 RFID 标签继承了无源标签体积小、重量轻、价格低、使用寿命长的优点，内置的电池在没有读写器访问的时候，只为芯片内很少的电路提供电源。只有在读写器访问时，内置电池才向 RFID 芯片供电，以增加标签的读写距离，提高通信的可靠性。半主动式 RFID 标签一般用在可重复使用的集装箱和物品的跟踪上。

实际上，读写器读出一个标签数据的距离要大于对一个标签写入数据的距离。读写器对一个标签写入数据的距离小于可读距离的 50% ~ 70%。因此，RFID 标签的数据一般都需要通过编程的方式通过标签打印机写入。

2.2.3　RFID 标签的分类

根据 RFID 标签的供电方式、工作方式等不同，RFID 标签可以分为 6 种基本的类型。图 2-12 给出了 RFID 标签分类结构示意图。

1. 按标签供电方式进行分类

按标签供电方式进行分类，RFID 标签可以分为无源 RFID 标签和有源 RFID 标签两类。

无源 RFID 标签的优点是体积小、重量轻、成本低、寿命长，可以制作成薄片或挂扣等不同形状，应用于不同的环境。无源 RFID 标签与 RFID 读写器之间的距离受到限制，一般要求使用功率较大的 RFID 读写器。有源 RFID 标签的优点是作用距离远，可以达到几十米，甚至可以达到上百米。有源 RFID 标签的缺点是体积大、成本高，使用时间受到电池寿命的限制。图 2-13 给出了无源 RFID 标签与有源 RFID 标签比较的示意图。

2. 按标签工作模式进行分类

按标签工作模式进行分类，RFID 标签可以分为主动式、被动式与半主动式三类。

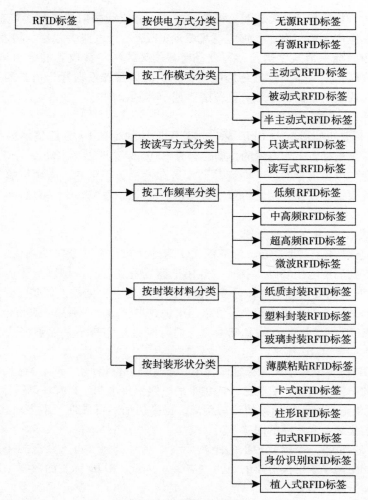

图 2-12 RFID 的分类

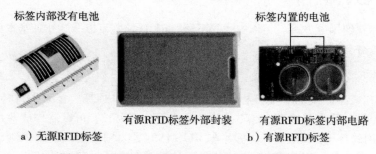

a) 无源RFID标签   b) 有源RFID标签

图 2-13 无源 RFID 标签与有源 RFID 标签的比较

（1）主动式 RFID 标签

主动式 RFID 标签依靠自身的能量主动向 RFID 读写器发送数据。

（2）被动式 RFID 标签

被动式 RFID 标签从 RFID 读写器发送的电磁波中获取能量，激活后才能够向 RFID 读写器发送数据。

（3）半主动式 RFID 标签

半主动式 RFID 标签自身的能量只提供给 RFID 标签中的电路使用，并不主动向 RFID 读写器发送数据。当它接收到 RFID 读写器发送的电磁波激活之后，才向 RFID 读写器发送数据。

3. 按标签读写方式进行分类

按标签读写方式进行分类，RFID 标签可以分为只读式与读写式两类。

（1）只读式 RFID 标签

只读式 RFID 标签的内容在读写器识别过程中，只可读出不可写入。只读式 RFID 标签又可以分为 3 种：

1）只读标签：只读标签的内容在标签出厂时已经被写入，在读写器识别过程中只能读出不能写入。只读标签内部使用的是只读存储器（ROM）。只读标签属于标签生产厂商受客户委托定制的一类标签。

2）一次性编程只读标签：一次性编程只读标签的内容不是在出厂之前写入，而是在使用前通过编程写入，在读写器识别过程中只能读出不能写入。一次性编程只读标签内部使用的是可编程只读存储器（PROM）、可编程阵列逻辑（PAL）。一次性编程只读标签可以通过标签编码/打印机写入商品信息。

3）可重复编程只读标签：可重复编程只读标签的内容经过擦除后，可以重新编程写入，但是在读写器识别过程中只能读出不能写入。

（2）读写式 RFID 标签

读写式 RFID 标签的内容在识别过程中，可以被读写器读出，也可以被读写器写入。读写式 RFID 标签内部使用的是随机存取存储器（RAM）或可擦除可编程只读存储器（EEROM）。

不同类型的标签的数据存储能力是不同的。RFID 标签的芯片有的设计为只读，有的设计为可擦除和可编程写入。第一代的可读写标签一般是要完全擦除原有的内容之后，才可以写入，而有一类标签有 2 个或 2 个以上的内存块，读写器可以分别对不同的内存块编程写入内容。

4. 按标签工作频率进行分类

根据工作频率的不同，RFID 标签可以分为低频、中高频、超高频与微波四类。由于 RFID 工作频率的选取直接影响到芯片设计、天线设计、工作模式、作用距离、读写器安装要求，因此，了解不同工作频率 RFID 标签的工作特点，对于 RFID 应用系统的设计是十分重要的。

（1）低频 RFID 标签

低频 RFID 标签具有以下特点：

1）低频标签典型的工作频率为 125 ~ 134.2kHz。低频标签一般为无源标签。标签的工作能量通过电感耦合方式从读写器耦合线圈的辐射近场中获得，读写距离一般小于 1m。

2）低频标签芯片一般采用普通的 CMOS 工艺制造，芯片造价低、省电，适合近距离、低传输速率、数据量较小的情况，如门禁、考勤、电子计费、电子钱包、停车场收费管理的应用。

3）低频标签的工作频率较低，可以穿透水、有机组织和木材，适用于动物识别。低频标签在外观上可以做成耳钉式、项圈式、药丸式或注射式，以用于牛、猪、信鸽等动物的标识。

（2）中高频 RFID 标签

中高频 RFID 标签具有以下特点：

1）中高频标签的典型工作频率为 13.56MHz。中高频标签的工作原理与低频标签基本相同，为无源标签。标签的工作能量通过电感耦合方式从读写器耦合线圈的辐射近场中获得，读写距离一般小于1m。

2）中高频标签可以方便地做成卡式结构，典型的应用有：电子身份识别、电子车票，以及校园卡和门禁系统的身份识别卡。我国第二代身份证内嵌有符合 ISO/IEC 14443B 标准的 13.56MHz 的 RFID 芯片。

（3）超高频与微波 RFID 标签

超高频与微波 RFID 标签具有以下特点：

1）超高频与微波 RFID 标签通常简称为"微波标签"，典型的超高频工作频率为860～928MHz，微波工作频率为 2.45～5.8GHz。

2）微波标签主要有无源标签与有源标签两类。目前无源标签的工作频率主要是902～928MHz，有源标签工作频率主要是 2.45～5.8GHz。微波标签位于天线辐射的远场区域。

3）超高频与微波电磁波的一个重要特点是：视距传输。超高频与微波无线电波绕射能力较弱，发送天线与接收天线之间不能有物体阻挡。因此，用于超高频与微波 RFID 标签的读写器天线被设计为定向天线，只有在天线定向波束范围内的电子标签才可以被读写。

4）读写器天线辐射场为无源标签提供能量，无源标签的工作距离大于 1m，典型值为 4～7m。读写器天线向有源标签发送读写指令，有源标签向读写器发送标签存储的标识信息。有源标签的最大工作距离可以超过百米。

5）微波标签一般用于远距离识别与对快速移动物体的识别。例如，近距离通信与工业控制领域、物流领域、铁路运输识别与管理，以及高速公路的不停车电子收费系统。

目前，我国高速公路的不停车电子收费系统（Electronic Toll Collection，ETC）的 RFID 标签系统已经形成了国家标准，这为 RFID 标签技术在高速公路的广泛应用打下了良好的基础。图2-14 给出了 ETC 应用场景示意图。

图 2-14　ETC 应用场景示意图

需要注意的是，根据国际无线电频率管理的规定，为了防止社会上不同无线通信系统之间的相互干扰，使用无线信道开展通信业务必须要向政府主管部门申请。同时，它也规定了免予申请专用的工业、科学与医药（Industrial Scientific Medical，ISM）频段，包括902～928MHz 的低频段、2.6～2.685GHz 的中高频段、5.725～5.825GHz 的超高频与微波段。超高频与微波 RFID 标签使用 ISM 频段。

5. 按标签封装材料进行分类

按标签封装材料进行分类，RFID 标签可以分为纸质封装 RFID 标签、塑料封装 RFID 标签与玻璃封装 RFID 标签三类。

（1）纸质封装 RFID 标签

纸质封装 RFID 标签一般由面层、芯片与天线电路层、胶层、底层组成。纸质封装 RFID 标签价格便宜，一般具有可粘贴功能，可以直接粘贴在被标识的物体上。图 2-15 给出了纸质封装 RFID 标签结构示意图。

（2）塑料封装 RFID 标签

塑料封装 RFID 标签采用特定的工艺与塑料基材，将芯片与天线封装成不同外形的标签。封装 RFID 标签的塑料可以采用不同的颜色，一般都能够耐高温。塑料封装 RFID 标签的外形如图 2-16 所示。

（3）玻璃封装 RFID 标签

将芯片与天线封装在不同形状的玻璃容器内就形成玻璃封装的植入式 RFID 标签。玻璃封装 RFID 标签可以植入动物体内，用于动物的识别与跟踪以及珍贵鱼类、狗、猫等宠物的管理，也可用于枪械、头盔、酒瓶、模具、珠宝或钥匙链的标识。图 2-17 给出了用于动物识别的玻璃封装 RFID 标签的外形与植入的工具。

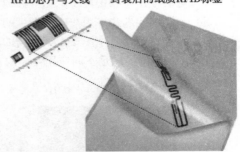

图 2-15　纸质封装 RFID 标签结构示意图

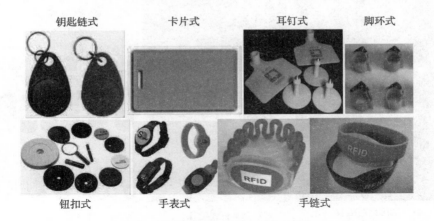

图 2-16　塑料封装 RFID 标签的外形

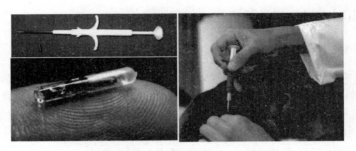

图 2-17　玻璃封装 RFID 标签的外形与植入的工具

未来，RFID 标签会直接在制作过程中就镶嵌到服装、手机、计算机、移动存储器、家电、书籍、药瓶、手术器械上。

6. 按标签封装形状进行分类

可以根据实际应用的需要，设计出各种外形与结构的 RFID 标签。根据应用场合、成本与环境等因素，RFID 标签可以封装成以下几种主要的外形：

1）粘贴在标识物上的薄膜粘贴标签。

2）让用户携带、类似于信用卡的卡式标签。

3）固定在车辆或集装箱上的柱形标签。

4）封装在塑料扣中用于动物耳标的扣式标签。

5）封装在钥匙扣中用户随身携带的身份识别标签。

6）封装在玻璃管中用于人或动物的植入式标签。

图 2-18 给出了满足不同应用需要的 RFID 标签外形照片。

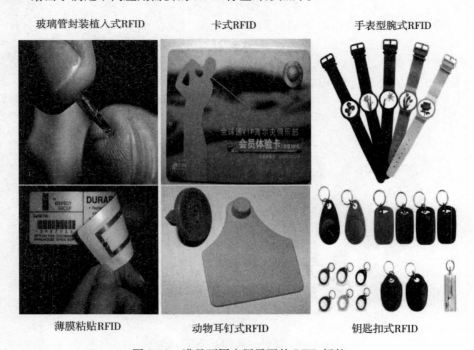

图 2-18 满足不同应用需要的 RFID 标签

2.2.4 RFID 标签的编码标准

1. EPCglobal RFID 标准的基本概念

要通过 RFID 标签技术唯一地标识出在任何一个国家生产的产品，正确地记录产品在世界范围流通、库存与销售的数据，就必须形成全球统一的产品电子编码标准。尽管 RFID 标签已经用于制造业、物流与动物身份认证中，但是并没有形成全球统一的标准。目前比较有影响的标准主要有 EPC 标准、UID RFID 标准与 ISO/IEC RFID 标准。

EPC 标准是由美国麻省理工学院 Auto-ID 实验室研究开发的，该标准研究的核心思想是：

1）为每一个产品而不是一类产品分配一个唯一的 EPC 产品编码。

2）EPC 编码能够存储在 RFID 标签的芯片中。

3）通过无线通信技术，RFID 读写器可以通过非接触方式自动读取 EPC 编码。

4）通过连接在互联网的服务器，可以查询 EPC 编码对应的物品的详细信息。

为了推广 EPC 技术，2003 年 11 月，欧洲物品编码协会（EAN）与美国统一商品编码委员会（UCC）在 EPC 研究成果的基础上，决定成立一个全球性的非营利组织——产品电子代码中心 EPCglobal，并在美国、英国、日本、韩国、中国、澳大利亚、瑞士建立了七个实验室，以便统一管理和实施 EPC 标准的推广工作。2004 年 1 月，我国的 EPC 管理机构 EPCglobal China 正式成立。

EPC 研究主要包括三个方面的内容：EPC 编码体系、EPC 射频标签识别系统与 EPC 信息网络系统。

2. EPC 编码体系

（1）EPC 编码体系设计的原则

EPC 编码体系研究的是产品电子代码的全球标准。2004 年 6 月，EPCglobal 公布了第一个全球产品电子代码 EPC 标准，并在部分应用领域进行了测试。目前正在研究和推广第二代（GEN2）EPC 标准。EPC 编码的特点之一是编码空间大，可以实现对单品的标识。通俗来说，条码一般只能表示"A 公司的 B 类产品"，而 EPC 码可以表示"A 公司于 B 时间在 C 地点生产的第 E 件 D 类产品"。以抗生素"头孢地尼"为例，可能由不同厂家在不同批次下生产，有不同的生产时间，而不同时间生产的不同批次抗生素的有效期是不同的，简单地用一种条码去标识不同批次的药品是不合适的，如果出现医疗事故也无法溯源。EPC 编码空间足够大，因此能够为全球每一种抗生素的每一件产品提供唯一的 EPC 码。

（2）EPC 码的结构

EPC 码由四个数字字段组成：

- 第一个字段：版本号。版本号字段值表示产品编码采用的 EPC 版本，从版本号可以知道编码的长度与结构。
- 第二个字段：域名管理。域名管理字段值用来标识生产厂商。根据域名管理字段值可以查询生产厂商服务器在互联网上的域名信息。
- 第三个字段：对象分类。对象分类字段值用来标识产品类型。
- 第四个字段：序列号。序列号字段值用来标识每一件产品。

（3）EPC 编码的字段长度和分配

EPC 编码分为三种长度：64 位、96 位与 256 位，即 EPC-64、EPC-96 与 EPC-256，已经公布的编码方案主要有 EPC-64 I、EPC-64 II、EPC-64 III，EPC-96 I 与 EPC-256 I、EPC-256 II 型与 EPC-256 III 等。表 2-2 给出了各种标准的编码规则，包括各个字段的长度分配，以及不同的版本对应的版本号数值。

表 2-2 EPC 不同标准的编码规则

EPC 版本	类 型	版本号（长度/数值）	域名管理	对象分类	序列号
EPC-64	Type I	2/1	21	17	24
	Type II	2/12	15	13	34
	Type III	2/13	26	13	23
EPC-96	Type I	8/21	28	24	36
EPC-256	Type I	8/09	32	56	160
	Type II	8/0A	64	56	128
	Type III	8/0B	128	56	64

图 2-19 给出了一个符合 EPC-96 I 编码标准的例子，各字段的结构与意义如图中所示。

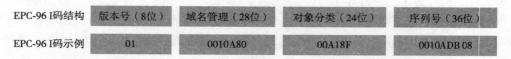

EPC-96 I码结构	版本号（8位）	域名管理（28位）	对象分类（24位）	序列号（36位）
EPC-96 I码示例	01	0010A80	00A18F	0010ADB 08

图 2-19　EPC-96 I 编码标准字段结构与意义

EPC-96 I 编码总长度用二进制数表示是 96 位。版本号长度为 8 位。版本号字段的值规定为十六进制数 21（对应的二进制数为 0010 0001）。

域名管理字段用二进制数表示为 28 位，通常用 7 位的十六进制数表示。域名管理字段值通常表示产品是由哪个厂商生产的。

对象分类字段用二进制数表示为 24 位，通常用 6 位的十六进制数表示。对象分类字段值用来表示是哪一类产品。

序列号字段用二进制数表示为 36 位，通常用 9 位的十六进制数表示。序列号字段值可以唯一地标识出每一件产品。

表 2-3 给出了 EPC-96 I 编码可以标识的产品总数。根据 EPC-96 I 编码各个字段的长度可以看出，EPC-96 I 编码可以分配给 2.68 亿个不同的厂商；每一个厂商可以标识出 1680 万类产品；每一类可以标识出 687 亿件产品。显然，EPC 编码在物联网智能物流中有着广阔的应用前景。

表 2-3　EPC-96 I 编码可以标识的产品总数

	位　　数	允许存在的最大数
版本号	8	
域名管理	28	268 435 455
对象分类	24	16 777 215
序列号	36	68 719 476 735
最多允许存在的商品数		309 484 990 217 175 959 785 701 375

在智能物流应用系统中，为了使商品在世界范围内流通，需要给世界上每个工厂生产的每一个（件）商品分配唯一的 EPC 编码。例如，我们为天津一家服装厂生产的某一款式的每一件衬衫嵌入一个 RFID 标签，RFID 标签的芯片记录着分配给这件衬衫的一个 EPC-96 I 编码。编码的第一个 8 位是版本号字段，值为 21。第 2 个字段是域名管理字段（28 位），表示物品生产厂商提供 EPC 信息服务（EPC Information Server，EPCIS）的服务器信息，假设天津这家服装厂在 EPC 编码管理机构注册的企业编码是 "1 22 23 50"。第三个字段 "对象分类" 表示这款衬衫的产品分类号，如值为 "12 12 12"；第四个字段 "序列号" 表示每一件衬衫，如分配给这件衬衫的编码为 "0 00 00 61 51"。这样，按照 EPC-96 I 编码规则，这件衬衫的编码为 "21-1222350-121212-000006151"。生产厂商将这个 EPC-96 I 编码存储在 RFID 标签中并嵌入这件衬衫。

需要注意的是，RFID 标签中只存储了这件衬衫的 EPC-96 I 编码，零售商可以用 RFID 读写器读出这个编码，但是无法知道这件衬衫的其他信息。生产厂家同时要将对应这个 EPC-96 I 编码的衬衫的原材料、尺码、颜色、款式、生产工艺、生产日期（如衬衫的布料是全棉的，尺寸是 175/84，颜色是白色，款式是便装紧身长袖衬衫，生产日期是 2017 年 1 月 16 日）等数据存储在工厂的 EPCIS 服务器中。假设这台 EPCIS 在互联网上的统一资源标识符（Uniform Resource Identifier，URI）对应的域名为 http://epcis. xyz. tj. cn。客户就可以通过访问这台服务器读取到这件衬衫的全部信息。

因此，一家工厂要在生产的产品中使用存储 EPC 编码的 RFID 标签时，需要做好以下几项准备工作：

1）在 EPC 编码管理中心注册工厂的"域名管理"字段的编码。

2）按照 EPC 编码标准规定的编码长度要求，选择合适的 RFID 芯片。

3）为每一类、每一个产品分配一个 EPC 编码，写入 RFID 标签中，嵌入产品中。

4）设置 EPCIS，存储所有对应 EPC 编码的产品信息，为客户提供查询服务。

3. EPC 信息网络系统

EPC 信息网络系统由互联网连接的多个 EPC 应用的网络系统与 EPC 基础设施组成。EPC 信息网络系统通过 EPC 中间件软件、对象名字服务器（Object Naming Server，ONS）与 EPC 信息服务器，实现全球的人与物、物与物的互联。

在产品制造与产品销售的国际化进程中，需要解决世界上任何一个公司生产的任何一件商品，在制造、采购、库存、运输、销售和售后的过程中，制造商、商品承运人、库房管理员、商场销售人员与消费者都能够通过一种标准的方法获取任何一件商品的信息。要做到这一点，就需要建立一个对象名字服务与服务器体系。对象名字服务也叫做对象名字解析服务，物联网的对象名字解析服务是借鉴互联网域名解析服务（DNS）设计出来的，两者从工作原理到系统结构有很多相似之处。

我们以一家美国零售企业采购了一批天津某一家服装厂生产的衬衫为例，来解释 EPC 网络系统结构的设计思路与 ONS 的基本工作原理。美国零售企业在采购衬衫入库之前，管理人员需要根据衬衫内嵌的 RFID 标签查找生产厂商，从生产厂商的 EPCIS 服务器下载相关的产品数据。零售企业在这件衬衫的 RFID 芯片中写入销售价格后，将这件衬衫的全部信息存储在后台商品数据库中，然后这件衬衫就可以运送到零售商场去销售了。这个过程看起来很简单，但是世界上每天有海量的商品在流通，要保证在商品流通的每个环节，用户都可以方便、准确地查询相关数据，那么支持这样一个物联网的 EPC 网络系统结构一定会像互联网一样复杂。图 2-20 给出了 EPC 网络系统结构与工作原理的示意图。

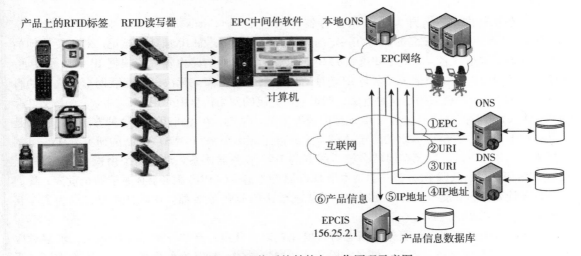

图 2-20　EPC 网络系统结构与工作原理示意图

零售企业通过 EPC 网络系统获取商品信息的过程大致包括以下六步：

1）美国零售企业计算机的 EPC 中间件软件从 RFID 芯片中读出衬衫的 EPC 编码是 "21-1222350-121212-000006151"，其中包括产品生产厂商的企业编码 "1 22 23 50"。它就用 EPC 的企业编码 "1 22 23 50" 到本地 ONS 上去查找生产厂商服务器的域名信息。如果本地 ONS 没有该生产厂商服务器的域名信息，那么就要到地区一级的 ONS 去查询；如果仍然没有找到，就要到国家一级的 ONS 查找。只要这个 EPC 的企业编码 "1 22 23 50" 是注册过的，就可以像互联网域名服务（DNS）那样查找出对应该企业编码 "1 22 23 50" 的域名信息。

2）不管是从哪一级的 ONS 查找到结果，它都会传送到这家零售企业的本地 ONS。假设根据企业编码 "1 22 23 50" 查询到生产这件衬衫的服装厂的 EPCIS 服务器的域名为 http://epcis. xyz. tj. cn。那么，本地 ONS 就将企业编码 "1 22 23 50" 映射到域名 "http://epcis. xyz. tj. cn"，并记录下来。

3）URI 表示该服装厂的 EPCIS 在互联网中的位置。如果我们只知道 URI，则还是不能直接访问到这台 EPCIS，接下来需要借助互联网的 DNS 的域名解析功能，通过 DNS 服务器去查找出域名为 http://epcis. xyz. tj. cn 的服务器对应的 IP 地址。

4）互联网的 DNS 根据域名为 http://epcis. xyz. tj. cn 服务器，查询出它的 IP 地址为 156. 25. 2. 1，然后将查询结果发送到零售企业的本地 ONS。

5）零售企业的计算机就根据 IP 地址（156. 25. 2. 1）与 EPC 编码中对应产品类型 "12 12 12" 与产品编码 "000006151"，查询到这家服装厂商 EPCIS。

6）服装生产厂商的 EPCIS 将 "121212-000006151" 这件衬衫的详细信息发送到零售企业计算机，零售企业就获取了这件衬衫销售相关的全部数据。之后，在这件衬衫的库存、运输、销售和售后的过程中，库房管理员、商品承运人、商场销售人员与消费者都能够获取到正确的信息。

4. ONS 服务器体系

基于 EPC 的物联网应用系统是建立在互联网的基础之上的，但是它需要增加必要的物联网基础设施——对象名字服务（ONS）与服务器体系。

ONS 的研究借鉴了互联网的 DNS 域名解析服务。因此，我们可以通过回顾互联网的 DNS 设计思想来理解物联网的 ONS 概念与原理。

假设在互联网上，南开大学 Web 服务器的域名是 www. nankai. edu. cn，对应的 IP 地址是 225. 236. 221. 6。显然，域名的命名有一定的规律，容易记住，而 IP 地址很难记。对于要访问的站点，我们只知道域名，一般不知道它的 IP 地址，而互联网的路由器只能根据 IP 地址去寻址。这个问题可通过构造一个记录域名与 IP 地址对应关系的数据库来解决。在互联网形成之前的科研网 ARPANET 阶段就采用了这种方法，斯坦福研究院的网络信息中心用一个 "hosts. txt" 文件存储 ARPANET 所有网络主机域名与 IP 地址的映射关系。显然，在主机很少时这种方法可行，但是在互联网上这种方法是行不通的，于是科学家开展了域名服务（DNS）机制的研究。DNS 机制包括域名的命名方法，以及实现域名解析服务的 DNS 服务器体系。现在一个由根 DNS 服务器、顶级 DNS 服务器、权限 DNS 服务器与本地 DNS 服务器组成的 DNS 服务器体系遍布全世界。我们只要打开计算机、智能手机访问互联网，首先就要访问 DNS 服务器。DNS 体系已经成为支撑互联网运行的重要基础设施之一。

理解互联网 "域名解析服务" 概念时需要注意以下几点：已知一个站点的域名，求解对应的 IP 地址的过程叫做域名解析。域名解析是互联网提供的一种基本的服务功能，统称为域名服务（Domain Name Service）；执行域名解析服务功能的服务器叫做域名解析服务器，简称域名服务器（Domain Name Server，DNS）。由于域名解析服务的对象分布在世界各地，因此互联网域名解析服务需要由多台 DNS 服务器合作提供。这样就构成了由根 DNS 服务器、顶级 DNS 服务器到本地 DNS 服务器组成的多层结构 DNS 服务器体系。

EPC 信息网络系统的设计借鉴了互联网 DNS 域名解析服务的设计思路，提出了对象名字服务的概念，设计了对象名字服务器（ONS）与对象名字服务器体系。

产品制造与产品销售的国际化需要解决以下问题：世界上任何一个公司生产的任何一件商品，在制造、采购、库存、运输、销售和售后的过程中，制造商、商品承运人、库房管理员、商场销售人员与消费者都能够通过一种标准的方法获取其信息，要做到这一点就需要建立 ONS 体系。ONS 体系同样是由根 ONS、顶级 OSN 到本地 ONS 的多层结构组成。通过 ONS 体系中不同层次 ONS 的协同工作，为物联网应用系统提供物品名字解析服务，支持智能制造、智能物流等应用系统的运行。ONS 体系是支撑物联网运行的重要信息基础设施之一。

从以上分析中我们可以看出：物联网对象名字服务（ONS）是建立在互联网的域名服务（DNS）之上的，ONS 与 DNS 具有"依存与协作"的关系。互联网 DNS 体系的建立、运行和管理为物联网提供了宝贵的经验，也为物联网的发展奠定了坚实的基础。物联网的发展又进一步扩大了互联网的应用范围与作用。

2.3 RFID 标签读写器

2.3.1 RFID 标签读写器的功能与分类

1. RFID 标签读写器的基本功能

RFID 标签与标签读写器是构成 RFID 应用系统的核心部件。从功能上来看，RFID 标签读写器分为两类：一类是只能读取 RFID 标签信息的 RFID 标签阅读器，另一类是具有读/写能力的 RFID 标签读写器。在没有强调和区分的情况下，我们一般将其统称为 RFID 标签"读写器""阅读器"或"读卡器"。

在 RFID 系统中，标签读写器连接了 RFID 标签与后端计算机信息处理系统。读写器的功能主要包括：

1）对固定或移动 RFID 标签进行识别与读写，发现读写过程中出现的错误。

2）将读取的 RFID 存储的数据传送到计算机，将计算机写入的数据或指令发送到 RFID 芯片。

RFID 标签读写器的性能直接影响着 RFID 应用系统的功能、性能与稳定性。

2. RFID 标签读写器的分类

RFID 标签读写器可以从使用方法、结构、使用的频率、实现功能、使用环境等角度进行分类。从使用方法角度可分为移动式与固定式；从结构角度可分为天线与读写模块集成结构和天线与读写模块分离结构；从使用的频率角度可分为低频、中高频、超高频与微波；从实现功能的角度可分为只能够读取数据的与可以读/写数据的；从使用环境角度可分为商业零售、仓库管理、图书与文件档案管理、不停车收费、工业生产线、农业生产与运输、畜牧养殖与食品安全溯源、矿井安全、医疗保健、身份认证、位置感知和家庭应用等。下面主要介绍移动式与固定式 RFID 标签读写器。

（1）移动式 RFID 标签读写器

移动式 RFID 标签读写器适用于仓库盘点、现场货物清查、图书馆书架清点、动物识别、超市购物付款、医疗保健等应用场合。从外观上看，便携式手持 RFID 读写器一般带有液晶显示屏，配置有键盘来进行操作和数据输入，可以通过各种有线或无线接口与高层计算机实现通信。移动式 RFID 标签读写器是一种大型嵌入式系统，它将天线与读写模块集成在一个手持设备中，操作系统可以采用 WinCE、Linux 或专用的安全嵌入式操作系统。移动式读写器一般在低频、中高频、超高频段使用，采用只读式还是读/写式以及用多大内存，则需要根据应用的需求确定。便携式手持 RFID 读写器应用最为广泛。

（2）固定式 RFID 标签读写器

固定式 RFID 标签读写器一般采取将天线与读写器模块分开设计的方法。天线通过电缆与读写器模块连接。天线可以方便地安装在固定的闸门式门柱、门禁的门框、不停车收费通道的顶端、仓库进出口或生产线传送带旁。固定式读写器一般使用超高频与微波段，作用距离相对较远。

不同类型的 RFID 标签读写器如图 2-21 所示。

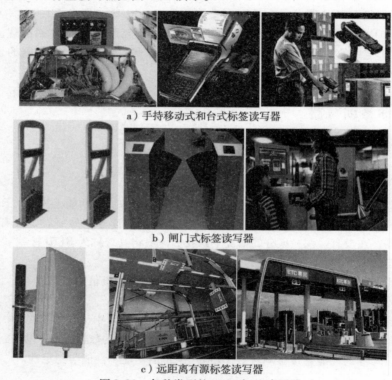

a）手持移动式和台式标签读写器

b）闸门式标签读写器

c）远距离有源标签读写器

图 2-21　各种类型的 RFID 标签读写器

*2.3.2　RFID 读写器的结构与设计方法

在介绍了 RFID 读写器的基本功能之后，我们来进一步分析 RFID 读写器的结构与设计方法。

1. RFID 读写器的结构

典型的手持式 RFID 读写器的结构如图 2-22 所示。

手持式 RFID 读写器由中心控制器模块、RFID 读写器模块、人机交互模块、存储器模块、接口模块与电源模块六部分组成。

- 中心控制器模块对 RFID 读写器整体运行进行控制。

- RFID 读写器模块负责对 RFID 标签的数据读出与写入。
- 存储器模块存储系统软件、应用软件与 RFID 的标签数据。
- 人机交互模块实现手持读写器操作人员的命令，显示命令执行的结果。
- 接口模块实现读写器与高层计算机的数据通信。
- 电源模块负责监控手持设备的电源供应与电池电量。

中心控制器模块的处理器是 RFID 读写器的核心，它控制着 RFID 读写器系统软件与硬件的运行。处理器从最初的 4 位、8 位单片机，发展到最近广泛应用的 32 位、64 位嵌入式 CPU，目前处理器的种类已经超过 1000 种。从体系结构角度，用于 RFID 读写器的处理器可以分为嵌入式微处理器（Micro Processor Unit，MPU）、嵌入式微控制器（Microcontroller Unit，MCU）与片上系统（SoC）。

专门为 RFID 读写器设计的片上系统可以实现软硬件的无缝结合，直接在处理器片内嵌入操作系统的代码模块。SoC 具有高度的综合性，可以在一个硅片内部运行一个复杂的系统。开发人员在采用专用的 SoC 芯片之后，不需要再像传统的嵌入式系统设计那样绘制复杂的电路板，一点点地连接、焊制，只需要通过软件编程就可以开发所需要的功能。整个 RFID 读写器系统软硬件简洁，进一步减小了系统的体积和功耗，提高了可靠性和生产效率。

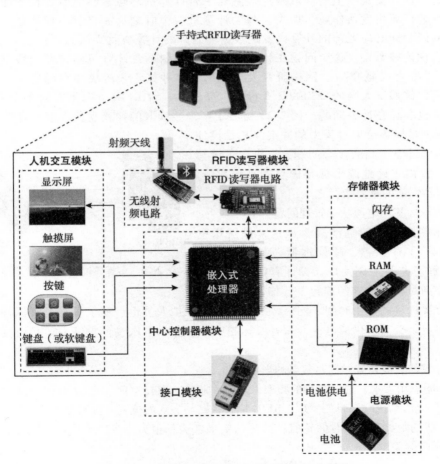

图 2-22　典型的手持式 RFID 读写器结构示意图

2. RFID 读写器设计中需要注意的几个问题

在设计读写器时，我们需要注意以下几个问题。

（1）标签身份识别与标签数据传输加密/解密问题

从信息安全的角度，目前很多标签在设计时就加入了数据加密模块，那么在读写器一端就必须有相应的解密模块。通过对发送与接收过程的数据加密与解密，实现对标签与读写器合法身份的认证，保障数据传输的安全。

（2）标签数据传输错误问题

RFID 标签与标签读写器必须工作在相同的频段。RFID 标签与读写器通信使用的是无线射频信道。无线射频信道的特点之一是信号传输不稳定和容易受到干扰，因此在标签与读写器通信中，数据传输错误的发现与纠错能力是评价读写器性能的重要标准之一。

（3）多标签读取过程中的冲突问题

由于标签与读写器通信使用的是同一个频率，因此一个读写器可能要同时读写多个标签。这种情况是很常见的。当你在超市推出一车贴有 RFID 标签的商品时，结账的 RFID 读写器就要在最短的时间内读出所有商品的标识信息，计算出总价格。这就和我们研究计算机局域网时一样。实验室里的局域网连接着几十台计算机，同学们都需要在下课时通过局域网向老师的计算机发送作业。但是老师的计算机一个时刻只能接收一份作业。如果有两个或更多的同学同时向老师的计算机发送数据，老师的计算机就无法分辨出这是谁的作业，这时就会出现传输错误。这个问题在计算机网络中叫做多台计算机同时发送数据时出现的"冲突"（也称为"碰撞"）。网络研究人员提出了多种算法来解决冲突问题，并形成了局域网的标准，例如以太网的 IEEE802.3 标准。显然，一台 RFID 读写器在对多个 RFID 标签读取过程中也会存在冲突问题。图 2-23 给出了多标签读取的冲突现象发生示意图。

如何解决多标签读取过程中的冲突问题是设计标签与读写器通信机制的核心问题，它决定了读写器能够在一秒内正确地读出标签信息的平均数量，是评价读写器性能的重要指标之一。

（4）有源标签的电源状态管理问题

有源标签由内嵌的电池提供电能，供发送电路、接收电路、存储器、微处理器芯片、解码电路、加密/解密电路工作使用。设计有源标签的关键问题是在满足功能需求的前提下，如何节省能量

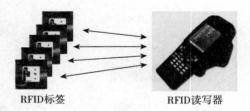

RFID标签　　　　　　RFID读写器

图 2-23　多标签读取"冲突"发生示意图

以及延长有源标签的使用时间。同时，应用系统的维护人员也需要了解每个有源标签的电源状态，以决定是否需要更换电池，而有源标签电源状态、电压过低报警一般是由读写器来完成的。

（5）标签与天线位置对读写效果的影响

针对不同应用需求，选择适合的频率、形状、芯片、存储空间大小的 RFID 标签之后，在实际建立 RFID 应用系统时，我们发现，RFID 标签张贴与嵌入的位置、读写器天线位置，以及标签与读写器天线的距离和方位对标签信息读写的效果影响都很大。正确解决这些问题是成功组建 RFID 应用系统的关键。

本章小结

1）RFID 技术研究与应用的目标是形成在全球任何地点、任何时间自动识别任何物品的物品识别体系。RFID 技术为物联网的发展奠定了重要的基础。

2）EPC 编码标准研究的核心思想是为每一个产品而不是一类产品分配一个唯一的 EPC 产品编码。EPC 编码能够存储在 RFID 标签的芯片中。通过无线通信技术，RFID 读写器可以通过非接触方式自动读取 EPC 编码。通过连接在互联网的服务器，可以完成对 EPC 编码对应物品详细信息的查询。

3）RFID 技术已经广泛应用于智能制造、智能物流、智能交通、智能医疗、智能安防与军事等领域，具有越来越广泛的应用前景。

习题

一、单选题

1. 以下关于二维条码特点的描述中，错误的是（　　）。
   A）高密度编码，信息容量大、容错能力强、纠错能力强
   B）可以表示声音、签字、指纹、掌纹信息
   C）可以表示多种语言文字
   D）可以表示视频信息

2. 以下关于 RFID 标签特点的描述中，错误的是（　　）。
   A）RFID 芯片存储的数据量大，可以多达几千字节
   B）RFID 读写器读取标签的距离从几厘米到上百米
   C）RFID 读写器读取 RFID 标签数据可以在多种环境中完成
   D）所有 RFID 标签都可以读取数据与写入数据

3. 以下关于 EPC 编码特点的描述中，错误的是（　　）。
   A）为每一个产品而不是一类产品分配一个唯一的 EPC 产品编码
   B）EPC 编码能够存储在 RFID 标签的芯片中
   C）RFID 读写器可以通过接触的方式自动读取 EPC 编码
   D）通过连接在互联网的服务器，可以查询到 EPC 编码对应的物品详细信息

4. 以下关于 EPC 码四个数字字段特征的描述中，错误的是（　　）。
   A）第一个字段为版本号，表示产品编码所采用的 EPC 版本
   B）第二个字段为域名管理，标识生产厂商国家
   C）第三个字段为对象分类，标识产品类型
   D）第四个字段为序列号，标识每一件产品

5. 以下关于 EPC-96 I 型编码的描述中，错误的是（　　）。
   A）第一个字段为版本号，长度为 8 位
   B）第二个字段为域名管理，长度为 22 位
   C）第三个字段为对象分类，长度为 24 位
   D）第四个字段为序列号，长度为 36 位

6. 以下关于 EPC-96 I 型编码可以标识的产品总数量的描述中，错误的是（　　）。

A）可以标识出 8 位版本号

B）可以标识出 2.68 亿个不同的厂商

C）可以为每一个厂商提供多达 1.68×10^7 类产品

D）每一类产品可以有 68700 万件

7. 以下关于工厂使用 EPC 编码的 RFID 标签的准备工作的描述中，错误的是（　　）。

A）在 EPC 编码管理中心注册工厂的编码

B）按照 EPC 编码标准规定的编码长度要求，选择合适的 RFID 芯片

C）为每一类产品分配一个 EPC 编码，写入 RFID 标签，嵌入产品中

D）设置存储所有对应 EPC 编码产品信息的 EPCIS，供用户查询

8. 以下不属于 EPC 信息网络系统的是（　　）。

A）EPC 中间件软件

B）对象名字服务（ONS）

C）EPC 信息服务（EPCIS）

D）域名解析服务（DNS）

9. 以下关于无源 RFID 标签特点的描述中，错误的是（　　）。

A）体积小、重量轻

B）价格低、使用寿命长

C）距离短、存储量较小

D）抗电磁场干扰能力强

10. 以下不属于手持式 RFID 读写器的是（　　）。

A）中心控制器模块 　　　　 B）RFID 读写器模块

C）ONS 数据存储模块 　　　 D）接口模块与电源模块

二、思考题

1. 请解释无源 RFID 标签工作原理。

2. 请设计一个阅览室图书自动借阅系统，并说明设计的原理。

3. 请设计一个小区地下车库不停车电子收费系统（ETC）结构，并解释它的工作原理。

4. 为什么 RFID 读写器在多 RFID 标签读取过程中会发生冲突现象？

5. 为什么在 EPC 信息网络系统中，ONS 体系与 DNS 体系是相互依存的关系？请说明原因。

6. 如果 RFID 读写器从 RFID 标签中读出 EPC 编码第 3 个十六进制数开始的数是：

A2 01 B1 26 3B 20 11 6A 22 24 36 5A 6B 21 33 09 A1 56 68 90 00 06……

不包括前 2 位，总共接收到的 EPC 编码的十六进制数为 62 位。

请回答：

1）如果 EPC 的前 8 位用二进制数表示是 0000 1001，请找出表示产品生产厂商的"域名管理"字段值，并说明理由。

2）如果 EPC 的前 8 位用二进制数表示是 0000 1010，请找出表示产品生产厂商的"域名管理"字段值，并说明理由。

第3章 传感器与传感网技术

感知技术作为信息获取的重要手段，与通信技术、计算机技术共同构成了信息技术的三大支柱。传感器是物联网感知层的主要器件，能够确保物联网及时、准确地获取外部物理世界的信息。由传感器与通信网络结合形成的传感网技术为物联网的发展奠定了基础。本章在系统介绍传感器原理、分类的基础上，将以无线传感器网络技术为例，系统地讨论传感网技术。

本章教学要求
- 了解物联网对感知技术的需求。
- 掌握传感器的原理、分类与性能指标。
- 理解无线传感器网络的基本工作原理。
- 了解无线传感器网络的技术发展趋势。

3.1 传感器的概念

3.1.1 感知能力与传感器的发展

1. 人的感知能力

眼、耳、鼻、舌、皮肤是人类感知外部物理世界的重要感官。我们用手接触物体来知道物体是热是凉；用手提起一个物体来判断出它大概有多重；用眼睛可以快速地从教室的很多学生中找出班长；用舌头可以尝出食物的酸甜苦辣；用鼻子可以闻出各种气味。人类是通过视觉、味觉、听觉、嗅觉、触觉五大感官来感知周围的环境，这是人类认识世界的基本途径。人类具有非常智慧的感知能力。我们可以综合视觉、味觉、听觉、嗅觉、触觉等多种手段感知的信息，来判断我们周边的环境是否正常，是否发生了火灾、污染或交通堵塞。然而，仅仅依靠人的基本感知能力是远远不够的。

随着人类对外部世界的改造，对未知领域与空间的拓展，人类需要的信息来源、种类、数量、精度不断增加，对信息获取的手段也提出了更高的要求，而传感器是满足人类对各种信息感知需求的主要工具。最早的传感器出现在 1861 年。传感器是实现信息感知、自动检测和自动控制的首要环节，也可以说是人类五官的延伸。

2. 传感器的基本概念

传感器（Sensor）是由敏感元件和转换元件组成的一种检测装置，能感受到被测量，并能将检测和感受到的信息按一定规律变换成为电信号（电压、电流、频率或相位）输出，以满足感知信息的传输、处理、存储、显示、记录和控制的要求。图 3-1a 给出了传感器结构示意图。

图 3-1b 给出了声传感器工作原理示意图。当声波传播到声敏感元件时，声敏感元件将声音信号转换为电信号，输入到转换电路。转换电路将微弱的电信号放大、整形后，输出与被测量的声波频率与强度相对应的感知信号。

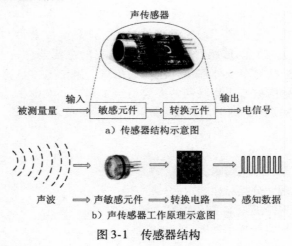

图 3-1 传感器结构

3.1.2 传感器的分类

1. 传感器的分类方法

传感器有多种分类方法：根据传感器功能分类、根据传感器工作原理分类、根据传感器感知的对象分类，以及根据传感器的应用领域分类等。

如果我们从功能角度将传感器与人的五大感觉器官相对比，那么对应于视觉的是光敏传感器，对应于听觉的是声敏传感器，对应于嗅觉的是气敏传感器，对应于味觉的是化学传感器与生物传感器，对应于触觉的是压敏、温敏、流体传感器。这种分类方法非常直观。

2. 常用传感器的分类

根据传感器的工作原理，可将其分为物理传感器、化学传感器两大类，生物传感器属于一类特殊的化学传感器。表 3-1 给出了常用的物理传感器与化学传感器分类。

表 3-1 常用物理传感器与化学传感器的分类

物理传感器	力传感器	压力传感器、力矩传感器、速度传感器、加速度传感器、流量传感器、位移传感器、位置传感器、密度传感器、硬度传感器、黏度传感器
	热传感器	温度传感器、热流传感器、热导率传感器
	声传感器	声压传感器、噪声传感器、超声波传感器、声表面波传感器、次声波传感器
	光传感器	可见光传感器、红外线传感器、紫外线传感器、图像传感器、光纤传感器、分布式光纤传感系统
	电传感器	电流传感器、电压传感器、电场强度传感器
	磁传感器	磁场强度传感器、磁通量传感器
	射线传感器	X 射线传感器、γ 射线传感器、β 射线传感器、辐射剂量传感器
化学传感器		离子传感器、气体传感器、湿度传感器、生物传感器

3.1.3 物理传感器

物理传感器的原理是利用力、热、声、光、电、磁、射线等物理效应,将被测信号量的微小变化转换成电信号。

根据传感器检测的物理参数类型的不同,物理传感器可以进一步分为:力传感器、热传感器、声传感器、光传感器、电传感器、磁传感器与射线传感器 7 类。

1. 力传感器

力传感器是能感受外力并将其转换成可用输出信号的传感器。力传感器的种类繁多,常用的力与压力传感器有电阻应变式、半导体应变式、压阻式、电感式、电容式、谐振式压力传感器,以及光纤压力传感器等。目前,应用最为广泛的是压阻式压力传感器,它具有价格较低、精度较高的优点。图 3-2 给出了用金属应变丝作为敏感元件的压力传感器工作原理示意图。

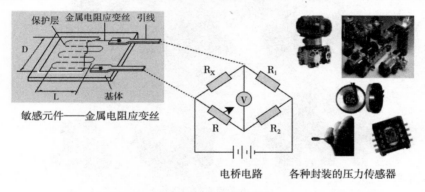

图 3-2 压力传感器

电阻应变丝是一种将被测物体因受力形状产生的应力转换成电信号的敏感器件。压阻式压力传感器的主要由电阻应变敏感器件按照惠斯通电桥原理组成。惠斯通电桥是采用比较法的思想对未知电阻进行测量的。测量时选择一定的比例臂数值 (R_1/R_2) 通过调节标准电阻 R 来测定待测电阻 R_x 的值。由于电阻应变丝通过特殊的黏合剂紧密黏合在基体上,当基体受力产生应力变化时,电阻应变丝的阻值 R_x 也随之发生改变。通过待测电阻 R_x 阻值的变化,可以计算出物体所受的力。

根据测量的物理量不同,力传感器可以分为:压力传感器、力矩传感器、速度传感器、加速度传感器、流量传感器、位移传感器、位置传感器、密度传感器、硬度传感器、黏度传感器。图 3-3 中给出了几种封装方式、体积、结构与用途不同的力传感器的外形照片。

2. 热传感器

在人类生活与生产中常常要测量温度与热量。能够感受到温度和热量,并转换成输出信号的传感器叫做热传感器或温度传感器。热传感器可以分为温度传感器、热流传感器和热导率传感器。

按测量方式热传感器可以分为接触式和非接触式两大类。接触式温度传感器的检测部分与被测对象有良好的接触,又称温度计。温度计通过传导或对流达到热平衡,从而使温度计的示值能直接表示被测对象的温度。

非接触式的敏感元件与被测对象互不接触。非接触式测量方法主要用于运动物体、小目标,以及热容量小或温度变化迅速的环境中。常用的非接触式测温仪表基于黑体辐射的基本定律。

压力传感器

位移传感器

流速传感器

位置传感器

图 3-3　不同用途的力传感器

黑体是吸收全部热辐射并不反射的物体。辐射测温法包括光学高温计的亮度法、辐射高温计的辐射法，以及比色温度计的比色法。非接触式可以用于冶金中的钢带轧制温度、轧辊温度、锻件温度，以及各种熔融金属在冶炼炉或坩埚中温度的测量。图 3-4 给出了不同类型和用途的温度传感器照片。

图 3-4　温度传感器

3. 声传感器

人说话的声音频率范围在 300 ~ 3400Hz，人耳可以听到 20 ~ 20kHz 的音频信号。频率低于 20Hz 的声波叫做次声波，频率高于 20kHz 的声波叫做超声波。声传感器可以分为声压传感器、噪声传感器、超声波传感器、声表面波传感器与次声波传感器。

声传感器是一个古老的话题，人们非常熟悉的声呐就是声传感器典型的应用。声呐是英文缩写"SONAR"的音译，是一种利用声波在水下的传播特性，通过声敏感元件完成水下探测和通信的电子设备，是水声学中应用最广泛、最重要的一种装置。声呐是 1906 年由英国海军发明的，开始时用于侦测冰山，第一次世界大战时用来侦测水下的潜艇。声呐技术从诞生至今已有超过 100 年的历史。

超声波传感器是利用超声波的特性研制而成的声传感器。超声波是振动频率高于声波的机械波。超声波具有频率高、波长短、方向性好、能够定向传播等特点。超声波对液体、固体的穿透能力很强，尤其是在不透明的固体中能够穿透几十米的深度。超声波碰到杂质或分界面会产生显著反射形成反射成回波，碰到活动物体能产生多普勒效应，因此超声波传感器广泛应用于工业、国防、生物医学等方面。

在自然界中，海上风暴、火山爆发、大陨石落地、海啸、电闪雷鸣、波浪击岸、水中漩涡、空中湍流、龙卷风、磁暴、极光等都可能伴有次声波的发生。在人类活动中，核爆炸、导弹飞行、火炮发射、轮船航行、汽车争驰、高楼和大桥摇晃，甚至像鼓风机、搅拌机、扩音喇叭等在发声时也都能产生次声波。同时，由于某些频率的次声波和人体器官的振动频率相近，容易和人体器官产生共振，对人体有很强的伤害性，危险时可致人死亡。因此，近年来次声波传感器是声传感器研究的一个热点问题，也是物联网环境感知研究的一个重要课题。图 3-5 给出了声波、超声波与次声波传感器的照片。

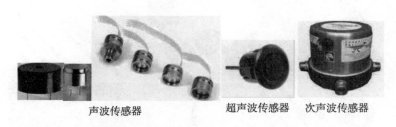

声波传感器　　　　　超声波传感器　次声波传感器

图 3-5　声传感器

4. 光传感器

光传感器是当前传感器技术研究中最为活跃的领域之一。按照光源的频段，光传感器可以分为可见光传感器、红外线传感器、紫外线传感器。目前常用的光传感器主要有图像传感器与光纤传感器。

（1）图像传感器

我们在公路上开车、在商场购物、在机场候机时，经常可以看到摄像头。摄像头是图像传感器重要的组成部分，图像传感器是能感受光学图像信息并转换成可用输出信号的传感器。目前图像传感器已经广泛应用于智能交通、智能家庭、安防与社会的各个领域。图 3-6 给出了各种形式摄像头的照片，如无线监控摄像头、半球车载摄像头、IP 网络摄像头、红外夜视摄像头，以及小型与微型摄像头等。

无线监控摄像头　半球车载摄像头　IP网络摄像头　红外夜视摄像头　微型摄像头　小型摄像头

图 3-6　各种形式的摄像头

（2）光纤传感器

随着测量精度的提高，测量环境的多样化，电测量方法容易受到干扰的矛盾日益突出。由于光纤传感器工作在非电的状态，具有重量轻、体积小、低成本、抗干扰等优点，因此光纤传感器在精度要求高、远距离、网络化、危险环境的感知与测量中越来越受到重视。社会需求进一步推动了光纤传感器技术的快速发展。激光是 20 世纪 60 年代初发展起来的一项新技术，它标志着人们掌握和利用光波进入了一个新的阶段。磁光效应的发现，使得人们可以利用光的偏振状态来实现传感器的功能。当一束偏振光通过介质时，若在光束传播方向存在着一个外磁场，那么光通过偏振面将旋转一个角度，在特定的试验装置下，偏转的角度和输出的光强成正比。通过输出光照射激光二极管就可以获得数字化的光强。

光纤传感器作为一种重要的工业传感器，目前已经广泛应用于工业控制机器人、搬运机器人、焊接机器人、装配机器人与控制系统的自动实时测量。同时，光纤传感器可以用于磁、声、压力、温度、加速度、陀螺、位移、液面、转矩、光声、电流和应变等物理量的测量与传感，以及光纤陀螺、光纤水听器等应用中。不同的光纤传感器如图 3-7 所示。

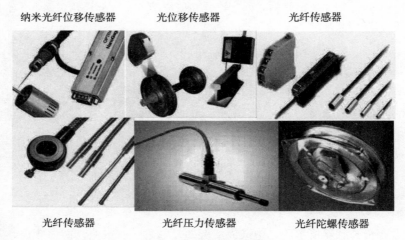

纳米光纤位移传感器　　　光位移传感器　　　光纤传感器

光纤传感器　　　光纤压力传感器　　　光纤陀螺传感器

图 3-7　各种光纤传感器

（3）分布式光纤传感系统

分布式光纤传感系统利用光纤作为传感敏感元件和传输信号介质，探测出沿着光纤不同位置的温度和应变的变化，实现分布、自动、实时、连续、精确的测量。

分布式光纤传感系统应用领域包括：智能电网的电力电缆表面温度检测、事故点定位；发电厂和变电站的温度监测、故障点检测和报警；水库大坝、河堤安全与渗漏监测；桥梁与高层建筑结构安全性监测；公路、地铁、隧道地质状况的监测。同时，由于分布式光纤温度传感系统可以在易燃、易爆的环境下同时测量上万个点，可以对每个温度测量点进行实时测量与定位，因此分布式光纤温度传感系统可以用于石油天然气输送管线或储罐泄漏监测，以及油库、油管、油罐的温度监测及故障点的检测。工业界也将分布式光纤传感系统称为光纤传感网，它是物联网中传感网的重要类型之一。

5. 电传感器

电传感器是最常用的一种传感器。从测量的物理量角度，电传感器可以分为电阻式、电容式、电感式传感器。

　　电阻式传感器是利用变阻器将非电量转换成电阻信号的原理制成的。电阻式传感器主要用于位移、压力、应变、力矩、气流流速、液面与液体流量等参数的测量。

　　电容式传感器是利用改变电容器的几何尺寸或介质参数来使电容量变化的原理制成的。电容式传感器主要用于压力、位移、液面、厚度、水分含量等参数的测量。

　　电感式传感器是利用改变电感磁路的几何尺寸或磁体位置来使电感或互感量变化的原理制成的。电感式传感器主要用于压力、位移、力、振动、加速度等参数的测量。

6. 磁传感器

　　磁传感器是一类古老的传感器，指南针便是磁传感器最早的一种应用。现代的磁传感器要将磁信号转化成为电信号输出。应用最早的磁电式传感器在工业控制领域做出了重要的贡献，但是目前已经被高性能磁敏感材料的新型磁传感器所替代。在电磁效应的传感器中，磁旋转传感器是重要的一种。磁旋转传感器主要由半导体磁阻元件、永久磁铁、固定器、外壳等几个部分组成。典型结构是将一对磁阻元件安装在一个永磁体上，元件的输入输出端子接到固定器上，然后安装在金属盒中，再用工程塑料密封，形成密闭结构，这个结构具有良好的可靠性。磁旋转传感器在工厂自动化系统中有广泛的应用，如机床伺服电机的转动检测、工厂自动化的机器人臂的定位、液压冲程的检测，以及工厂自动化设备位置检测、旋转编码器的检测单元、各种旋转的检测单元。

　　磁旋转传感器在家用电器中也有极大的应用空间。在录音机的换向机构中，可用磁阻元件来检测磁带的终点。家用录像机中大多数有变速、高速重放功能，洗衣机中的电机的正反转和高低速旋转功能都是通过伺服旋转传感器来实现检测和控制的。磁旋转传感器可用于检测翻盖手机与笔记本电脑等的开关状态，而且可以用作电源及照明灯开关。电磁开关是基于磁传感器原理设计的一类常用的器件。电磁开关可以感应到进入检验区域的金属物体，可以检测门窗、珠宝箱、保险箱门的开关状态。图 3-8 给出了磁传感器示意图。

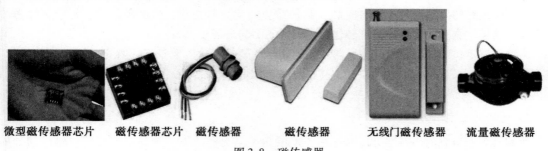

微型磁传感器芯片　　磁传感器芯片　　磁传感器　　　磁传感器　　　无线门磁传感器　　流量磁传感器

图 3-8　磁传感器

7. 射线传感器

　　射线传感器是将射线强度转换为可输出的电信号的传感器。射线传感器可以分为 X 射线传感器、γ 射线传感器、β 射线传感器、辐射剂量传感器。

　　射线传感器的研究已经有很长的历史了，目前射线传感器已经在环境保护、医疗卫生、科学研究与安全保护领域广泛使用。

3.1.4　化学传感器

　　化学传感器是可以将化学吸附、电化学反应等过程中被测信号的微小变化转换成电信号的一类传感器。

　　按传感方式的不同，化学传感器可分为接触式与非接触式；按结构形式的不同可分为分离型与组装一体化传感器；按检测对象的不同，可以分为气体传感器、离子传感器、湿度传感器。

气体传感器的传感元件多为氧化物半导体，有时在其中加入微量贵金属作为增敏剂，增加对气体的活化作用。气体传感器又分为半导体、固体电解质、接触燃烧式、晶体振荡式和电化学式气体传感器。

湿度传感器是测定水汽含量的传感器。湿度传感器可以进一步分为电解质式、高分子式、陶瓷式和半导体式湿度传感器。

离子传感器是根据感应膜对某种离子具有选择性响应的原理而设计的一类化学传感器。感应膜主要有玻璃膜、溶有活性物质的液体膜以及高分子膜，使用较多是聚氯乙烯膜。

化学传感器在矿产资源的探测、气象观测和遥测、工业自动化、医学诊断和实时监测、生物工程、农产品储藏和环境保护等领域有着重要的应用。

目前，已经制成了血压传感器、心音传感器、体温传感器、呼吸传感器、血流传感器、脉搏传感器与体电传感器，这些物理传感器与化学传感器以人的生理参数为监测对象，直接为保障人类的健康服务。

3.1.5 生物传感器

1. 生物传感器的基本概念

生物传感器是一类特殊的化学传感器。实际上，目前生物传感器研究的类型，已经远远超出了我们对传统传感器的认知程度。

生物传感器是由生物敏感元件和信号传导器组成的。生物敏感元件可以是生物体、组织、细胞、酶、核酸或有机物分子。它利用的是不同的生物元件对于光强度、热量、声强度、压力不同的感应特性。例如，对于光敏感的生物元件能够将它感受到的光强度转化为与之成比例的电信号，对于热敏感的生物元件能够将它感受到的热量转化为与之成比例的电信号，对于声敏感的生物元件能够将它感受到的声强度转化为与之成比例的电信号。

生物传感器应用的是生物机理，与传统的化学传感器和分析设备相比具有无可比拟的优势，这些优势表现在高选择性、高灵敏度、高稳定性、低成本，能够在复杂环境中进行在线、快速、连续监测。

2. 生物传感器的类型

目前，人们研究的传感器可以从三种不同的角度来分类。第一种是根据传感器输出信号的产生方式来分类，可以分为生物亲和型生物传感器、代谢型生物传感器与催化型生物传感器。第二种是根据传感器中分子识别元件上的敏感物质来分类，可以分为酶传感器、微生物传感器、组织传感器、细胞传感器与免疫传感器。第三种是根据传感器的信号转换器来分类，可以分为电化学式生物传感器、半导体式生物传感器，以及测热型、测光型、测声型生物传感器。表 3-2 给出了生物传感器的分类。

表 3-2　生物传感器的分类

分类依据	生物传感器类型
输出信号方式	生物亲和型生物传感器、代谢型生物传感器与催化型生物传感器
分子识别元件	酶传感器、微生物传感器、组织传感器、细胞传感器与免疫传感器
信号转换器	电化学式生物传感器、半导体式生物传感器、测热型生物传感器、测光型生物传感器、测声型生物传感器

利用新的生物学与医学研究成果可以制造新的传感器。例如，利用抗体与抗源在电极表面相遇复合会产生电位变化现象，人们研究了免疫传感器，可以用于肝炎病毒抗体的快速诊断。一种称作"神经芯片"的生物传感器芯片与活性神经细胞接触，成功地读取了细胞产生的电信号。这种生物传感器在 $1mm^2$ 的面积上集成了 128×128 个传感器阵列。由于神经细胞之间可以通过电脉冲进行信息交流，通过读取和记录这些信息为开发出先进的神经修复技术提供了新的思路。生物传感器技术目前已经在生物信息学、环境工程与医疗保健中得到广泛应用。

3.1.6　纳米传感器

1. 纳米传感器的基本概念

1959 年，美国加州理工学院理查德·费恩曼（Richard P. Feynman）在关于原子工程发展前景的著名演讲 "There is Plenty of Room at the Bottom" 中，预见了从原子尺寸上操作物质的可能性。多年来，全世界的科学家一直致力于在纳米尺寸上研究物质的性质与相互作用，并利用这种特性开发新产品。

nano（纳米）一词来源于希腊，意为十亿分之一。纳米（nm）是一个长度单位，$1nm = 1 \times 10^{-9}m$。人的一根头发的直径约为 $7.5 \times 10^4 nm$，人眼可以分辨的最小长度约为 $10^4 nm$，因此人眼能够看到头发丝。再如，蛋白质分子的尺寸范围为 $1 \sim 20nm$，DNA 的厚度约为 $2nm$，碳纳米管的直径约为 $1.3nm$。

纳米技术是应用科学或工程学的一个分支，主要目标是设计、合成、表征、控制与操纵以及应用至少一个物理维度在纳米尺寸（$0.1 \sim 100\ nm$）的材料、器件与系统。纳米技术又将引发一系列技术与学科的变革，例如，促进纳米物理学、纳米生物学、纳米化学、纳米电子学、纳米加工技术和纳米计量学的发展。

纳米传感器（nanosensor）是纳米技术在感知领域的一种应用。纳米传感器的发展丰富了传感器的理论体系，拓宽了传感器的应用领域。鉴于纳米传感器在生物、化学、机械、航空、军事领域广阔的应用前景，欧美等发达国家已经投入大量的人力物力开展纳米传感器技术的研发。科学界将纳米传感器与航空航天、电子信息等提升至战略高科技的高度。目前，纳米传感器已经进入全面发展阶段，其发展将引发传感器领域的革命性变化。

2. 纳米传感器的特点

传统的传感器正在从纳米技术的角度被重新设计、制造。纳米传感器在敏感度、体积、成本与响应时间等方面都会有显著地提高。

纳米传感器是一种通过生物、化学、物理的感知点来传达外部宏观世界信息的纳米器件，它可用于监测宏观世界的温度、气味、声音、光强、压力、位移、速度、浓度、重量、电磁特性。纳米传感器的特点如图 3-9 所示。

（1）灵敏度高

最常见的纳米传感器是存在于自然界生物体内能够感知外部刺激的天然体，例如狗的嗅觉非常灵敏，能够感知纳米尺度的分子；各种鱼类利用纳米传感器可以感知周围水域微小的振动；一些昆虫可以运用纳米传感器检测性激素；植物可以感知微弱的光线或光强度的变化。人们在研究自然界纳米传感器的特征的基础上，研究出一批基于碳纳米管与纳米薄膜的传感器。纳米传感器可以感知微量的化学材料与成分，在检测脱氧核糖核酸（DNA）和生物材料方面可以达到非常高的精度。纳米传感器可以在分子水平区分正常细胞与癌细胞，可用于精确确定癌细胞的位置。

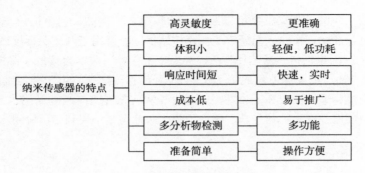

图 3-9　纳米传感器的特点

美国科学家研制出像素尺寸仅为 50nm 的新型图像传感器。如果以目前流行的全幅相机图像传感器尺寸为标准，新型纳米图像传感器将拥有 3 000 亿以上的像素，是现有图像传感器像素的 10 000 倍。

（2）体积小

为了进一步界定纳米传感器，学术界认为：任何一种传感器只要具备以下属性之一都可以称为纳米传感器。这些属性是：

- 传感器大小是纳米级的。
- 传感器灵敏度是纳米级的。
- 传感器与被观测物之间的相互作用距离是纳米级的。

体积小的纳米传感器在智能医疗中有着广阔的应用前景，可以作为植入式传感器应用于疾病医疗与健康监测之中。

2013 年 12 月，美国麻省理工学院的研究人员在《自然·纳米技术》发表了一种可以植入皮肤下的碳纳米管传感器的研究成果。这种植入式碳纳米管传感器可以将机器或药物输送到人体内特定的地方，全年实时监测活体动物体内的分子活动。例如，监测炎症反应产生一氧化氮的过程，研究一氧化氮在健康细胞和癌细胞内的表现方式，监测癌症或其他炎症性疾病、人造髋关节患者的免疫反应，监测血糖或胰岛素水平。在这项新研究中，研究人员创建了两种不同类型的传感器，一种可以被注射到血液中用于短期监测，另一种可嵌入到凝胶中植入肌肤用于长期监测。实验结果表明，一旦这种凝胶被植入老鼠皮下，可在一个地方停留并保持功能 400 天，甚至持续更长的时间。几种典型的医用植入式传感器如图 3-10 所示。

（3）响应时间快

感知信号传输的距离越短，花费的时间越少，而小尺寸的纳米传感器与被测量物体在距离为纳米量级中相互作用，纳米传感器与被测量物体和感知的环境达到平衡状态所需的时间就越短，获得感知信息的时间就越短，数据的实时性就越好。

（4）多功能

如果要一次检测几种气体，那么就必须使用多种传感器组成一个气体传感器阵列。将大量传统的气体传感器组成阵列的缺点是造成体积庞大、造价昂贵、维护困难。而纳米传感器体积小，单一的传感器可以包括成千上万个不同纳米传感器组成的阵列，其中每一种纳米传感器连接不同的官能团。不同类型的纳米传感器只对特定的分析物进行检测。这种超小型、低功耗的纳米传感器阵列能够实现多目标检测与多种感知功能。

从目前研究的结果看，一个 400nm 的纳米传感器阵列所占用的空间相当于传统传感器阵列的一个点。在医学方面，纳米传感器阵列可以用于测量体内细胞的温度、体积、浓度、位移、重量、压力，以及电磁参数。

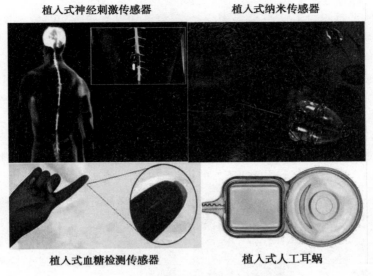

植入式神经刺激传感器　　　　植入式纳米传感器

植入式血糖检测传感器　　　　植入式人工耳蜗

图 3-10　几种典型的医用植入式传感器

（5）低功耗

纳米传感器分为被动型与主动型两类。被动型纳米传感器不需要电源供电，对于同一种类型的传感器，如果传统的传感器功耗需要几瓦的话，那么主动型纳米传感器由于体积极小，功耗一般只在毫瓦（mw）量级。

3. 纳米传感器的分类

纳米传感器的分类如图 3-11 所示。

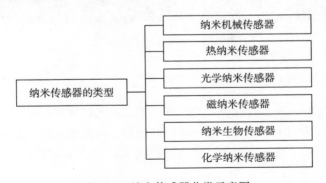

图 3-11　纳米传感器分类示意图

纳米机械传感器可以进一步分为纳米位移传感器、纳米微小质量检测传感器、纳米膜压力传感器、纳米加速度传感器、流量传感器等。

热纳米传感器可以进一步分为高质量温度传感器、低温（30～10k）传感器、细胞传感与成像的生物纳米传感器、细胞局部低温治疗的超灵敏温度计、超导热电子纳米辐射热温度计等。

光学纳米传感器可以进一步分为纳米光纤传感器，纳米光加速度传感器，纳米荧光与 PH 传感器，纳米微阵列与光学孔径纳米传感器，以及紫红外光电纳米传感器等。

磁纳米传感器可以进一步分为巨磁电阻、隧道磁电阻、磁纳米颗粒探针、蛋白酶特异性纳米传感器，以及免疫与超导磁纳米传感器、纳米磁罗盘与纳米位置传感器等。

纳米生物传感器可以进一步分为一氧化碳/一氧化氮、多巴胺/尿酸/抗坏血酸、葡萄糖、DNA 纳米生物传感器，以及过敏原抗体反应纳米生物传感器、癌胚抗原纳米生物传感器、乙型肝炎免疫纳米生物传感器等。

化学纳米传感器可以进一步分为金属纳米薄膜气体传感器，离子敏感/纳米场效应 pH 检测纳米传感器、纤维/聚合物压电效应湿度纳米传感器，量子点电化学发光纳米传感器等。

学术界与产业界已经认识到纳米传感器产业发展与市场应用的巨大潜力。近年来有关纳米传感器的研究工作已经取得了极大的进展，一些器件通过了实验室的测试，并开始在市场上出现。但是纳米传感器要真正走向实用化，还有很长的路要走，还有很多困难的问题需要解决。图 3-12 给出了纳米传感器及其应用研究工作的相关照片。

图 3-12　纳米传感器的研究

3.1.7　传感器性能指标

传感器的技术指标包括静态特性与动态特性两类。静态特性是指被测量处于稳态时的输入信号与输出量的对应关系。由于静态特性不含时间变量，因此输入信号与输出量的对应关系可以用一个不含时间变量的方程式或一个二维的特性曲线表示。动态特性是描述输入信号与输出量随时间变化的对应关系。

衡量传感器静态性能的技术指标包括线性度、灵敏度、分辨率、迟滞、重复性、漂移、测量范围与精度。

1. 线性度

通常情况下，传感器的实际输出与输入的特性曲线是非线性的。为了使测量仪表刻度值与输入量呈线性关系，通常需要用方差等方法将输出与输入的特性曲线作为拟合直线来处理。传感器实际的输出量与输入量关系曲线偏离拟合直线的程度叫做传感器的线性度。传感器的线性度将影响传感器的测量精度。

2. 灵敏度

灵敏度是传感器静态特性的一个重要指标。灵敏度（S）是指传感器在稳态工作情况下输出变化量 Δy 与输入变化量 Δx 的比值。理解灵敏度的概念，需要注意以下几个问题：

- 灵敏度 $S = \Delta y / \Delta x$，S 值越高，表示传感器对被测量的变化反应越灵敏。
- 如果传感器的线性度越好，则灵敏度 S 的测量精度越高。
- 灵敏度 S 的量纲是输出与输入量纲的比值。例如，对于位移传感器，每移动 1mm，输出的电压变化 30mV，那么灵敏度 S 的量纲就是 mV/mm。这种位移传感器的灵敏度 S 就是 30mV/mm。

3. 分辨率

分辨率表征传感器对于被测量微小变化的感知能力。例如，对于某种位移传感器来说，如果它的分辨率为 0.1mm，那么被测物体移动小于 0.1mm 时，传感器的输出电压没有变化。

4. 迟滞

传感器在输入量由小到大正向变化与输入量由大到小反向变化，其输入输出特性曲线不重合的现象称为迟滞。这就造成对于同一大小的输入信号，传感器的正/反行程的输出信号大小不相等，这个差值称为迟滞差值。

5. 重复性

重复性是指传感器在输入量按同一方向做全量程连续多次变化时，所得特性曲线不一致的程度。

6. 漂移

漂移是指在输入量不变的情况下，传感器输出量随着时间变化，此现象称为漂移。产生漂移的原因有两个：一是传感器自身结构的不稳定性引起的；二是周围环境（温度或湿度）因素引起的，常见的是温度引起的漂移。

7. 测量范围

传感器所能测量的最小输入量与最大输入量之间的范围称为传感器的测量范围。

8. 精度

传感器的精度是指测量结果的可靠程度，是测量中各类误差的综合反映，测量误差越小，传感器的精度越高。

传感器的动态特性是指：输出信号对应随时间变化的输入量的响应特性。一个动态特性好的传感器，它的输出信号对应输入量的响应特性不随时间变化，或者变化较小，它反映出传感器测量精度、重复性与可靠性高。

3.2　智能传感器与无线传感器

传感器的广泛应用推动了传感器技术的快速发展。传感器技术的发展表现在智能传感器与无线传感器两个方向。

3.2.1　智能传感器的研究与发展

1. 智能传感器的特点

目前，传感器已经广泛应用于工业生产、农业生产、环境保护、资源调查、医学诊断、生物工程、宇宙开发、海洋探测、文物保护等领域。从茫茫的太空到浩瀚的海洋，从复杂的工程系统到每一个家庭，传感器无处不在。强烈的社会需求促进了传感器技术研究的发展，现代传感器技术正在向着智能化、微型化与网络化的方向发展。网络化催生了传感器全新的应用模式——传感网。传感器与传感网技术是物联网赖以发展的基础。

智能传感器（Intelligent Sensor）作为传感网的基础与感知终端，其技术水平直接决定了传感网的整体技术性能。智能传感器是用嵌入式技术将传感器与微处理器集成为一体，具有环境感知、数据处理、智能控制与数据通信功能的智能数据终端设备。未来的智能传感器与传统的传感器相比，具有以下几个显著的特点。

（1）自学习、自诊断与自补偿能力

智能传感器具有较强的计算能力，能够对采集的数据进行预处理，剔除错误或重复数据，进行数据的归并与融合；采用智能技术与软件，通过自学习，能够调整传感器的工作模式，重新标定传感器的线性度，以适应所处的实际感知环境，提高测量精度与可信度；能够采用自补偿算法，调整针对传感器温度漂移的非线性补偿方法；能够根据自诊断算法，发现外部环境与内部电路引起的不稳定因素，采用自修复方法改进传感器工作可靠性，设备非正常断电时的数据保护，或在故障出现之前报警。

（2）复合感知能力

通过研究新型传感器或集成多种感知能力的传感器，使得智能传感器对物体与外部环境的物理量、化学量或生物量具有复合感知能力，可以综合感知光强、波长、相位与偏振等参数，感知压力、温度、湿度、声强等参数，帮助人类全面地感知和研究环境的变化规律。

（3）灵活的通信能力

网络化是传感器发展的必然趋势，这就要求智能传感器具有灵活的通信能力，能够提供适应互联网、无线网络的通信能力。

智能传感器的发展为传感器技术的研究提出了很多富有挑战性的课题。

2. MEMS 与 NEMS 技术对智能传感器发展的影响

（1）MEMS 与 NEMS 的基本概念

微机电系统（Micro-Electro-Mechanical System，MEMS）是指集微型机构、微型传感器、微型执行器以及信号处理和控制电路，以及接口、通信和电源等于一体的微型器件或系统。MEMS 为传感器微型化、智能化与网络化的实现提供了技术支持，也为智能传感器应用与产业发展拓展了新的空间。纳机电系统（Nano-Electro-Mechanical System，NEMS）是继 MEMS 之后，在系统特征尺寸和效应上具有纳米特征的超小型机电一体化的器件与系统。

MEMS 与 NEMS 技术是目前最受产业界瞩目的研究领域之一。MEMS 与 NEMS 是在微电子技术基础上发展起来的多学科交叉的新兴学科，它以微电子及机械加工技术为依托，研究涉及微电子学、机械学、力学、自动控制科学、材料科学等多个学科。早在 20 世纪 60 年代，科学家就开始了 MEMS 技术的研究，20 世纪 80 年代，微型硅加速度计、微型硅陀螺仪、微型硅静电马达相继问世。20 世纪 90 年代，科学家开展了纳米传感器器件制备与 NEMS 技术的研究。

（2）MEMS 与 NEMS 技术的发展

MEMS 是通过半导体微细加工技术及微机械加工技术在硅等半导体基板上制作的一种微型电子机械装置。在微电子学中衡量集成电路设计和制造水平的重要尺度是特征尺寸，特征尺寸通常是指集成电路中半导体器件的最小尺寸。特征尺寸越小，芯片的集成度越高，速度越快，性能越好。MEMS 器件正在加速向能够完成独立功能的"片上系统"或"芯片实验室"方向发展。

微机电系统中的特征尺寸分为几个等级。特征尺寸在 1mm ~ 10mm 的为小型机械，特征尺寸在 $1\mu m$ ~ 1mm 的为微型机械，特征尺寸在 1nm ~ $1\mu m$ 的为纳米机械。目前，应用 MEMS 技术已经成功地研制出很多纳米级传感器，如压力传感器、加速度传感器、红外传感器、气体传感器、流量传感器、离子传感器、辐射传感器、化学传感器、陀螺仪、加速度传感器和流量传感器。

未来的研究方向是利用 MEMS 技术制造全光交换机、基因芯片、微型飞行器、微型卫星、微型机器人、微型动力系统，极具发展前景。

2010 年，美国密歇根大学宣布成功开发出了一款体积仅有 $9mm^3$ 的太阳能驱动传感器系统。它可以从周围环境中获得电能。该传感器的尺寸仅为目前市场上同类设备体积的 1/1000，其内部包含了一套完整的传感器、微处理器、太阳能电池板与薄膜储电电池。传感器休眠状态的功耗仅有同类产品的 1/2000，整个工作过程中的平均功耗仅有 1 纳瓦（1×10^{-9}瓦）。

（3）MEMS 与 NEMS 对智能传感器技术的影响

MEMS 与 NEMS 技术的发展开辟了一个全新的技术领域和产业，采用 MEMS、NEMS 技术制作的微型传感器、微型执行器、微型构件、微机械光学器件、真空微电子器件、电力电子器件，在航空、航天、汽车、生物医学、环境监控、军事等领域中有十分广阔的应用前景，MEMS、NEMS 技术正在发展成为一个巨大的新兴产业。纳米传感器的研发将会极大地拓展传感器的理论，丰富传感器的产品体系，拓宽传感器的应用领域。MEMS 与 NEMS 技术将成为支撑微型传感器与智能传感器发展的关键技术。图 3-13 给出了用 MEMS、NEMS 技术制造的几种典型的微型传感器与微型设备的照片。

图 3-13   用 MEMS 技术制造的微型传感器与微型装置

3.2.2   无线传感器的研究与发展

无线传感器在战场侦察中的应用已经有几十年的历史了。早在 20 世纪 60 年代，美军便已使用了"热带树"的无人值守传感器。"热带树"无人值守传感器实际上是一个由震动传感器与声传感器组成的系统，它被飞机空投到被观测的地区，插在地上，仅露出伪装成树枝的无线天线。当人或车辆在它附近经过时，无人值守传感器就能够探测到目标发出的声音与震动信号，并立即通过无线信道向指挥部报告。指挥部对获得的信息进行处理，再决定如何处置。由于"热带树"无人值守传感器应用的成果,促使很多国家纷纷研制无人值守地面传感器(Unattended Ground Sensor, UGS)系统。图 3-14 给出了 UGS 的无线传感器外形与系统应用示意图。

图 3-14 UGS 无线传感器与系统应用示意图

在 UGS 项目之后,美军又研制了远程战场监控传感器系统(Remotely Monitored Battlefield Sensors System, REMBASS)。REMBASS 使用了远程监测传感器,由人工放置在被观测区域。传感器记录下被检测对象活动所引起的地面震动、声响、红外与磁场等物理量变化,经过本地节点进行预处理或直接发送到传感器监视设备。传感器监视设备对接收的信号进行解码、分类、统计、分析,形成被检测对象活动的完整记录。后来各国军方都相继开展了无线传感器技术的研究与应用。

3.3 无线传感器网络

3.3.1 从无线分组网到无线自组网

1. 无线分组网的研究

1972 年,美国国防部高级研究计划署(DARPA)启动了世界上第一个分组交换网 ARPANET 的研究计划。ARPANET 研究奠定了互联网的发展基础。在 ARPANET 研究计划启动的同时,美国军方开展了军用无线分组网(Packet Radio Network, PRNET)的研究。军用无线分组网研究的目标是如何将分组交换与无线技术相结合,组成能够在战场环境中应用的新型通信网络。无线分组网的研究成果为无线自组网(Ad hoc)的发展奠定了坚实的基础。

IEEE 将无线自组网定义为一种特殊的自组织、对等式、多跳、无线移动网络(Mobile Ad hoc NETwork, MANET),它是在无线分组网的基础上发展起来的。无线自组网有多个英文名称,如 Ad hoc Network、Self-Organizing Network、Infrastructureless Network 与 Multi-hop Network。1991 年 5 月,IEEE 正式采用"Ad hoc 网络"这个术语。Ad hoc 这个词来源于拉丁语,它的本意是"向这个"。Ad hoc 在英语中的含义是"for the specific purpose only",即"专门为某个特定目的、即兴的、事先未准备"的意思。IEEE 将 Ad hoc 网络定义为一种特殊的自组织、对等、多跳、无线移动网络。

2. 无线自组网的基本概念

我们知道,在实验室、教室、图书馆中,如果要通过无线 Wi-Fi 接入互联网,常用的方式是在这些地方预先设置一个或几个无线路由器,无线路由器连接到校园网,通过校园网接入互联网。我们可以利用这样一个网络结构,方便地通过无线方式访问互联网。这是一个典型的利用无线 Wi-Fi 基站的接入方式。

但是，对于临时召开的会议，我们希望直接通过笔记本计算机的对等通信方式，在没有架设 Wi-Fi 路由器的环境中，也可以随时随地实现信息交互。实际上，也并不是所有的场合都允许我们事先安装无线路由器。例如，在作战环境中，代号 A～F 的 6 名士兵组成一个作战单位，他们需要随时随地交互观测到的战场信息、传达命令。他们不可能在作战区域预先设置好无线路由器等基站设施，因此希望以一种灵活和可靠的方式实现士兵之间作战信息的交互。研究人员认为，可以不依赖无线路由器这样的中心节点，但是要保证士兵之间能够以对等的方式通信。比如，利用士兵头盔上的网络设备，既能发送自己观察到的信息，也能接收和转发邻节点发送的信息。这种网络设备既可以作为本节点联入移动无线网络的接入设备，又可以起到无线路由器的作用。图 3-15 给出了作战环境中特殊的无线网络组网需求。

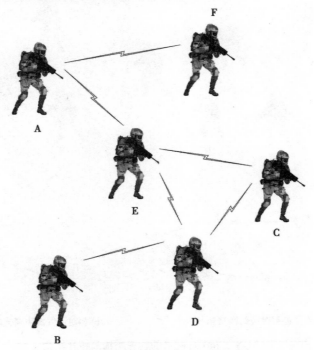

图 3-15　作战环境中特殊的无线网络组网需求

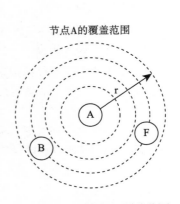

节点A的覆盖范围

由于每一个节点发射的无线信号的功率是一定的，接收信号的最小功率也是一定的。如图 3-16 所示，如果节点 B、F 处于节点 A 无线信号功率的覆盖范围，节点 B、F 能够接收到节点 A 发送的数据，同时节点 A 也能够接收到节点 B、F 发送的数据；节点 A 与节点 B、节点 A 与节点 F 之间就分别存在着直接通信的无线信道。我们将节点 A 与节点 B、节点 A 与节点 F 直接通信的工作方式称为"一跳"传输。节点 B 与节点 F 之间不能直接通信，节点 B 与节点 F 之间传输的信息需要通过节点 A 转发。我们将节点 B 与节点 F 这样需要通过其他节点转发的通信方式称为"多跳"传输。

以此类推，6 名士兵组成的一个作战单位就可以形成如

图 3-16　无线节点的覆盖范围

图 3-17 所示的网络拓扑结构。

　　随着士兵们在行进过程中相互位置关系的改变，士兵之间传输信息的路径也发生改变，相应的网络拓扑也随之动态变化。这种动态、自组织的无线网络就叫做无线自组网（Ad hoc），其特点是自组织、动态、对等、多跳。图 3-18 给出了随着队形的变化，引起网络拓扑动态变化的过程示意图，它描述了 Ad hoc 网络的物理结构与拓扑结构的对应关系。我们可以观察节点 E 的变化。在图 3-18a 中，节点 E 只能与节点 B、C 通信，而在图 3-18b 中，节点 E 可以与所有的其他节点通信。

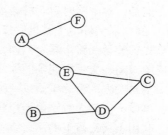

图 3-17　无线网络拓扑示意图

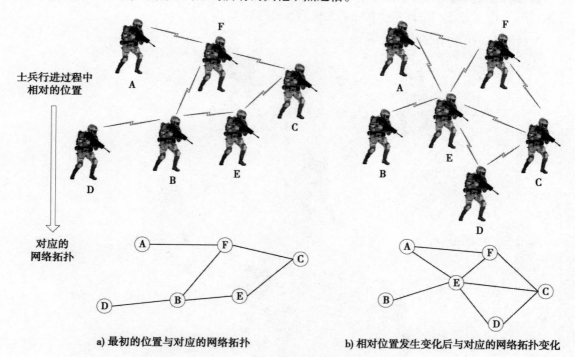

a) 最初的位置与对应的网络拓扑　　　　b) 相对位置发生变化后与对应的网络拓扑变化

图 3-18　Ad hoc 网络的物理结构与拓扑结构

3. Ad hoc 网络的特点

Ad hoc 网络具有以下几个主要特点。

（1）自主与独立组网

Ad hoc 网络不需要任何预先架设的无线通信基础设施，所有节点通过分层的协议体系与分布式算法，来协调每个节点各自的行为。节点可以自主地独立组网。

（2）无中心

Ad hoc 网络是一种对等结构的网络。网络中所有节点的地位平等，没有专门用于分组路由、转发的路由器。任何节点可以随时加入或离开网络，任何节点的故障不会影响整个网络系统的工作。

（3）多跳路由

由于每个节点的无线发射功率的限制，因此每个节点的覆盖范围都有限。在有效发射功率之外的节点之间通信，必须通过中间节点的多跳转发来完成。由于 Ad hoc 网络不需要使用路由器，因此分组转发由多跳节点之间按照路由协议来协同完成。

（4）动态拓扑

由于 Ad hoc 网络允许节点根据自己的需要开启或关闭，并且允许节点在任何时间以任意速度和方向移动，同时受节点的地理位置、无线通信信道发射功率、天线覆盖范围，以及信道之间干扰等因素的影响，使得节点之间的通信关系不断变化，造成了 Ad hoc 网络的拓扑的动态改变。因此，要保证 Ad hoc 网络的正常工作，就必须采取特殊的路由协议与实现方法。

（5）无线传输的局限与节点能量的限制性

由于无线信道的传输带宽比较窄，部分节点可能采用单向传输信道，同时无线信道易受干扰和窃听，因此 Ad hoc 网络的安全性、可扩展性必须采取特殊的技术加以保证。同时，由于移动节点必须具有携带方便、轻便灵活的特点，因此在 CPU、内存与整体外部尺寸上都有比较严格的限制。移动节点一般使用电池来供电，每个节点中的电池容量有限，节点能量受限，因此必须采用节约能量的措施，以延长节点工作时间。

（6）网络生存时间的限制

Ad hoc 网络通常是针对某种特殊目的而临时构建，例如用于战场、救灾与突发事件等，在事件结束后 Ad hoc 网络应该自行结束使命并消失，因此 Ad hoc 网络的生存时间相对于固定网络是临时性和短暂的。

4. Ad hoc 网络的主要应用领域

Ad hoc 网络在民用和军事通信领域都具有良好的应用前景。可以预见的应用主要有以下几个方面。

（1）军事领域

Ad hoc 网络技术研究的初衷是应用于军事领域。Ad hoc 网络无需事先架设通信设施，可以快速展开和组网，抗毁坏性好，因此 Ad hoc 网络已成为未来数字化战场通信的首选技术，并在近年来得到迅速发展。Ad hoc 网络可以支持野外联络、独立战斗群通信和舰队战斗群通信、临时通信要求和无人侦察与情报传输。

美国军方的战术网络技术中，Ad hoc 网络技术是核心技术。为了满足信息战和数字化战场的需要，美国军方研制了大量的无线自组织网络设备，用于单兵、车载、指挥所等不同的场合，并大量装备部队。美军近期研究的数字电台（Near-Term Digital Radio，NTDR）和无线网络控制器等主要通信装备，都使用了 Ad hoc 网络技术。据报道，美国军方在伊拉克战争中大量使用了 Ad hoc 网络技术。

美国军方在 2000～2003 年资助了"自愈式雷场系统"项目的研究。该项目采用智能化的移动反坦克地雷阵来挫败敌方突破地雷防线的尝试。这些地雷均配备有无线通信与自组网单元。将地雷通过飞机、地对地导弹或火箭弹进行远程布撒之后，这些地雷迅速构成一个无线 Ad hoc 网络。在遭到敌方坦克突破之后，这种地雷通过对拓扑结构的自适应判断和自身具备的自动弹跳功能迅速"自愈"。通过网络重构恢复连通，再次对敌方坦克实施拦阻。这样多次反复，直到在一定时间内网络无法重构，系统最后自行引爆。研究表明，"自愈式雷场系统"可以大大限制敌军的机动能力，延缓敌军进攻或撤退的速度，在一段时间内封锁特定区域。因此，这项研究是 Ad hoc 网络应用于现代军事领域一个典型的实例。

（2）民用领域

在民用领域，Ad hoc 网络在办公、会议、个人通信、紧急状态通信等方面都有良好的应用前景。可以预测，Ad hoc 网络技术在未来的移动通信市场上将扮演非常重要的角色。

Ad hoc 网络的快速组网能力，可以免去布线和部署网络设备的步骤，使得它可以用于临时性工作场合的通信，如会议、庆典、展览等应用。在室外临时环境中，工作团体的所有成员可以通过 Ad hoc 方式组成的一个临时网络协同工作。在室内办公环境中，办公人员携带的带有 Ad hoc 收发器的 PDA、便携式个人计算机，为拥有者方便地相互通信提供服务。Ad hoc 网络可以与无线局域网结合，灵活地将移动用户接入到互联网。Ad hoc 网络与蜂窝移动通信系统相结合，利用 Ad hoc 网络节点的多跳路由转发能力，可以扩大蜂窝移动通信系统的覆盖范围，均衡相邻小区的业务，提高小区边缘的数据速率。

在发生了地震、水灾、火灾或遭受其他灾难打击后，固定的通信网络设施可能全部损毁或无法正常工作。这时就需要 Ad hoc 网络这种不依赖任何固定网络设施又能快速布设的自组织网络技术。Ad hoc 网络能够在这些恶劣和特殊的环境下提供通信支持。

当处于偏远或野外地区时，无法依赖固定或预设的网络设施进行通信，Ad hoc 网络技术是最佳选择，它可以用于野外科考队、边远矿山作业、边远地区执行任务分队的通信等。

对于像执行运输任务的汽车队这样的动态场合，Ad hoc 网络技术也可以提供很好的通信支持。人们正在开展将 Ad hoc 网络技术应用于高速公路上无人驾驶汽车间的通信的研究。

Ad hoc 网络技术可以用于家庭无线网络、移动医疗监护系统，开展移动和可穿戴计算等技术的研究中。

3.3.2 从无线自组网到无线传感器网络

无线传感器网络的研究起步于 20 世纪 90 年代末期。当无线自组网技术日趋成熟时，无线通信、微电子、传感器技术也得到快速发展，在军事领域中，如何将无线自组网与传感器技术结合起来的研究课题被提出，这就是无线传感器网络的研究。无线传感器网络可以用于对敌方兵力和装备的监控，战场的实时监视，以及目标的定位、战场评估与对核攻击和生物化学攻击的监测和搜索。比较重要的研究项目包括 UC Berkeley 的 Smart Dust、UC Berkeley 与 25 个研究机构合作的 SensIT、UCLA 与 Rockwell Automation Center 合作的 WINS，以及 MIT 的 μAMPS 项目。在讨论无线传感器网络发展过程时，首先需要介绍具有代表性的无线传感器网络的项目与相关的研究。

1. LWIM 与 WINS 无线传感器网络的研究

1996 年，美国军方资助加州大学洛杉矶分校（UCLA）等单位开展低功耗无线传感器网络 LWIM（Low-power Wireless Integrated Microsensor）节点设备的研究。图 3-19a 是 LWIM Ⅲ型无线传感器节点的照片。LWIM Ⅲ型无线传感器节点将传感器、控制电路与电源电路集成为一体。两年之后，UCLA 与 Rockwell 合作，开发了如图 3-19b 所示的 Rockwell WINS（Wireless Integrated Network Sensor）无线传感器节点的照片。这个节点使用了 32 位的微处理器 Intel Strong ARM，使用 1MB 的内存与 4MB 的闪存，数据传输速率是 100kbps，工作时间的功耗为 200mW，睡眠时间的功耗是 0.8mW。

2. 智能尘埃项目的研究

与此同时开展研究的有加州大学伯克利分校（UCB）的"Smart Dust"项目。"Smart Dust"直译为"智能尘埃"，意指传感器节点的体积非常小，它是 DARPA 资助的项目名称。"Smart Dust"项目研究的目标是通过 MEMS 技术，实现传感、计算与通信能力的集成，用智能传感器技术增强微型机器人的环境感知与智慧处理能力。"Smart Dust"研究的任务是开发一系列低功耗、自组织、可重构的无线传感器节点，项目成果开发的产品也称作"Smart Dust"。

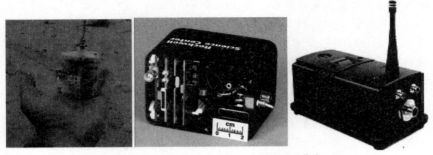

a）LWIM III节点   b）Rockwell WINS节点

图 3-19   LWIM 与 WINS 无线传感器节点

图 3-20 给出了近年来智能尘埃节点发展过程的示意图。

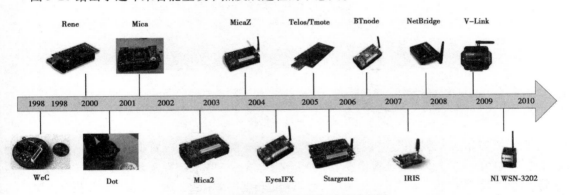

图 3-20   智能尘埃节点发展过程示意图

智能尘埃概念在学术界产生了共鸣。在 2001 年的 Intel 发展论坛上，主会场的 800 个座位下都放置了一个伯克利尘埃（Berkley Mote）。需要注意的是，在这里"尘埃"已经成为了"无线传感器"的同义词。在第二天上午的主题会议上，参加者被告知后取出这些"尘埃"。这些"尘埃"就自动地组成了一个多跳的无线传感器网络，并且实时地将网络拓扑显示在主会场的大屏上。当部分与会者取出"尘埃"的电池时，剩余的"尘埃"又很快重新组成了新的无线自组网。会议的实验直观地向与会者普及了无线传感器网络的概念。

3. 成功的示范

无线传感器网络是由部署在监测区域内大量的、廉价的微型传感器节点组成，通过无线通信方式形成的一个多跳的、自组织的无线自组网系统，其目的是将网络覆盖区域内感知对象的信息发送给观察者。传感器、感知对象和观察者构成无线传感器网络的三个要素。如果说互联网改变人与人之间的沟通方式，无线传感器网络将改变人类与自然界的交互方式。人们可以通过无线传感网络直接感知客观世界，扩展现有网络的功能和人类认识世界的能力。

2001 年，当无线传感器网络被放置在一个无人驾驶飞机的机翼下，并按照预先设置好的路径依次撒下。装配有地磁仪的尘埃一旦被部署，就能够记录下飞行器飞过的时间。当无人驾驶飞机沿着该路径返回时，查询每个尘埃。尘埃就能够准确地向基站报告飞行器飞过的时间。类似的应用研究向学术界与产业界展现了无线传感器网络广阔的应用前景。2003 年，商业市场分析专家通过对成功应用案例的分析，开始探讨无线传感器网络的商业潜力。他们的研究结论是：无线传感器网络可以在不需要预先布线，不需要设置基站的条件下，应用于环境保护、应急事件处置、安全保卫、工农业、家用电器、智能家庭、医疗保健与军事等各个领域。

从图 3-21 给出的无线传感器网络技术发展过程示意图中可以看出，无线传感器网络的研究有着深厚的技术发展背景和自然的发展过程。

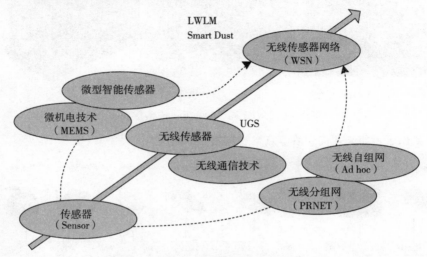

图 3-21　无线传感器网络技术发展的过程

无线传感器网络研究涉及传感器、微电子芯片制造、无线传输、计算机网络、嵌入式计算、网络安全与软件等技术，是一个必须由多个学科专家参加的交叉学科研究领域。近年来，无线传感器网络引起学术、军事和工业界的极大关注，各国相继启动很多有关无线传感器网络的研究计划。

3.3.3　无线传感器网络的特点与结构

1. 无线传感器网络特点

无线传感器网络的特点主要表现在以下几个方面。

（1）网络规模

无线传感器网络规模大小与它的应用目的相关。例如，如果将它应用于原始森林防火和环境监测，必须部署大量传感器以获取精确信息，节点数量可能达到成千上万甚至更多。同时，这些节点必须分布在所有被检测的地理区域内。因此，网络规模表现在节点的数量与分布的地理范围两个方面。

（2）自组织网络

在无线传感器网络的应用中，传感器节点的位置不能预先精确设定，节点之间的相互邻居关系预先也不知道，传感器节点通常被放置在没有电力基础设施的地方。例如，通过飞机在面积广阔的原始森林中播撒大量传感器节点，或随意放置到人类不可到达的区域，或者是危险的区域。这就要求传感器节点具有自组织能力，能够自动进行配置和管理，通过拓扑控制机制和网络协议，自动形成转发监测数据的多跳无线网络系统。因此，无线传感器网络是一种典型的无线自组网。

（3）拓扑结构的动态变化

对传感器节点最主要的限制是节点携带的电源能量有限。传感器节点作为一种微型嵌入式系统，节点的 CPU 处理器能力比较弱，存储器容量比较小，但是需要完成监测数据的采集和转换、数据的管理和处理、应答汇聚节点的任务请求、节点控制等多种工作。在使用过程中，可能有部分节点因为能量耗尽或环境因素失效，这样就必须增加一些新的节点以补充失效节点，传感器网络中的节点数量的动态增减带来网络拓扑结构的动态变化。这就要求无线传感器网络系统能适应这些变化，具有动态系统重构能力。

（4）以数据为中心

传统的计算机网络设计关心节点的位置，设计工作的重点是：如何设计出最佳的拓扑构型，将分布在不同地理位置的节点互联起来；如何分配 IP 地址，使得用户可以方便地识别节点。而在无线传感器网络的设计中，无线传感器网络是一种自组织的网络，网络拓扑有可能随时在变化，设计者更关心的是传感器节点感知的数据能够告诉我们什么样的信息，例如战场侦察用的无线传感器网络，我们关心的是能否根据声传感器传回的数据判断被观测的区域，包括有没有兵力调动，有没有坦克通过，我们并不关心目前无线传感器网络具体的拓扑构型。因此，无线传感器网络是"以数据为中心的网络"（Data-Centric Network）。这也说明物联网是在计算机网络技术的基础上研究更深层次的问题，也印证了"物联网与其说是网络，不如说是应用"论点的正确性。

2. 无线传感器网络的基本结构

无线传感器网络的结构可以从节点类型、节点结构，以及基于功能的无线传感器网络结构模型等方面展开讨论。

（1）无线传感器网络节点类型

无线传感器网络由 3 种节点组成：传感器节点（Sensor Node）、汇聚节点（Sink Node）和管理节点。大量传感器节点随机部署在监测区域（Sensor Field）内部或附近，这些节点通过自组织方式构成网络。传感器节点监测的数据通过中间传感器节点逐跳进行传输，在传输过程中监测数据可能被多个节点处理，数据在经过多跳路由后到达汇聚节点，最后通过互联网或卫星通信网络传输到管理节点。无线传感器网络的组建者通过管理节点对传感器网络进行配置和管理，发布监测任务以及收集监测数据。图 3-22 给出了无线传感器网络结构示意图。

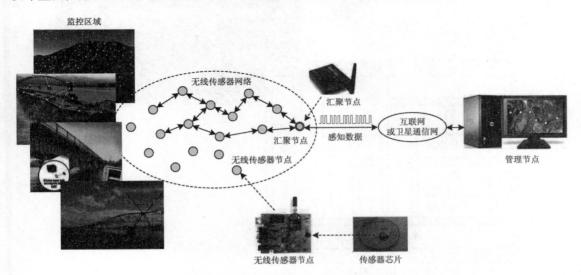

图 3-22　无线传感器网络结构示意图

（2）电源能量对无线传感器节点设计的限制

无线传感器节点通常是一个微型的嵌入式系统，它的处理能力、存储能力和通信能力相对较弱，通过自身携带的能量有限的电池（纽扣电池或干电池）供电。从网络功能上来看，每个传感器节点兼有感知终端和路由器的双重功能，除了进行本地信息收集和数据处理之外，还要对其他节点转发来的数据进行存储、管理和融合等处理，同时与其他节点协作完成一些特定任务。因此，传感器节点的软硬件技术是传感器网络研究的重点。

汇聚节点的处理能力、存储能力和通信能力相对较强，它连接传感器网络与互联网等外部网络，实现两种通信协议之间的转换，同时发布管理节点的监测任务，并将收集到的数据转发到外部网络上。汇聚节点既可以是一个具有增强功能的传感器节点，有足够的能量提供更多的内存与计算资源，也可以是没有监测功能仅带有无线通信接口的特殊网关设备。

（3）无线传感器网络节点的功能需求

随着无线传感器网络研究的深入，人们提出一种更能体现无线传感器网络特点的结构模型。图3-16给出了基于功能的无线传感器网络结构模型示意图。结合图3-23给出的无线传感器网络应用场景，我们可以看出，无线传感器网络节点必须具备以下几个主要的功能：

①物理层信号发送与接收功能。

②数据链路层的无线信道访问控制功能。

③网络层的网络拓扑控制与路由选择功能。

④应用层的高层应用功能。

⑤传输层的节点操作系统之间协同工作的传输控制功能。

⑥数据传输服务质量保证的 QoS 功能。

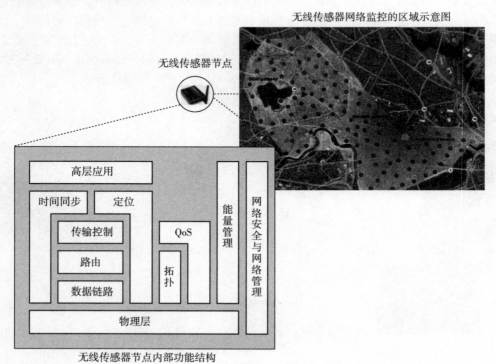

图 3-23　基于功能的无线传感器网络结构模型示意图

⑦网络中各节点之间的时间同步功能。

⑧确定传感器节点自身位置的定位功能。

⑨控制节点电能供应的能量管理功能。

⑩网络安全与网络管理功能。

当然，要求无线传感器网络所有的节点都具备完善的功能是不现实的。在实际物联网应用中，设计者需要根据应用需求，本着低造价、低功耗、高性能的原则，可以将无线传感器网络节点分成不同的类型，按照承担不同服务功能的实际需要来选择节点配置。

*3.3.4　无线传感器网络节点的结构与设计原则

1. 无线传感器网络节点的结构

无线传感器网络节点是一种典型的微小型嵌入式计算系统。决定无线传感器网络实际应用效果的一个重要因素是无线传感器网络节点的有效感知与执行能力。利用合适的传感器技术，无线传感器网络节点可以融合感知不同物理参数的传感器，如温度、湿度、可见光强度、红外光、音频、振动、压力、机械应力，以及能够测量气味与空气成分的化学传感器、人的生理参数的生物传感器，一个节点具有多种感知能力是可以做到的。一个传感器节点可以用于月球观测，也可以用于控制一个儿童玩具。无线传感器网络的不同应用将为研究人员提出不同的传感器节点的研发任务，实际上也要求我们针对实际需求研发不同的微型嵌入式系统。因此，我们必须从嵌入式系统节点设计方法的角度，研究无线传感器网络节点的硬件、软件结构与开发方法。图 3-24 给出了无线传感器网络节点结构的示意图。

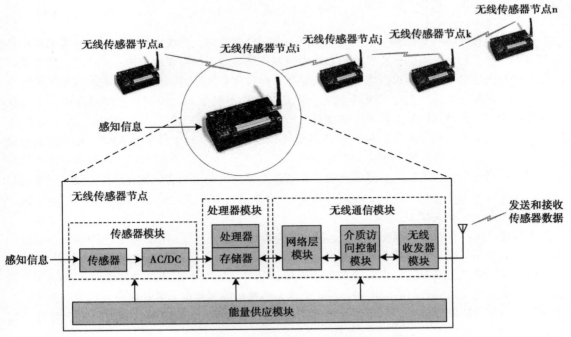

图 3-24　无线传感器网络节点的结构

无线传感器网络节点由传感器模块、处理器模块、无线通信模块与能量供应模块四部分组成。

1）传感器模块中的传感器完成监控区域内信息的感知和采集，AC/DC 电路将模拟信号转换成数字信号。

2）处理器模块负责控制整个传感器节点的操作，存储和处理传感器采集的数据，以及其他节点传送来的数据。

3）无线通信模块负责与其他传感器节点进行无线通信，网络层模块负责选择数据包的传输路由，介质访问控制模块负责协调多节点对公共通信信道的访问控制，无线收发器模块负责数据信号的发送和接收。

4）能量供应模块通常由微型电池与电源控制电路组成，为传感器节点提供运行所需要的能量。

2. 无线传感器网络节点的设计原则

无线传感器网络节点的设计需要注意以下几个原则。

（1）微型化与低成本

由于无线传感器网络节点的数量大，只有节点的微型化与低成本才有可能大规模部署与应用，因此节点的微型化与低成本一直是研究人员追求的主要目标之一。比如，对于目标跟踪与位置服务一类的应用，部署的无线传感器节点密度越大，定位精度就越高。对于医疗监控类的应用，微型节点容易被穿戴。实现节点的微型化与低成本需要考虑硬件与软件两个方面的因素，关键是研制与选择专用的 SoC 芯片。传统的个人计算机内存为 2GB、硬盘为 80GB 已经是常见的配置，而一个典型的无线传感器节点的内存只有 4kB、程序存储空间 10kB。正是因为传感器节点硬件配置的限制，因此节点的操作系统、应用软件结构的设计与软件编程都必须注意节省计算资源，不能超出节点硬件可能支持的范围。

（2）低功耗

传感器节点存在一些限制，最主要的限制是电源能量有限。在实际应用中，通常需要很多传感器节点，但是每个节点的体积很微小，通常只能携带能量十分有限的电池。由于无线传感器网络要求节点数量多、成本要求低廉、分布区域广，而且部署区域的环境复杂，有些区域人员甚至不能到达，因此传感器节点通过更换电池来补充能源是不现实的。如何高效使用能量来最大化网络生命周期是传感器网络面临的首要挑战。

传感器节点消耗能量的模块包括传感器模块、处理器模块和无线通信模块。随着集成电路工艺的进步，处理器和传感器模块的功耗变得很低。图 3-25 给出了传感器节点各部分的能量消耗情况。从图中可以看出，传感器节点的绝大部分能量消耗在无线通信模块。传感器节点传输信息时比计算时更消耗电能，传输 1bit 信号到 100m 之外的其他节点，需要的能量大约相当于执行 3000 条计算指令消耗的能量。

无线通信模块存在四种状态：发送、接收、空闲和休眠。无线通信模块在空闲状态一直监听无线信道的使用情况，检查是否有数据发送给自己，而在休眠状态则关闭通信模块。从图 3-22 中可以看到，无线通信模块在发送状态下的能量消耗最大；在空闲状态和接收状态的能量消耗接近，但略少于发送状态的能量消耗；在休眠状态消耗的能量最少。要让网络通信更有效率，必须减少不必要的转发和接收，不需要通信时尽快进入休眠状态，这是传感器网络协议设计中需要重点考虑的问题。

（3）灵活性与可扩展性

无线传感器网络的节点的灵活性与可扩展性表现在能够适应不同的应用系统，或能够部署在不同的应用场景中。例如，传感器节点可以用于森林防火的无线传感器网络中，也可以用于天然气管道安全监控的无线传感器网络中；可以用于沙漠干旱环境的天然气管道安全监控，也可以用于沼泽地潮湿环境的安全监控；可以适应单一声音传感器精确位置测量的应用，也可以适应温度、湿度与声音等多种传感器的应用。

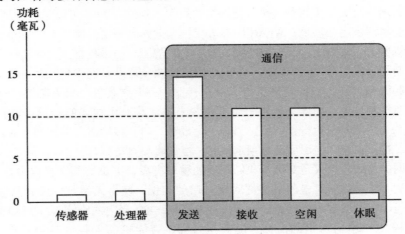

图 3-25　传感器节点各部分能量消耗情况

（4）鲁棒性

普通的计算机或 PDA、智能手机可以通过频繁的人机交互来保证系统的正常运行状态。而无线传感器节点与传统信息设备的最大区别是无人值守，一旦无线传感器节点被飞机抛洒或人工安置后，节点需要独立运行。即使是用于医疗健康的可穿戴节点，它也需要独立工作，使用者无法与节点交互。对于普通的计算机，如果出现故障，人们可以通过重启来恢复系统的工作状态。而在无线传感器网络的设计中，如果一个节点崩溃，那么其他节点将按照自组网的思路，重新组成具有新的拓扑的自组网。如果剩余的节点不能够组成新的网络，这个无线传感器网络就失效了。因此传感器节点的鲁棒性是实现无线传感器网络长时间工作的重要保证。

*3.4　无线传感器网络技术的研究与发展

3.4.1　无线传感器与执行器网络

1. 无线传感器与执行器网络产生的背景

随着无线传感器网络在环境监测、智能医疗、智能交通与军事领域应用的深入，人们已经深刻地认识到必须将执行器与传感器结合起来使用，才能有效地实现人类与物理世界、环境交互的目的。从这个角度可以看到无线传感器与执行器网络（Wireless Sensor and Actor Network，WSAN）发展的必然性。

当无线传感器网络的控制节点需要通过执行器与外部的物理世界产生交互时，需要给执行器发出指令。执行器将指令转变成一种作用于环境的物理行为。典型的执行器可以是人、控制装置或智能机器人。随着智能机器人技术的日趋成熟与应用，加快了小型、智能、自治、低能耗、低成本执行器研发的速度，使得无线传感器与执行器网络的建设成为可能。

2004 年 4 月，Ian F. Akyildiz 与 Ismail H. Kasimoglu 发表了题为 "Wireless Sensor and Actor Networks：Research Challenges" 的文章，之后很多研究无线传感器网络与智能机器人的学者发表

了多篇相关的论文。美国军方也安排了多个相关的研究项目。在最近的十几年时间里，无线传感器网络与智能机器人技术的结合，及其在物联网智能军事、智能工业、智能农业、智能电网、智能家居、智能交通、车联网等领域应用的发展，进一步证明了 WSAN 研究的必要性。

无线传感器网络与无线传感器与执行器网络的最大区别是：WSN 可以感知物理世界与环境，但是它不能改变物理世界与环境；WSAN 能够改变物理世界与环境。实际上，WSAN 已经在工业生产线的工业机器人、军事上广泛应用的无人机、未来战士、防暴机器人、运输机器人中得到实际应用。在我们的日常生活中，WSAN 一个重要的应用领域是火灾检测与灭火。分布式传感器可以检测火灾的起源和火势，并将此信息传递给执行器——灭火装置，灭火装置可以在第一时间喷水灭火，快速控制火情。同样，比尔·盖茨在《未来之路》中描述的场景正是物联网在智能家居应用中的无线传感器与执行器网络。当客人走进客厅时，传感器立即感知有人进入，便打开房间内的电灯，拉上窗帘。当温度超过预定值时，空调将会自动打开。

研究物联网的目的不仅仅是要感知我们周边的物理世界，更重要的是根据大量的感知信息，通过分析和挖掘，从中吸取对处理某一类问题有用的知识，使得人类可以更智慧地处理物理世界的问题。但是，在低成本的执行器、智能机器人出现之前，在感知的基础上增加执行功能的设计思路还只能停留在理论探索的层面。随着执行器、智能机器人技术日趋成熟、广泛应用，WSAN 逐渐引起人们的重视。作为物联网主要支撑技术的下一代无线传感器网络，WSAN 有望应用于防灾救灾、智能工业、智能农业、智能家居、智能交通、智能医疗，以及核、生化武器攻击决策等领域，同时 WSAN 的应用又将进一步推动普适计算、信息物理融合系统与环境智能化研究的发展。

2. WSAN 基本工作原理

WSAN 由两部分组成：传感器节点和执行器节点。传感器节点和执行器节点的区别主要有以下几点：

1）传感器节点是静态、不移动的，执行器节点是移动的。执行器节点能够移动，有利于扩大执行器节点作用的有效区域。典型的执行器是移动的机器人，多个移动机器人可以在传感器节点覆盖的区域内游弋，根据传感器发送的数据来决定这些移动机器人如何协作完成控制功能。当然，我们也可以将一个智能机器人同时作为传感器节点和执行器节点。

2）部署在监控区域的传感器节点数量庞大，而执行器节点则不需要很多，关键是其执行能力。传感器节点是低成本、低功率的设备，它的传感、计算、无线通信能力与能量是受限的。而执行器节点可以根据需要，选用不同类型的执行器来实现不同的控制功能。相对于传感器节点来说，执行器节点具有较强的数据处理能力、较高的发射功率和较长的电池寿命。执行器节点根据多个传感器节点传送的信息来决定如何协作完成控制功能。

3）在传统的无线传感器网络中，传感器节点通过多跳的无线自组网将感知的数据经由汇聚节点传送到控制节点。而 WSAN 要求传感器节点与传感器节点、传感器节点与执行器节点、执行器节点与执行器节点之间能够协同通信。

3. WSAN 的主要特点

从以上的讨论中，我们可以看出 WSAN 具有以下几个主要特点：

（1）异构性

WSAN 是由异构组件组成的，包括低端的传感器节点和处理能力较强的执行器节点。这两部分在网络通信、计算以及存储能力方面有很大的区别。WSAN 中存在着不同 QoS 要求的通信类型，例如，大量从传感器节点发送到执行器节点的感知数据，以及执行器节点之间传输的执行数据与协作指令。

（2）实时性

WSAN 基本上是一种闭环系统，该系统根据传感器传送的数据来进行数据处理、分析和决策。许多应用场合要求执行器节点能够对来自传感器的感知信息做出及时反应，因此网络协议应该提供实时数据传输的保证。

（3）协作性

在 WSAN 中，传感器节点与执行器节点、执行器与执行器节点之间必须保持良好的关系。因为可能有多个执行器节点关注同一个事件，传感器节点与执行器节点的协作可以使传感器的事件报告数据被传输到最适合的执行器节点。收到事件报告数据之后，多个执行器节点相互协作，采取恰当的行动来完成控制任务。

（4）移动性

在 WSAN 中，执行器节点需要根据发生的事件，移动到相应的位置，执行相应的行动。

4. WSAN 的执行机制

从以上讨论中可以看出，WSAN 有三种基本的执行机制：自主机制、半自主机制与协同机制。图 3-26 给出了自主机制与半自主机制工作过程示意图。

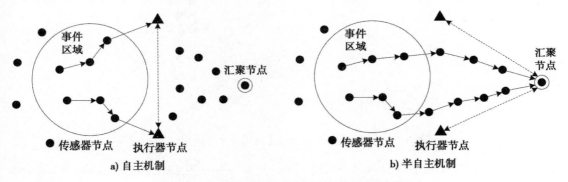

图 3-26   自主机制与半自主机制工作过程示意图

（1）自主机制

由图 3-23a 可以看出，在自主机制中，没有中央控制器的参与，传感器节点将其观察数据发送给适当的执行器节点。执行器节点之间相互配合，自动完成执行任务的分配并采取适当的协作行动。在半自主机制中，汇聚节点承担中央控制器的作用，它收集传感器节点的感知数据，经过分析后，确定由哪一个或几个执行节点协作完成控制任务。汇聚节点向执行器节点下达执行指令。自主机制的优点是，由于执行器通常位于传感器/执行器区域内或其附近，因此从感知数据传输到事件处理的延时较短。

（2）半自主机制

半自主机制类似于 WSN 结构，对于大多数现有的通信技术都适用。然而，在半自主机制下，需要收集传感器数据，经过汇聚节点分析、处理之后，再把执行指令发送给执行节点，因此从事件发生到事件处理的延时大。同时，汇聚节点作为中心控制节点容易出现单点故障，系统可靠性较差。自主机制的优点是：由于执行器通常位于传感器、执行器区域内或其附近，因此从感知数据传输到事件处理延时短。而半自主机制需要将感知数据传送到汇聚节点，这样必然会造成阐述的数据量大，接近汇聚节点的感知节点会出现冲突、拥塞，甚至因消耗能量多造成感知节点死亡。而自主机制将感知数据传输与控制动作的执行限制在一个小的区域内，因此可以延长无线传感器网络的生存期。

（3）协同机制

图 3-27 给出了协同机制下的 WSAN 结构与工作原理示意图。

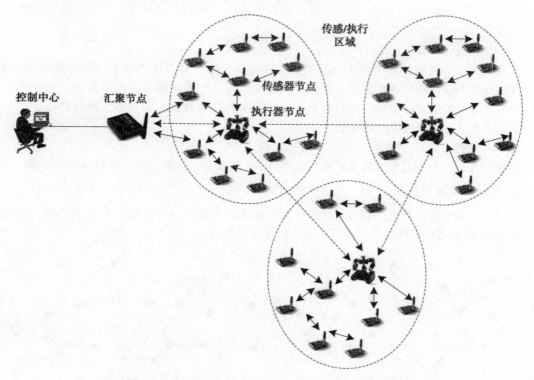

图 3-27 协同机制下的 WSAN 结构与工作原理示意图

在协同机制中，传感器节点通过多跳或单跳向执行器节点传送感知数据。执行器节点对数据进行分析之后、在采取动作之前，与汇聚节点协商。这种"协商"有三种情况。第一种情况是告知汇聚节点，执行器节点要采取的行动；第二种情况是与汇聚节点协商应该采取的行动；第三种情况是通过汇聚节点向控制节点请示行动方案，等待指令。至于执行器节点与汇聚节点协商的是哪一种方案，则与 WSAN 设计者确定的策略有关。

5. 执行器与智能机器人

设计者可以根据不同的应用类型选择不同的执行机制。图 3-28 给出了几种可用于 WSAN 的机器人。

可低空飞行的航空测绘无人机可以与空对地自主机器人车辆配合，完成地形测绘、寻找目标、跟踪目标等任务。美国陆军设计的自动战场机器人——机器骡具有类似坦克的功能，可以检测和标记地雷、携带武器、运送给养和弹药。SKIT 是网络遥控机器人，它们使用 UHF 频段通信，数据传输速率为 4.8Mbps。由多台 SKIT 机器人组成的团队可以按照预定的算法，完成预定的任务。迷你机器人是美国桑迪亚国家实验室研制的机器人，其重量不足 1 盎司⊖。迷你机器人

⊖ 1 盎司约等于 28.35 克。

图 3-28　几种可以用于 WSAN 的机器人

也可以作为 WSAN 的执行器。

在 WSAN 中，传感器节点与执行器节点协作是研究的重点和难点。传感器节点与执行器节点的协作涉及三个问题：

1）如何保证传感器节点与执行器节点之间数据传输的低时延和高可靠性。

2）在多跳 WSAN 中，多个传感器节点将不同事件上报给一组重叠区域内的执行器节点，势必造成大量不必要的执行器节点被激活，从而造成能源浪费。要将传感器节点与最佳的执行器节点关联起来，必须研究任务分配与执行器节点选择则算法问题。

3）异构的 WSAN 网络中，在给定的感知节点与选定的执行器节点之间，应综合考虑可靠性、时延、时延抖动、能量消耗的最佳通信方案。

目前有很多种智能机器人用于 WSAN 之中，我们可以结合智能军事、智能工业、智能农业、智能电网、智能家居、智能交通、车载网、空间探测、物流运输等具体领域的应用，进一步了解 WSAN 技术的发展。

3.4.2　无线多媒体传感器网络

1. 无线多媒体传感器网络的基本概念

无线多媒体传感器网络（Wireless Multimedia Sensor Network，WMSN）是在传统的 WSN 的基础上引入视频、音频、图像等多媒体信息，并具有感知、传输与处理功能的新型 WSN。推动 WMSN 研究与发展的动力有两个：应用的需求以及微型视频、音频、图像传感器技术的成熟与广泛应用。

传统的 WSN 主要关注温度、湿度、位置、光强、压力、生化等标量数据，而在军事战场监控与评估、机器人视觉、交通监控、车辆主动安全、医疗监护、智能家居、环境监控、工业工程控制等实际应用中，我们需要对视频、音频、图像等多媒体信息进行感知、传输和处理，这就需要比传统的 WSN 更直观、更清晰的信息。例如，在交通拥堵的大城市，我们需要根据无线多媒体传感器网络形成的分布式视觉系统来实时监控主干道、高速公路车流量、平均车速进行调度，直观评价调度的结果，确定违规、违法车辆的身份。再如，WMSN 可以在不干扰老年人生活起居规律的情况下，检查和研究老年人行为规律，查找老年痴呆症等疾病的病因，以及通过音频、视频来远程关注和帮助老年人。工业环境的监控对于保证产品质量、保障生产安全至关重要。利用WMSN可以实现对药品、芯片、食品、芯片等生产过程的实时、定量的监控。利用WMSN可以实现对危险的生产环境，例如剧毒、易燃、易爆与有放射性污染环境的实时、可视化的监控，对于及时发现问题、处置险情、保障生产安全是非常有益的。WMSN形成的分布式视觉系统能够扩大我们的观察范围，增强观察事物，以及对同一事物进行多角度的观察能力，这是传统无线传感器网络所不能实现的。WMSN能够更准确、直观地反映现场，感知信息更丰富，它的研究与应用将会推进物联网和普适计算的实现。各种用途的微型视频、音频与图像传感器技术已经比较成熟，并且广泛应用。无论我们在校园、办公大楼、生活的居民区、医院、公路和商场，有线与无线摄像头比比皆是，这些都为我们提供了丰富的视频信息资源，也为我们研发WMSN提供了有利的条件。

2. 无线多媒体传感器网络结构设计的基本思路

对于WMSN来说，采用分类、分级的网络结构设计思想适合不同应用的实际需求。图3-29给出了分类、分级结构的WMSN结构示意图。

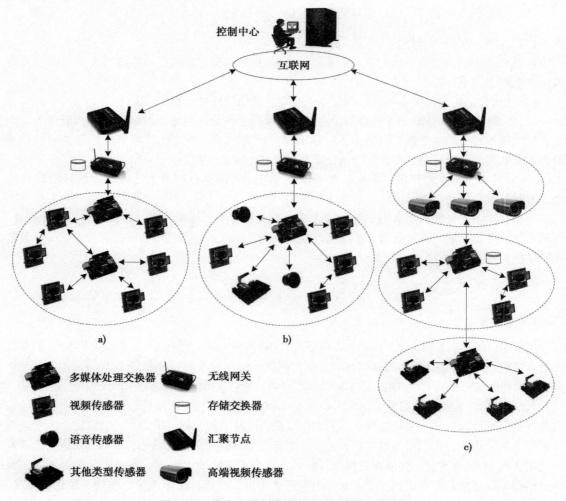

图3-29　分类、分级结构的WMSN结构示意图

（1）单层网络结构

图 2-29a 是一种由同类视频传感器组成、实现分布式处理的单层网络结构。单层网络结构包括视频传感器节点、多媒体处理交换器。视频传感器节点将产生的视频数据流经过多跳，传送到多媒体处理交换器。多媒体处理交换器具有较强的数据处理与存储能力，负责本地数据处理、存储与查询，以解决视频传感器节点存储容量受限的缺点，并能够完成复杂的离线视频处理工作。多媒体处理交换器与汇聚节点通信，完成汇聚节点查询与分配的任务。

（2）集中式处理的单层网络结构

图 3-29b 是一种由同类视频传感器组成、实现集中式处理的单层网络结构。传感器节点直接与中心节点——多媒体处理交换器通信。多媒体处理交换器承担着更繁重的视频信息处理、数据融合、存储和查询的任务。中心节点除了接入视频传感器之外，还可以接入音频和其他标量传感器。

（3）异构的多层网络结构

图 3-29c 是一种异构的多层网络结构。这种分层结构可以灵活地利用网络资源。多层结构的底层可以接入比较简单的其他类型传感器完成特定的任务。其他类型传感器的任务可以是发现事件，并将事件发生的时间、地点、类型传送到高层可以执行视频、音频监控的设备，观察、记录、传送有关事件的视频、音频、图像信息。这样分工的好处是，在没有事件发生时，视频传感器可以处于睡眠状态，节约能量，延长网络生存时间。当事件发生时，视频传感器节点被唤醒，立即根据底层提供的信息，记录事件发生过程。视频数据在本层进行预处理，只将融合后的数据上传高层，从而减少视频流传输的数据量。需要高层的高端视频传感器介入时，才传送必要的数据。

3.4.3　水下无线传感器网络

1. 水下无线传感器网络产生的背景

水下与海底探测是人类了解水域、海洋的重要手段。传统的方法是在海洋底部与海洋柱面安装水下传感器，一定时间后将这些传感器回收，再读取传感器感知的数据。这样做的缺点是：非实时监测，不能进行在线的设备校准和配置，不能进行故障检测与修复，感知数据量受传感器存储空间的限制。

随着无线传感器网络与水下机器人技术的逐渐成熟，研究人员开始探索将 WSN 和水下机器人技术结合在一起，应用于海洋自然资源探测、水域污染监控、近海勘探、灾难预警、辅助导航与战术监控等领域中。水下无线传感网络（Underwater Wireless Sensor Network，UWSN）就是在这样的背景下产生的。2005 年 3 月，Ian F. Akyildiz 等在题为"Underwater Acoustic Sensor and Actor Networks：Research Challenges"的文章中，对 UWSN 问题进行了比较全面的综述。

通过近年的研究与应用，人们开始认识到 UWSN 在海底石油与储气层探测、海底矿藏探测、海底光缆铺设线路确定、海水与水域污染、洋流与季风研究、海洋生态系统与鱼类及微生物关系的研究、海底地震与海啸预报、识别海底危害、危险礁石与辅助导航，以及水域军事监控、侦察与预防攻击方面，都具有非常重要的意义。

2. UWSN 的特点

尽管 UWSN 与陆地 WSN 有很多相似之处，但是 UWSN 仍有很多特殊的地方。

（1）水下传感器的通信方式

水下传感器主要有三种通信方式：无线电、激光和水声。无线电波在海水中衰减严重，频率越高衰减越大。30～300Hz 的超低频电磁波对海水穿透能力可达 100 多米，但是需要很长的天线和很大的发射功率，这在体积较小的水下传感器节点上无法实现。智能尘埃 Mica2 在水下通信中使用 433Hz 时，传播距离为 120 米。无线电波只能实现短距离的高速通信，不是水下组网的最佳选择。与无线电波相比，激光通信对海水穿透能力强。但是水下激光光束的传输受散射的影响比较严重，而且水下窄光束对准是一个难题。激光仅适用于短距离水下通信的需求。目前水下传感器网络主要利用声波实现通信和组网。因此，水下传感网络一般称为"水下声传感器网络"或"水下无线传感网络"。

（2）容迟特性与实时性要求

水下传感器节点之间的通信容易受到海洋复杂的季风、洋流、海底地形、鱼类等环境因素的影响，数据传输误码率高，丢包情况频繁发生，数据链路中断不断出现。如何在水下无线传感网络中解决间歇性、长时延、高误码率和高包丢失率所引发的容迟问题，是一个有挑战性的研究课题。

同时，不同的应用场景对网络数据传输的实时性要求相差较大。例如，对于记录地震活动的水下无线传感网络，其传感器休眠与激活时间之比大。一旦激活就会有很多数据要传送到汇聚节点，用来分析和预测地震活动。但是，用于海啸预报、入侵预警的应用，则需要实时传输数据。因此，UWSN 设计方案需要区别实时应用与容迟应用等多种情况。

（3）UWSN 与陆地 WSN 的区别

UWSN 与陆地 WSN 的区别主要表现在以下几个方面。

第一，陆地 WSN 节点造价比水下无线传感网络节点便宜，UWSN 要考虑防水、防腐蚀等问题，结构相对复杂，造价必然会高。水下设备更新与维护的费用也相对较高。

第二，由于 UWSN 节点的造价高，因此它不可能像陆地 WSN 部署那么密集，也不可能不加固定地任其漂流。

第三，声波在海水中传播时衰减很大，在节点之间距离相同的情况下，水下节点通信需要的能量消耗比在陆地通信大得多。因此，水下传感器节点需要储备更多的能量。

第四，陆地 WSN 的存储空间通常比较小，而水下声波信道是间歇性的，水下传感器节点需要将感知数据存储起来，因此水下传感器节点需要使用容量大一些的存储器。

3. 水下节点的类型

UWSN 的特殊性决定了组成传感器网络的水下设备分为两类：水下传感器与自主式水下设备。自主式水下设备是用来完成水下传感器的通信连接、感知数据查询与网络管理功能的设备。

（1）水下传感器

静态的水下传感器的内部结构如图 3-30 所示。它是由 CPU 控制器、传感器、传感器接口、存储器、水声模块与电源模块组成。传感器将感知数据通过传感器接口经 CPU 处理之后存储到存储器。水声模块完成水下传感器与水下传感器、水下传感器与自主式水下设备之间的数据传输。电源模块为整个水下传感器提供能量。

水下传感器的种类有很多，可以用于测量海水温度、密度、盐度、导电性、pH 值，以及氧气、氢气、甲烷含量等参数，因此水下传感器有很多种外形结构（如图 3-31 所示）。目前，有的水下传感器节点的传输速率可达 100～480bps，误码率为 1×10^{-6}，在深度为 120m 时，通信距离可达 3000m。有些近距离水下传感器节点的有效通信距离为 300m 时，传播深度可以达到 200m，数据传输速率为7Kbps。

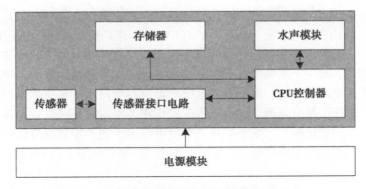

图 3-30　水下传感器结构示意图

图 3-31　各种形状的水下声传感器

（2）自主式水下航行器

自主式水下航行器（AUV）完成与水下传感器的通信、感知数据查询与网络管理的工作。由于自主式水下航行器承担的任务的不同，其外观和造型也会不同。有些自主式水下航行器像小型的潜水艇，有些水下机器人也可以成为自主式水下航行器（如图3-32所示）。自主式水下航行器通常的工作原理是在海里接收水下传感器传送的数据，浮出水面时将数据通过无线信道传送给水上基站，水上基站再通过水面汇聚节点将数据转发到岸边汇聚节点。自主式水下航行器浮出水面时用GPS进行定位。

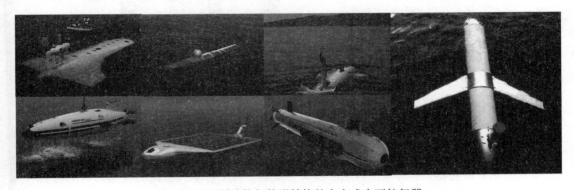

图 3-32　不同功能与外形结构的自主式水下航行器

4. UWSN 的网络结构

由于水下设备造价高、维护困难，因此如何部署水下传感器节点与自主式水下航行器节点成为 UWSN 的网络结构设计的主要问题。典型的 UWSN 网络结构有两种：二维结构与三维结构。

在二维结构中，一组水下传感器被深海锚拴固定在海底，其中的传感器节点通过水声信道直接或以多跳的方式，与一个或多个水下汇聚节点（uw-sink）通信。水下汇聚节点装有水平方向与垂直方向的两个水声收发机。水平方向水声收发机用于与水下传感器节点通信，垂直方向水声收发机负责与水面汇聚节点通信。由于海洋底部距海面的深度可以达到几十公里，因此垂直方向水声收发机的功率比较大。水下汇聚节点负责将水下的感知数据传送到水面基站，然后水面基站通过无线信道或卫星通信信道，将数据传递到水面汇聚节点（s-sink）和岸边汇聚节点（os-sink）。

在三维结构中，水下传感器节点悬浮在不同的深度和位置，形成一个能够监测三维海洋信息的传感器网络。典型的三维水下传感器网络的结构如图 3-33 所示。

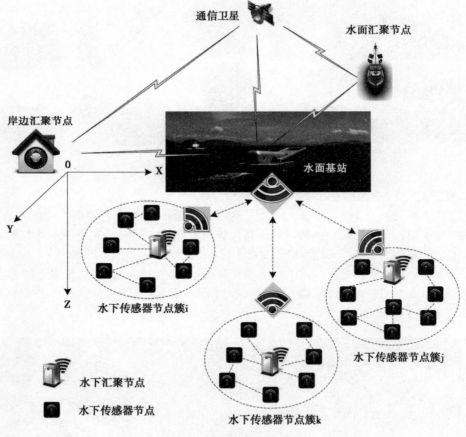

图 3-33　UWSN 结构示意图

5. AUV 传感器网络

自主式水下航行器又称为水下自主机器人。由水下自主机器人组成的传感器网络称为"移动水下传感器网络"。

从技术的角度看，AUV 实际上就是一类水下机器人。由于 AUV 可以作为不需要用锚拴固定、电缆连接的传感器节点，能够根据任务要求在不同的地理位置、不同的深度游弋，主动采集环境数据，因此由 AUV 组成的传感器网络可用于海洋环境监测、水下资源勘查，以及各种军事用途。AUV 传感器网络已经成为世界各国新的研究热点，很多研究水下机器人的学者也积极参与这项研究工作。将海底固定的传感器与可以在海底爬行、游弋的水下机器人结合起来，用可移动水下机器人作为水下汇聚节点的工作方式的研究已经取得了很大的进展，多种原型系统进入到实验阶段。典型的水下机器人如图 3-34 所示。

图 3-34　典型的水下机器人

目前，AUV 传感器网络研究的一个目标是如何利用局部智能尽量减少对陆地通信的依赖。因此，AUV 传感器网络研究急需解决三个问题：一是自适应采样算法；二是节点自我配置；三是如何利用太阳能补充能量，从而延长 AUV 生存寿命。自适应采样算法是指 AUV 节点如何寻找最合适的地点对某类数据采样，以及如何根据任务要求，自动确定最佳采样密度。节点自我配置研究在移动过程中如何保持节点之间的通信信道、自组网的网络拓扑和路由控制，以及节点出现故障时的诊断与排除问题。同时，AUV 要能够根据自身的电能情况，在需要时上浮到海面，利用太阳能充电，以延长 AUV 生存寿命。

总之，UWSN 是当前 WSN 与物联网研究的一个热点和具有挑战性的课题。

3.4.4　地下无线传感器网络

1. 地下无线传感器网络产生的背景

地下无线传感器网络（Wireless Underground Sensor Network，WUSN）由工作在地下的无线传感器设备组成。这些设备可能被完全埋入致密的土壤中，也可能被放置于矿井、地铁或隧道等地下空间内。WUSN 常被用于当前地下监测技术无法实现的应用中。有四种应用场景非常需要组建地下无线传感器网络：环境监测、基础设施监测、定位应用与边缘安全监控。WUSN 应用如图 3-35 所示。

WUSN 在环境监测领域有很好的应用前景。在农业方面，可以利用地下传感器节点监测土壤含水量与土壤成份，为合理灌溉及施肥提供参考数据。在温室环境中，地下传感器节点可以将传感器部署在花盆里。与目前运用于农业中的地上 WSN 相比，WUSN 节点埋藏在地下，可以防止拖拉机、割草机破坏传感设备。在高尔夫球场、棒球场以及草坪网球场的土壤中，地下传感器可以监测整个运动场，而又不会影响比赛的正常进行。图 3-36 给出了用于高尔夫球场管理的 WUSN 网络结构示意图。

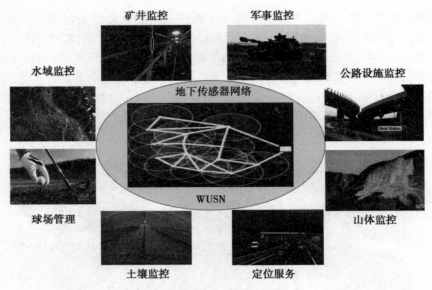

图 3-35　WUSN 应用示意图

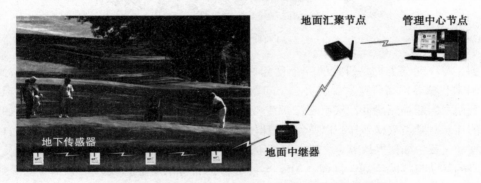

图 3-36　用于高尔夫球场管理的 WUSN 网络结构示意图

　　从环境保护的角度出发，将地下传感器网络与水下传感器网络结合起来，可以有效地监控城市饮用水安全，及时监测土壤、河流中是否存在有毒、有害物质及其浓度。

　　从煤矿生产安全的角度，矿井环境监测中通常需要对矿井风速、矿尘、一氧化碳、温度、湿度、氧气、硫化氢和二氧化碳等参数进行检测。在这种应用场景中，我们可以采用传统无线传感器与地下传感器结合的混合网络结构，使护井内的数据能够迅速地通过无线传感器网络传输到地面基站。利用节点的通信、计算、自组织能力，在矿井结构遭到破坏时仍能自动恢复组网，能够依据矿工作为身份标识的无线传感器节点确定矿工位置，为矿难救助提供重要帮助。WUSN 还可以用于地下基础设施，例如管道、电线和地下储油罐的安全监控，通过地下传感器节点及时监测和发现石油、燃气和有毒气体、液体泄漏。

　　地下无线传感器可以嵌入建筑物、桥梁、山体的关键部位，监测压力、位置等参数，及时掌握它们的健康状况，防止灾难事件发生。在可能出现山体滑坡的危险地段，地下传感器网络可预报山体、岩石、土壤的移动，帮助研究人员及时发出山体滑坡的预警信息。

　　具有自定位功能的静态地下传感器设备可以在基于位置的服务中作为信标。当一辆车开过位置信标节点时，便会触发地下节点与车辆建立通信，从而提醒司机前方的停止信号或交通标志。在设施农业自动定位控制中，当自动施肥装置通过地下位置信标节点时，它可以获取位置信息以及地下传感器提供的土壤条件数据，自动完成施肥控制。

WUSN 可以用于监测地上的人或物的存在和运动。将无线压力传感器部署于边境沿线的土壤浅表处，当非法越境者出现时就会发出警报，告知非法越境者的越境时间、位置信息。

2. 地下无线通信信道的特点

WUSN 面临的主要挑战是如何建立高效、可靠的地下无线信道。地下与地上的无线信道技术的最大区别是通信介质。地下与地上的无线信道的电磁波传播介质是土壤，而地上的无线信道电磁波传播介质为空气，这两种传播介质在特性上具有本质区别。地下无线通信信道的特点主要表现在以下几点。

（1）路径衰耗

地下无线信道的路径衰耗是地下无线传输研究者最关心的问题。地下无线信道的路径衰耗主要由两个因素决定：电磁波频率、作为传输介质的土壤与岩石特性。在给定的地质条件下，电磁波频率越高，传播过程中路径衰耗越大。对于同一个电磁波频率来说，路径衰耗取决于土壤类型、含水量与温度。按照颗粒大小排序，土壤类型依次为沙、淤泥、黏土与混合物。沙质土壤最利于电磁波的传播。含水量是导致电磁波在土壤中传播衰减的主要因素。单位体积土壤的含水量的增加会导致衰减急剧增长。

（2）反射/折射

由于土壤与空气对于电磁波传播的影响不同，因此当电磁波经过土壤与空气的分界面时必然会产生反射与折射，并且电磁波从地下向空气传播与由空气向土壤传播，其反射/折射效果是不同的。因此，研究地下无线信道模型时要注意双向的不对称性问题。

（3）多径衰减

造成多径衰减的因素主要有两个：土壤与空气界面的反射/折射，以及矿井巷道周边物体的反射。近地的无线传感器节点的电磁波传播必然会因为土壤与空气界面的反射/折射，以及周边的岩石、树根等物体的反射，造成传播功率的衰减。矿井巷道有限空间的周边物体对电磁波的反射也是造成电磁波多径衰减的主要原因之一。

（4）传播速度降低

电磁波在土壤、岩石等介质中传播时，由于介质的介电常数不同，会造成传播速度降低。土壤、岩石等介质的介电常数一般在 1~80，那么电磁波在这些介质中传播的最小传播速度大约为在空气中传播速度的 10%。

（5）噪声

地下无线传输信道同样面临着噪声干扰问题。研究结果表明，地下无线传输信道与地面无线信道干扰的量级几乎相同，不同之处是地下无线信道受到的干扰主要来自电源、机电设备、闪电与大气噪声，但是频率很低，通常小于 1KHz。

3. WUSN 的网络结构

WUSN 的网络结构因应用场景的不同差异较大。典型的应用场景如图 3-37 所示。WUSN 应用场景大致可以分为部署于土壤中与部署于矿井、隧道两类。部署于土壤中又可以进一步分为地下、地下与地上混合结构。部署于矿井、隧道又可分为部署于公路、铁路隧道与输油管道，以及矿井巷道与柱子上。

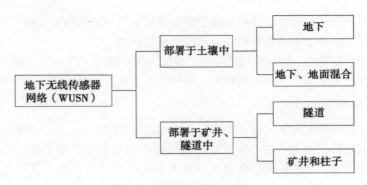

图 3-37　WUSN 部署的类型

（1）土壤中 WUSN 的网络结构

土壤中 WUSN 的网络拓扑结构可以分为两类：单一深度网络拓扑、多深度网络拓扑。

对于很多隐蔽性要求高的应用可以采用单一深度网络拓扑，如草原、沙漠等边境地区安防监控系统，为了防止敌方发现、破坏和偷盗无线传感器节点，可以将 WUSN 节点掩埋到同一深度的土壤或沙中。另外，在高尔夫球场、垒球球场、足球场等比赛球场，为了不影响比赛，又能获取土壤湿度、温度以及运动员、球落点信息，也可以采用单一深度网络拓扑。图 3-38 给出了单一深度网络拓扑结构示意图。为了尽可能地减少地面汇聚节点，可以增加移动汇聚节点。当移动汇聚节点接近某些地下传感器节点时，移动传感器节点可以接收地下传感器节点发送的数据。

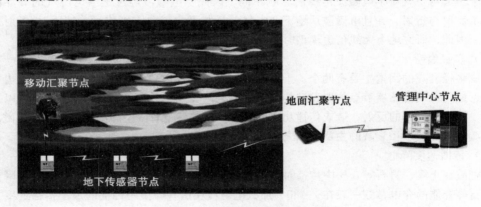

图 3-38　单一深度网络拓扑示意图

对于一些需要监测土壤三维参数的应用，可以采用多深度网络拓扑。由于土壤对无线信号传输衰减大，因此部署在深层的传感器节点无法与地面汇聚节点直接通信，需要采用传统的 WSN 的多跳的通信方式。

在需要同时监控地下与地面环境参数时，可以采用混合式 WUSN 网络结构。混合式 WUSN 由地下传感器节点、地面传感器节点、地面固定式汇聚节点与移动式汇聚节点组成。图 3-39 给出了地下、地面混合结构 WUSN 的网络拓扑示意图。

（2）矿井隧道中的 WUSN 网络结构

将 WUSN 技术与矿井下的特殊环境结合，建立适合矿山行业的无线地下传感器网络，可覆盖井下所有巷道，对矿井安全生产进行监控，定量、定性地对矿井的安全状况做出评估，减少由于人为因素造成的矿山安全管理上的漏洞，进一步保证井下工人的安全。

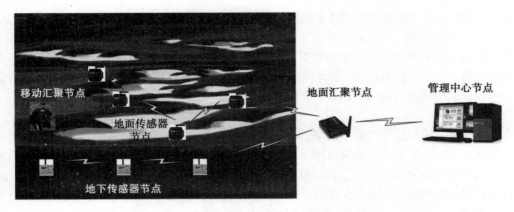

图 3-39 地下、地面混合网络结构拓扑示意图

WUSN 节点部署在地下矿井、隧道中,尽管节点之间的电磁波的传播介质也是空气,但是由于矿井、隧道结构的限制,电磁波在井下的传播特性与在地面自由空间传播的差异很大。为了保证网络的稳定性和可靠性,根据矿井实际需要,可在作业面之间每隔 150～200m 安装一个固定的无线传感器节点。矿工佩戴的安全帽上的传感器节点经过每个固定的无线传感器节点时,将会发出信息,矿井安全管理人员就可以实时掌握每位矿工的位置,从而实现对井下矿工实时跟踪监控的目的。有的矿井隧道中的 WUSN 网络使用 RFID 作为矿工身份识别的标志。矿井隧道中的 WUSN 网络结构如图 3-40 所示。

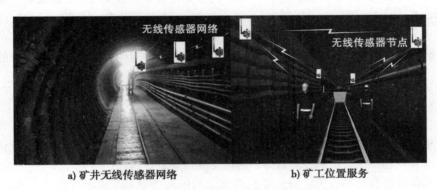

a) 矿井无线传感器网络   b) 矿工位置服务

图 3-40 矿井隧道中的 WUSN 网络结构示意图

4. WUSN 的主要优点

和传统的无线传感器网络相比,WUSN 的优点主要表现在以下几个方面。

(1) 隐蔽性

在边境安全监控中,地下传感器网络不易被发现,具有很好的隐蔽性。在农业土壤监测、运动场地维护管理中,不易被割草机、拖拉机等一些农业设备或绿化设备破坏。地下传感器网络节点不易被破坏者发现,安全性好。

(2) 易于部署

传统的地下监测系统在扩大监测范围时,需要额外布线,并部署新的数据记录设备。传统的无线传感器网络技术应用于地下监测时,也需要在地下布线,使地下传感器与地上设备相连接。而对于地下传感器网络节点,在确保无线传感器设备能在通信范围内与其他设备进行正常通信的前提下，可以轻松地将其部署在需要监测的位置。

(3) 实时数据传输

现有的地下传感系统主要依赖于数据记录器，在传感器收集到数据信息后，需要人工上传到数据记录器，再进行数据处理，因此不能实现实时数据传输。地下传感器网络利用无线传输方式，可以实现从传感器节点到汇聚节点数据的实时传输。

(4) 可靠性

在地下监测应用中使用的数据记录器很容易出现单点故障。若连接几十个传感器节点组成的某一个或几个数据记录设备出现故障，将给整个区域监测数据的完整性带来很大的问题。地下传感器网络以一种分布式方式工作，单一传感器节点的故障可以被邻节点及时地发现，通过路由控制算法重新组网，从而大大提高了地下监测系统的可靠性。

(5) 高覆盖密度

由于传统地下监测系统传感器设备与数据记录器必须进行有线连接，覆盖区域、节点密度取决于数据记录器的数量与位置，因此传感器节点不容易做到均匀部署。地下无线传感器网络不依赖于数据记录器设备的位置，可以根据需要配置节点的位置与密度。

3.4.5 无线纳米传感器网络

随着微纳电子系统理论与微/纳机电系统（MEM/NEMS）技术的发展，以及集成纳米传感器系统研究的发展，使得纳米传感器器件的制造与应用成为可能。

Akyildiz 与 Jornet 在 2010 年发表题为"电磁线的无线纳米传感器网络"的文章，揭开了无线纳米传感器（Nanotechnology- enable Wireless Sensor Networks，NWSN）网络的面纱，向人们展示出巨大的应用前景。

NWSN 研究首先要解决纳米传感器节点设计、纳米级器件通信、电源供电等基本的硬件制造技术问题。

1. 集成纳米传感器系统的研究

碳纳米管（CNT）可用于开发比其处理对象小 500 倍的微处理器，处理速度明显提高，而且能耗极低。采用纳米技术可以制造体积很小，但存储容量可达万亿位的数据存储器。这些纳米传感器节点可以自动感知、处理和存储数据，因而迅速得到广泛应用。

适合纳米器件信息处理与传输的信号处理单元与纳米传感器集成的系统称为集成纳米传感器系统（Integrate NanoSensor System，INS）。目前研究人员正在致力于 INS 的接口标准、自校验、容错与数字补偿的研究，以提高系统的精度、动态范围与可靠性。集成纳米传感器系统的研究为纳米传感器节点的设计与制造技术奠定了基础。

2. 纳米级器件通信技术的研究

预期在纳米级器件通信技术的研究中采用的技术路线主要有两种。第一种是分子通信，即研究分子之间通信的信号编码、发送与接收方法。第二种是纳米电磁通信，即研究新型纳米材料发送和接收来自组分的电磁辐射。在纳米传感器电磁通信研究中主要集中在纳米天线与纳米收发器的研究上。

在纳米天线研究方面，目前主要的研究问题是：

1）设计基于纳米管和纳米带的纳米天线的精确模型，测试在特定工作频段的辐射带宽与效率，研究这些参数对纳米传感器通信能力的影响。

2）利用纳米材料的特性与新的加工技术，设计新型纳米天线与纳米辐射结构。

3）根据纳米级器件的量子效应，研究纳米天线理论。

在纳米传感器收发器研究方面，目前研究的主要问题是：

1）纳米收发器的电磁模型，辐射带宽与能量效率。

2）噪声对纳米收发器性能的影响。

3）高性能、带宽可调的纳米接收器的设计。

3. 纳米电池技术的研究

为了配合基于主动型纳米传感器的 NWSN 节点的研究，目前科研人员正在开展锂纳米电池、自供电纳米发动机、太阳能利用技术的研究。从目前研究的初步结果来看，锂纳米电池作为未来纳米传感器的小型电源的可行性已经得到证实。自供电纳米发动机主要研究如何将其他类型的能量（从环境中收集的能量、化学能）转换成电能，如人体的运动、振动、抽搐等引起肌肉拉伸的机械能，振动、声波、建筑物震动的能量，人讲话、车辆或其他噪声，或者是人体内部液体、血液流动的动能转换成能够为纳米传感器所用的电能。微小型、低功耗的纳米传感器利用太阳能供电的研究也引起了学术界的重视。

由于纳米传感器具有感知能力强、体积小、节能等优点，科学家正在研究能充分发挥纳米传感器特点的 NWSN。正是由于纳米器件的尺寸太小，因此纳米传感器节点之间的通信、纳米级射频天线的设计与实现成为一个挑战性的课题。目前，科学家正在研究纳米无线传感器网络体系结构、纳米级无线通信的载波与信号编解码、纳米级天线结构、介质访问控制方法、多跳路由、跨层通信的设计思路，以及纳米电池问题。

NWSN 将广泛应用于智能医疗保健、智能环保、国土防御与军事等领域中，为物联网研究提出了更多的课题，也为未来物联网的应用开辟了更为广阔前景。

本章小结

1）感知技术是信息技术三大支柱之一。传感器是人类感知外部世界的重要工具和手段，是物联网发展的基础。

2）无线传感器网络是感知技术、无线自组网技术相融合的产物，被评价为"21 世纪最有影响的 21 项技术之一"和"改变世界的十大技术之首"，是支撑物联网发展的核心技术之一。

3）无线传感器网络已经广泛应用于物联网的智能工业、智能农业、智能医疗、智能物流、智能环保、智能安防与智能家居之中。

4）无线传感器网络正在向无线传感器与执行器网络、无线多媒体传感器网络、水下无线传感器网络、地下无线传感器网络与无线纳米传感器网络方向发展，预示着无线传感器网络技术更为广泛的应用前景。

习题

一、单选题

1. 以下关于传感器特点的描述中，错误的是（　　　）。

    A）由敏感与转换元件组成

    B）能感受到被测的物理量

    C）能将检测到的信息按一定规律编码后输出

  D）满足感知信息的传输、处理、存储、显示、记录和控制的要求

2. 以下不属于力传感器的是（ ）。

  A）压力传感器 B）力矩传感器 C）硬度传感器 D）陀螺仪

3. 以下关于纳米传感器特点的描述中，错误的是（ ）。

  A）高灵敏度   B）体积小   C）响应时间长 D）低功耗

4. 以下关于 MEMS 分类的描述中，错误的是（ ）。

  A）特征尺寸通常是指集成电路中半导体器件的最大尺寸

  B）特征尺寸在 1mm ~ 10mm 的为小型机械

  C）特征尺寸在 $1\mu m$ ~ 1mm 的为微型机构

  D）特征尺寸在 1nm ~ $1\mu m$ 的为纳米机械

5. 以下关于传感器技术指标的描述中，错误的是（ ）。

  A）传感器实际的输出量与输入量关系曲线偏离拟合直线的程度叫做传感器的线性度

  B）灵敏度（S）是指传感器在任何情况下输出变化量与输入变化量的比值

  C）分辨率表征传感器对于被测量微小变化的感知能力

  D）漂移是指在输入量不变的情况下，传感器输出量随着时间变化

6. 以下关于智能传感器特征的描述中，错误的是（ ）。

  A）自学习、自诊断能力   B）自补偿能力

  C）复合感知能力   D）自组网能力

7. 以下关于"智能尘埃"的特点的描述中，错误的是（ ）。

  A）低功耗   B）自组织   C）可移动   D）体积小

8. 以下关于 WSN 特点的描述中，错误的是（ ）。

  A）网络规模与应用需求相关   B）自组织网络

  C）拓扑结构的动态变化   D）以控制节点为中心

9. 以下不属于 WSN 节点组成单元的是（ ）。

  A）传感器模块 B）处理器模块 C）汇聚点模块 D）能量供应模块

10. 以下关于 WSAN 特点的描述中，错误的是（ ）。

  A）异构性   B）实时性   C）多样性   D）移动性

二、思考题

1. 通过网络搜索出一种传感器产品，标出其型号与对应的技术指标。

2. 试分析一部智能手机需要用到哪几种传感器？为什么？

3. 试分析一个足球机器人需要用到哪几种传感器？为什么？

4. 试分析一个无人超市的物联网系统需要用到哪几种传感器？为什么？

5. 试分析如何利用水下传感器网络去保护军港。

6. 试设计一个矿井地下无线传感器网络系统结构方案，并阐明设计思路。

第 4 章 物联网智能硬件与嵌入式系统

物联网为我们描述了一个物理世界被广泛嵌入了各种感知与控制智能设备的场景，它们能够全面地感知环境信息，智慧地为人类提供各种便捷的服务。嵌入式技术是开发物联网智能硬件的重要手段。本章将系统地讨论嵌入式系统的概念、原理，介绍物联网智能硬件研发中涉及的人机交互、增强现实等技术，以及可穿戴计算设备、智能机器人在物联网中的应用。

本章教学要求

- 掌握嵌入式技术的基本概念。
- 理解智能硬件的基本概念与研究的重点。
- 了解智能技术在物联网人机交互中的应用。
- 了解可穿戴计算设备在物联网中的应用。
- 了解智能机器人在物联网中的应用。

4.1 嵌入式系统概述

4.1.1 嵌入式系统的发展过程

嵌入式系统从 20 世纪 70 年代出现以来，至今已经走过 40 多年的发展历程。嵌入式系统大致经历了四个发展阶段。

第一阶段：以可编程控制器系统为核心的研究阶段

嵌入式系统最初的应用是基于单片机的，大多以可编程控制器的形式出现，具有监测、伺服、设备指示等功能，通常应用于各类工业控制和飞机、导弹等武器装备中，一般没有操作系统的支持，只能通过汇编语言对系统进行直接控制，运行结束后再清除内存。这些装置虽然已经初步具备了嵌入式应用的特点，但仅仅使用 8 位的 CPU 芯片来执行一些程序，因此严格地说还不能被称为系统。

第二阶段：以嵌入式中央处理器 CPU 为基础、简单操作系统为核心的阶段

这一阶段嵌入式系统的主要特点是：系统结构和功能相对单一，处理效率较低，存储容量较小，几乎没有用户接口。由于这种嵌入式系统使用简便、价格低廉，因而曾经在工业控制领域中得到广泛的应用，但无法满足现今对执行效率、存储容量都有较高要求的信息家电等场合的需要。

第三阶段：以嵌入式操作系统为标志的阶段

20 世纪 80 年代，随着微电子工艺水平的提高，集成电路制造商开始把嵌入式应用中需要的微处理器、I/O 接口、串行接口，以及 RAM、ROM 等部件集成到一片超大规模集成电路（VLSI）芯片中，制造出微控制器，并在嵌入式系统中广泛应用。与此同时，嵌入式系统的程序员在嵌入式操作系统的基础上开发出嵌入式应用软件，大大缩短了应用系统设计与开发周期，提高了工作效率。

这一阶段嵌入式系统的主要特点是：出现了大量高可靠、低功耗的嵌入式微控制器，各种简单的嵌入式操作系统开始出现。这一阶段的嵌入式操作系统虽然还比较简单，但已经初步具有了一定的兼容性和扩展性，内核精巧且效率高，主要用来控制系统负载以及监控应用程序的运行。操作系统的运行效率高，模块化程度高，具有图形窗口界面和便于二次开发的应用程序接口（API）。

第四阶段：基于网络操作的嵌入式系统发展阶段

20 世纪 90 年代，在分布式控制、柔性制造、数字化通信和智能家电需求的推动之下，嵌入式系统进一步快速发展。微控制器向着高速度、高精度、低功耗的方向发展。随着硬件实时性要求的提高，嵌入式系统的软件规模也不断扩大，逐渐形成了实时多任务嵌入式操作系统，并开始成为嵌入式系统的主流。

这一阶段嵌入式系统的主要特点是：嵌入式操作系统的实时性得到了很大改善，已经能够运行在各种不同类型的微处理器上，具有高度的模块化和扩展性。嵌入式操作系统已经具备了文件和目录管理、设备管理、多任务、网络、图形用户界面等功能，能支持多种外部设备的接入，并提供了大量的应用程序接口，使得应用软件的开发变得更加简单。

嵌入式系统的体系结构如图 4-1 所示。

随着物联网应用的进一步发展，适应物联网应用系统需求的智能硬件设计和制造将成为嵌入式技术研究与开发的重点之一。

4.1.2 嵌入式系统的特点

物联网向我们描述了一个物理世界被广泛嵌入各种感知与智能控制设备的场景，它们能够全面地感知环境信息，智慧地为人类提供各种服务，而嵌入式技术是开发物联网智能设备的重要技术手段之一。

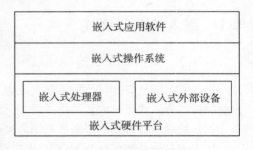

图 4-1　嵌入式系统的体系结构

嵌入式系统（Embedded System）也称作嵌入式计算机系统（Embedded Computer System），它是一种专用的计算机系统。由于嵌入式系统需要针对某些特定的应用，因此研发人员需要根据应用的具体需求，剪裁计算机的硬件与软件，以适应对计算机功能、可靠性、成本、体积、功耗的要求。

无线传感器节点、RFID 标签节点与标签读写器，智能手机与智能家电，各种物联网智能终端设备，以及智能机器人、无人驾驶汽车与可穿戴设备都属于嵌入式系统的范畴。嵌入式系统的基本概念与设计、实现方法，是物联网工程专业的学生必须掌握的重要的知识与技能之一。

为了帮助读者形象地理解嵌入式系统"面向特定应用""裁剪计算机的硬件与软件"与"专用计算机系统"的特点，我们不妨以我们每天都在使用的智能手机与个人计算机为例，从硬件结构、操作系统、应用软件与外设等几个方面对二者进行比较。图 4-2 给出了智能手机组成结构示意图。

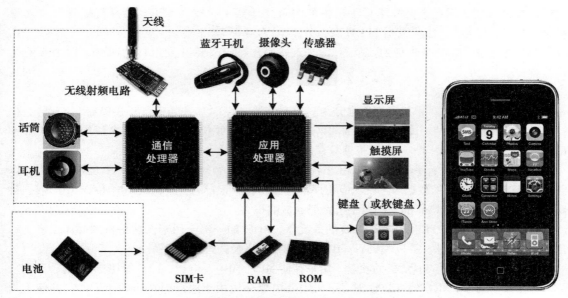

图 4-2　智能手机组成结构示意图

1. 硬件的比较

我们可以从计算机体系结构的角度画出智能手机的硬件逻辑结构图，如图 4-3 所示。

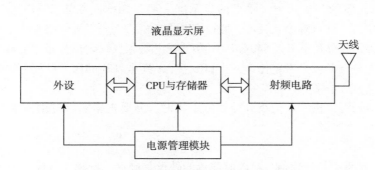

图 4-3　智能手机硬件逻辑结构示意图

我们可以从 CPU、存储器、显示器与外设等几个方面来说明智能手机与个人计算机的硬件的区别。

（1）CPU 的比较

智能手机的所有操作都是在 CPU 与操作系统的控制下实现的，这一点是与传统的 PC 相同的。但是手机的基本功能是通信，因此它除了有与传统的 CPU 功能类似的应用处理器之外，还需要增加通信处理器，即智能手机的 CPU 是由应用处理器与通信处理器芯片组成。对于应用处理器而言，耳机、话筒、摄像头、传感器、键盘与显示屏都是外设。通信处理器控制着无线射频电路与天线的语音信号的发送与接收过程。

在 PC 领域，CPU 有 Intel 系列、AMD 系列等，但是作为"专用计算机"的智能手机，它需要有适应手机应用需要的专用 CPU，如高通系列、TI 系列、MTK 系列、ADI 系列 CPU。同时，由于手机的 CPU 不仅要支持常规的个人计算机进程控制与调度，还要执行语音处理与无线通信控制功能，因此人们并不将手机中的中央处理器单元称为 CPU，而是直接称为"高通平台""MTK 平台"，如"高通 MSM7X27 平台""MTK657X 平台"。至于手机的"双核""四核""八核"是指在一个物理的 CPU 上，嵌入式操作系统支持并发运行的两个、四个或八个内核程序。

（2）存储器的比较

和传统的 PC 类似，手机存储器也分为只读存储器（ROM）和随机读写存储器（RAM）。根据手机对存储器的容量、读写速度、体积与耗电等要求，手机中的 ROM 通常使用闪存（Flash ROM），RAM 通常使用同步动态随机读写存储器（SDRAM）。

与传统的 PC 相比，手机的 RAM 相当于 PC 的内存条，暂时存放手机 CPU 中运算的数据，以及 CPU 与存储器交换的数据。手机所有程序都是在内存中运行的，手机关闭时 RAM 中的数据自动消失。因此，手机 RAM 的大小对手机性能的影响很大。

手机 ROM 相当于 PC 安装操作系统的系统盘。ROM 的一部分用来安装手机的操作系统，一部分用来存储用户文件。手机关机后，ROM 中的数据不会丢失。

手机中的闪存相当于 PC 机的硬盘，用来存储 MP3、MP4、电影、图片等用户数据。

为了实现对手机用户的有效管理，手机需要内置一块用于用户识别的 SIM 卡，它存储了用户在办理入网手续时写入的个人信息。SIM 卡的信息分为两类。一类是由 SIM 卡生产商与网络运营商写入的信息，如网络鉴权与加密数据、用户号码、呼叫限制等；另一类是由用户在使用过程中自行写入的数据，如其他用户的电话号码、SIM 卡的密码 PIN 等。

（3）显示器的比较

与 PC 显示器对应的是显示屏。手机的显示屏一般采用薄膜晶体管 TFT 液晶显示屏 LCD。LCD 的分辨率使用行、列点阵形式表示。假设有两个手机，一个手机使用 3 英寸 LCD，另一个手机使用 5 英寸 LCD，其分辨率都是 640×480。由于这些像素要均匀地分布在屏幕上，那么 3 英寸 LCD 在单位面积上分布的像素肯定比 5 英寸 LCD 多，3 英寸 LCD 的像素点阵更加密集，因此图像显示的效果更加细腻、清晰。

因此从硬件结构看，技术人员在设计智能手机时，需要根据实际应用需求对计算机的硬件与软件进行适当的"裁剪"。

（4）外设的比较

由于 PC 的工作重心是处理信息，因此配置的外设是硬盘、键盘、鼠标、扫描仪，从联网的角度配置 Ethernet 网卡、Wi-Fi 网卡与蓝牙网卡。而智能手机首先是通信设备，要保障其通信能力，其次强调其在不同环境中的信息处理能力。因此，智能手机除了要配置键盘、鼠标、LCD 触摸屏之外，重点放在耳机、话筒、摄像头、各种传感器等设备上。

智能手机配置的传感器包括加速度传感器、磁场传感器、方向传感器、陀螺仪、光线传感器、气压传感器、温度传感器、湿度传感器与接近传感器等。智能手机利用气压传感器、温度传感器、湿度传感器可以方便地实现环境感知；利用磁场传感器、加速度传感器、方向传感器、陀螺仪可以方便地实现对终端设备运动方向与速度的感知；利用距离传感器可以方便地实现对移动设备的运动感知，从而完成位置发现、查询、更新与地图定位的工作。

正是智能手机在移动过程中要同时完成通信、智能服务与信息处理的多重任务，而智能手机的电池容量决定着手机使用的时间，因此如何减少手机的耗电成为手机设计中必须解决的困难问题。手机的设计者千方百计地去思考如何节约电能。例如，利用接近传感器判断使用者是否在接听电话。如果判断出使用者将手机贴近耳朵接听电话，那么手机操作系统就立即关闭屏幕，以节约电能。因此，智能手机中必须有一个电源管理模块，优化电池为手机的各个功能模块供电以及充电的过程。当手机没有被使用时，电源管理模块让手机处于节能的"待机"状态。而一般用于办公环境的 PC，可以直接接在 220 伏电力线上，因此它在节能方面的要求就比用于移动通信的手机宽松得多。

（5）通信功能的比较

目前，PC 一般都配置了接入有线网络的 Ethernet 网卡、接入 Wi-Fi 的无线网卡，以及与鼠标、键盘、耳机等外设在近距离进行无线通信的蓝牙网卡，一般不需要配置接入移动通信网 4G/5G 的网卡。

智能手机的基本功能是移动通信，因此它必然要有功能强大的通信处理器芯片，以及能够接入 4G/5G 基站的射频电路与天线，同时它需要配置接入 Wi-Fi 的无线网卡，以及与外设近距离通信的蓝牙网卡或近场通信 NFC 网卡，但不需要配置 Ethernet 网卡。智能手机的硬件设计受到电能、体积、重量的限制，包括网卡在内的各种外设的驱动程序必须在手机操作系统上重新开发。

2. 软件的比较

（1）操作系统的比较

智能手机实际上是一种具有发射与接收功能的微型计算机，因此研究人员一定要专门研发适用于手机硬件结构与功能需求专用操作系统。这也正体现出嵌入式系统是"面向特定应用"的计算机系统的特点。

智能手机的操作系统主要有微软的 Windows Mobile、诺基亚等公司共同研发的手机操作系统 Symbian（塞班系统）、苹果公司推出的 iOS 操作系统，以及由 Google 公司推出的 Android 操作系统。

在各种手机操作系统上开发应用软件是比较容易的，这一点在 Android 操作系统上表现得更为突出。Google 公司在 2007 年 11 月推出了 Android 操作系统，它是基于 Linux 平台的开源手机操作系统，由操作系统、中间件、用户界面与应用软件组成。

Android 操作系统在网络功能的实现上遵循 TCP/IP 协议体系，采用支持 Web 应用的 HTTP 协议来传送数据。Android 操作系统的底层提供了支持低功耗的蓝牙协议与 Wi-Fi 协议的驱动程序，使得 Android 手机可以很方便地与使用蓝牙协议或 Wi-Fi 协议的移动设备互联。

同时，Android 操作系统提供了支持很多种传感器的应用程序接口（API），传感器的类型包括加速度传感器、磁场传感器、方向传感器、陀螺仪、光线传感器、气压传感器、温度传感器、湿度传感器与接近传感器等。利用 Android 操作系统提供的 API，可以方便地实现环境感知、移动感知、位置感知与地图定位，以及语音识别、手势识别、基于位置服务与多媒体应用功能。

目前，除了智能手机之外，很多智能机器人、无人驾驶汽车、无人机、可穿戴计算设备与物联网智能终端设备等智能硬件，都是在 Android 操作系统基础上开发的。

（2）应用程序的比较

随着智能手机 iPhone 的问世，智能手机的第三方应用程序 APP（Application）以及 APP 销售的商业模式逐渐被移动互联网用户所接受。手机 APP 从游戏、基于位置的服务、即时通信，逐渐发展到手机购物、网上支付与社交网络等多种应用。近年来，手机 APP 的数量与应用规模呈爆炸性增长，形成了继 PC 应用程序之后又一个市场增长点和移动互联网重要的盈利点。

嵌入式技术的发展促进了智能手机功能的演变，智能手机的大规模应用又为嵌入式技术的发展提供了强大的推动力。现在，移动通信成为智能手机的基本功能，智能手机已经成为移动上网、移动购物、网上支付与社交网络主要的终端设备，甚至逐步取代了人们的名片、登机牌、钱包、公交卡、照相机、摄像机、录音机、GPS 定位与导航设备。正因为智能手机应用范围的不断扩大，促使嵌入式技术研究人员不断地改进智能手机的超级电池、快速充电、柔性显示屏、数据加密与安全认证技术。

从以上的分析中，我们可以得出以下几点结论：

第一，智能手机的硬件与软件充分地体现出嵌入式系统"以应用为中心""裁剪计算机硬软件"的特点，是一种对功能、体积、功耗、可靠性与成本有严格要求的专用计算机系统。

第二，作为物联网重要组成部分的 RFID 标签与读写器、无线传感器网络节点、智能机器人、无人驾驶汽车、无人机与可穿戴计算设备，以及智能工业、智能农业、智能交通、智能医疗等各种智能终端设备，从结构、原理上与智能手机有很多相似之处，它们都属于嵌入式计算设备与装置。

第三，从产品与产业的角度，嵌入式计算设备与装置都是智能硬件的重要组成部分。物联网智能硬件的研究将促进嵌入式芯片、操作系统、软件编程与智能技术的发展。智能硬件的研究将涉及机器智能、机器学习、人机交互、虚拟现实与增强现实的研究，以及大数据、云计算等领域，体现出多学科、多领域交叉融合的特点。

4.2 物联网智能硬件

4.2.1 智能硬件的基本概念

2012 年 6 月，谷歌智能眼镜的问世将人们的注意力吸引到可穿戴计算设备与智能硬件的应用上来。之后出现了大量可穿戴计算产品与智能硬件产品，小到智能手环、智能手表、智能衣、智能鞋、智能水杯，大到智能机器人、无人机、无人驾驶汽车。它们的共同特点是：实现了"互联网 + 传感器 + 计算 + 通信 + 智能 + 控制 + 大数据 + 云计算"等多项技术的融合，其核心是智能技术。

这类产品的出现标志着硬件技术向着更加智能化、交互方式更加人性化，以及向"云 + 端"融合方向发展的趋势，划出了传统的智能设备、可穿戴计算设备与新一代智能硬件的界限，预示着智能硬件（Intelligent Hardware）将成为物联网产业发展新的热点。

2016 年 9 月，我国政府发布《智能硬件产业创新发展专项行动（2016—2018 年）》，其中明确了我国将重点发展的五类智能硬件产品：智能穿戴设备、智能车载设备、智能医疗健康设备、智能服务机器人、工业级智能硬件设备。同时，明确了重点研究的六项关键技术：低功耗轻量级底层软硬件技术、虚拟现实/增强现实技术、高性能智能感知技术、高精度运动与姿态控制技术、低功耗广域智能物联技术、云 + 端一体化协同技术。

智能硬件的技术水平取决于智能技术应用的深度，支撑它的是集成电路、嵌入式、大数据与云计算技术。智能硬件已经从民用的可穿戴计算设备延伸到物联网的智能工业、智能农业、智能医疗、智能家居、智能交通等领域。

物联网智能设备的研究与应用，推动了智能硬件产业的发展；智能硬件产业的发展又将为物联网应用的快速拓展奠定了坚实的基础。

4.2.2 人工智能在物联网智能硬件中的应用

1. 人工智能的基本概念

人工智能（Artificial Intelligence，AI）学科诞生于 1956 年。经过几十年的发展，人工智能技术不仅改变了人们日常生活，也改变了生产方式与管理方式，并渗透到人类社会生活的各个方面。

2016年3月，阿尔法狗（AlphaGo）与围棋九段李世石的"世纪大战"中，阿尔法狗以4:1的成绩完胜棋圣，再一次将人们的眼光引向了人工智能。对于围棋来说，由于围棋棋盘有361个点，可能的走法太多，任何一个棋子的改变都会引发多种可能的走法。普林斯顿大学的研究人员对棋盘上19×19的方格进行所有可能性的推演，最终得出一个171位的数，这个数比迄今为止已查明的宇宙中原子的数量还要多。人机博弈过程中的运算量非常巨大，软件需要在每个可能的走步空间进行搜索，需要同时搜索出几千种，甚至是更多种走步，比较出优劣，从而决定每一个棋子合理的位置。AlphaGo软件能够在现场实时运行，并且取得博弈的胜利，这标志着计算机系统的数据处理能力与围棋人工智能算法、软件已经取得了突破性的进展。

从科学的角度来说，人工智能是研究、开发用于模拟、延伸和扩展人的智能的理论、方法、技术应用系统的一门科学。人工智能研究的目标是让机器具有像人类一样的思考能力与识别事物、处理事物的能力。从这个角度看，我们可以将人工智能分为"人工"与"智能"两个部分。"人工"比较好理解，即让机器按照人预先安排好方向运作。但是，"智能"的概念却让科学家们争论了好几十年。学术界普遍赞同1956年的Dartmouth会议标志着人工智能学科的诞生。但是参加会议的除了计算机科学家之外，还有数学家、心理学家、逻辑学家、认知学家与神经生理学家，这就清晰地表明了人工智能的交叉学科的特征。实际上，由于我们对人类自身"智能"的理解非常有限，我们很难回答什么是智能？有没有超越人类的智能？所以我们也就难以准确地描述智能这个概念。

虽然我们不能对智能做出系统的阐述，但是我们可以在已知的范围内对智能进行概括。人们普遍认为，人工智能可以分为如图4-4所示的五个等级。

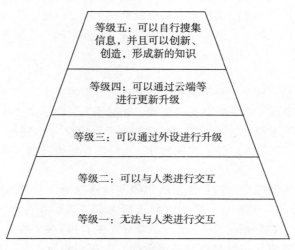

图4-4　人工智能的五个等级

交互是指交流、互动，人机交互是指人与智能设备之间的交流与互动。很多智能家电，如智能洗衣机内置了智能控制模块。当人们将要洗的衣服放进洗衣机，洗衣机就能按照预定的程序，自主地判断出应该加多少水、加多少洗涤液、要洗多久、冲洗几遍，不必人工干预。这类智能控制模块无法自动升级，更不可能自动地学习新的技能。人们按下什么功能键，它就启动什么样的功能。智能控制模块的功能无法改变。这一类智能家电属于等级二，那么比等级二还要原始的人工智能归于等级一。

我们常用的智能手机、个人计算机，以及类似的电子设备属于等级三。这类产品中的人工智能可以被动地通过软件升级的方法来改变，就像从 Android 4.4 升级到 Android 5.0，其功能更超前、场景设置更多。

等级四突破了需要有专门的软件支持才能够升级的限制，这类智能设备可以通过互联网云端共享信息达到升级的目的。例如，互联网的搜索引擎应该属于等级四的范畴，它使用的是机器学习这种智能技术。当我们在搜索引擎中输入一个关键词（如"物联网"）时，搜索引擎软件就模拟人的学习行为，在相关的网页中筛选出符合用户需求的内容。搜索引擎软件可以根据用户反馈的信息，通过"机器学习"的方法，不断调整搜索结果提供的顺序，缩小范围，尽量满足用户的需求。但是，搜索引擎自身不能改变软件设计者选用的算法和功能。等级五的智能能够与人类交互信息，可以通过各种信息载体，可以从云端搜集信息，通过自主学习、创新、创造，形成新的知识、算法与功能。这是我们目前正在研究的一类新的智能技术。

2. 人工智能研究的内容

人工智能研究的内容大致可以分为四类：智能感知、智能推理、智能学习与智能行动。

（1）智能感知

人类接受的外界信息中，80% 以上来自于视觉，10% 左右来自听觉。当我们使用计算机来处理人脸视觉信息时，图像传感器传送来的是一帧一帧用 0、1 表示的灰度数值；用计算机来处理人的语音信息时，音频传感器传送来的是一组用 0、1 表示的一组声音强度数据。要从图像传感器与语音传感器的信息中识别出这个人是谁、他在说什么，就必须开展计算机视觉与自然语言理解的研究。这些都属于智能感知研究的范畴。语音识别是要"听懂"人的话，并且用文字或语音合成方式进行应答。文字识别是要"看懂"文字或符号，并且用文字进行应答。图像处理是要对描述景物的图像或视频进行类似于人的视觉感知功能。目前，语音识别、文字识别与图像处理研究都取得了很大的进展，大量应用于智能手机、机器翻译、人脸识别，以及机器人、可穿戴系统之中。

（2）智能推理

智能推理研究包括机器博弈、机器证明、专家系统与搜索技术。

机器博弈就是让计算机学会人类的思考过程，能够像人一样下棋。在 20 世纪 60 年代就出现了西洋跳棋和国际象棋的软件，并达到了大师级的水平。1997 年出现的"深蓝"国际象棋系统与 2016 年出现的阿尔法狗（AlphaGo）围棋软件，再一次显示出机器博弈研究已经发展到一个很高的阶段。

机器证明是把人证明数学定理和日常生活中的演绎推理变成一系列能在计算机上自动实现的符号演算的过程和技术。1976 年，美国伊利诺斯大学的数学家在两台不同的计算机上用了1200 个小时，做了 100 亿次判断，终于完成了数学界存在了 100 多年的"四色定理"证明的难题。

专家系统是人工智能中最重要的也是最活跃的一个应用领域，它实现了人工智能从理论研究走向实际应用，从一般推理策略探讨转向运用专门知识的重大突破。专家系统是一个智能计算机程序系统，该系统存储有大量的、按某种格式表示的特定领域专家知识构成的知识库，并且具有类似于专家解决实际问题的推理机制，能够利用人类专家的知识和解决问题的方法，模拟人类专家来处理该领域问题。同时，专家系统应该具有自学习能力。将专家系统与大数据技术结合起来，是当前研究的一个热点问题。

（3）智能学习

学习是人类智能的主要标志与获取知识的基本手段。机器学习研究计算机如何模拟或实现人类的学习行为，以获取新的知识与技能，不断提高自身能力的方法。自动知识获取成为机器学习应用研究的目标。

一提到学习，我们首先会联想到读书、上课、做作业。上课时，我们跟着老师一步步地学习属于"有监督"的学习；课后做作业，需要自己完成，属于"无监督"的学习。平时做课后的练习题是我们学习系统的"训练数据集"，而考试题属于"测试数据集"。学习好的同学平时训练好，所以考试成绩好。学习差的同学平时训练不够，考试成绩自然会差。如果将学习的过程抽象表述，那就是：学习是一个不断发现自身错误并改正错误的迭代过程。

人是如此，机器学习也是如此。为了让机器自动学习，我们同样要准备三份数据：①训练集，即机器学习的样例；②验证集，用于评估机器学习阶段的效果；③测试集，用于学习结束后，评估实战的效果。机器学习系统在图像识别、语音识别、机器人、人机交互，以及无人机、无人驾驶汽车、智能眼镜等应用中越来越多地使用了一类叫做"深度学习"的技术。目前，深度学习已经成为智能科学研究的热点，并且将在物联网中有很广泛的应用价值。

（4）智能行动

智能行动研究的领域主要包括智能调度与指挥、智能控制、机器人学等。如何根据外界的条件，确定最佳的调度或组合是人类一直关注的问题。大到物流配送路径的优化调度，小到机器人行动的路径规划和控制，以及智能交通、机场的空中交通管制、军事指挥等应用都存在着智能调度与指挥、智能控制问题。机器人学是一个涉及计算机科学、人工智能方法、智能控制、精密机械、信息传感技术、生物工程的交叉学科。机器人学的研究将大大地推动智能技术的发展，将成为支撑物联网发展的关键技术之一。

4.2.3　人机交互

支持智能硬件的六项技术是人机交互、硬件结构、软件应用、设备协同、信息安全与能量控制。嵌入式技术在硬件结构、软件应用、设备协同、信息安全与能量控制方面已经有相对成熟的技术与研发经验可循。从目前可穿戴计算设备的应用推广经验看，智能硬件从设计之初就必须高度重视用户体验，而用户体验的入口就在人机交互方式上。

"应用创新"是物联网发展的核心，"用户体验"是物联网应用设计的灵魂。物联网的用户接入方式多样性、应用环境差异性，决定了物联网智能硬件在人机交互方式上的特殊性。因此，一个成功的物联网智能硬件设计，必须根据不同物联网应用系统需求与用户接入方式，认真地解决好物联网智能硬件的人机交互问题。很多人机交互的奇思妙想甚至会成就物联网在某一个领域的应用。

1. 人机交互研究的重要性

人机交互（Human-Computer Interaction，HCI）研究的是计算机系统与计算机用户之间的交互关系，作为一个重要的研究领域一直受到计算机界与 IT 企业的高度关注。学术界将人机交互建模研究列为信息技术中与软件、计算机并列的六项关键技术之一。

人机交互方式主要有文字交互、语音交互，以及基于视觉的交互。人机交互需要研究的问题实际上很复杂。例如，在基于视觉的交互中，研究人员需要解决的问题是：

- 位置判断：场景中是否有人？有多少人？哪些位置有人？
- 身份认证：用户是谁？
- 视线跟踪：用户正在看什么？
- 姿势识别：用户头、手、肢体的动作表示什么含义？

- 行为识别：用户正在做什么？
- 表情识别：用户当前的表情反映出什么样的精神状态？

从这些研究问题可以看出，人机交互的研究不可能只靠计算机与软件解决，它涉及人工智能、心理学与行为学等诸多复杂的问题，属于交叉学科研究的范畴。

个人计算机和智能手机已经与人们须臾不可分离，之所以男女老少都能够接受个人计算机与智能手机，首先要归功于个人计算机和智能手机便捷、友善的人机交互方式。个人计算机操作系统的人机交互功能是决定计算机系统"友善性"的一个重要因素。传统意义下，个人计算机的人机交互功能主要是靠键盘、鼠标、屏幕实现的。人机交互的主要作用是理解并执行通过人机交互设备传送的用户命令，控制计算机的运行，并将结果通过显示器显示出来。为了让人与计算机的交互过程更简洁、更有效和更友善，计算机科学家一直在开展语音识别、文字识别、图像识别、行为模式识别等技术的研究。

随着信息技术应用的发展，人机交互已经不仅仅局限于用户与计算机系统之间的交互，而是存在于我们实际生活的方方面面。小到我们使用的收音机、录音机、电视机，大到飞行员面对的飞机控制仪器仪表，以及电网工程师面对的电力调度室各种控制仪表与显示屏，都存在着复杂的人机交互问题。

人机交互的"友善性"决定了智能硬件被人们接收的程度。人机交互界面与方式的便捷、可用与友好，决定着人能不能使用、愿不愿意使用、喜欢不喜欢这种电子设备。显然，如果一件电子产品非常难使用，用户一定不会购买这件产品。因此，人机交互方式往往是决定一种电子产品是不是能够被市场所接受的关键问题。随着物联网应用的发展，研究人员已经认识到人机交互在物联网智能硬件设计与应用中的重要性。

2. 物联网智能硬件人机交互的特点

随着物联网应用的深入，传统的键盘、鼠标输入方法，以及屏幕文字、图形交互方式已经不能适合移动、便携式的物联网终端设备的应用需求。在可穿戴计算设备的研制中，人们发现，在嘈杂环境中语音输入的识别率将大大下降，同时在很多场合对手机和移动终端设备发出控制命令的做法会使人很尴尬。研究人员认识到，必须摒弃传统的人机交互方式，研发新的人机交互方法。

可穿戴计算设备在研究人机交互中使用了虚拟交互、虚拟现实与增强现实、眼动跟踪、脑电控制、柔性显示与柔性电池等新技术。这些新技术能够适应物联网智能硬件的特殊需求，对于研究物联网智能硬件人机交互技术有着重要的参考和示范作用。

4.2.4 物联网智能硬件的人机交互技术

1. 虚拟人机交互技术

虚拟人机交互是很有发展前景的一种人机交互方式，而虚拟键盘（Virtual Keyboard，VK）技术很好地体现出虚拟交互技术的设计思想。

实际上，MIT 研究人员在研究"第六感"问题时已经提出了虚拟键盘的概念。在触觉世界里，我们利用"看、听、触、嗅、尝"五种感觉收集有关周围环境与事物的信息，并对它做出反应。但是很多帮助我们了解这个世界，并对之做出反应的信息不是来自这些感觉，这些信息可以来自计算机与网络世界。MIT 研究人员一直在思考一个人如何更好地与周围环境融为一体、如何便捷地获得信息。因此他们确定该项研究的目标是：像利用人类的视觉、听觉、触觉、嗅觉、味觉一样利用计算机，以一种第六感觉的方式去获得信息。这个可穿戴计算机系统由软件控制的特殊功能的颜色标志物（color marker）、数字相机和投影仪组成，硬件设备通过无线网络互联。

这个系统可以在任何物体的表面形成一个交互式显示屏。研究人员做了很多非常有趣的实验。例如，他们制作了一个可以阅读 RFID 标签的表带，利用这种表带，可以获知使用者正在书店里翻阅什么书籍。他们还研究了一种利用红外线与超市的智能货架进行沟通的戒指，人们利用这种戒指可以及时获知产品的相关信息。在另一幅画面中，使用者的登机牌可以显示航班当前的飞行情况及登机口。另一个实验是使用者利用四个手指上分别佩戴的红、蓝、绿和黄四种颜色特殊标志物发出命令，系统软件会识别四个手指手势表示的指令。如果你双手的拇指与食指分别戴上了四种颜色的特殊标志物，那么你用拇指和食指组成一个画框，相机就知道你打算拍摄照片的取景角度，并自动将拍好的照片保存在手机中，带回办公室后在墙壁上放映这些照片。如果你需要知道现在是什么时间，只要在自己胳膊上画一个手表，软件就可以在你的胳膊上显示一个表盘，并显示现在的时间。如果你希望查阅电子邮件，那么只需要用手指在空中画一个@符号，就可以在任何物体的表面显示的屏幕中选择适当的按键，然后选择在手机上阅读电子邮件。如果你希望打电话，系统可以在你的手掌上显示一个手机按键，你无需从口袋中取出手机就能拨号。如果你在汽车里阅读报纸，也可以选择在报纸上放映与报纸文字相关的视频。当你面对墙上的地图时，可以在地图上用手指出你想去的海滩的位置，系统便会"心领神会"地显示出你希望看到的海滩的场景，以便你决定是不是现在就去那里。

总之，这些应用功能好像都成为了人的"第六感"，可以极大地丰富人的感知能力、学习能力与工作能力，使人能够更方便地使用计算机，更好地与周围的环境融为一体。图 4-5 给出了虚拟键盘的示意图。

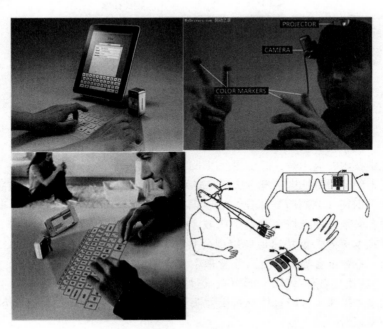

图 4-5　虚拟键盘示意图

虚拟人机交互方法的出现引起了学术界与产业界的极大兴趣，也为物联网智能硬件人机交互研究开辟了一种新的思路。

2. 人脸识别技术

物联网人机交互的一个基本问题是用户身份认证。在网络环境中，用户的身份认证需要用到人的"所知""所有"与"个人特征"。"所知"是指密码、口令；"所有"是指身份证、护照、信用卡、钥匙；"个人特征"是指人的指纹、声纹、笔迹、掌纹、人脸、血型、视网膜、虹膜、DNA、静脉，以及个人动作方面的特征。个人特征识别技术属于生物识别技术的研究范畴。目前常用的生物识别技术包括指纹识别、人脸识别、声纹识别、掌纹识别、虹膜识别与静脉识别。

互联网很多应用的身份认证主要是用口令和密码来完成的，这种方法非常方便，但是可靠性不高。学术界一直致力于"随身携带和唯一性"的生物特征识别技术。指纹识别已经用在门锁、考勤与出入境管理中。随着火车站的刷脸检票、景区的刷脸验票、公共场所的人脸识别以及无人超市与银行的"刷脸支付"等新型应用的出现，人们的注意力转移到人脸识别技术上。

通过人脸进行人的身份认证要解决人脸检测、人脸识别与人脸检索三个问题。人脸检测是根据人的肤色等特征来定位人脸区域；人脸识别是确定这个人是谁；人脸检索是指给定包含一个或多个人脸图像的图像库或视频库，从中查找出被检索人脸图像的身份。这个过程如图4-6所示。

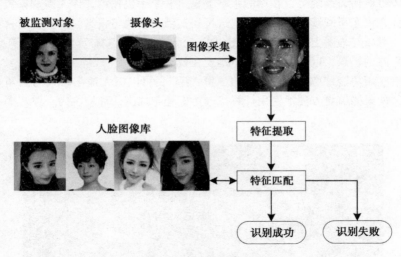

图 4-6　人脸识别过程

了解人脸识别技术的应用时，需要注意以下四个问题：

第一，利用人的生物特征进行身份认证有多种方法，早期比较成熟的方法有指纹识别、虹膜识别。但是与人脸识别（或刷脸）相比，虹膜识别要求被检测者与检测设备距离很近，指纹识别则要求被检测者必须将手指按在制定的区域才能完成检测，而人脸识别突破了这种限制，因此一旦人脸识别技术成熟，就快速地应用到公共安全领域、门锁、门禁、考勤，火车站、飞机场、景区、公交车、音乐会等场合的票务管理中，应用到银行、支付宝、电商、超市、ATM 机的"刷脸支付"，应用到各种 APP，如微信、微博、QQ、淘宝的"刷脸登录"中。甚至可以在街头的广告牌上嵌入摄像头，用软件分析摄像头拍摄客户路过公告栏时关注的区域、时间与表情的信息，从中发现新的潜在客户。

第二，我们现在讨论的是如何将人脸识别用于人的身份识别，以及它可能的应用上。另外一种研究的思路是如何将人脸识别用于人与可穿戴计算设备等智能设备的人机交互上。例如，智能眼镜通过"面部表情识别"来实现设备解锁功能。通过检测佩戴者面部表情的不同面部特征，包括单眼或双眼的眨眼、抛媚眼，口型的微笑、龇牙咧嘴、伸舌头，以及皱鼻子等，用户可以通过顽皮的"鬼脸"图像作为解锁指令，这样就可以用更贴近人的真实感情的方式操作智能设备。

第三，除了人脸识别之外，还有一种与人脸最重要的器官——眼睛密切相关的"眼动跟踪"技术。早在 19 世纪，认知心理学家就已经开始研究眼动跟踪技术。由于受到当时技术的限制，该项研究只能停留在理论研究和技术储备的阶段。直到 20 世纪 90 年代，随着嵌入式技术的发展，眼动跟踪技术才进入实际应用阶段。最有代表性的应用是将眼动跟踪设备嵌入到计算机的显示器中，当用户查看屏幕上显示的内容时，眼动跟踪软件可以持续地记录用户目光注视屏幕的位置和移动的轨迹，从而收集用户对网页内容关注度，以优化网页内容的安排，提供网站的点击率。

随着可穿戴计算技术的研究进展，人们发现眼动跟踪技术在智能眼镜中可以有很多重要的应用，同时它也将成为物联网智能硬件人机交互的关键技术之一。目前，有的智能手机通过眼动跟踪来调节屏幕亮度，以达到节能的目的；有的智能手机通过眼动跟踪控制阅读翻页与自动滚屏。最有创意的是谷歌眼镜通过视线跟踪显示屏中小鸟运动轨迹，从而执行设备解锁、面部表情识别、头部姿态识别、身份认证、跟踪与锁定用户兴趣点等功能。智能眼镜还可以随时将拍摄的场景上传到云平台，实现"云 - 端"工作模式。

第四，新的、广义的生物统计学正在成为网络环境中个人身份认证技术中最简单而安全的方法。它是利用个人所特有的生理特征来设计的。个人特征有很多，如容貌、肤色、发质、身材、姿势、手印、指纹、脚印、唇印、颅相、口音、脚步声、体味、视网膜、血型、遗传因子、笔迹、习惯性签字、打字韵律，以及在外界刺激下的反应等。当然，采用哪种方式还要看是否能够方便地实现，以及是不是能够被用户所接受。个人特征具有因人而异和能随身携带的特点，不会丢失且难于伪造，适用于高级别个人身份认证的要求。因此，将生物统计学与身份认证、智能人机交互与网络安全结合起来，是目前物联网研究的一个重要课题。

3. 虚拟现实与增强现实技术

2014 年 7 月，Facebook 宣布以 20 亿美元的价格收购拟虚拟现实头戴设备制造商 Oculus；2014 年 12 月，Oculus 公司又宣布收购了虚拟现实手势和 3D 技术公司 Nimble VR 和 13th Lab，这一系列的举措使得虚拟现实（Virtual Reality，VR）、增强现实（Augmented Reality，AR）技术再一次高调进入人们的视野，引发大量的风险投资者涌入虚拟现实与增强现实产业。

（1）虚拟现实的基本概念

虚拟现实又叫做"灵境技术"。"虚拟"是有假的、构造的内涵；"现实"则有真实的、存在的意义。要理解虚拟现实技术的内涵，需要注意以下两点：

第一，一般意义上的"现实"是指自然界和社会运行中任何真实的、确定的事物与环境，而虚拟现实中的"现实"具有不确定性，它可以是真实世界的反映，也可能在真实世界中就根本不存在，是由技术手段"虚拟"的。虚拟现实中的"虚拟"是指由计算机技术生成的一个特殊的环境。

第二，"交互"是指人们在这个特殊的虚拟环境中，通过多种特殊的设备（如虚拟现实的头盔、数据手套、数字衣或智能眼镜等），将自己"融入"到这个环境之中，并能够操作、控制环境或事物，实现人们的某些目的。

虚拟现实是要从真实的社会环境中采集必要的数据，利用计算机模拟产生一个三维空间的虚拟世界，模拟生成符合人们心智认识的、逼真的、新的虚拟环境，对使用者提供视觉、听觉、触觉等感官的模拟，从而让使用者如同身临其境一般，可以实时、不受限制地观察三度空间内的事物，并且能够与虚拟世界的对象进行互动。图4-7给出了虚拟现实的各种应用。

图4-7　虚拟现实的应用

事实上，虚拟现实技术的研究可以追溯到20世纪60年代。20世纪70年代，虚拟现实技术已经应用于宇航员的培训之中。虚拟现实技术的研究涉及数字图像处理、计算机图形学、多媒体技术、计算机仿真、传感器技术、显示技术与并行计算技术，属于交叉学科研究的范畴。

（2）虚拟现实的特征

虚拟现实的特征主要表现在沉浸感、交互性和想象力三个方面。

- 沉浸感

沉浸感是指使用者借助交互设备和自身的感知能力，对虚拟环境的真实程度的认同感。除了一般计算机屏幕所具有的视觉感知之外，使用者还可以通过听觉、力觉、触觉、运动，甚至是味觉与嗅觉去感知虚拟环境。在虚拟现实系统中，视觉显示覆盖人眼的整个视场的立体图形；听觉可以模拟出自然声、碰撞声等立体声效果；触觉能够让用户体验抓、握等操作的感觉，并根据力反馈，感觉到力的大小与方向；运动感知能够让使用者感到周边的环境在改变，自身处于运动状态。理想的虚拟现实系统会让使用者感觉到虚拟环境中一切都非常逼真，有种"身临其境"的感觉。

- 交互性

交互性是指用专用的输入输出设备，使用者能够通过语言、手势、姿态与动作来实时调整虚拟现实系统呈现的动态图像与声音，移动虚拟物体的位置，改变对象的颜色与形状，创建新的环境和对象的能力。

- 想象力

想象力是指虚拟现实系统的设计者试图为使用者发挥想象力和创造性提供一种虚拟环境。在飞行训练系统中，飞行员可以像驾驶真的飞机一样去做各种训练；在骑车游戏系统中，使用者戴上头盔，骑在一辆自行车上，做各种骑车的动作，通过头盔就可以"看到"房屋、街道从自己的周围移动，"听到"汽车在自己的身边快速掠过；利用虚拟现实技术，可以为患有自闭症的儿童创造一个安全的虚拟教育环境，激发儿童学习的兴趣，达到治疗的效果；利用虚拟现实技术建立网上实体商店、网上试衣间的虚拟环境，可以提升购买者购买商品之前的用户体验，增加网上购物的成功率和愉悦感。

因此，虚拟现实系统的特征体现出其价值是：扩大使用者对外部环境的视野，拓展对外部世界的感知能力，激发使用者改变周边环境、外部事物的创造激情与创造力。

（3）虚拟现实的分类

虚拟现实系统研究的目标是达到真实体验与自然的人机交互。因此，从沉浸感的程度、交互性方式以及体验范围的大小三方面，可以将虚拟现实系统分为四大类：桌面虚拟现实系统、沉浸式虚拟现实系统、增强现实系统与分布式虚拟现实系统。

桌面虚拟现实系统是一种基于 PC 的小型虚拟现实系统（如图 4-8 所示）。它是利用图形工作站与立体显示器生成虚拟场景，使用者通过位置跟踪器、数据手套、力反馈器、三维鼠标或其他手控输入设备实现对虚拟环境的操控和体验。

图 4-8　桌面虚拟现实系统示意图

沉浸式虚拟现实系统为参与者提供完全沉浸的体验，让使用者有一种置身于虚拟世界的感觉。图 4-9 给出了沉浸式虚拟现实应用的场景示意图。

图 4-9　沉浸式虚拟现实系统示意图

沉浸式虚拟现实系统利用头盔将参与者的视觉、听觉封闭起来，产生虚拟视觉；利用数据手套将参与者的手部感觉通道封闭起来，产生虚拟的触觉感；利用语音识别器，接受参与者的命令；用头部跟踪器、手部跟踪器、视觉跟踪器感知参与者的各种姿态与动作，使系统与人达到实时的协同。沉浸式虚拟现实系统又分为头盔显示的系统与投影式系统。

大量的实际应用需求正在推动着分布式虚拟现实技术的发展。例如，在大规模军事训练中，需要陆军、空军、导弹部队、空降兵、装甲部队、后勤部队的多兵种部队的协同作战。传统的实战训练耗资大、组织难度大、安全性差，并且无法针对不同的作战态势的变化开展多次的演练。大规模的军事训练由于有处于不同地理位置的多名参与者参加，因此催生了多个虚拟环境需要通过网络连接起来，共享同一个虚拟现实环境的需求。于是，一种基于网络、可让异地多人同时处于一个虚拟环境的分布式虚拟现实系统应运而生。分布式虚拟现实系统用于军事训练和演习时，不需要移动任何实际装备就能使参与演习的部队有身临其境之感，而且可以任意变化战场环境，对演习部队进行不同作战预案的多次训练。分布式虚拟现实系统的使用可以在节省经费、保证安全的前提下，提高部队训练水平。图4-10给出了分布式虚拟现实系统应用的示意图。

图4-10　分布式虚拟现实系统应用示意图

智能工业中产品的虚拟设计与制造、大型建筑的协同设计、智能医疗中的远程医疗手术培训、智能家居、智能环保、远程教育与大型网络游戏，都会产生与大规模军事训练共性的需求，分布式虚拟现实系统已经成为当前虚拟现实系统研究的重要课题。

（4）增强现实技术

增强现实（Augmented Reality，AR）属于虚拟现实研究的范畴，同时也是在虚拟现实技术基础上发展起来的一个全新的研究方向。

增强现实技术可以实时地计算摄像机影像的位置、角度，将计算机产生的虚拟信息准确地叠加到真实世界中，使真实环境与虚拟对象结合起来，构成一种虚实结合的虚拟空间，让参与者看到一个叠加了虚拟物体的真实世界。这样不仅能够展示真实世界的信息，还能够显示虚拟世界的信息，两种信息相互叠加、相互补充，因此增强现实是介于现实环境与虚拟环境之间的混合环境（如图4-11所示）。增强现实技术能够达到超越现实的感官体验，增加参与者对现实世界感知的效果。

人们最初见识到增强现实的效果是通过美国的科幻电影。1984年的《终结者》与1987年的《机械战警》两部电影的主角是半机器人，他们的视觉系统就是在实景中叠加了很多的注解与图形，以表示他们具有比人类更强的观察现实世界的能力。而"增强现实"这个术语是由波音公司的研究人员在1990年首先提出的。波音公司的研究人员开发了头戴式显示系统，组装复杂设备中电路板的工程师可以使用头戴式显示系统，"看到"叠加在电路板上的数字化增强现实图解，从而组装和整理这块电路板上复杂的导线束。这样做的效果是简化了复杂电路板安装的工序，提高了效率，关键是减少了差错。20世纪90年代，应用于工业与军事的增强现实技术发展较快，但是由于要用到昂贵和笨重的头盔系统，因此离民用差距较远。1994年，第一个增强现实的艺术作品"Dancing in Cyberspace"问世，为增强现实技术的应用另辟蹊径。在这部作品中，舞者与投影到舞台上的虚拟内容互动，产生了很强的艺术效果。

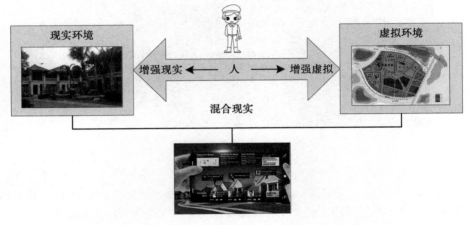

图 4-11 现实环境与虚拟环境的统一体

目前，增强现实技术已经广泛应用于各行各业。例如，根据特定的应用场景，利用增强现实技术可以在汽车、飞机上的增强现实的仪表盘上增加虚拟的内容；可以使用在线、基于浏览器的增强现实应用，为网站的访问者提供有趣和交互式的亲身体验，增加网站访问的趣味性；通过增强现实的方法，在手术现场直播的画面上增加场外教授的讲解与虚拟的教学资料，提高医学的教学效果。在智能医疗领域应用中，医生可以利用增强现实技术对手术部位进行精确定位。在古迹复原和数字文化遗产保护应用中，游客可以在博物馆或考古现场"看到"古迹的文字解说，可以在遗址上对古迹进行"修复"。在转播体育比赛时，我们可以实时地将辅助信息叠加到画面中，使观众得到更多的比赛信息。

在娱乐、游戏应用时，我们可以让位于全球不同地点的玩家共同进入一个虚拟的自然场景之中，以虚拟替身的形式进行网络对战，让玩家的感受更真实、更刺激。在社交网络应用中，我们可以将增强现实、社交软件、3D透视融合到一起。只要我们把摄像头指向某场景，它就能找出对应的社交软件接口，我们很快就知道附近有一位好朋友、某个餐馆可以"Check in"、前面有一家新的餐馆开张或有打折信息等。在公司产品广告中，可以使用智能手机对准我们感兴趣的产品，通过视频短片、互动体验与欣赏图片来进一步了解产品的性能。在开车和骑自行车的过程中，我们可以从增强现实头盔中看到路线图，了解前方道路是否畅通，以及加油站和餐厅的位置。

在移动通信应用中，利用增强现实和人脸跟踪技术，在通话的同时可以在通话者的面部实时叠加如帽子、眼镜等虚拟物体，从而在很大程度上提高了视频对话的趣味性，也可以让远程交谈的人的谈话内容由声音转化为文字。在开发游戏时，我们可以扮演不同的角色，直观地修改观察游戏软件的效果。

利用增强现实技术，我们可以通过智能手机观察一个苹果，屏幕上可以显示出苹果的产地、营养成分与商品安全信息；阅读报纸时可以显示出选中单词的详细注解，或者用语言读出书中的故事；购房时在图纸或毛坯房阶段显示房屋装修后的效果图，以及周边的配套设施、医院、学校、餐馆与交通状况。图 4-12 给出了增强现实应用的示意图。

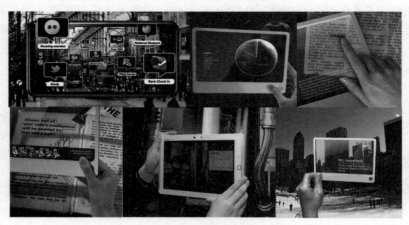

图 4-12 增强现实的应用

增强现实是人机交互领域一项非常重要的应用技术。在增强现实中，虚拟内容可以无缝地融合到真实场景的显示中，从而提高人类对环境感知的深度，增强人类智慧处理外部世界的能力，因此增强现实技术在物联网人机交互与智能硬件的研发中蕴含着巨大的潜力。

*4.2.5 柔性显示与柔性电池技术在物联网智能硬件中的应用

1. 柔性显示技术

柔性显示对物联网智能硬件的发展具有重要的意义。柔性显示是将柔性显示材料与电子元器件安装在柔性、可弯曲的衬底上，使得显示器具有可弯曲或可卷曲形状的特性，能够最大限度地适应可穿戴计算设备在不同应用场景中的需要。目前出现了大量用柔性材料设计与制造的可穿戴产品，如带有可弯曲、柔韧性佳的屏幕的智能手机、智能电视、智能眼镜、智能手表、智能手套、智能手环与智能皮肤等。通过多层透明屏幕的叠加，柔性环绕式屏幕可以呈现 3D 视觉效果。用柔性材料设计与制作的各种可穿戴产品如图 4-13 所示。

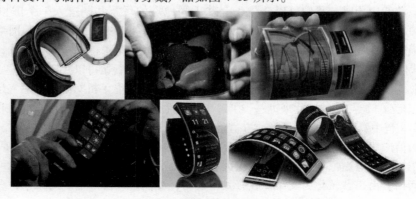

图 4-13 用柔性材料设计与制作的各种可穿戴产品

柔性衬底材料可以是塑料、金属箔片与超薄玻璃。塑料被认为是作为柔性衬底最有前途的材料。金属箔片一般用于透过率要求不高的柔性发光显示和小型柔性显示。超薄玻璃表现出很好的热稳定性与化学性、光透明性、可弯曲性，但是柔韧性相对差一些。

因此，与传统屏幕相比，柔性屏幕优势明显，不仅在体积上更加轻薄，而且功耗也较低，有利于提升移动设备的续航能力。由于柔性材料具有可弯曲、柔韧性好的特点，其耐用程度也大大高于传统屏幕，因此可以降低设备意外损伤的概率。未来柔性显示技术将广泛应用于物联网智能硬件中。

2. 柔性电池技术

产业界研究表明，电池续航时间已成为消费者购买电池供电类便携式产品的第一考虑因素。典型锂聚合物充电电池的容量只有 40～100 mAh。物联网智能硬件内嵌有多种传感器与执行器。如果用传统的电池供电，又要求智能硬件设备的使用时间，就需要降低硬件系统所有部件的功耗，包括传感器、通信系统、计算机硬件和软件的耗电。因此，要提高物联网智能硬件的续航能力，电池是必须解决的关键问题之一。

柔性电池是薄膜太阳能电池的一种，它将在智能硬件设备的研制中发挥重要的作用。目前柔性电池的研究主要包括：柔性太阳能电池、纸介质电池、柔性锂电池与线性电池。图 4-14 给出了几种柔性太阳能电池应用的示意图。

图 4-14　柔性太阳能电池应用示意图

无线充电又称作感应充电、非接触式感应充电，它利用近场感应，为接收到能量的电池充电。2007 年 6 月，MIT 的研究团队在美国《科学》杂志的网站上发表了他们的研究成果。当传送方送出特定频率的电磁波后，能成功地为一个 2 米外的 60 瓦灯泡供电。产业界一直重视无线充电技术的研发，并成立了包括美国 Intel、高通公司、我国联想公司在内的 40 多家公司组成的无线充电联盟（A4WP），共同研究无线充电技术与标准。

2014 年 8 月，苹果公司申请的"共振磁动力系统中结合多个共振磁性接收器"专利通过审查。该专利描述了一种可以使用无线近场磁共振传输电力（NFMR）的系统，从而使用小型设备传输和接收微量电能。2017 年 4 月，苹果公司申请的"双频天线的无线充电和通信系统"专利又获批准。这种充电技术可能出现在 Wi-Fi 路由器上，用户借助无线信道在家里的任何地方就能为 iPhone 等设备充电。无线充电并非新鲜技术，三星、LG 等公司已经在自己手机上提供了该技术。无线充电技术研究的目标是用无线方式为微型嵌入式传感器与执行器设备提供电能，最终用无线充电方式取代传统电池。

另一项引人注意的研究是由斯坦福大学研究团队开展的无线充电技术。它同样是采用无线电波在人体内的近场效应，对植入体内的心脏起搏器、神经激发器进行充电。

物联网应用将推动柔性显示屏与柔性太阳能电池、无线充电技术研究的发展，而新技术的成熟与应用又将拓展物联网智能硬件的应用领域。

4.2.6 我国发展智能硬件的政策环境

我国政府高度重视智能硬件产业的发展。2016 年 9 月，工业和信息化部、国家发展和改革委员会联合发布了《智能硬件产业创新发展专项行动（2016—2018 年）》。文件明确了智能硬件产业涵盖的范围与五大研发方向，这五大研发方向都与物联网产业紧密相关。

（1）智能穿戴设备

支持企业面向消费者运动、娱乐、社交等需求，加快智能手表、智能手环、智能服饰、虚拟现实等穿戴设备的研发和产业化，提升产品功能、性能及工业设计水平，推动产品向工艺精良、功能丰富、数据准确、性能可靠、操作便利、节能环保的方向发展。加强跨平台应用开发及配套支撑，加强不同产品间的数据交换和交互控制，提升大数据采集、分析、处理和服务能力。

（2）智能车载设备

支持企业加强跨界合作，面向司乘人员的交通出行需求，发展智能车载雷达、智能后视镜、智能记录仪、智能车载导航等设备，提升产品安全性、便捷性、实用性。推进智能操作系统、北斗导航、宽带移动通信、大数据等新一代信息技术在车载设备中的集成应用，丰富行车服务、车辆健康管理、紧急救助等车辆联网信息服务。发展芯片、元器件及整机设备的检测认证能力，完善配套供应体系。

（3）智能医疗健康设备

面向百姓对健康监护、远程诊疗、居家养老等方面需求，发展智能家庭诊疗设备、智能健康监护设备、智能分析诊断设备的开发及应用。鼓励终端企业与医疗机构对接，着力提升产品质量性能及数据可信度，加强不同设备及系统间接口、协议和数据的互联互通，推动智能硬件与数字化医疗器械及相关医疗健康服务平台的数据集成。

（4）智能服务机器人

面向家庭、教育、商业、公共服务等应用场景，发展推进多模态人机交互、环境理解、自主导航、智能决策等技术开发，发展开放式智能服务机器人软硬件平台及解决方案，完善智能服务机器人编程和操作图形用户接口等通信控制、安全、设计平台等标准，提升服务机器人智能化水平，拓展产品应用市场。

（5）工业级智能硬件设备

面向工业生产需要，发展高可靠智能工业传感器、智能工业网关、智能 PLC、工业级可穿戴设备和无人系统等智能硬件产品及服务。支持新型工业通信、工业安全防护、远程维护、工业云计算与服务等技术架构和设备的产业化，提升工业级智能化系统开发、优化、综合仿真和测试验证能力。

产业界预测，到 2020 年，全球智能硬件产品的出货量将达到 64 亿部，年复合增长率超过 30%。2018 年，我国智能硬件市场规模预计达到 4710 亿，2019 年将达到 5414 亿。智能硬件产业的发展将对物联网产生巨大的推动作用。

4.3   可穿戴计算及其在物联网中的应用

4.3.1   可穿戴计算的基本概念

可穿戴计算（wearable computing）是实现人机之间自然、方便与智能地交互的重要方法之一，也是接入移动互联网的主要入口，必将影响未来的物联网智能硬件设计与制造。在很多必须将使用者双手解放出来的应用场景中，例如在战场上作战的士兵、装配车间的装配工、高空作业的高压输变电线路维修工、驾驶员、运动员、老人与小孩，如果要为他们设计物联网智能终端设备，必须考虑采用可穿戴设备的设计思路。"可穿戴计算"这个术语侧重于描述其技术特征，"可穿戴计算设备"这个术语侧重于描述它的"人机合一"的应用特征。

可穿戴计算设备的研究开始于 20 世纪 60 年代。1966 年，发明家用配置数码相机的可穿戴计算机预测赌场轮盘赌的结果。1977 年，出现了用计算机视觉为盲人设计的背心，它将盲人佩戴的摄像机的图像转换成背心网格中的触觉意图，使得盲人通过触摸获取信息。1997 年，美国"21 世纪陆军勇士计划"单兵数字系统问世之后，世界各国都在大力开展可穿戴计算技术及其在军事领域应用的研究。2006 年，Nike 公司发布了第一代 Nike + 跑步产品及其应用程序；2012 年，Nike 公司又发布了内置 Nike + 芯片的篮球鞋与训练鞋；之后，各种智能眼睛、智能头盔、智能衣帽层出不穷。

2015 年，我国可穿戴计算设备市场呈现出爆发的状态，市场规模达到 125.8 亿元；2016 年达到 197.9 亿元；2017 年达到 289.2 亿元；2018 年预计达到 394.1 亿元；2019 年预计达到 487.1 亿元。

研究可穿戴计算与物联网之间的关系时，我们需要注意以下几个问题：

第一，可穿戴计算产业自 2008 年以来发展迅猛，尤其是在 2013～2015 年间经历了一个集中的爆发期，消费市场的需求不断显现，产品以运动、户外、影音娱乐为主。随着物联网应用的发展，目前可穿戴计算应用正在向智能医疗、智能家居、智能交通、智能工业、智能电网领域延伸和发展。

第二，可穿戴计算融合了计算、通信、电子、智能等多项技术，人们通过可穿戴的设备，如智能手表、智能手环、智能温度计、智能手套、智能头盔、智能服饰与智能鞋，可接入到互联网与物联网，实现了人与人、人与物、物与物的信息交互和共享。同时也体现出可穿戴计算设备"以人为本""人机合一"，为佩戴者提供"专属化""个性化"服务的本质特征。

第三，可穿戴计算设备以"云－端"模式运行，可穿戴计算与大数据技术的融合将对可穿戴计算设备的研发与物联网的应用带来巨大的影响。

4.3.2   可穿戴计算设备的分类与应用

根据穿戴的部位不同，可穿戴计算设备可以分为：头戴式、身着式、手戴式、脚穿式（如图 4-15 所示）。

1. 头戴式设备

头戴式设备主要用于智能信息服务、导航、多媒体、3D 与游戏。头戴式设备可以分为两类：眼镜类与头盔类。

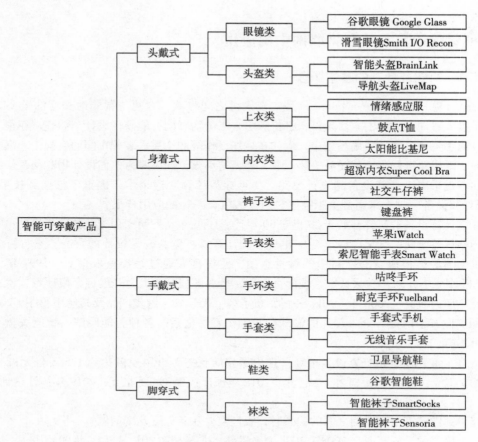

图 4-15　可穿戴计算设备的分类

（1）智能眼镜

智能眼镜作为可穿戴计算设备的先行者，拥有独立的操作系统，用户可以通过采用语音、触控或自动的方式操控智能眼镜，实现摄像、摄像、导航、通话以及接入互联网等功能。根据用途，智能眼镜大致可以分为运动类、工程类、医疗类、执法类和新闻类、娱乐类等几种类型。

利用增强现实技术，心率智能游泳镜通过颞动脉记录佩戴者心率，通过在镜片上投射各种警示颜色来告诉运动员离自己的既定目标还有多远，还可以记录佩戴者游泳的圈数、在泳池中的转身次数、距离、平均速度与卡路里消耗指数，并将这些数据同步传送到运动控制中心，记录和分析运动员训练情况。智能滑雪眼镜可以显示滑雪运动员的当前速度、海拔高度、外部温度、体表温度、速度等数据。

远程维修工程师可以通过智能眼镜拍摄待维修的电力线路、大型机械设备的现场情况，并将视频传送到工程中心，接受工程中心专家的维修指令。

执法人员、火灾救助人员可以利用佩戴的智能眼镜随时记录执法与救助现场、可疑对象，实施取证并上传到应急指挥中心，接受对现场处置的指令。

新闻工作者可以通过佩戴的智能眼镜将会议和采访的图像与视频直接传送到新闻中心，球迷或音乐爱好者可以对球赛、音乐会现场情况进行转播。虚拟视网膜显示眼镜将图像直接投射到佩戴者的视网膜上，以提供一种便携式的剧场体验。解放双手的智能眼镜能够带领我们看到一个全新的世界。

隐形智能眼镜、浸入式智能眼镜是目前研究的热点。科学家正在研究如何在制作隐形眼镜的新型纳米材料中植入传感器、LED 显示器与通信模块。浸入式智能眼镜的镜片上能够显示应用程序、视频、图像与周边各种事物的实时信息。图 4-16 给出了智能眼镜的示意图。

图 4-16 　智能眼镜示意图

（2）智能头盔

智能头盔具有语音、图像、视频数据的传输和定位，以及实现虚拟现实与增强现实的功能，目前已经广泛应用于科研、教育、健康、心理、训练、驾驶、游戏、玩具中。智能导航头盔内置 GPS 位置传感器、陀螺仪、加速度传感器、光学传感器和通信模块，能够为驾驶者定位、规划路线和导航。在军事应用中，作战人员可以通过头盔中的摄像镜头实现变焦、高清显示，以增强观察战场环境和目标的能力，快速提取和共享战场信息。

目前，科研人员正在研究使用安装在智能头盔上的脑电波传感器来获取头盔佩戴者的脑电波数据。在科研、教育、健康、心理、训练应用中，根据所获得的脑电波数据来推断佩戴者的精神状态；改善睡眠质量的头戴式装置可以通过软件控制的绿光来调节佩戴者的生物钟，同时可以用于改善经常需要倒时差的商旅人群、普通的失眠人群，以及抑郁症患者的睡眠状态。对于那些语言表达能力有障碍的残疾人，如肌萎缩性侧索硬化症、自闭症、脑瘫或帕金森综合症患者，智能头盔可以将他们的脑电波通过 APP 应用程序，转化为文字语言或语音，帮助患者获得交流的能力。在驾驶、游戏、玩具应用中，头盔佩戴者可以用脑电波实现对小车、机器人或游戏的控制。图 4-17 是各种头戴式设备的外形示意图。

图 4-17 　智能头盔示意图

2. 身着式

用于智能医疗的可穿戴背心、智能衬衫研发已经有很多年的历史了。身着式可穿戴计算设备主要用于智能医疗、婴儿、孕妇与运动员监护、健身状态监护等。其中，科学家将传感器内嵌在背心、衬衫、婴儿服、孕妇服或健身衣中，紧贴人体，测量人的心律、血压、呼吸频率与体温等。智能衣服具备呼吸监控、强度训练指引、压力水平监测等功能。例如，Athos 智能运动服的上衣内置了 16 个传感器，其中 12 个传感器用来检测肌电运动，另外 2 个传感器用来跟踪运动员心率，2 个传感器用来跟踪运动员的呼吸状态。传感器的数据通过蓝牙模块传送到智能手机 APP。用户可以通过 APP 设定运动的目标，如有氧运动、肌肉张力、减肥指标等。根据监测的数据，运动员可以了解肌肉活动状态，以及是否达到了设定的目标。

智能婴儿服内嵌了多个传感器与接入点，传感器采集到的数据通过蓝牙模块传送到接入点，接入点再将汇聚后的数据通过 Wi-Fi 传送到婴儿父母的智能手机。父母可以实时监视婴儿的体征数据，及时了解婴儿的身体状态。智能尿布可以分析戴尿布婴儿的尿液，检测尿路感染、脱水等健康信息。尿布内嵌入了传感器，从尿液中跟踪水分、细菌和血糖水平。尿布正面上有一个二维码，可以用智能手机扫描得到一个完整的"尿样分解报告信息"。这个思路也可以扩展到老年人健康监护之中。

Intel 公司展示了一款智能 T 恤，并发布了一个智能衣服平台。Intel 公司的研究人员在衣服里面加入传感器，并透过导电纤维将数据传送到 Intel 的 Edison 微型计算机，利用蓝牙或 Wi-Fi 方式，将数据传输到智能手机或平板计算机上，只要穿上衣服，就能够精确地测量心律等生理参数。

科学家发明了一种如同人的皮肤一样的表皮电子（epidermal electronics），它可以贴在孕妇的肚子上监测婴儿的胎心音与其他参数。

为在高温或低温环境下工作的人员设计的智能恒温外套，可以根据内嵌在衣服上的传感器检测人体温度，依据检测结果，通过衣服内部的气流温度来调节人体温度。

电子鼓 T 恤在衣服上安装了几排连接鼓点的按键，音乐爱好者可以一边走一边敲打按键，信号传送到发声装置，穿上电子鼓 T 恤就像随身携带着架子鼓一样。

目前正在研究的有智能防弹衣、传感器网衣。智能防弹衣有两个主要的功能，一是制作防弹衣的是一种融入可以在液态和固态间转换的特殊材料，平时穿着很柔软、轻便，一旦传感器感知外部巨大声响或受力时就自动变硬；二是如果战士中弹，智能防弹衣自动向战场卫生兵报告中弹人的位置和中弹部位。一个人的身体姿态往往是在少年时期慢慢形成的，很多人走路、站姿、坐姿不好，长大以后很难调整。成年人也存在姿态需要纠正的问题。为了适应这种需求，科学家正在研究一种传感器网衣。传感器网衣由传感器、传感器上的红外线摄像头组成，上方的红外线摄像头利用三维跟踪技术，收集身体姿势信息，并且把这些信息汇总到中央信息处理单元，经过计算后向身体的不同部位发出震动指令，同时显示在智能手机上。

各种身着式可穿戴设备如图 4-18 所示。

3. 手戴式

手戴式或腕戴式设备主要有智能手表、智能手环、智能手套、智能戒指等几种类型（如图 4-19 所示）。

（1）智能手表

智能手表可以通过蓝牙、Wi-Fi 与智能手机通信。当智能手机收到短信、电子邮件、电话

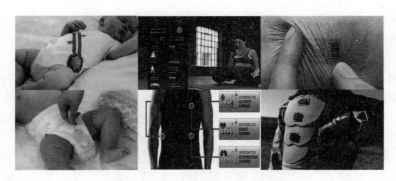

图 4-18　身着式可穿戴设备示意图

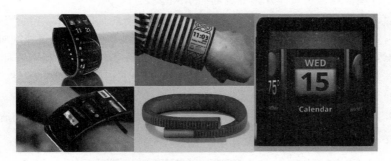

图 4-19　智能手表与智能手环

时，智能手表就会提醒用户，并且可以通过智能手表回拨电话，在手表的屏幕上进行短信与邮件的快速阅读。智能手表还具有定位、控制拍照、控制音乐的播放、查询天气、日程提示、电子钱包等功能。智能手表可以记录佩戴者的运动轨迹、运动速度、运动距离、心律、计算运动中消耗的卡路里。

（2）智能手环

人们将智能手环的功能总结为运动管家、信息管家、健康管家。

智能手环通过加速度传感器、位置传感器实时跟踪佩戴者的运动轨迹，可以计步、测量距离、计算卡路里与脂肪消耗，同时能够监测心跳、皮肤温度、血氧含量，并与配套的虚拟教练软件合作，给出训练建议。

智能手环可以显示时间、佩戴人的位置，提示短信、邮件、会议，给出闹钟、天气预报等信息。

智能手环可以随时将患者、老年人或小孩的位置，身体与安全状况向医院或家人通报。智能手环可以记录日常生活中锻炼、睡眠和饮食等的实时数据，分析睡眠质量，并将这些数据与智能手机同步，起到通过数据指导健康生活的作用。

（3）智能手套

智能手套早期主要是为智能医疗与残疾人服务的，如可以利用声纳与触觉帮助盲人回避障碍物的智能手套。目前智能手套已经扩展到为更多的人服务。

有的智能手套的大拇指部分充当麦克风、耳机来播放声音和进行通话；食指能够进行自拍，甩动无名指和小拇指就能进行拍照，从而提供智能手机、单反相机、流媒体播放器、游戏主机、家庭影院、MP3 播放器等产品的基本功能。指尖条码扫描仪、RFID 读写器将大大方便产品代码的读取。指尖探测器可以方便地检测到物体表面的酸碱度等信息。

当你骑自行车需要转弯或变道的时候，并不能像机动车那样打开转向灯来提醒后面的车辆，这时候后面车速太快的话就很容易发生事故。可以作为转向灯的骑车手套在露指手套的手背部分添加了发光二极管，当骑车需要变道或者转向时，只需动一下手指激活开关，就可以显示转向。智能手套可以用近场通信（NFC）模块和陀螺仪传感器判断用户的手势，进行人机交互。

智能手套可以直接用手势动作控制不同的乐器、音效、音量。当你到达书房想听民乐"春江花月夜"时，你只需要用手"指"一下，音乐就会响起。作为音乐创作者，你可以为自己的表演设置不同的手势和动作，也可以用来控制游戏、视频节目 3D 显示。

智能手套可以监测佩戴者打高尔夫球挥杆时的加速度、速率、速度、位置以及姿势，可以以每秒 1000 次的运算速度来分析传感器所记录的数据，计算出佩戴者是否发力过猛、击球位置是否正确、姿势是否规范等，从而提升佩戴者的高尔夫球技。

智能指套能够将电子信号传送到皮肤上，并转变成一种真实的触感。将一些柔性电路嵌入普通指套上，当用户套上这种指套时，会感受到这些电路产生的各种电子信号的刺激，最终在大脑中形成各种不同的触感，甚至能感觉到质地和温度等。研究人员希望利用智能指套来改变外科手术的工作方式。当外科医生戴上这种智能指套，手指会变得超级灵敏，能够感觉到手下触摸到的人体组织的很多细节，帮助医生准确地进行手术。

智能拐杖可以帮助老人定位、脉搏与血压测试、迷路导航、紧急状况报警与求救。

不同类型与功能的智能手套如图 4-20 所示。

图 4-20 不同类型与功能的智能手套

（4）智能戒指

智能戒指可以由佩戴者自行定义控制姿态，实现对其他智能设备的控制，甚至可以在空中或任意物体的表面上手写短信，交给手机发送。科学家研究在智能戒指上配上 LED 显示屏，通过旋转智能戒指，就可以读取智能手机的日期、提示、短信与来电信息，也可以作为儿童跟踪器。智能戒指式盲文扫描仪可以帮助盲人读书。

测量心跳的智能戒指可以用不同的颜色显示心跳是正常或运动过速，并可以主动提醒佩戴者。

4. 脚穿式

脚穿式可穿戴计算设备近期发展很快。智能鞋通过无线的方式连接到智能手机，这样智能手机就可以存储并显示穿戴者的运动时间、距离、热量消耗值和总运动次数，以及运动时间、总距离和总卡路里等数据。

卫星导航鞋的一句宣传语是"No Place Like Home（何处是家园）"。卫星导航鞋内置了一个 GPS 芯片、一个微控制器和天线。左脚的鞋头上装有一圈 LED 灯，形状像一个罗盘，它能指示正确的方向，右脚的鞋头也有一排 LED 灯，能显示当前地点与目的地的距离。出发前，你需要在计算机中设计好旅行路线，用数据线将其传输至鞋中，然后同时叩击双脚鞋跟开始旅程。

智能袜子使用 RFID 芯片来确保准确配对。如果你喜欢将袜子攒到一起洗，洗完之后通过扫描袜子的分拣机，就会自动将一双袜子配对在一起。

智能鞋可以通过蓝牙与智能手机连接，并从谷歌地图上获取方位信息，在需要转弯的时候，通过左脚或右脚的振动为使用者指路。智能鞋对于有视力障碍的人更有帮助。

智能跑步鞋、卫星导航鞋与智能鞋如图 4-21 所示。

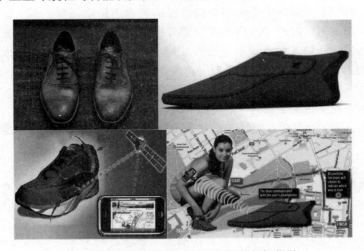

图 4-21　智能跑步鞋、卫星导航鞋与智能鞋

从以上的讨论中，我们可以得出几点结论：

第一，可穿戴计算设备特殊的携带、交互方式，催生了"蓝领计算"模式。可穿戴计算模式强调用户在"工作空间（work space）"、在"特定的时间关键的工作（intense time critical work）"，以及在"生活空间（daily life space）"进行活动时，能够在"信息空间（cyber space）"得到自然、有效与多人协作的支持。这是一种非常适合物联网应用的现场作业和信息处理模式。

第二，可穿戴计算设备的技术短板已经被突破。Intel 等芯片巨头面向可穿戴计算设备推出了更加微型和低能耗的芯片；柔性显示与柔性电池技术已经开始商业应用；虚拟现实与增强现实等智能人机交互技术取得快速发展；"云–端"模式与大数据技术的支持，使得可穿戴计算设备在体积、计算能力、功能与续航能力上得到大幅提升。

第三，可穿戴计算技术与设备已经广泛应用于智能工业、智能医疗、智能家居、智能安防、航空航天、体育、娱乐、教育与军事等领域，渗透到社会生活的方方面面。可穿戴计算模式与PC、移动计算一样，将有力地推动互联网与物联网的发展。

4.4　智能机器人及其在物联网中的应用

4.4.1　机器人的基本概念

1. 机器人的发展历史

机器人学（Robotics）是一个涉及计算机科学、人工智能方法、智能控制、精密机械、信息传感技术、生物工程的交叉学科。机器人学的研究大大推动了人工智能技术的发展。

英语的"Robot"（机器人）一词出自捷克作家恰佩克（Karel Capek）于 1920 年编写的一部著名科幻剧"罗索姆的万能机器人"。该剧描写了一批听命于人、进行各种日常劳动的人形机器，捷克语取名为"Robota"，它的意思是"苦力"与"劳役"，英语的"Robot"由此衍生而来。该剧演出后轰动一时，很快译传到国外。"Robot"一词也就成为机器人的代名词。

随着工业自动化和计算机技术的发展，到 20 世纪 60 年代，机器人开始进入大量生产和实际应用的阶段。后来由于自动装配、海洋开发、空间探索等实际问题的需要，对机器的智能水平提出了更高的要求。特别是危险环境等人们难以胜任的场合更迫切需要机器人，因而推动了机器人的研究。机器人学的研究推动了许多人工智能思想的发展，有一些技术可在人工智能研究中用来建立世界状态模型和描述世界状态变化的过程。关于机器人动作规划生成和规划监督执行等问题的研究，推动了规划方法研究的发展。此外，由于智能机器人是一个综合性的课题，除机械手和步行机构外，还要研究机器视觉、触觉、听觉等传感技术，以及机器人语言和智能控制软件等。按照机器人的技术特征，我们一般将机器人技术的发展归纳为四代。

第一代机器人的主要特征是位置固定、非程序控制、无传感器的电子机械装置，只能按给定的工作顺序操作。典型的第一代机器人有搬运机器人 VERSTRAN、工业机器人 Unimate 与家用机器人 Eletro。

第二代机器人的主要特征是传感器的应用提高了机器人的可操作性。研究人员在机器人上安装了各种传感器，如触觉传感器、压力传感器和视觉传感系统。第二代机器人向着人工智能的方向发展。

第三代机器人的主要特征是安装了多种传感器，能够进行复杂的逻辑推理、判断和决策。1968 年，美国斯坦福大学成功研发第一个有视觉传感器，具有初级的感知和自动生成程序能力，能够自动避开障碍物的机器人 Shakey。

第四代机器人的主要特征是具有人工智能、自我复制、自动组装的特点，从机器人网络向"云机器人"方向演进。

2. 智能机器人在物联网中的应用前景

智能机器人在物联网中的应用前景可以从以下 3 个方面来认识。

1）通过网络控制的智能机器人正在向我们展示出对世界超强的感知能力与智能处理能力。智能机器人可以在物联网的环境保护、防灾救灾、安全保卫、航空航天、军事，以及工业、农业、医疗卫生等领域的应用中发挥重要的作用，必将成为物联网的重要成员。

2）发展物联网的最终目的不是简单地将物与物互联，而是要催生很多具有计算、通信、控制、协同和自治性能的智能设备，实现实时感知、动态控制和信息服务。智能机器人研究的目标同样是机器人的行为、学习、知识的感知能力。在这一点上，智能机器人与物联网研究目标有很多相通之处。

3）云计算、大数据与智能机器人技术的融合导致"云机器人"的出现。由于云计算强大的计算与存储能力，可以将智能机器人大量的计算和存储任务集中到云端，同时允许单个机器人访问云端计算与存储资源，这就需要较少的机器人机载计算与存储，降低机器人制造成本。如果一个机器人采用集中式机器学习方式并适应了某种环境，它就能将新学到的知识即时地提供给系统中的其他机器人，允许多个机器人之间进行即时软件升级，让大量机器人的智能学习变得简单，大大提高智能机器人在物联网应用的高度和深度。

各国政府高度重视机器人产业的发展。2011 年，美国政府公布了《国家机器人计划》，计划每年对人工智能、识别（语音、图像等）等领域的机器人基础研究提供数千万美元规模的支持。2014 年年中，欧盟与欧洲机器人协会 euRobotics 共同启动了全球最大的民用机器人研发计划 "SPARC"。根据该计划，到 2020 年，欧委会将投资 7 亿欧元，euRobotics 将投资 21 亿欧元推动机器人研发，研发内容包括机器人在制造业、农业、健康、交通、安全和家庭等各领域的应用。2015 年 1 月，日本国家机器人革命推进小组推出《日本机器人新战略——愿景、战略、行动计划》，提出要在 2015~2020 年的 5 年间，最大限度地应用多种政策，扩大机器人开发投资，推进 1000 亿日元规模的机器人扶持项目。

2013 年 12 月，中国工信部发布《关于推进工业机器人产业发展的指导意见》，该意见指出，到 2020 年，我国将形成较为完善的工业机器人产业体系。2015 年 5 月，国务院发布的《中国制造 2025》规划，将智能机器人产业列为重点发展领域之一，明确了围绕汽车、机械、电子、危险品制造、国防军工、化工、轻工等工业机器人、特种机器人，以及医疗健康、家庭服务、教育娱乐等服务机器人应用需求，提出积极研发新产品，促进机器人标准化、模块化发展，扩大市场应用。智能机器人产业迎来了战略性的发展契机。

4.4.2　机器人的分类与应用

经过几十年的发展，机器人已经广泛应用于工业、农业、科技、家庭、服务业与军事领域。机器人的分类方法有很多种，但是应用最广的还是按照应用领域进行分类。按照应用领域进行分类，机器人可以分为民用和军用两大类。

民用机器人又可以进一步分为工业机器人、农业机器人、服务机器人、仿人机器人、微机器人与微操作机器人、空间机器人，以及特种机器人等。特种机器人包括水下机器人、灭火机器人、救援机器人、探险机器人、防暴机器人等类型，是代替人类在人不能够到达的地方或从事危险工作的重要工具，也是机器人研究的重要领域之一。

军事机器人按照应用的目的分类，可以分为侦察机器人、监视机器人、排爆机器人、攻击机器人与救援机器人。按照工作环境分类，可以分为地面军用机器人、水下军用机器人、空中军用机器人。

从应用的角度，智能机器人可以分为 11 类（如图 4-22 所示）。

1. 工业机器人

工业机器人被视为实现"工业 4.0"与实现"中国制造 2025"战略目标的重要工具。

工业机器人是面向工业领域的多关节机械手和多自由度机器人，一般在机械制造业中代替人完成大批量、高质量要求的工作。工业机器人最早应用于汽车制造业，用于焊接、喷漆、上下料与搬运，后来逐步扩大到摩托车制造、舰船制造、化工，以及电视机、电冰箱、洗衣机等行业的自动生产线上，能完成电焊、弧焊、喷漆、切割、电子装配，以及物流系统的搬运、包装、码垛等作业。目前，工业机器人逐步延伸和扩大了人的手足与大脑的功能，可以取代人去从事危险、有害、有毒、低温与高温等恶劣环境中的工作，代替人完成繁重、单调的重复劳动，提高了劳动生产效率，保证了生产质量。

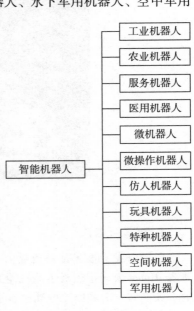

图 4-22　机器人的分类

工业机器人的优点在于它可以通过更改程序，方便地改变工作内容和方式，如改变焊接的位置与轨迹、变更装配部件或位置，以满足生产要求的变化。随着工业生产线越来越高的柔性化要求，对各种工业机器人的需求也越来越大。目前世界各国都在大量使用工业机器人。图 4-23 是工业机器人在汽车生产线上的应用的照片。

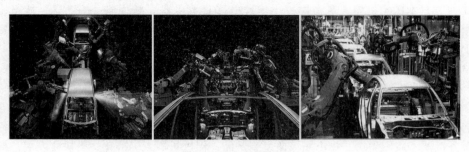

图 4-23　工业机器人

2. 农业机器人

进入 21 世纪以来，新型多功能农业机械将得到日益广泛的应用，智能化机器人也会在广阔的田野上越来越多地代替手工完成各种农业工作。目前，各国研制的农业机器人主要包括施肥机器人、喷灌机器人、嫁接机器人、除草机器人、收割机器人、果树剪枝机器人、采摘柑桔机器人、果实分拣机器人、采摘蘑菇机器人、园丁机器人、抓虫机器人与昆虫机器人等。图 4-24 是各种农业机器人的照片。

图 4-24　农业机器人

3. 服务机器人

各国研发了很多家务机器人，从吸尘器机器人到全能的家务机器人，类型繁多。2002 年，丹麦 iRobot 公司推出吸尘器机器人 Roomba，它能够避开障碍，自动设计运行路线。当能量不足时，还能够自动驶向充电插座。这款产品已成为目前世界上销量最大的家庭用机器人。机器人可以模仿人类张开闭合嘴唇、挤眉弄眼、上肢和下肢自如活动、会自动停止行走，会跳舞、做家务。此外，还会表达自己的情绪，高兴或生气时会散发出两种不同的香味。图 4-25 是各种家务机器人的照片。

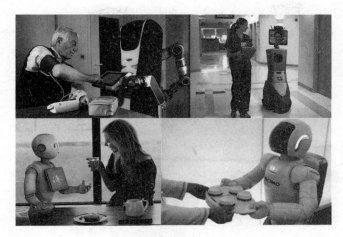

图 4-25　服务机器人

4. 医用机器人

世界各国都在研究医用机器人。2000 年，世界上第一个医生可以远程操控的手术机器人"达芬奇"诞生了。它集手臂、摄像机、手术仪器于一身。这套机器人手术系统内置拍摄人体内立体影像的摄影机，机械手臂可连接各种精密手术器械并如手腕般灵活转动。医生通过手术台旁的计算机操纵杆精确控制机械臂，具有人手无法相比的稳定性、重现性及精确度，侵害性更小，能减少疼痛及并发症，缩短病人手术后住院的时间。指挥机器人做手术的另一个优点是医生不必到手术现场，可以通过网络操作机器人，为异地的病人做远程手术。实践证明，"达芬奇"做手术比人类更精确、失血更少、病人复原更快。图 4-26 为世界上第一个手术机器人"达芬奇"的照片。

图 4-26　医疗机器人

5. 微机器人与微操作机器人

微机器人与微操作机器人在概念上是有区别的，微机器人强调的是它的体积大小，而微操作机器人更侧重于机器人操作的精细程度。

典型的微机器人如 2009 年德国 KIT 大学和多国科学家联合研制的只有蚂蚁大小的毫米级微型机器人——I-SWARM。微型机器人 I-SWARM 的外形大小只有 3mm×3mm×2mm。研究人员希望 I-SWARM 成为一个真正能够"自治"的毫米级微型机器人，以代替人处理危险事件，或者用于火星探索。I-SWARM 具有超强的集群能力和协同能力，而无需额外的控制器。每个 I-SWARM 背上安装有太阳能池系统为机器人提供能源，电池板下面嵌入了一块非常小的控制用专用集成电路和一个通信单元、一个 GPS 单元。I-SWARM 身体下面长着三条仅有约 0.2mm 长"伪肢"。每个机器人还安装了一个传感器，用于探测周边物体或协同作业的其他机器人，以避免相撞。I-SWARM 可以根据 GPS 自我寻找路线，并能和同伴互相通信、执行任务。图 4-27 是毫米级微型机器人 I-SWARM 的照片。

图 4-27 微型机器人 I-SWARM

6. 仿人机器人

仿人机器人是当前机器人研究的一个热点领域。这些仿人机器人具有人类的外观特征，能够行走。有的仿人机器人还能够踢足球、跳舞、奏乐、下棋，以及进行简单的对话。目前已经出现了机器人演员、机器人主持人、机器人科学家等新的角色。图 4-28 给出了各种仿人机器人的照片。

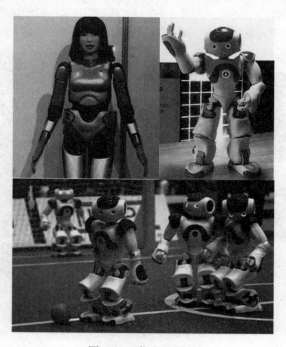

图 4-28 仿人机器人

7. 特种机器人

特种机器人包括水下机器人、灭火机器人、救援机器人、探险机器人、防暴机器人等，是代替人类在人不能够到达的地方或从事危险工作的重要工具。水下机器人也称为无人遥控潜水器，是一种潜入水中代替人完成某些操作的机器人。小型水下机器人已广泛用于市政饮用水系统中水罐、水管、水库检查，排污/排涝管道、下水道检查，洋输油管道检查与跨江、跨河管道检查，船舶、河道、海洋石油、船体检修，水下锚、推进器、船底探查，码头及码头桩基、桥梁、大坝水下部分检查，航道排障、港口作业、钻井平台水下结构检修、海洋石油工程、核电站反应器检查、管道检查、异物探测和取出，水电站船闸检修，水电大坝、水库堤坝检修，检查大坝、桥墩上是否安装爆炸物以及结构好坏情况，船侧、船底走私物品检测，水下目标观察，废墟、坍塌矿井搜救等，海上救助打捞、近海搜索、水下考古、水下沉船考察等方面。救援机器人主要用于地震救灾、危险环境（如核污染地区）、火山探险等场合。图 4-29 给出了救援机器人、危险环境工作的机器人与探险机器人示意图。

日本救援机器人在清理废墟　　　　Mobots机器人　　　　探险机器人旦丁Ⅱ号

图 4-29　救援机器人、危险环境工作的机器人与探险机器人

2009 年，在加拿大海王星海底观测站项目（NEPTUNE Canada）中，研究人员通过互联网对该项目的第一个海底爬行机器人 Wally-I 进行遥控，并完成了对海底信息的收集。Wally-I 装备了两条与坦克相似的履带，使得它能够在海底自由地移动。Wally-I 在爬行过程中，对部属在海底的各类传感器节点进行访问，收集传感器观测的数据。2010 年 9 月，替代它的 Wally-II 问世。图 4-30 给出了 Wally-I 的工作过程的照片。水下智能机器人将在物联网智能环境的水环境监测中发挥越来越大的作用。

图 4-30　在海底移动收集数据的 Wally-I

8. 军用机器人

军用机器人是指为了军事目的而研制的智能机器人。在未来战争中，军用机器人士兵将成为作战的绝对主力。目前，一些国家正在组建机器人部队。一些军队的机器人已开始执行侦察和监视任务，替代士兵站岗放哨、排雷除爆、战场救护。近年来，作战机器人数量呈几何级数增长。目前服役的地面军用机器人是以作战机器人、拆弹机器人与运输机器人形式出现的。作战机器人"剑"是历史上第一种参加实战的机器人，它的全称是"特种武器观测侦察探测系统"，主要用做"狙击手"和"机枪手"，能够发现、定位和攻击敌方的车辆和人员，同时降低自身士兵的危险。这种机器人高 0.9m，最高时速为 9km，能够轻易地通过楼梯、岩石堆和铁丝网，在雪地及河水中也能行走自如。它还装备了一挺经过改造的 M249 型机枪。这种作战机器人装有 4 台摄像机和夜视瞄准具，能够使用步枪、手榴弹与火箭发射器，命中精度极高，防护力和生存力也比较强。图 4-31 为作战机器人示意图。

图 4-31　作战机器人示意图

空中机器人又称为无人机，是一种由无线电遥控设备或自身程序控制装置操纵的无人驾驶飞行器。由于无人机用途广泛、成本低、无人员伤亡风险、生存能力强、机动性能好、使用方便等优点。无人机可以根据预先设定飞行时间、速度、高度等，自主按计算机航道飞行。无人机在现代战争中有极其重要的作用，在民用方面更有广阔的前景，是军用机器人研究领域最为活跃的领域之一。同时，无人机在边境巡逻、核辐射探测、航空摄影、航空探矿、灾情监视、交通巡逻、治安监控等方面都将有广泛的用途。图 4-32 是各种无人机的照片。

小型无人机由于体积很小，因此在飞行时非常隐蔽，敌方很难探测。小型无人机可以长时间在一个地区盘旋，通过卫星网络向数百公里之外的军舰提供校正舰炮火力的视频图像。

超微型扑翼无人机"蜂鸟"长度不超过 7.5cm，重量只有 10g，自身携带能量，完全依靠两个翅膀的扇动获得推进力，可在空中盘旋并控制方向。"蜂鸟"以每秒 10m 的速度向前飞行，可抵抗 2.5m/s 的微风，在室内室外均可操控，空中飞行噪音远比其他飞行器小。"蜂鸟"无人机将充分利用仿生学原理，在微型飞行器的空气动力和能量转换效率、耐力和操控性方面取得突破，将提高在城市环境下的军事侦察能力。

图 4-32   各种无人机的照片

水下机器人是一种有效的水中兵器。水下作战机器人包括载人潜水器、有缆遥控水下机器人、水下自动机器人。与载人潜水器、有缆遥控水下机器人相比，自主决定潜游路径的水下自动机器人自然会成为下一代水下潜水器的研究重点。具有无缆和自治特征的水下自动机器人通常简称为水下机器人。随着未来海上作战等军事领域的需求，水下机器人已成为当前各国研究和竞争的焦点。按照航程的远近，水下机器人可以分为两类：远程和近程。远程水下机器人是指一次补充能源后，能够连续航行超过 100 海里以上的水下机器人；而连续航行能力小于 100 海里的水下机器人称为近程水下机器人。实现水下远程航行需要解决的关键技术是能源、远程导航和实时通信技术。因此，很多研究机构在开展上述关键技术的研究，以期获得突破性的进展。

水下机器人研究的另一个活跃的领域是小型的仿生水下机器人。2007 年 8 月出现的仿生虾水下机器人 RoboLobster 可以用于寻找和销毁水雷。

图 4-33 给出了水下军用机器人的示意图。

图 4-33   水下军用机器人示意图

4.4.3   我国发展智能机器人产业的政策环境

我国政府高度重视智能机器人产业的发展。2016 年 4 月，工业和信息化部、国家发展改革委、财政部等三部委联合印发了《机器人产业发展规划（2016—2020年）》（以下简称"规划"）。"规划"指出：机器人既是先进制造业的关键支撑装备，也是改善人类生活方式的重要切入点。无论是在制造环境下应用的工业机器人，还是在非制造环境下应用的服务机器人，其研发及产业化应用是衡量一个国家科技创新、高端制造发展水平的重要标志。大力发展机器人产业，对于打造中国制造新优势，推动工业转型升级，加快制造强国建设，改善人民生活水平具有重要意义。

当前，随着我国劳动力成本快速上涨，人口红利逐渐消失，生产方式向柔性、智能、精细转变，构建以智能制造为根本特征的新型制造体系迫在眉睫，对工业机器人的需求将呈现大幅增长。与此同时，老龄化社会服务、医疗康复、救灾救援、公共安全、教育娱乐、重大科学研究等领域对服务机器人的需求也呈现出快速发展的趋势。

"十三五"时期是我国机器人产业发展的关键时期，应把握国际机器人产业发展趋势，整合资源，制定对策，抓住机遇，营造良好发展环境，促进我国机器人产业实现持续健康快速发展。

经过五年的努力，形成较为完善的机器人产业体系。技术创新能力和国际竞争能力明显增强，产品性能和质量达到国际同类水平，关键零部件取得重大突破，基本满足市场需求。

"规划"指出，目前产业发展的重点是：推进工业机器人向中高端迈进，促进服务机器人向更广领域发展。

"规划"明确指出，工业机器人产业发展要面向《中国制造2025》中提出的十大重点领域及其他国民经济重点行业的需求，聚焦智能生产、智能物流，攻克工业机器人关键技术，提升可操作性和可维护性，重点发展弧焊机器人、真空（洁净）机器人、全自主编程智能工业机器人、人机协作机器人、双臂机器人、重载AGV等六种标志性工业机器人产品，引导我国工业机器人向中高端发展。

服务机器人产业发展要围绕助老助残、家庭服务、医疗康复、救援救灾、能源安全、公共安全、重大科学研究等领域，培育智慧生活、现代服务、特殊作业等方面的需求，重点发展消防救援机器人、手术机器人、智能型公共服务机器人、智能护理机器人等四种标志性产品，推进专业服务机器人实现系列化，个人/家庭服务机器人实现商品化。

本章小结

1）物联网向我们描述了一个物理世界广泛嵌入了各种感知与智能控制设备的场景，它们能够全面地感知环境信息，智慧地为人类提供各种服务，而嵌入式技术是开发物联网智能设备的重要技术手段之一。

2）嵌入式系统具有"以应用为中心""裁剪计算机硬软件"的特点，是一种对功能、体积、功耗、可靠性与成本有严格要求的专用计算机系统。

3）物联网智能硬件的研究将促进嵌入式芯片、操作系统、软件编程与智能技术的发展。智能硬件的研究将涉及机器智能、机器学习、人机交互、虚拟现实与增强现实，以及大数据、云计算等领域，体现出多学科、多领域交叉融合的特点。

4）智能硬件已经从智能手机、可穿戴计算设备，延伸到智能工业、智能农业、智能医疗、智能家居、智能交通等领域。物联网智能设备的研究与应用，推动了智能硬件产业的发展；智能硬件产业的发展又将为物联网应用的快速拓展奠定坚实的基础。

5）智能硬件技术水平取决于智能技术应用的深度，支撑它的是集成电路、嵌入式技术、大数据与云计算技术。智能硬件正在向更高智能化、更加人性化、更便捷交互的方向发展，适应"云－端"融合架构的智能硬件操作系统将成为下一步研究的热点。

习题

一、单选题

1. 以下关于嵌入式技术发展阶段特点的描述中，错误的是(　　)。

   A）第一阶段：以可编程序控制器系统为核心的研究阶段

   B）第二阶段：以嵌入式中央处理器 CPU 为基础、简单操作系统为核心的阶段

   C）第三阶段：以 Windows 操作系统为标志的阶段

   D）第四阶段：基于网络操作的嵌入式系统发展阶段

2. 以下关于嵌入式系统特点的描述中，错误的是(　　)。

   A）针对某些特定的应用　　　　　　　B）一种通用的计算机系统

   C）剪裁计算机的硬件与软件

   D）以适应对计算机功能、可靠性、成本、体积、功耗的要求

3. 以下关于八核智能手机的描述中，正确的是(　　)。

   A）具有八个外部设备

   B）具有八个物理的 CPU

   C）具有八个虚拟的 CPU

   D）一个 CPU 上可以并发运行八个内核程序

4. 以下关于 Android 操作系统特点的描述中，错误的是(　　)。

   A）遵循 TCP/IP 协议体系

   B）基于 Linux 平台的开源手机操作系统

   C）采用支持 Web 应用的 STMP 协议来传送数据

   D）由操作系统、中间件、用户界面与应用软件组成

5. 以下关于谷歌眼镜特点的描述中，错误的是(　　)。

   A）核心是微型投影技术

   B）是一种增强现实的头戴式显示器

   C）操控智能眼镜可以采用语音、触控或自动方式

   D）是"微型投影＋摄像＋传感器＋计算＋通信＋智能＋控制"等多项技术融合的产品

6. 以下关于智能硬件特点的描述中，错误的是(　　)。

   A）具有明显的自组网特征

   B）具备"感、联、知、控"的能力

   C）向适应"云＋端"融合的架构方向发展

   D）向更智能、更人性、更便捷的方向发展

7. 以下关于人机交互方式计的描述中，错误的是(　　)。

   A）文字交互　　　　B）手工交互　　　　C）语音的交互　　　　D）基于视觉的交互

8. 不符合虚拟现实特征的是(　　)。

   A）沉浸感　　　　B）交互性　　　　C）真实性　　　　D）想象力

9. 以下关于沉浸式虚拟现实特征的描述中，错误的是(　　)。

   A）利用参与者的视觉的错位，产生虚拟视觉系统

   B）利用数据手套将参与者手部感觉通道封闭起来，产生虚拟的触觉感

   C）利用语音识别器，接受参与者的命令

D）用头、手、视觉跟踪器感知参与者的姿态与动作，使系统与人达到实时的协同

10. 以下关于增强现实特征的描述中，错误的是（   ）。

A）实时地计算摄像机影像的位置、角度

B）将计算机产生的虚拟信息准确地叠加到真实世界中

C）将真实环境与虚拟对象结合起来构成一种虚拟空间

D）让参与者看到一个叠加了虚拟物体的真实世界

11. 以下关于柔性显示技术特征的描述中，错误的是（   ）。

A）柔性显示是将柔性显示材料与电子元器件安装在有柔性、可弯曲的衬底上

B）通过多层透明屏幕的叠加，柔性环绕式屏幕可以呈现3D的视觉效果

C）柔性衬底材料可以是塑料、金属箔片与超薄玻璃

D）柔性屏幕更加轻薄，但是功耗也较高

12. 以下不属于智能硬件的是（   ）。

A）智能穿戴设备　　　　　　　　　　B）智能车载设备

C）智能物流管理系统　　　　　　　　D）智能服务机器人

13. 以下关于可穿戴计算设备特征的描述中，错误的是（   ）。

A）以人为本　　　　B）人机合一　　　　C）专属化服务　　　　D）普适化服务

14. 以下关于机器人发展阶段特点的描述中，错误的是（   ）。

A）第一代：位置固定、非程序控制、无传感器，只能够按给定的工作顺序操作

B）第二代：虚拟现实的应用提高了机器人的可操作性

C）第三代：安装了多种传感器，能够进行复杂的逻辑推理、判断和决策

D）第四代：具有人工智能、自我复制、自动组装能力

15. 以下关于云机器人特征的描述中，错误的是（   ）。

A）一个机器人学习的知识能够即时提供给系统中其他机器人

B）将智能机器人大量的计算和存储任务集中到云端

C）单个机器人不能访问云端计算与存储资源

D）允许多个机器人之间进行即时软件升级

二、思考题

1. 智能手机的接近传感器可以节约电能。请设计一个实验，找到你所使用手机安装接近传感器的位置。

2. 设想一下，设计一个智能眼镜可以用到多少种人机交互技术？

3. 设计一个能够实现佩戴者的计步、移动距离、计算卡路里的智能手环，需要哪几种传感器？

4. 请试着设计一套能够在自行车拐弯、变道提示、周边车辆过近时报警的智能安全警示系统，说明设计的思路与采用的技术。

5. 请试着设计一套带有定位、指纹识别、自动上锁、丢失报警功能的智能拉杆箱，说明设计的思路与采用的技术。

6. 请试着设计一套能够向家长随时报告与接收查询行踪的儿童运动鞋，说明设计的思路与采用的技术。

7. 请试着设计一套"公交车刷脸支付"系统，说明设计的思路，分析可能影响人脸识别正确率的因素。

8. 请为家中的老人设计一个智能拐杖，说明它的功能与实现的方法。

第 5 章 物联网通信与网络技术

物联网要实现"任何时间、任何地方、任何物体"的互联，通信与网络技术将在其中扮演重要的角色。物联网要充分利用成熟的计算机网络与移动通信网技术，实现感知与执行器节点的接入，从而完成感知数据与控制数据的传输。物联网感知数据的传输与实时控制数据的传输，对通信与网络的带宽、延时、可靠性有着不同的要求，这就形成了物联网在通信与网络技术上有别于互联网的特殊之处。本章在分析计算机网络、移动通信技术特点的基础上，对物联网接入技术、网络传输技术，以及物联网的特殊需求而引发的新技术研究进行系统性讨论。

本章教学要求
- 掌握计算机网络与移动通信网技术的基本概念。
- 理解计算机网络与移动通信网技术的基本工作原理和技术特征。
- 了解物联网终端接入技术的方法与特点。
- 了解软件无线电、认知无线电在物联网中的应用。

5.1 计算机网络技术的研究与发展

5.1.1 从信息技术的角度看通信与网络技术的发展

计算机网络的广泛应用已对当今社会的科学、教育与经济发展产生了重大的影响。总结计算机网络技术发展历程，它大致经历了 3 个阶段：从计算机网络到互联网、从互联网到移动互联网、从移动互联网到物联网（如图 5-1 所示）。

要理解这个发展过程，我们需要注意以下两点。

1. 计算机与通信技术的融合

对通信与网络技术发展贡献最大的两个学科是计算机学科与通信学科。计算机网络是计算机学科最活跃的研究领域之一，互联网是计算机网络最成功的应用。通信学科是信息技术领域发展最快的学科之一，移动通信产业为信息产业的发展注入了强劲的动力，正在改变着人们的社会生活与经济社会。在这样的背景之下，出现了信息通信技术（Information Communication Technology，ICT）的概念。ICT 描述的是信息技术与通信技术相融合而形成的一个新的技术领域。21 世纪初，八国集团在《全球信息社会冲绳宪章》中指出："信息通信技术是 21

世纪社会发展最强有力的动力之一，并将迅速成为世界经济增长的重要动力。"

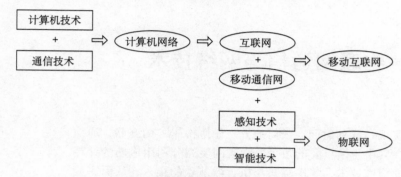

图 5-1　计算机网络技术发展历程

20 世纪中叶，作为信息技术核心的计算机技术与通信技术的交叉融合产生了计算机网络，进而发展出庞大的互联网产业；20 世纪末，以智能手机为代表的移动通信技术与互联网技术交叉融合，进一步推动了移动互联网技术的发展，带动了信息产业与现代信息服务业的快速发展。

2. 感知技术、智能技术与网络技术的融合

信息技术的三大支柱是计算技术、通信技术与感知技术，它们像人的"大脑""神经系统"与"手脚、眼睛、鼻子、耳朵"等感觉器官一样，在人类的生活中缺一不可，并且要协调工作。当信息世界中的"大脑"与"神经系统"相当发达之后，必须要很好地与手脚、眼睛、鼻子、耳朵等感觉器官配合工作。互联网、移动互联网与感知技术的交叉融合，催生出很多具有"计算、通信、智能、协同、自治"能力的设备与系统，实现了"人－机－物"的深度融合，使人类社会全面进入更加智慧的物联网时代。

从技术发展的角度，我们可以清晰地看到：从 ARPANET 到互联网，再到移动互联网与物联网，计算机网络技术经历了一个自然的发展与演变的过程。

5.1.2　计算机网络的形成与发展

任何一种新技术的出现都必须具备两个条件：一是强烈的社会需求，二是前期技术的成熟。计算机网络技术的形成与发展也遵循这样的发展轨迹。

1. 分组交换技术

（1）分组交换技术产生的背景

计算机网络是计算机技术与通信技术发展、融合的产物。20 世纪 40 年代，电子数字计算机问世，而通信技术的发展要比计算机技术早很长时间。当计算机技术研究与应用发展到一定程度，并且社会上出现新的应用需求时，人们自然就会产生将计算机与通信技术交叉融合的想法。

20 世纪 50 年代初，由于美国军方的需要，美国半自动地面防空（SAGE）系统将远程雷达信号、机场与防空部队的信息通过无线、有线线路与卫星信道传送到位于美国本土的大型计算机进行处理。科学家开始了计算机技术与通信技术结合的数据通信技术尝试。当 SAGE 系统研究成功之后，科学家很快地将数据通信技术用于航空售票与银行业务中，解决异地航空购票与银行异地转账上。美国军方又进一步提出将分布在不同地理位置的多台计算机通过通信线路连接成计算机网络的研究任务。

20 世纪 60 年代中期，在与苏联的军事力量竞争中，美国军方认为需要一个专门用于传输军事命令与控制信息的网络。因为当时美国军方的通信主要依靠电话交换网，但是电话交换网是相当脆弱的。在电话交换系统中，如果有一台交换机或连接交换机的一条中继线路损坏，尤其是几个关键长途电话局交换机遭到破坏，就有可能导致整个电话交换系统通信的中断。美国国防部高级研究计划署（Advanced Research Projects Agency，ARPA）要求新的网络在遭遇核战争或自然灾害时，如果部分网络设备或通信线路遭到破坏，网络系统仍能利用剩余的网络设备与通信线路继续工作。他们把这样的网络系统称为"可生存系统"。

利用传统的通信线路与电话交换网无法实现"可生存系统"的要求。针对这种情况，ARPA 开始着手组织新型通信网络技术的研究工作。要将分布在不同地理位置的计算机系统互联成网，首先要回答两个基本的问题：①采用什么样的网络拓扑？②采用什么样的传输方式？

（2）网络拓扑结构设计思路

研究人员比较了网络拓扑结构的两种方案。第一种是集中式拓扑结构。在集中式拓扑网络中，所有主机都与一个中心交换节点相连，主机发送的数据都要通过中心节点转发。如果中心节点受到破坏，就会造成整个网络瘫痪。尽管可以在集中式拓扑的基础上形成非集中式的星－星结构，但是集中式结构可靠性差的缺点仍然难以避免。图 5-2 给出了集中式和非集中式的拓扑结构示意。

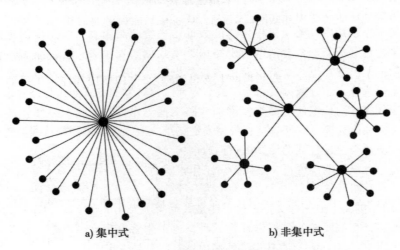

a) 集中式   b) 非集中式

图 5-2　集中式和非集中式的拓扑结构

第二种设计方案是分布式网状结构。网状结构的网络没有中心交换节点，每个节点与相邻节点连接，从而构成一个网。在网状结构中，任意两个节点之间可以有多条传输路径。如果网络中某个节点或线路损坏，数据还可以通过其他的路径传输。显然，这是一种具有高度容错特性的网络拓扑结构。新型计算机网络的传输网采用了分布式网状拓扑结构。图 5-3 给出了分布式网状拓扑结构示意。

（3）分组交换技术的设计思想

针对分布式网状拓扑结构传输网中计算机数据的传输，研究人员提出了一种新的数据交换技术——分组交换。图 5-4 给出了分组交换过程示意。

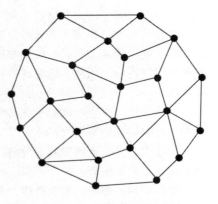

图 5-3　分布式网状拓扑结构

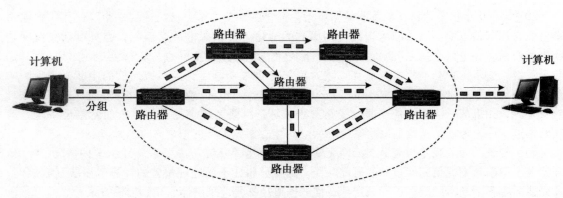

图 5-4　分组交换过程

分组交换技术涉及三个重要的概念。

第一个概念是存储转发。研究人员设想传输网络采用分布式网状拓扑结构，网状结构的每一个节点都是一台路由器。将发送文件的计算机称作源主机，连接源主机的路由器称作源路由器，接收文件的主机称作目的主机，连接目的主机的路由器称作目的路由器，那么在网状结构中转发数据的路由器称作转发路由器。

在存储转发工作模式中，源主机将发送的数据传送给源路由器，源路由器正确接收数据之后将其存储起来，再寻找下一个合适的转发路由器将数据转发出去；转发路由器正确地接收到数据之后存储数据，再选择下一个转发路由器将数据转发出去；这个转发过程直到转发至目的路由器与目的主机为止。这种数据发送、接收、存储、再转发的方式叫作存储转发工作模式。

存储转发工作模式与传统的电话交换网的线路交换工作模式相比，存储转发工作模式在发送数据之前，不需要事先建立线路连接；数据发送结束之后，也不需要释放线路连接。因此，存储转发工作模式更适合突发性强的计算机数据通信场景。

第二个概念是分组。前面说过，存储转发工作模式适合突发性的计算机通信场景，但是这里存在一个问题。计算机传输的文件可能是大小为几千字节（KB）的语音文件，可能是数据大小为几兆字节（MB）的文本或图像文件，也可能是数据大小为几个吉字节（GB）的视频文件。我们是不是不需要对计算机发送的数据做任何处理，也不用管这个文件的数据量是大还是小，只是将它作为一个报文（message）直接发送给路由器？回答是否定的。

路由器接收、存储、转发的数据格式和大小不同，路由器首先要分析报文的长度，然后要给接收到的不同长度的报文准备不同大小的存储空间，这样做会增加路由器软件的工作量，降低路由器存储空间的利用率和效率，不利于提高路由器处理报文的接收、存储、处理、路由选择与转发的速度及效率。同时，长报文传输容易出错，而且检查接收的长报文是否出错、出错后重发花费的时间也长。因此，适合计算机数据传输的方式是分组存储转发，也叫作分组交换（packet exchanging）。

分组交换的源主机需要预先按照通信协议的规定，将待发送的数据封装成固定格式、最大数据长度有限制的分组（packet）。分组头部带有源地址与目的地址，然后再通过存储转发的方式发送出去。接收主机接收到分组之后，检查目的地址正确、传输没有出错后，就拆除封装，将数据传送给高层软件。

分组交换就像我们平时寄出的信件一样。寄信人要将写好的信件封装在信封里，在信封上写上收信人地址与发信人地址。分组交换网就像邮政系统一样，负责将信件投递给收信人。收信人查看是不是发给自己的信件。如果是，则拆开信封，读取信件的内容。

第三个概念是路由选择。网络中没有一个中心控制节点，网络中的路由器要能够根据分组的源地址、目的地址与通信线路状态，通过路由选择算法为每个分组选择一条最佳的通往目的主机的传输路径。传输路径一般是由多个路由器，以及连接路由器的通信线路组成。传输路径中的路由器按照存储转发方法，将分组发送到下一个路由器。如果传输路径中有一个路由器或线路损坏，路由器则可以通过动态路由算法来调整分组的传输路径路由，绕过损坏的路由器或线路，最终将分组传送到目的主机。

由于路由器要为每一个到达的分组独立地选择输出路径，因此同一个报文的不同分组可能通过不同的传输路径到达目的主机。那么分组在到达目的主机时，可能会出现乱序或丢失的现象。高层软件将对接收到的同一个报文的多个分组进行排序与重组，并会通知源主机重传丢失的分组。

我们可以用日常生活中的一个场景来类比。假设每位老师开一辆车，每一辆车就相当于一个分组。现在要从南开大学八里台校区开车到 20 公里外的津南校区，每一辆车可以选择自己的行车路线，并且可以根据实际路况来调整行驶路线。从起点到终点，速度最快的车可能只用了 25 分钟，速度最慢的车大约用了 50 分钟。无论道路畅通或拥堵，我们总可以灵活地找到一条最佳的路径到达目的地。对比分组交换技术，可以得出以下几点结论：

第一，如果规定了一条行车路线，就相当于指定了一个静态路由；如果允许每一辆车根据实际路况调整自己的行车路线，就相当于通过动态路由算法的方法来不断调整分组通过网络的传输路径。

第二，采取动态路由算法，每一辆车可以自主地调整行车路线，那么无论天津市区哪一条道路出现拥堵、哪座立交桥断路维修，我们总可以选择其他可行的路线到达目的地。对于分组交换来说，采取动态路由算法来调整分组的传输路径路由，就可以绕过损坏的路由器或线路，最终将分组传送到目的主机，实现分组交换网研究的初衷。

2. ARPANET 的研究与发展

在开展分组交换理论研究的同时，ARPA 开始组建分组交换网 ARPANET。研究人员将 AR-PANET 分成资源子网与通信子网两个部分。资源子网由计算机与终端组成，负责科学计算的任务。通信子网是由通信线路与接口报文处理机（Interface Message Processors，IMP）组成。接口报文处理机是我们现在使用的路由器的雏形，它专门用来接收、存储和转发分组。

在通信子网 IMP 设备的招标中，一共有 12 家公司参与竞标。在评估了所有的参与竞标的公司后，ARPA 选择了 BBN 公司。BBN 公司是由来自哈佛大学与麻省理工学院的一群年轻科学家组成的小型高科技公司。他们选择了经过特殊改装的 Honeywell DDP-316 小型机，将它装进了灰色的军用钢制的箱子中，作为接口报文处理机。他们将这种接口报文处理机称为"小精灵"。每一台"小精灵"造价高达 10 万美元，重量超过 400 公斤。同时，他们又租用了电话公司 56kbps 的通信线路，用于连接这些"小精灵"。尽管"小精灵"是一台小型的批处理计算机，它的处理能力却远不如我们现在家庭用的路由器。但是有一点非常重要："小精灵"是世界上第一台互联网的网络设备。作为第一台 IMP 的 DDP 316 小型机如图 5-5 所示。

在完成网络结构与硬件设计后，一个重要的问题是开发网络软件。1969 年夏季，ARPA 的技术负责人在美国犹他州的 Snowbird 召集网络研究人员研究网络软件开发的问题。当时参加会议的大多数是研究生。这些研究生希望像往常完成其他编程任务一样，由软件专家向他们解释软件系统的设计方案与需要编写的软件，然后给每人分配具体的软件编程任务。当他们发现没有网络软件专家，也没有完整的网络软件设计方案时，他们感到很吃惊，进而意识到必须自己想办法找到该做的事情。

图 5-5　作为第一台 IMP 的 DDP 316 小型机

　　ARPANET 成为第一个采用分组交换技术的计算机网络。1969 年 12 月，包含 4 个节点的实验网络开始运行。这 4 个节点分别位于加州大学洛杉矶分校（UCLA）、加州大学圣芭芭拉分校（UCSB）、斯坦福研究院（SRI）和犹他大学（University Utah）。从图 5-6 可以看出，最初选择的 4 所大学所使用的计算机是由不同的厂家生产的，计算机体系结构不相同，操作系统也不相同，因此 ARPANET 在第一阶段实验时就已经考虑了如何实现异构计算机系统互联的问题。

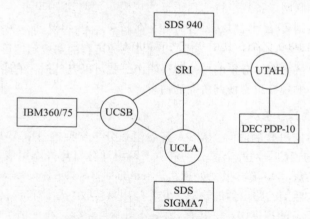

图 5-6　ARPANET 最初的 4 个节点

　　第一台 IMP 安装在 UCLA，其他三台分别安装在 UCSB、SRI 与 UTAH。据当时负责安装第一台 IMP 的 UCLA 计算机系教授伦纳德·克兰罗克回忆，1969 年 9 月 2 日第一台"小精灵"在 UCLA 计算中心安装调试成功，第二台 IMP 是 10 月 1 日开始在 SRI 计算中心安装的。

　　为了调试两台 IMP 之间的数据传输情况，1969 年 10 月 29 日晚上 10 点 30 分，位于洛杉矶 UCLA 的伦纳德·克兰罗克教授与相隔 500 公里的斯坦福研究所（SRI）的研究员比尔·杜瓦开始了历史性的实验。他们商议在实验的过程中同时通过电话来通报情况。

　　当伦纳德·克兰罗克教授让研究生在 UCLA 计算机上输入"登录"命令"Login"时，先键入第一个字母"L"，然后询问比尔·杜瓦是否收到，对方回答"收到'L'"；然后键入第二个字母"o"，对方回答"收到'o'"。当键入第三个字母"g"后，SRI 的计算机死机了。图 5-7 给出了第一次进行计算机网络实验的装置与实验记录。

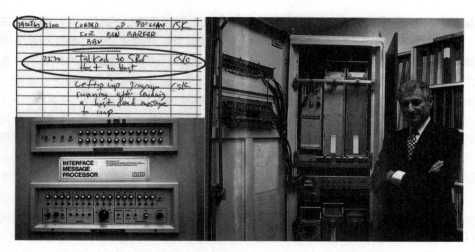

图 5-7　第一次进行计算机联网实验的装置、记录与伦纳德·克兰罗克教授

第一次通过计算机网络进行远程登录的实验失败了，但这是一个历史性的时刻，它标志着计算机网络与互联网时代的到来。1969 年，伦纳德·克兰罗克教授在向新闻界发表谈话时说："一旦 ARPANET 网络建立并运行起来，我们从家中和办公室访问计算机系统，就像我们获得电力或电话服务那样容易。"现在读到这段话时，我们发现：伦纳德·克兰罗克教授的预见与现在研究的普适计算、云计算的概念是惊人的吻合。

3. 计算机网络协议的研究与发展

1969 年的第一次 ARPANET 的联网实验，实际上是在测试计算机网络的第一个网络服务功能——远程登录服务 TELNET。

从 1969 年到 1971 年，经过近两年对网络应用层协议的研究与开发，研究人员陆续推出了第一批计算机网络应用协议的标准文本，如 FTP 标准、E-mail 标准、DNS 标准等。

1972 年 10 月，罗伯特·卡恩（Robert Kahn）在华盛顿召开的第一届国际计算机与通信会议（ICCC）上首次公开演示了 ARPANET 的功能。当时参加演示的 40 台计算机分布在美国各地，演示的项目包括网上聊天、网上弈棋、网上测验、网上空管模拟等，其中网上聊天演示引起了极大的轰动，吸引了世界各国的计算机与通信学科的科学家加入到计算机网络研究的队伍之中。

1977 年 10 月，ARPANET 研究人员提出了 TCP/IP 协议体系。其中，TCP（Transport Control Protocol）协议实现源主机与目的主机之间的分布式进程通信的功能，IP（Internet Protocol）协议实现传输网中路由选择与分组转发功能。

从 20 世纪 70 年代诞生以来，TCP/IP 协议经历了 40 多年的实践检验和不断完善的过程，并且成功地赢得了大量的用户和投资。TCP/IP 协议的成功促进了互联网的发展，互联网的发展又进一步扩大了 TCP/IP 协议的应用范围。TCP/IP 协议已成为互联网的核心协议。

4. 互联网的形成与发展

20 世纪 90 年代是互联网发展的黄金时期，其用户数量以平均每年翻一番的速度增长。互联网的最初用户只限于科学研究和学术领域。

20 世纪 90 年代初期，互联网上的商业活动开始发展。1991 年，美国成立商业网络信息交换协会，允许在互联网上开展商务活动，各个公司逐渐意识到互联网在宣传产品、开展商业贸易活动上的价值，互联网上的商业应用开始迅速发展，其用户数量已超出学术研究用户一倍以上。商业应用的推动使互联网的发展更加迅猛，规模不断扩大，用户不断增加，应用不断拓展，技术不断更新，互联网几乎深入社会生活的每个角落，成为一种全新的工作、学习与生活方式。

如果说开放互联网商业服务是促进互联网快速发展第一次飞跃的推动力，那么 Web 技术的出现是互联网第二次快速发展的推动力。基于 Web 技术的各种应用的扩展，互联网不仅是一种资源共享、数据通信和信息查询的手段，还逐渐成为人们了解世界、讨论问题、购物休闲，乃至从事学术研究、商贸活动、教育，甚至是政治、军事活动的重要领域。

从用户的角度来看，互联网是一个全球范围的信息资源网，接入互联网的主机可以是信息服务的提供者，也可以是信息服务的使用者。互联网代表着全球范围内无限增长的信息资源，是人类拥有的最大的知识宝库之一。随着互联网规模的扩大、网络与主机数量的增多，它能提供的信息资源与服务将会更加丰富。

20 世纪 90 年代，世界经济进入一个新的发展阶段。世界经济的发展带动了信息产业的发展，信息技术与网络应用已成为衡量 21 世纪综合国力与企业竞争力的重要标准。1993 年 9 月，美国公布了国家信息基础设施（National Information Infrastructure，NII）建设计划，NII 被形象地称为信息高速公路。美国建设信息高速公路的计划触动了世界各国，各国政府开始认识到信息产业发展对经济发展的重要作用，纷纷开始制定自己的信息高速公路建设计划。1995 年 2 月，全球信息基础设施委员会（Global Information Infrastructure Committee，GIIC）成立，目的是推动与协调各国信息技术与信息服务的发展与应用。在这种情况下，全球信息化的发展趋势已经不可逆转。

应用需求与技术发展总是相互促进的。互联网的广泛应用引起电信业的巨大变化。2000 年前后，北美电信市场上出现了长途线路带宽过剩的局面，很多长途电话公司和广域网运营公司倒闭。很多电信运营商虽然拥有大量的广域网带宽资源，却无法有效地将大量的用户接入进来。人们最终发现，制约大规模互联网接入的瓶颈在于城域网。如果要满足大规模互联网接入的需求并提供多种互联网服务，电信运营商必须提供全程、全网、端到端、可灵活配置的宽带城域网。在这样一个社会需求的驱动下，电信运营商纷纷将竞争重点和大量资金从广域网骨干网的建设，转移到高效、经济、支持大量用户接入和支持多种业务的城域网建设中，并导致了世界性的信息高速公路建设的高潮。互联网技术的成熟和对社会发展的巨大影响，也为物联网的发展奠定了坚实的基础。

5. "三网融合" 的发展

支持一个现代化城市的宽带城域网从结构上一般可以分为核心交换、汇聚与接入三个层次。用户可以通过计算机由局域网接入，通过固定或移动电话由电信通信网络的有线或无线方式接入，或者是通过电视由有线电视（CATV）传输网接入；汇聚层将大量用户访问互联网的请求汇聚到核心交换层；通过核心交换层连接国家核心交换网的高速出口，用户的访问请求被传送到互联网，从而满足了一个城市的办公室、学校与家庭用户访问互联网的需求。宽带城域网已成为现代化城市建设的重要信息基础设施之一。宽带城域网的建设导致了计算机网络、电信通信网与电视通信网 "三网融合" 局面的出现。

基于 Web 的电子商务、电子政务、远程医疗、远程教育，以及基于对等结构的 P2P 网络、3G/4G 与移动互联网的应用，使得互联网以超常规的速度发展。"三网融合" 实质上是计算机网络、电信通信网与电视传输网技术的融合、业务的融合。

从技术融合的角度看，电信通信网、电视传输网都统一到计算机网络的 IP 协议上来，网关实现电信通信网、电视传输网与计算机网络的互联。从业务融合的角度看，移动电话用户希望能够通过智能电话看到有线电视网的节目、访问 Web 网站、收发电子邮件；有线电视网的用户希望利用有线电视传输网打电话、访问 Web 网站、收发电子邮件；互联网用户希望能够在计算机上收看电视节目、打电话。"三网融合"技术与产业的发展必将带动现代信息服务业的快速增长。

云计算为"三网融合"提供了成熟的技术支持与运行模式的支持，"三网融合"又为物联网大量分布在不同位置的感知与执行器节点，以多种方式接入到物联网，提供了重要的技术保证。图 5-8 给出了"三网融合"与接入技术的关系示意。

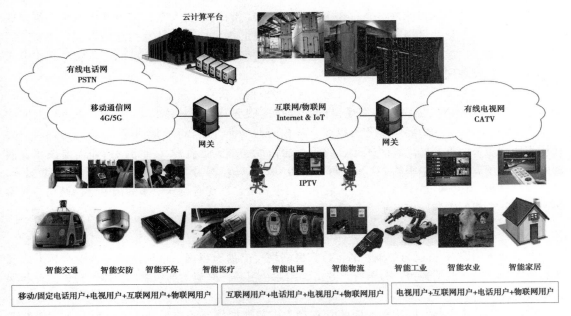

图 5-8　三网融合与接入技术的关系示意

5.1.3　计算机网络的分类与特点

1. 计算机网络的分类方法

要研究复杂的计算机网络技术，必须先了解计算机网络的分类方法，以及各种网络的主要技术特征。计算机网络有多种分类方法，其中最常用的方法是根据覆盖范围进行分类。计算机网络按照其覆盖的地理范围进行分类，可以很好地反映不同类型网络的技术特征。按覆盖的地理范围划分，计算机网络可以分为 5 种类型：

- 广域网（Wide Area Network，WAN）
- 城域网（Metropolitan Area Network，MAN）
- 局域网（Local Area Network，LAN）
- 个人区域网（Personal Area Network，PAN）
- 人体区域网（Body Area Network，BAN）

在计算机网络发展的过程中，发展最早的是广域网技术，其次是局域网技术。早期的城域网技术是包含在局域网技术中同步开展研究的，之后出现了个人区域网。随着物联网应用的发展，智能医疗对人体区域网提出了强烈的需求，促进了人体区域网技术的发展与标准的制定，扩展了计算机网络的种类。物联网是在互联网技术上发展起来的，因此研究物联网通信与网络技术，必须了解广域网、城域网、局域网、个人区域网与人体区域网的基本知识。

2. 广域网

广域网（WAN）又称为远程网，它所覆盖的地理范围从几十公里到几千公里。广域网覆盖一个国家、地区，或横跨几个洲，形成国际性的远程计算机网络。广域网的通信子网可以利用公用分组交换网、卫星通信网或无线分组交换网，它将分布在不同地区的计算机系统、城域网、局域网互联起来，实现资源共享。

初期广域网的设计目标是将分布在很大地理范围内的若干台大型机、中型机或小型机互联起来，用户通过连接在主机上的终端访问本地主机或远程主机上的计算与存储资源。随着互联网应用的发展，广域网作为核心主干网的地位日益清晰，广域网的设计目标逐步转移到将分布在不同地区的城域网、局域网的互联上。

由于广域网建设投资很大，管理困难，通常由电信运营商负责组建、运营与维护。网络运营商组建的广域网为广大用户提供高质量的数据传输服务，因此这类广域网属于公共数据网络（Public Data Network，PDN）。用户可以在公共数据网络上开发各种网络服务系统。如果用户要使用广域网服务，需要向广域网的运营商租用通信线路或其他资源。网络运营商需要按照合同的要求，为用户提供电信级的 7×24（每个星期 7 天、每天 24 小时）服务。因此，一般情况下，广域网应该是一种公共数据网络，只有某些对信息安全、性能有特殊要求的国家部门网络、大型企业网络、大型物联网应用系统，才需要组建自己的专用广域网。

3. 城域网

宽带城域网以 IP 协议为基础，通过计算机网络、广播电视网、电信网的三网融合，形成覆盖城市区域的网络通信平台，为语音、数据、图像、视频传输与大规模的用户接入提供高速与保证质量的服务。

应用是推动宽带城域网技术发展的真正动力。宽带城域网的应用和业务主要有大规模互联网用户的接入，网上办公、视频会议、网络银行、网购等办公环境的应用，网络电视、视频点播、网络电话、网络游戏、网络聊天等交互式应用，家庭网络的应用，以及物联网的智能家居、智能医疗、智能交通、智能物流等应用。

4. 局域网

局域网（LAN）用于将有限范围内（例如一个实验室、一幢大楼、一个校园）的各种计算机、终端与外部设备互联成网。按照采用的技术、应用范围和协议标准的不同，局域网可以分为共享局域网与交换局域网。局域网技术发展迅速，应用日益广泛，是计算机网络中最活跃的领域之一。

从局域网应用的角度来看，局域网的技术特征主要表现在以下几个方面：

1）局域网覆盖有限的地理范围，它适用于机关、校园、工厂等有限范围内的计算机、终端与各类信息处理设备连网的场景。

2）局域网能够提供高数据传输速率（10Mbps ~ 100Gbps）、低误码率的高质量数据传输环境。

3）局域网一般归一个单位所有，易于建立、维护与扩展。

4）局域网分为有线局域网（如以太网 Ethernet）与无线局域网（如 Wi-Fi）两类。

5）局域网可以用于办公室、教室、实验室、家庭个人计算机与家庭网关的接入，也可以用于组建园区、企业、机关与学校的主干网络，以及大型服务器集群、存储区域网络、云计算服务器集群的后端网络。

随着互联网与物联网的发展，局域网中应用最为广泛的以太网（Ethernet）正在向城域以太网、光以太网与工业以太网方向扩展。

5. 个人区域网

随着笔记本计算机、智能手机、PDA、投影仪与信息家电的广泛应用，人们逐渐提出自身附近 10m 范围内的个人操作空间（Personal Operating Space，POS）移动数字终端设备联网的需求。由于个人区域网（PAN）主要是用无线通信技术实现联网设备之间的通信，因此出现了无线个人区域网（WPAN）的概念。目前在无线传感器网络中常用的无线通信技术是 802.11 标准的 WLAN、802.15.4 标准的无线个人区域网（6LoWPLAN）技术、蓝牙技术、ZigBee 技术。

IEEE802.15 工作组致力于无线个人区域网的标准化工作，它的任务组 TG4 制定了 IEEE802.15.4 标准，主要考虑低速无线个人区域网（Low-Rate WPAN，LR-WPAN）的应用问题。2003 年，IEEE 批准低速无线个人区域网标准——IEEE802.15.4，作为近距离范围内不同移动办公设备之间低速互连提供统一标准。物联网应用的发展更凸显出个人区域网络技术与标准研究的重要性。

6. 人体区域网

物联网智能医疗应用对计算机网络提出了新的需求，促进了人体区域网（BAN）的发展。物联网的需求主要表现在以下两个方面：

1）智能医疗应用系统需要将人体携带的传感器或移植到人体内的生物传感器节点组成人体区域网，将采集的人体生理信号（如温度、血糖、血压、心跳等），以及人体活动或动作信号、人所在的环境信息，通过无线方式传送到附近的基站。因此用于智能医疗的人体区域网是一种无线人体区域网（WBAN）。

2）智能医疗应用系统不需要有很多节点，节点之间的距离一般在 1m 左右，并且对节点之间的传输速率要求不高。无线人体区域网的研究目标是希望为健康医疗监控应用提供一个集成硬件、软件的无线通信平台，特别强调要适应于可植入的生物传感器与可穿戴计算设备的尺寸，以及满足低功耗、低速率的无线通信要求。因此，无线人体区域网又称为无线人体传感器网络（WBSN）。

2012 年，IEEE 正式批准了无线人体区域网的 IEEE 802.15.6 标准，这也为传统的计算机网络增加了一种更小覆盖范围的网络类型和标准。无线人体区域网的结构如图 5-9 所示。

5.1.4 TCP/IP 协议的基本概念

以上讨论的广域网、城域网、局域网、个人区域网与人体区域网都属于传输网技术。广域网、城域网、局域网等传输网络都是在不同的覆盖范围内，完成互联网与物联网低层的数据传输功能。研究物联网应用系统设计和实现方法时，必然要涉及高层的 TCP/IP 协议，因为 TCP/IP 协议是实现互联网与物联网功能的核心协议。

1. TCP/IP 协议的特点

TCP/IP 协议不能简单地被看成是一个传输层的 TCP 协议，或者是一个网络层的 IP 协议，它是覆盖应用层、传输层、网络层，能够协同工作、实现复杂网络功能的一组协议，因此我们经常

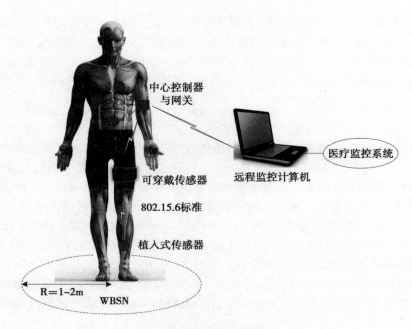

中心控制器
与网关

医疗监控系统

远程监控计算机

可穿戴传感器

802.15.6标准

植入式传感器

R＝1~2m   WBSN

图 5-9　无线人体区域网结构示意图

称它们为"TCP/IP 协议集"或"协议族"。"TCP/IP 协议"只是我们对这样一组复杂协议的简称。

TCP/IP 协议的特点是：开放的协议标准，独立于特定的计算机硬件与操作系统，独立于特定的网络硬件，可以运行在局域网、广域网等各种传输网之上，适用于互联网与物联网。

图 5-10 给出了 TCP/IP 参考模型与对应层次的协议示意图。TCP/IP 参考模型分为 4 层：应用层（Application Layer）、传输层（Transport Layer）、互联网络层（Internet Layer）与主机 – 网络层（Host-to-Network Layer）。

TCP/IP参考模型	TCP/IP的协议
应用层	HTTP、SMTP、FTP、……
传输层	TCP/UDP
互联网络层	IP
主机–网络层	没有规定具体的通信协议

图 5-10　TCP/IP 参考模型与对应层次的协议

TCP/IP 协议在应用层定义了几个基本的网络应用协议，如提供 Web 服务的超文本传输协议（Hyper Text Transfer Protocol，HTTP）、提供 E-mail 服务的简单邮件传输协议（Simple Mail Transfer Protocol，SMTP）、提供文件传输服务的文件传输协议（File Transfer Protocol，FTP）等。在传输层定义两种不同的协议：传输控制协议（Transport Control Protocol，TCP）与用户数据报协议（User Datagram Protocol，UDP）。在互联网络层定义了 IP 协议（Internet Protocol）。

TCP/IP 层次结构的最低层是主机 - 网络层，对应国际标准化组织制定的开放系统互联参考模型 ISO/OSI 的数据链路层与物理层。但是 TCP/IP 并没有对主机 - 网络层规定具体的协议，而是采取开放的策略，允许在主机 - 网络层使用广域网、城域网、局域网、个人区域网或人体区域网等各种协议。例如，我们可以在主机 - 网络层采用 IEEE 802.3 协议的局域网 Ethernet 协议，或者是无线局域网的 Wi-Fi 协议，也可以使用其他的低层通信协议。

2. TCP 与 UDP 协议提供的服务

传输层使用了两个协议——TCP 与 UDP。TCP 协议与 UDP 协议有不同的特点，它们为应用程序提供不同的服务。网络应用系统设计人员可以根据互联网与物联网应用的具体需求选择 TCP 协议或 UDP 协议。

（1）TCP 协议的特点

TCP 协议是一种功能完善的传输层协议，是一种面向连接的、可靠的传输层协议。当网络应用程序选择 TCP 协议时，它可以提供的服务有以下特点。

- 可靠的面向连接服务

可靠的面向连接服务在应用层数据传输之前，必须在通信的源程序进程与目的程序进程之间建立一个 TCP 连接。当一次进程通信结束后，TCP 协议关闭这个连接。同时，面向连接传输的每一个报文都需接收方确认，未确认报文被认为是出错报文。

- 字节流传输服务

TCP 协议支持面向字节流的传输服务。流（stream）相当于一个管道，从一端放入什么的字节流，从另一端可以原样取出同样的字节流。TCP 协议对接收到的字节行确认，出错时要求发送方重传，同时也采用了流量控制与拥塞控制机制，以提高在 TCP 连接上传输字节流的正确性与效率。

- 全双工服务

TCP 支持让数据可在同一时间双向流动的全双工服务。两个应用程序进程可以同时利用该连接发送和接收数据报文。双方通过捎带确认的方法交互准确接收数据报的信息。

（2）UDP 协议的特点

和 TCP 协议相比，UDP 协议比较简单。UDP 协议提供服务的特点表现在以下几个方面。

- 无连接服务

由于 UDP 协议在报文传输之前不需要在源程序进程与目的程序进程之间建立连接，因此UDP 协议相对简单。设计 UDP 协议的目的就是希望以最小的报文传输开销完成报文传输。由于两个通信的进程之间成熟前没有建立连接，因此通过 UDP 协议不能保证发送的报文都能够到达目的节点，也不能保证发送的报文按顺序到达。

- 不提供拥塞控制机制

UDP 协议不提供拥塞控制机制，发送进程可以用任意速率发送报文，其目的就是简化协议，减少实现 UDP 协议的复杂性，减小协议运行的开销，提高报文传输的实时性。

对于对数据可靠性要求较低、对报文传输的实时性要求较高的视频应用、网络电话 VoIP 等应用，选择 UDP 协议是合适的。

从以上分析可以看出，由于 TCP 与 UDP 协议具有不同的特点，TCP 协议比较复杂，适用于对数据传输可靠性要求较高的网络应用；而 UDP 协议比较简单，适用于对数据传输实时性要求较高的网络应用。因此，TCP 与 UDP 协议可以满足互联网与物联网不同应用的基本要求。

（3）实时传输协议与容迟网研究

在讨论 TCP/UDP 协议对物联网应用的适用性的同时，也要注意物联网对传输层的特殊要求。

有些物联网应用与互联网应用在对传输层的通信要求上比较一致。对于这一类的应用，TCP、UDP 协议可以用于互联网与物联网。而对于差别很大的应用，如果完全不加修改地将互联网的传输层协议直接应用到物联网中，必然会出现问题。

理解物联网对传输层的特殊要求和解决的方法，需要注意以下两个领域的研究。

（1）实时传输协议 RTP 与 RTCP 的研究

物联网感知信息中会有大量的视频。视频传输可以分为两类，一类是非实时的视频传输；另一类是实时视频传输。对于非实时的视频传输，如智能安防应用中需要下载视频之后再播放，视频中的语音传输与图像传输的实时性要求不高，传统的 TCP 协议可以满足要求。而智能工业、智能交通、智能医疗对视频信息传输的实时性要求较高，传统的 TCP 协议已经不能满足这类应用。为了满足这一类应用的需求，技术人员研究了实时传输协议（Real-Transport Protocol，RTP）与实时传输控制协议（Real-Transport Control Protocol，RTCP）。

（2）容迟网技术的研究。

TCP 协议应用于互联网时，其实有一个假设：在一次进程通信过程中，源端与目的端之间一定要保证持续的 TCP 连接。为了保证 TCP 连接的持续性，TCP 协议设置了多重的保障机制。例如，为了防止已经建立的 TCP 连接上长时间没有报文发送，TCP 协议设置了一个保持计时器。TCP 协议为一次 TCP 连接规定了一个连接空闲时间（假设为 120s），如果这段时间没有报文传送，发送端将每隔 75s 发送 1 个探测报文。当发送了 10 个探测报文后仍然没有接收到对方的应答报文，那么协议软件将自动关闭这个 TCP 连接，此次报文传输中断。互联网应用层协议（如 Web、E-mail、FTP 协议）的设计都是建立在这个假设基础之上的。

但在物联网的应用中，这个假设经常是不成立的。例如，在水下无线传感器网络、地下无线传感器网络、GPS 网络与车联网（VANET）等应用中，节点在移动过程中遇到建筑物遮挡或者周边环境发生变化，经常会出现通信信道间歇性中断、信道噪声突然增加的现象。低层无线通信信道的间歇性中断必然引起高层 TCP 报文丢失或传输出错，这种情况下我们不能保证满足 TCP 持续连接的要求。学术界将这类网络称为受限网络（challenged network）。在受限网络中，TCP 持续连接的假设无法得到保证。

针对受限网络的问题，研究人员提出了容迟网（Delay-Tolerant Network，DTN）的概念，它修改了传统的 TCP/IP 的体系结构与传输机制，提出了 DTN 体系结构与数据束协议，以适应物联网中对传输层的"长延时、间歇性连接、低信噪比与高误码率"的应用需求。DTN 协议目前已经开始用于星际网络与车联网的研究之中。

3．IPv4 与 IPv6 协议

（1）IP 协议的基本概念

我们设计与组建的计算机网络，不仅要覆盖一个大学的实验室、一个校园、一家公司或一个政府机关，而且要接入互联网。在互联网环境中，你给远在欧洲的同学发一封电子邮件时，并不知道这封邮件是通过什么样的传输路径、经过哪些邮件服务器转发、如何在很短的时间内传送给对方的。当你通过 Google 搜索关于"物联网"的资料时，你并不需要知道你现在浏览的 Web 服务器位于哪里、它用的是什么样的云计算运行环境。一位南开大学计算机系的学生与美国 UCLA 计算机系网络实验室的合作伙伴协同开发一个无线传感器网络操作系统软件时，他们也并不需要知道两台计算机的进程通信是通过哪些网络传输完成的，以及数据传输的正确性是如何保证的。

之所以我们能够方便地在互联网上享受各种网络服务，正是因为有网络层 IP 协议的支持。

网络层通过路由选择算法，为 IP 分组从源主机到目的主机选择一条合适的传输路径，向传输层提供跨越传输网的数据传输服务。IP 协议是支撑互联网运行的基础，也是互联网的核心协议之一。因此，我们也经常将互联网称为"IP 网络"。

需要注意的是，将互联网称为"IP 网络"是正确的，但是不能将所有在网络层使用 IP 协议的网络都归入互联网的范畴。因为我们完全可以脱离互联网，利用 TCP/IP 协议组建一个独立运行的网络应用系统，这种情况在物联网中经常会遇到。

（2）IP 协议的特点

IP 协议的特点主要表现为以下几个方面。

1）IP 协议是一种无连接的分组传送服务的协议。

由于 IP 协议必须能够适应结构复杂、无法预知具体传输路径的大型互联网络，因此 IP 协议提供的是一种无连接的分组传送服务，并且不对分组传输过程进行跟踪。可以说，IP 协议提供的是一种"尽力而为（best-effort）"的服务。

IP 协议的"无连接"意味着它不需要预先在源节点与目的节点之间建立一条传输路径，然后再开始传输数据分组。一般情况下是由源主机的默认路由器启用路由选择算法，根据当前网络拓扑与线路状态来选择下一个转发路由器；通过路由器-路由器的"点-点"方式，形成从源主机到目的主机最佳的传输路径，将分组发送到目的节点。源主机发送同一个报文的不同分组的传输路径可能是不同的，到达目的节点的分组可能出现丢失、乱序的情况。分组出错由传输层协议解决。

2）IP 协议屏蔽了低层通信协议与实现技术上的差异性。

作为一个面向互联网络的网络层协议，IP 协议必然要面对各种异构的网络和通信协议。互联的网络可能是广域网，也可能是城域网或局域网、个人区域网。即使都是局域网，也可能是使用 802.3 协议的 Ethernet 网，或使用 802.11 协议的 Wi-Fi 网络，由于它们的通信协议不同，数据封装的格式也不相同。互联网的设计者希望通过 IP 协议，用统一的 IP 分组将低层不同通信协议的数据帧封装起来，向传输层提供格式统一的 IP 分组。这就好像两位同学分别用英文和中文写了两封电子邮件，但是发送电子邮件的 SMTP 协议只要求这两位同学按统一的格式书写邮件地址就可以了，SMTP 协议在发送邮件时不需要考虑邮件是用英文写的，还是用中文写的。

由于 IP 协议屏蔽了低层使用的通信协议与技术实现上的差异性，因此在进行传输层的软件编程时就不需要考虑低层协议与实际使用技术的细节，只需要考虑如何实现传输层功能。而且随着低层通信技术的发展，我们现在有了新技术，例如从 4G 转换到 5G 时，IP 及以上各层的协议与软件不需要做任何改动，IP 协议使得网络的互联和通信技术的演变不会对网络应用系统的影响。因此，IP 协议能够适用于互联网、移动互联网与物联网。

（3）IP 协议的演变与发展

IP 协议在发展过程中存在着多个版本，最主要的版本有两个：IPv4 与 IPv6。

最早描述 IPv4 协议的文档出现在 1981 年。那个时候互联网的规模很小，计算机网络主要用于连接科研部门的计算机，以及部分参与 ARPANET 研究的大学计算机系统。在这样的背景下产生的 IPv4 协议，不可能适应以后互联网大规模的扩张的要求，研究人员针对暴露的问题要不断"打补丁"。当互联网发展到一定规模时，局部地修改已显得无济于事，人们开始研究一种新的网络层协议，去解决 IPv4 协议面临的困难，这个新的协议就是 IPv6 协议。

IP 协议与网络规模的矛盾突出地表现在 IP 地址上。IPv4 的地址长度为 32 位。在 2011 年 2 月 3 日的美国迈阿密会议上，最后 5 块 IPv4 地址被分配给全球 5 大区域互联网注册机构之后，

IPv4 地址全部分配完毕。互联网面临着地址匮乏的危机，解决的办法是从 IPv4 协议向 IPv6 协议过渡。

IPv6 的主要特征可以总结为：巨大的地址空间、新的协议格式、有效的分级寻址和路由结构、地址自动配置、内置的安全机制。IPv6 的地址长度为 128 位，因此可以提供多达超过 2^{128}（3.4×10^{38}）个地址。如果我们用十进制数表示 IPv6 可能有的地址数，则为：

340 282 366 920 938 463 463 374 607 431 768 211 456

人们经常用地球表面每平方米平均可以获得多少个 IP 地址来形容 IPv6 的地址数量之多。如果地球表面面积按 5.11×10^{14} 平方米计算，那么地球表面每一平方米平均可以获得的 IP 地址数量为 6.65×10^{23}，即 665 570 793 348 866 943 898 599。

从以上分析中可以得出两点结论：

第一，未来物联网大量的传感器、RFID 读写设备、智能控制设备、智能汽车、智能机器人、可穿戴计算设备都可以获得 IPv6 地址。联入物联网的节点数量将可以不受限制地持续增长。

第二，IPv6 协议能够适应物联网智能工业、智能农业、智能交通、智能医疗、智能物流、智能家居等领域的应用，它将成为物联网核心协议之一。

5.1.5 下一代网络体系结构与软件定义网络技术的研究

1. 软件定义网络技术研究的背景

下一代网络协议 IPv6 可以为未来每一个联网的计算机、物联网移动终端设备分配一个地址，之后另一个更深层次的问题接踵而来。目前互联网上应用的大量路由器是由不同的网络设备制造商设计的，路由器内部的体系结构、工作模式不尽相同。执行 IP 协议的软件固化在路由器内部专用芯片中，网络使用者对路由器的工作模式没有任何控制能力。

未来互联网、移动互联网与物联网的大规模应用，必然给传统网络体系结构与路由技术带来新的挑战。由于传统路由器体系结构的限制，使得下一代互联网体系结构的研究人员无法根据应用需求，对路由器的工作流程做出调整，很多研究方案在现有网络结构与路由器的环境中无法试验。因此，下一代互联网体系结构研究人员需要研发一种新的路由器体系结构，希望它能提供开放的接口，实现虚拟化、可编程与可重构，具备对新网络业务灵活响应和快速部署的能力。而软件定义网络（Software Defined Network，SDN）技术正是为满足下一代互联网体系结构要求而开展的一项研究。

2. SDN 的主要技术特点

SDN 试图为高层的用户应用提供对网络互联结构与网络服务的标准可编程接口，从而实现大规模的网络流量管理的可编程、可控制，以支持未来出现的各种新的网络体系结构与新的服务业务。

支持 SDN 的三大核心机制是：

- 基于流的数据分组转发机制。
- 基于中心控制的路由机制。
- 面向应用的网络编程机制。

3. SDN 的实践与产业发展

2009 年，SDN 概念入围 "MIT Technology Review" 年度十大前沿技术，同时获得了学术界和工业界的广泛认可和大力支持。

2011 年 4 月，美国 Indiana 大学、Internet2 联盟与 Stanford 大学联手开展基于 SDN 的开发与部署行动计划（NDDI），旨在共同创建一个新的网络平台与配套软件，支持新一代互联网体系结构的研究。

2011 年 12 月，第一届开放网络峰会（Open Networking Summit）在北京召开。

2012 年 4 月，ONF 发布了 SDN 白皮书（Software Defined Networking：The New Norm for Networks），其中的 SDN 三层模型受到业界的广泛认同。

2012 年，SDN 完成了从实验技术向网络部署的重大跨越，覆盖美国上百所高校的 Internet2 部署了 SDN；德国电信等运营商开始研发和部署 SDN。

2012 年 4 月，Google 宣布在它的主干网络上全面支持 SDN 技术。Google 在美国建设了 6 个数据中心，在比利时、爱尔兰、芬兰建设了 9 个数据中心，还在智利、新加坡、中国香港建设数据中心。Google 的网络分为数据中心内的网络与数据中心外的网络。数据中心外的网络属于广域网的范畴，主要承载用户与数据中心、数据中心与数据中心的数据传输任务。Google 的广域网又分为 I-scale 网络与 G-scale 网络。I-scale 网络用于连接用户到 Google 的搜索、Gmail、Youtube；G-scale 网络负责 Google 数据中心之间的连接。

G-scale 算得上是世界上最大的广域网之一。因为 Google 经常要将数 PB 的数据通过 G-scale 网络从一个数据中心转移到另一个数据中心。当转移数据时，Google 希望根据业务的类型、紧迫程度等因素，对相应的数据流进行细粒度的控制和管理，准确地预测更新的进度。这些要求对于传统的分布式广域网来说是无法实现的。多用户的接入与多数据中心的协同工作导致对广域网需求的快速增长，广域网的租用费用是很高的。但是 Google 发现，广域网的链路利用率不足 30%。因此，Google 在 2009 年就着手 SDN 的应用。实验表明，应用 SDN 技术可以使链路利用率从 30% 提升到 95%。Google 对 SDN 的应用被业界认为是最成功的一次应用。

2012 年底，AT&T、英国电信（BT）、德国电信（DT）、Orange、意大利电信、西班牙电信和 Verizon 公司联合发起，将 SDN 技术全面引入电信业。

2013 年 4 月，Cisco、IBM、Microsoft、Big Switch、NEC、HP 等发起成立了研发实体，开始制定 SDN 标准。2013 年，由我国三大运营商发起的 SDN 会议在北京召开。我国的华为和中兴等网络设备制造商都已纷纷加入到推广 SDN 技术的行列。

2013 年 4 月 16 日，"互联网之父" Vint Cerf 在一次学术会议上讲演的题目就是 "SDN Is a Model for a Better Internet"。他说如果能够让他再来一次的话，他也会按软件定义网络（SDN）的模型去构建互联网。他提醒大家：SDN 给了大家一次创新的机会，同时也带来了很多网络安全问题。

从以上分析中，我们可以清晰地认识到：SDN 研究的发展与技术的成熟，将为物联网的大规模应用奠定重要的理论与应用基础。

5.2 移动通信网技术的研究与发展

5.2.1 蜂窝系统的基本概念

1. 大区制通信的局限性

移动通信的基本问题是无论在哪里都要有无线信号，都能方便地让用户打电话。从无线通信的技术角度，就是要解决无线信号的覆盖范围问题。解决无线信号覆盖问题的常用方法有两种。一种方法是像广播电视一样，在城市最高的山上架设一个无线信号发射塔，或者是在城市中心建一座高高的发射塔，通过在发射塔上安装一台大功率的无线信号发射机，使无线信号能够覆盖城市几十公里范围的"大区"。另外一种办法是采用卫星通信技术，利用卫星信号可以覆盖地球表面很大面积的优点来解决大范围的手机通信问题。这就是移动通信中的"大区制"的信号覆盖方法（如图 5-11 所示）。

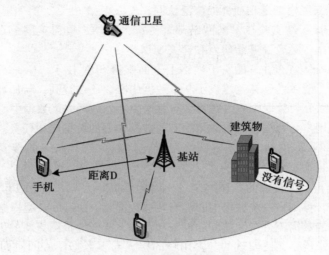

图 5-11　大区制通信结构示意图

大区制主要存在三个问题。

1）大区制适合于广播式单向通信的需求，如传统的电视广播、广播电台。手机与电视机、收音机不一样，它是需要双向通信的。大区制边缘位置的手机距无线信号发射塔比较远，如果手机需要将信号传送到发射塔，就需要手机发射的信号功率比较大，这是很难实现的。

2）手机发射信号功率大带来了三个问题。一是手机的体积不可能做得太小；二是手机价格会很高。手机价格贵，使用的人就会少，不能形成规模效益，手机使用的费用也会相应提高；三是手机发射功率大，对人体的电磁波辐射影响增大，不符合环保的要求。

3）由于城市里建筑物、地下车库，或者是汽车、火车的金属车顶都会阻挡无线信号，不能保证手机在一些特殊环境中顺畅地通信。

正是由于存在这些问题，电信业在移动通信中不采用大区制，而是采用小区制。

2. 小区制的基本概念

小区制是指将一个大区制覆盖的区域划分成多个小区，在每个小区（cell）中设立一个基站（base station），用户手机与基站通过无线链路建立连接，实现双向通信的目的。

小区制的特点主要表现在以下几个方面：

1）小区制是将整个区域划分成若干个小区，多个小区组成一个区群。由于区群结构酷似蜂窝，因此小区制移动通信系统也叫做蜂窝移动通信系统。

2）每个小区架设一个（或几个）基站。小区内的手机与基站建立无线链路。

3）区群中各小区基站之间可以通过光缆、电缆或微波链路与移动交换中心连接。移动交换中心通过光缆与市话交换网络连接，从而构成一个完整的蜂窝移动通信网络系统。

图 5-12 给出了蜂窝移动通信网络系统的结构示意图。

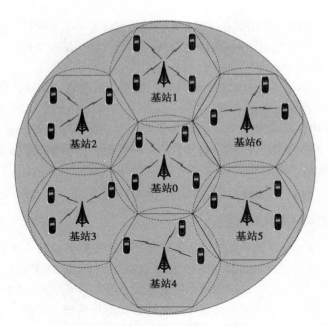

图 5-12 蜂窝移动通信系统的结构

3. 无线信道与空中接口

如果将移动通信与有线通信相比，它们的区别主要在于信道与接口标准。图 5-13 给出了移动通信与有线通信在信道与接口方面的区别。

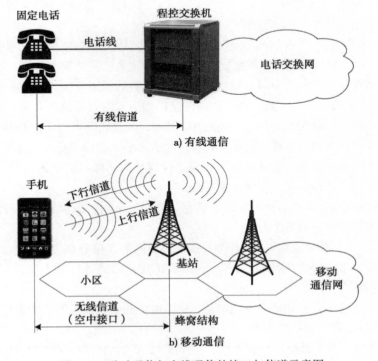

图 5-13 移动通信与有线通信的接口与信道示意图

如图 5-13a 所示，只要我们用带有标准接头的电话线将家中的电话机与预先安装在墙上的电话线插座口连接，就可以连接到电话局的程控交换机，再接入电话交换网，实现与世界上任何一个地方的固定电话通话。

如图 5-13b 所示，移动通信中手机与基站使用的是无线信道。无线信道是手机与基站之间的无线"空中接口"。基站通过空中接口的下行信道向手机发送语音、数据与信令，手机通过空中接口的上行信道向基站发送语音、数据与信令信号。手机通过基站接入蜂窝移动通信系统中。要做到用户在移动状态下有条不紊地通信，就必须严格遵循移动通信的空中接口标准。正是移动通信空中接口技术与标准的进步，演绎出移动通信从 1G、2G、3G 、4G 到 5G 的发展。

5.2.2 移动通信技术与标准的发展

在过去的 30 多年中，移动通信经历了从语音业务到移动宽带数据业务的快速发展。移动通信不仅深刻地改变了人们的生活方式，也极大地影响着当今社会的经济与文化的发展。

1995 年出现的第一代（1G）移动通信是模拟方式，用户的语音信息以模拟信号方式传输。

1997 年出现的第二代（2G）移动通信采用全球移动通信系统（GSM）、码分多址（CDMA）等数字技术，使得手机能够接入互联网。但是，2G 手机只能提供通话和短信功能。

第三代（3G）移动通信技术的特点可以用"移动＋宽带"来描述，它能够在全球范围内更好地实现与互联网的无缝漫游。3G 手机已经能够支持高速数据传输，能够处理音乐、图像、视频，能够进行网页浏览，支持网上购物与网上支付活动。3G 的使用加速了手机通信网与互联网的业务融合，促进了移动互联网应用的快速发展。

第四代（4G）通信技术是继 3G 之后的又一次无线通信技术演进。与 3G 相比，它最大突破点是将移动上网的速度提高了 10 倍。

4G 通信的设计目标是更快的传输速度、更短的延时与更好的兼容性。4G 网络能够以100Mbps 的速度传输高质量的视频图像数据，通话成为 4G 手机一个基本功能。下载一部长度为2GB 的电影，只需要几分钟。用 4G 网络在线看电影，视频的画面流畅，再也不会出现卡顿的现象。通过 4G 网络，急救车内的工作人员可以与医院的医生实时召开视频会议，在病人运送的过程中进行会诊，指导对危重病人的抢救。通过 4G 网络，医院之间可以实时传送 CT 图像、X 光片，保障远程医疗会诊的顺利开展，使更多的农村与边远地区的患者受益。通过 4G 网络，大量的视频探头拍摄的道路、社区、公共场所、突发事件现场的图像可以迅速地传送到政府管理部门，帮助管理部门即使掌握情况，研究处置方案。

4G 与物联网技术的结合将会促进医疗、教育、交通、金融、城市管理等行业应用的发展，更深层次地渗透到社会生活的各个方面。

2012 年 1 月 18 日，国际电信联盟（ITU）批准由中国拥有核心自主知识产权的移动通信标准 TD-LTE-A 成为 4G 的两大国际标准之一，我国首次在移动通信标准上实现了从"追赶"到"引领"的重大跨越。

2015 年 2 月，工业和信息化部向中国移动、中国电信和中国联通等三大电信运营商发放 4G牌照，标志着我国 4G 商用时代的到来。

在移动通信领域，没有最快、只有更快。在推进 4G 商用的同时，研究人员正在紧锣密鼓地研究第五代（5G）移动通信技术。预计在 2020 年，5G 技术将进入商用阶段。

5.2.3 5G 与物联网

1. 5G 的需求与推动力

移动互联网与物联网作为未来移动通信发展的两大驱动力,推动着移动通信技术从 4G 向 5G 的发展,同时 5G 技术的成熟和应用也将使物联网应用的带宽、可靠性与延时的瓶颈得到解决。5G 与物联网的关系可以从以下两个方面去认识。

第一,物联网规模的发展对 5G 技术的需求。

面对物联网不同的应用场景,系统对网络传输延时要求从 1ms 到数秒不等,每个小区在线连接数从几十个到数万个不等。特别是面向 2020 年物联网人与物、物与物互联范围的扩大,智能家居、智能工业、智能环保、智能医疗、智能交通应用的发展,数以千亿计的感知与控制设备、智能机器人、可穿戴计算设备、无人驾驶汽车、无人机将接入物联网;物联网控制指令和数据实时传输,对移动通信与移动通信网提出了高带宽、高可靠性与低延时的迫切需求。

2020 年,全球移动通信网的数据通信量将出现爆发式的增长。产业界预计,2010～2020 年全球移动通信量将增长 200 倍;2010～2030 年全国移动通信量将增长 2 万倍。我国移动通信网的数据量的增速高于全球平均水平,2010～2020 年全国移动通信量将增长 300 倍;2010～2030 年全国移动通信量将增长 4 万倍。

未来全球移动终端联网设备数量将达到千亿的规模。预测到 2020 年,全球物联网联入移动通信网的终端数量将达到 70 亿个,其中我国将有 15 亿个。到 2030 年,全球物联网联入移动通信网的终端数量将达到 1000 亿个,其中我国将有 200 亿个。

物联网规模的超常规发展,大量的物联网应用系统将部署在山区、森林、水域等偏僻地区。很多物联网感知与控制节点将密集部署在大楼内部、地下室、地铁与隧道中,4G 网络与技术已难以适应这种场景,只能寄希望于 5G 网络与技术。

第二,物联网性能的发展对 5G 技术的需求。

物联网涵盖智能工业、智能农业、智能交通、智能医疗与智能电网等各个行业,业务类型多、业务需求差异性大。尤其是在智能工业的工业机器人与工业控制系统中,节点之间的感知数据与控制指令传输必须保证是正确的,延时必须在毫秒量级,否则就会造成工业生产事故。无人驾驶汽车与智能交通控制中心之间的感知数据与控制指令传输尤其要求准确性,延时必须控制在毫秒量级,否则就会造成车毁人亡的重大交通事故。

2. 5G 的技术目标

未来 5G 典型的应用场景是人们的居住、工作、休闲与交通区域,特别是人口密集的居住区、办公区、体育场、晚会现场、地铁、高速公路、高铁等。这些地区存在着超高流量密度、超高接入密度、超高移动性的特点,这些都对 5G 网络性能有较高的要求。为了满足用户要求,5G 研发的技术指标包括用户体验速率、流量密度、连接数密度、端-端延时、移动性与用户峰值速率等。具体的性能指标如表 5-1 所示。

从表 5-1 中可以看出,5G 的用户体验速率在 0.1～1Gbps;流量密度为每平方米为 10Mbps;连接数密度为每平方公里可以支持 100 万个在线设备;端-端延时可以达到 1ms;在特定的移动场景中,允许用户的最大移动速度为每小时 500km;单用户理论的峰值速率在常规情况下为 10Gbps,特定场景下能够达到 20Gbps。

表 5-1 5G 性能指标

名 称	定 义	单 位	性能指标
用户体验速率	真实网络环境中，在有业务加载的情况下，用户实际可以获得的速率	bps	$0.1 \sim 1 \text{Gbps}$
流量密度	单位面积的平均流量	Mbps/m²	10Mbps/m^2
连接数密度	单位面积上支持的各类在线设备数	个/km²	$1 \times 10^6 / \text{km}^2$
端-端延时	在已经建立连接的发送端与接收端之间，数据从发送端发出到接收端正确接收所需要的时间	ms	1ms
移动性	在特定的移动场景下，用户可以获得体验速率的最大移动速度	km/h	500km/h
用户峰值速率	单用户理论峰值速率	bps	常规情况下为 10Gbps 特定场景下为 20Gbps

5G 网络作为面向 2020 年之后的技术，需要满足移动宽带、物联网以及其他超可靠通信的要求，同时它也是一个智能化的网络，具有自检修、自配置与自管理的能力。

显然，5G 的技术指标与智能化程度远远超过 4G，很多对带宽、延时与可靠性有高要求的物联网应用在 4G 网络中无法实现，但是在 5G 网络中就可以实现。因此，产业界预言：进入 5G 时代，受益最大的是物联网。5G 的设计者将物联网纳入到整个技术体系之中，5G 技术的发展与应用将大大推动物联网"万物互联"的进程。

5.2.4 M2M、D2D 技术及其在物联网中的应用

物联网的发展不断向移动通信网提出新的研究课题与应用需求，推动移动通信网技术的发展。M2M、D2D 技术就是很好的例证。

1. M2M 的基本概念

如果我们将用户通过手机与另一位用户通话、网络视频，或者是以微信方式通信定义为人与人（Human to Human，H2H）通信的话，那么物联网控制中心计算机通过移动通信网远程控制无人驾驶汽车、智能机器人、路灯、智能家居家庭网关就应该是机器与机器（Machine-to-Machine，M2M）通信。理解 M2M 的概念时需要注意：M2M 是指不在人的控制下的一种通信方式；M2M 中的"机器"可以是传统意义上的机器，也可以是物联网智能硬件或软件。

移动通信网主要是为人与人之间在移动状态下打电话和访问互联网而设计的。在研究物联网应用时，我们自然会希望利用无处不在的移动通信网，实现物联网"万物互联"的目的。也就是说，我们希望将移动通信网的使用对象，由人扩大到感知与执行设备、移动终端设备，将"人与人"通信扩大到"机器与机器"的通信。

研究人员预测，未来用于人与人通信的手机数量可能仅占整个移动通信网终端数的很小一部分，更大量的将是采用 M2M 方式通信的机器。这里的"机器"（machine）有两种含义，一种是传统意义上的机器，如自动售货机、电力传输网中的智能变压器、安装了智能传感器的大型机械设备；另一种含义是物联网中的智能终端设备、智能机器人、牛的 RFID 耳钉、汽车上的传感器，甚至是软件。只要这些硬件或软件配置有能够执行 M2M 通信协议的接口模块，就可以构成 M2M 终端。

我们可以通过一个例子来进一步了解 M2M 通信方式的原理与特点。

你也许用过呼叫和预约出租车、专车的手机叫车软件。叫车软件的 APP 程序由两部分组成，

即出租车与司机的 APP 程序与用户端的 APP 程序。安装了司机端 APP 程序的手机随时将标识车辆位置的 GPS 数据发送给后台的叫车管理服务器，并接受叫车管理服务器的指令。

当用户打开用户端 APP 程序时，地图界面上立即显示其当前位置。接下来会询问用户是预约用车，还是立即叫车；是呼叫出租车，还是呼叫专车。

如果用户想马上呼叫出租车，那么只需要在用户界面的"你去哪里?"的提示行中填上目的地信息，发送出去，然后等待即可。

叫车管理服务器接收到用户手机自动给出的当前位置，以及填写的目的地地址，它会立即发送服务信息"请稍后，正在为你呼叫出租车"。

叫车管理服务器同时将需要用车的用户的当前位置与目的地址发送给其附近的出租车。当其中一辆或几辆出租车可以提供服务时，司机将通过手机界面的按钮回复。

当叫车管理服务器收到多位司机回复时，它可以自动进行筛选，选择最先回复的，或选择离用户最近的车辆。然后叫车管理服务器立即向用户发出服务接受信息，例如"车牌号为 A123 的出租车大约在 1 分钟后达到，司机电话为 139＊＊＊，请稍候"。

用户在手机地图上可以看到多辆出租车移动的画面，其中必然有一辆正在向其当前的位置靠近。几分钟后，一辆车将停在用户面前，将用户安全地送到目的地。

到达目的地之后，司机通过手机界面向叫车管理服务器报告已经送达的信息。叫车管理服务器向用户手机发送已产生的费用信息。如果用户确认无误，就可以通过手机支付完成付款过程。

这样，一次便捷的呼叫或预约车辆的出行过程就完成了。在这个过程中，用户可以不需要用手机打电话，手机变成了一台移动终端设备，或者一台"机器"。整个过程是在"机器与机器"交互的过程中完成的。然而，隐藏在"机器与机器"交互的过程背后的是无线 M2M 协议 (Wireless M2M Protocol，WMMP) 通信协议。

无线 M2M 协议 (WMMP) 是支持移动通信网中机器与机器交互的通信协议。用户、出租车司机发送给服务器的数据，以及服务器发送给用户与司机的数据，在移动通信网中都按照 WMMP 通信协议的格式被封装成 M2M 数据包进行传输 (如图 5-14 所示)。

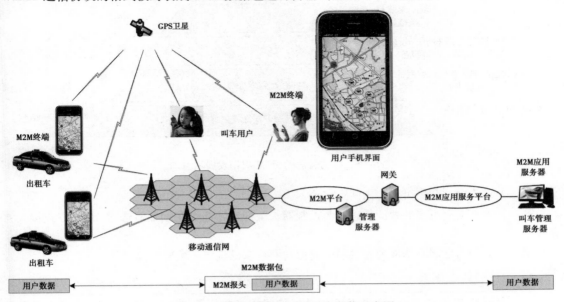

图 5-14 移动通信网中的 M2M 通信示意图

目前，M2M 技术与 WMMP 协议已经开始应用于大型设备远程监控与维修、桥梁与铁路远程监控、环境监控、手机移动支付、物品位置跟踪、自动售货机状态监控、车辆运行状态与位置监控、物流监控、自动售货机远程监控、移动 POS 支付、大楼与物业监控，以及重点防范场地与家庭安全监控之中，成为支撑物联网智能电网、智能交通、智能医疗、智能物流、智能安防、智能环境、智能农业、智能工业的网络通信方式之一。

2009 年，国际著名研究机构曾经对 M2M 通信模式未来发展的趋势进行了预测。研究人员将移动通信网从"以人为中心"向"以机器为中心"的应用过渡的过程分成 6 个层次，形成一个金字塔型（如图 5-15 所示）。

金字塔的最高层是移动信息设备层。研究人员预测未来将有 35 亿台设备要通过 M2M 方式进行通信，它们主要是手机、PDA、GPS 与平板电脑。

第二层是静态信息设备层，其中的桌面计算机、服务器、交换机与磁盘的数量大约为 12 亿。

第三层是移动工具层，其中的车辆、集装箱、供应链物资的数量大约为 5 亿。

第四层是静态工具层，其中的医疗设备、工业机器、分布式发电设备、空调设备的数量大约为 4.25 亿。

第五层是智能传感器与控制器层，其中的智能传感器、嵌入式控制器与计量设备的数量大约为 17.5 亿。

第六层是微处理器与微控制器层，其中的 8 位/16 位/32 位/64 位微处理器与微控制器数量大约为 500 亿。

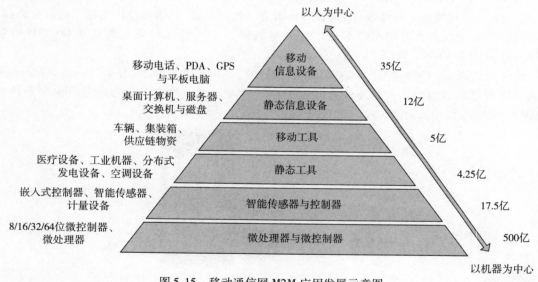

图 5-15　移动通信网 M2M 应用发展示意图

从以上讨论中，我们可以得出两点结论：

第一，未来会有更多的智能传感器与控制器、微处理器与微控制器将通过 M2M 方式接入物联网中。

第二，移动通信网必然成为物联网的通信与网络基础设施的重要组成部分。

2. D2D 的基本概念

有人预测到 2020 年，全球接入蜂窝移动通信网的终端数量将达到 500 亿部，其中大部分是物联网终端设备。物联网终端数量的大幅增加，必然会造成无线数据流量的大幅增加，同时物联网对数据传输的可靠性、实时性与终端的低功耗要求将更高，这些是蜂窝移动通信技术将面对的挑战。D2D 通信方式正是在这样的背景之下开展的一项研究。

终端直通（Device to Device，D2D）技术是指邻近的终端距离较近，可以采取不通过小区的基站，直接在相邻终端之间建立无线通信链路的方式，实现终端之间的直接通信。D2D 对于物联网应用系统来说是一种非常有用的技术。因为在物联网应用系统中，如在工厂、居民小区、科技园区智能安防、智能环保系统中有大量的传感器、控制器之间距离比较近，符合 D2D 通信的条件。

由于 D2D 具备近距离、直接通信的特点，因此它具有以下几个主要的优点：

1）终端近距离、直接通信方式可以实现高数据传输速率，降低延时与功耗。

2）利用终端分布范围广的特点，使用直接通信方式有利于提高频谱利用率。

3）直接通信方式适用于 P2P 通信和本地数据资源共享的需要。

4）利用终端直接通信方式，可以减轻基站负荷，拓展移动通信网的覆盖范围。

目前，研究人员正在利用 D2D 的设计思路，研究车联网中车与车（Vehicle-to-Vehicle，V2V）通信。例如，在车辆高速行进时，想要进行车辆变道、减速等操作时，可通过 D2D 通信方式发出预警信息，周边车辆接收到预警之后向驾驶员发出警示，甚至在紧急情况下对车辆进行自主操控，以缩短行车过程中面对紧急情况时驾驶员的反应时间。同时，通过 D2D 通信，驾驶员可以快速地发现和识别附近的特定车辆，如校车、装载危险品的货车、速度过快的危险车辆等，以降低交通事故发生的概率。

从以上的讨论中我们可以看出：移动通信发展的目标是建立一个包括各种类型终端、广泛互联互通的无线网络，这也是在蜂窝移动通信框架上发展物联网的出发点之一。未来 5G 的 D2D 通信方式将具有传统移动通信系统不可比拟的优势。

*5.3 物联网接入技术

5.3.1 物联网接入技术的基本概念

互联网将大量用户接入归纳为解决"最后一公里"的问题，而物联网大量的感知与控制设备的接入是要解决"最后十公分"的问题。物联网接入技术关系到如何将成千上万个传感器、控制器与智能终端设备接入物联网应用系统，关系到物联网能够提供的服务类型、应用水平、服务质量、资费等与用户密切相关的问题，同时也是构建物联网网络基础设施时需要解决的一个重要问题。

物联网接入技术可以分为有线接入与无线接入两大类。图 5-16 描述了物联网接入技术的分类。

5.3.2 有线接入技术

物联网的有线接入技术包括局域网、电话交换网、有线电视网、电力线网络与光纤 5 种类型。

1. 局域网接入

大量的校园网用户、企业网用户、办公室用户计算机都是通过 Ethernet 局域网接入到互联网

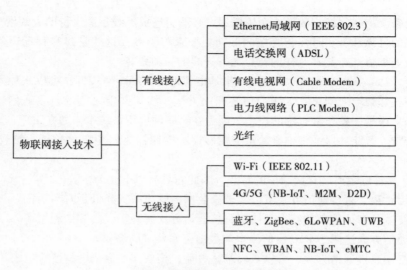

图 5-16 物联网接入技术的分类

的，同样也会有大量物联网智能终端设备，如 RFID 汇聚节点、WSN 汇聚节点、工业控制设备、视频监控摄像头通过 Ethernet 局域网接入物联网（如图 5-17 所示）。这是因为 Ethernet 网是在局域网范围内接入的首选技术。

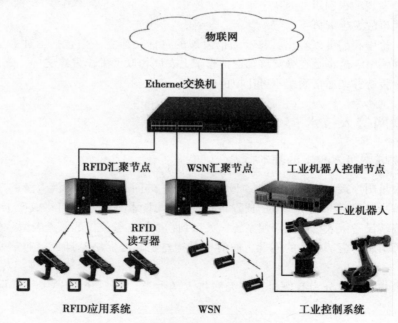

图 5-17 通过 Ethernet 接入物联网示意图

Ethernet 技术的优势表现在以下几个方面。

1）Ethernet 的数据传输速率从 10Mbps 到 100 Gbps，用户完全可以根据具体的应用需求选择节点接入物联网的带宽。

2）Ethernet 将共享介质方式改为交换方式，接入节点可以独占链路带宽。

3）节点与交换机连接的传输介质可以是非屏蔽双绞线，也可以是光纤。

4）传输介质的长度可以从几十厘米到几千米。

5）Ethernet 技术成熟，性价比高。

正是因为 Ethernet 具有以上的优点，所以成为固定终端节点接入物联网的首选技术。

2. 电话交换网与 ADSL 接入技术

家庭用户计算机接入互联网最方便的方法是利用电话线路。因为电话的普及率很高，如果能够将为语音通信的电话线路改造为既能够通话，又能上网的线路，将为用户带来极大方便。数字用户线（Digital Subscriber Line，DSL）技术就是为了达到这个目的而对传统电话线路改造的产物。

数字用户线是指从用户家庭、办公室到本地电话交换中心的一对电话线。用数字用户线实现通话与上网有多种技术方案，如非对称数字用户线（Asymmetric DSL，ADSL）、高速数据用户线（High Speed DSL，HDSL）、甚高速数据用户线（Very High Speed DSL，VDSL）等，人们通常用前缀 x 来表示不同的数据用户线技术方案，统称为"xDSL"。

家庭用户主要是通过 ISP 从互联网下载文档，而向互联网发送信息的数据量不会很大。如果我们将从互联网下载文档的信道称为下行信道，将向互联网发送信息的信道称为上行信道，那么家庭用户需要的下行信道与上行信道的带宽是不对称的，因此 ADSL 技术很快应用于家庭计算机接入到互联网。

随着物联网应用的推进，人们发现利用 ADSL 可以方便地将智能家居网关、智能家电、视频探头、智能医疗终端设备接入到物联网。图 5-18 给出了智能家居网关通过 ADSL 接入到物联网的结构示意图。

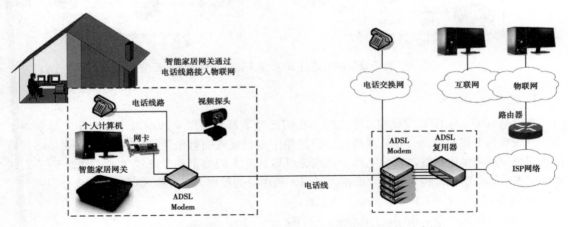

图 5-18　智能家居网关通过 ADSL 接入物联网的结构示意图

ADSL 可以在现有的用户电话线上通过传统的电话交换网，在不干扰传统模拟电话业务的情况下提供高速数字业务。由于用户不需要重新铺设电缆，因此运营商在推广 ADSL 技术时在用户端的投资相当小，容易推广。利用已经广泛应用的 ADSL 技术将智能终端设备接入到物联网是一种经济、实用的方法。

3. 广播电视网与 HFC 接入技术

与电话交换网一样，有线电视网络（CATV）也是一种覆盖面、应用面广泛的传输网络，被视为解决互联网宽带接入"最后一公里"问题的最佳方案。

20 世纪 60~70 年代的有线电视网络技术只能提供单向的广播业务，那时的网络以简单共享同轴电缆的分支状或树形拓扑结构组建。随着交互式视频点播、数字电视技术的推广，用户点播与电视节目播放必须使用双向传输的信道，因此产业界对有线电视网络进行了大规模的双向传输改造。光纤同轴电缆混合网（Hybrid Fiber Coax，HFC）就是在这样的背景下产生的。我国的有线电视网的覆盖面很广，通过对有线电视网络的双向传输改造，可以为很多的家庭宽带接入互联网提供一种便捷的方法。因此，HFC 已成为一种极具竞争力的宽带接入技术。

图 5-19 给出了智能家居网关通过 HFC 接入到物联网的结构示意图。与 ADSL 一样，利用已经广泛应用的 HFC 技术将智能家居网关、智能家电、视频监控探头、智能医疗终端设备接入到物联网，将是一种经济、实用的接入方法。

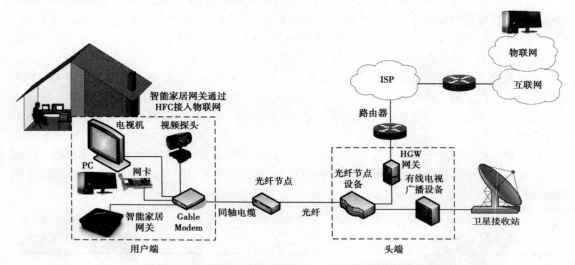

图 5-19　智能家居网关通过 HFC 接入到物联网的结构示意图

4. 光纤接入技术

在讨论 ADSL 与 HFC 宽带接入方式时，我们已经了解到：用于远距离传输的介质都采用了光纤，只有临近用户家庭、办公室的地方仍然使用电话线或同轴电缆。FTTx 接入方式是将最后接入用户端所用的电话线与同轴电缆全部用光纤取代。人们将多种光纤接入方式称为 FTTx，这里的 x 表示不同的光纤接入地点。根据光纤深入到用户的程度，光纤接入可以进一步分为：

- 光纤到家（Fiber To The Home，FTTH）
- 光纤到楼（Fiber To The Building，FTTB）
- 光纤到路边（Fiber To The Curb，FTTC）
- 光纤到节点（Fiber To The Node，FTTN）
- 光纤到办公室（Fiber To The Office，FTTO）

光纤到家是指用一根光纤直接连接到家庭，省去了整个铜线设施（馈线、配线与引入线），增加了用户的可用带宽，减少了网络系统维护工作量。

光纤到楼是一种经济、实用的接入方式。使用 FTTB 不需要拨号，用户终端设备开机即可接入互联网与物联网，这种接入方式类似于专线接入。

光纤到路边是一种基于优化 ADSL 技术的宽带接入方式。这种接入方式适合于小区家庭已经普遍使用 ADSL 的场景。FTTC 可以提高用户可用带宽，而不需要改变 ADSL 的使用方法。FTTC

一般采用小型的 ADSL 复用器 DSLAM，部署在电话分线盒的位置，一般覆盖 24 ~ 96 个用户。

光纤到节点与 FTTC 类似，主要区别在于 DSLAM 部署的位置与覆盖的用户数。FTTN 将光纤延伸到电缆交接盒，一般覆盖 200 ~ 300 用户。FTTN 比较适合用户比较分散的场景。

光纤到办公室与光纤到家类似，只是光纤到办公室主要针对小型的企业用户。显然，FTTO接入不但能够提供更大的带宽，简化了网络的安装与维护，而且能够快速引入各种新的业务。

从以上讨论中可以看出，光纤是智能终端接入物联网时确保安全与高带宽的方式。

5. 电力线接入技术

由于只要有电灯的地方就有电力线，电力线覆盖的范围已经远远超过电话线，因此人们一直希望利用电力线实现数据传输，这项研究导致了电力线通信（Power Line Communication，PLC）技术的产生，并成为有线接入技术中的一员。

PLC 技术将发送端载有高频计算机、智能终端设备的数字信号载波调制在低频（我国与欧洲为 200V/50Hz，美国和日本为 100V/60Hz）交流电压信号上，接收端将载波信号解调出来，传送给接收端的计算机或控制终端。如图 5-20a 所示，通过电力线连接的节点通过电力线调制解调器、RJ45 电缆，将计算机连接到 220V 电力线上。由于目前计算机、智能终端一般都内置 Ethernet 网卡，因此很多电力线调制解调器设置有 RJ45 端口，通过 Ethernet 的 10BASE-T 标准 RJ45 电缆线将连网计算机、智能终端与电力线调制解调器连接起来。

图 5-20b 给出了使用 PLC 组建家庭网络的结构示意图。一般情况下，PLC 连接节点的范围限制在家庭内部的电力线覆盖范围内，信号传输不超过电表与变压器，因此也叫做室内电力线。图

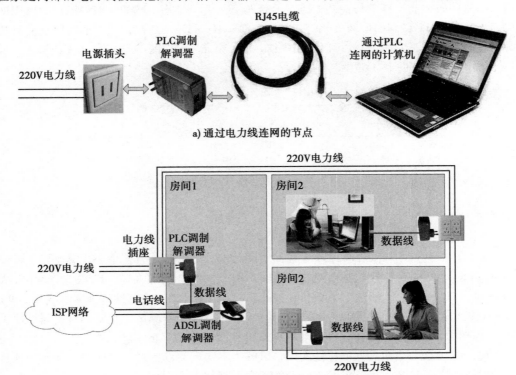

a) 通过电力线连网的节点

b) 使用电力线连网的家庭网络结构示意图

图 5-20　PLC 接入示意图

中的电力线将各个房间中的计算机、物联网智能终端设备连接成一个局域网。局域网内部的节点之间通过220V电力线通信。如果我们希望将家庭网络接入互联网或物联网，那么只需要在一个节点接入 ADSL 调制解调器，通过电话线接入 ISP 网络，就可以接入到互联网或物联网。当然，也可以通过无线局域网、无线城域网或光纤端口接入到互联网或物联网中。如果计算机或智能终端设备需要用220V电压供电，那么 ADSL 调制解调器可以提供一颗220V电源线给接入设备供电。

与 ADSL、HFC、光纤接入方法一样，利用 PLC 技术可以方便地将智能家居网关、智能家电、视频监控探头、智能医疗终端设备接入到物联网，因此 PLC 也是一种经济、实用并有很好发展前景的接入技术之一。

5.3.3 无线接入技术

物联网终端通过无线的方式接入时将用到以下几种技术：IEEE 802.11 的 Wi-Fi、移动通信网的 NB-IoT、M2M、D2D，以及蓝牙、ZigBee、6LoWPAN 、UWB、NFC 与 NB-IoT 等。但是，在讨论无线接入技术之前，首先要了解免予申请的工业、科学与医药专用的（Industrial Scientific Medical，ISM）频段问题。

1. 工业、科学与医药专用频段

为了维护无线通信的有序性，防止不同通信系统之间的干扰，世界各国都要求使用者向政府管理部门申请特定的无线频段，获得批准后才可以使用。同时，政府管理部门也专门划出了免予申请的频段，如工业、科学与医药专用的 ISM 频段，用户在使用 902～928MHz（915MHz 频段）、2.4～2.485GHz（2.4GHz 频段）、5.725～5.825GHz（5.8GHz 频段）3 个频段且发射功率小于规定值（一般小于1W）时，可以不用申请。ISM 频带分配如图 5-21 所示。无线接入一般都是采用免于申请、免费的 ISM 频段。

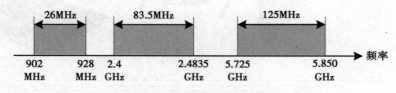

图 5-21　ISM 频带分配示意图

2. Wi-Fi 接入

（1）Wi-Fi 的基本概念

1997 年，IEEE 公布了 IEEE 802.11 无线局域网标准。1999 年 8 月，由 350 家业界主要公司（如 Cisco、Intel 与 Apple 等）组成了致力于推广 IEEE 802.11 标准的 Wi-Fi 联盟（Wi-Fi Alliance）。术语"Wi-Fi"或"WiFi"（Wireless Fidelity）具有"无线兼容性认证"的含义。Wi-Fi 联盟是一个非营利的组织，它授权在 8 个国家建立了 14 个独立的测试实验室，对不同厂商生产的 802.11 标准的无线局域网设备，以及采用 802.11 无线接口的笔记本计算机、Pad、智能手机、相机、电视、RFID 读写器进行互操作性测试，以解决不同厂商设备之间的兼容性问题。凡是测试通过的网络设备都准予使用"Wi-Fi CERTIFIED"的标记。

尽管 Wi-Fi 只是厂商联盟在推广 802.11 标准时使用的标记，但是人们已经习惯将 Wi-Fi 作为 IEEE 802.11 无线局域网的名称，将 Wi-Fi 接入点 AP（Access Point）设备称为无线基站（base station) 或无线热点 (hot sport), 由多个无线热点覆盖的区域叫做热区 (hot zone)。现在无论在大学校园、宾馆、机场、车站、餐厅、体育场、购物中心, 甚至是公交车上, 随处可见 Wi-Fi 标识或 Wi-Fi Free (免费 Wi-Fi) 图标。

接入无线局域网的节点一般称为无线工作站或无线主机 (wireless host)。无线主机可以是移动的, 也可以是固定的; 可以是台式计算机、笔记本计算机, 也可以是物联网中智能家居网关、智能家电、RFID 读写器、无线视频探头、可穿戴计算设备、智能机器人或物联网控制终端设备。

(2) Wi-Fi 的组网方式

IEEE 802.11 无线局域网支持使用基站和不使用基站的两种组网方式。Wi-Fi 的基站又叫做接入点 (AP)。所有接入到 Wi-Fi 网络的节点都与 AP 通信。Wi-Fi 网络呈现出星形拓扑的结构。图 5-22 给出了物联网终端设备利用接入点设备组网的示意图。

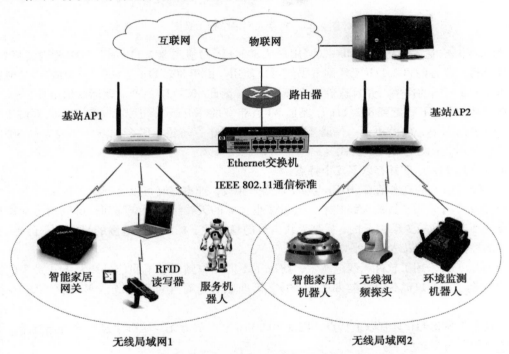

图 5-22　物联网终端设备利用 AP 接入物联网的示意图

IEEE 802.11 协议也支持节点不使用基站, 以无线自组网 (Ad hoc) 方式组网。无线传感器网络 (WSN) 就是采用 Ad hoc 方式组网的。典型的利用 IEEE 802.11 协议的机器人网络结构如图 5-23 所示。

(3) Wi-Fi 标准的发展

1997 年 6 月, IEEE 公布了第一个无线局域网标准 (IEEE Std. 802.11-1997), 之后出现的其他无线局域网标准都是以它为基础修订的。802.11 标准定义了 ISM 的 2.4GHz 频段、速率为 2Mbps 的无线局域网物理层与介质访问控制层协议。

此后, IEEE 又陆续成立了新的任务组, 对 802.11 标准进行补充和扩展。1999 年出现了 IEEE 802.11a 标准, 采用 5GHz 频段, 数据传输速率为 54Mbps; 出现了 IEEE 802.11b 标准, 采用 2.4GHz 频段, 数据传输速率为 54Mbps。由于 802.11a 产品造价比 802.11b 高出很多, 同时 802.11a 与 802.11b 产品不兼容, 因此 2003 年 IEEE 公布了 802.11g 标准。802.11g 标准采用了与 802.11b 相同

Ad hoc网络

IEEE 802.11通信标准

控制节点

机器人网络

图 5-23　机器人网络结构示意图

的 2.4GHz 频段，速率提高到 54Mbps。当用户从 802.11b 过渡到 802.11g 时，只需要购买 802.11g 接入点设备，原有的 802.11b 无线网卡仍然可以使用。由于 802.11g 与 802.11b 兼容，又能够提供与 802.11a 相同的速率，并且造价比 802.11a 低，因此 802.11a 的产品逐渐淡出市场。

尽管从 802.11b 过渡到 802.11g 已经是 Wi-Fi 带宽的"升级"，但是 Wi-Fi 仍然需要解决带宽不够、覆盖范围小、漫游不便、网管不强、安全性不好等问题。那么，2009 年发布的 802.11n 标准对于 Wi-Fi 来说是一次"换代"。

IEEE 802.11n 标准具有以下几个特点：

1) 802.11n 可以工作在 2.4GHz 与 5GHz 两个频段，速率最高可以达到 600Mbps。

2) 802.11n 采用了智能天线技术，通过多组独立的天线组成天线阵列，可以动态地调整天线的方向图，达到减少噪声干扰、提高无线信号的稳定性、扩大覆盖范围的目的。一台 802.11n 接入点的覆盖范围可以达到几平方公里。

3) 802.11n 采用了软件无线电技术，解决了不同工作频段、不同信号调制方式带来的系统不兼容问题。802.11n 不但能与 802.11a/b/g 标准兼容，而且可以与无线城域网 802.16 标准兼容。

正是由于 802.11n 具有以上特点，因此 802.11n 已经成为无线城市建设中的首选技术，并且进入家庭与办公室环境中。

802.11ac 与 802.11ad 修正草案被称为"千兆 Wi-Fi 标准"。其中，2011 年发布的 802.11ac 草案是工作频段为 5GHz、传输速率为 1Gbps 的 Wi-Fi 标准。2012 年发布的 802.11ad 草案抛弃了拥挤的 2.4GHz 与 5GHz 频段，定义了工作频段在 60GHz、传输速率为 7Gbps 的 Wi-Fi 标准。这些技术都考虑了与 802.11a/b/g/n 标准兼容的问题。由于 802.11ad 使用的工作频段在 60GHz，因此它的信号覆盖范围比较小，更适合物联网接入应用。

表 5-2 给出了几个主要的 IEEE802.11 标准（或草案）的名称、工作频段、支持的最大传输速率与标准公布时间等数据。

既然已经有了覆盖范围广泛的 4G/5G 移动通信网，为什么我们还要发展 Wi-Fi 呢？答案很简单：电信业要获得 4G/5G 移动通信网服务的资格，就要为购买 4G/5G 频谱使用权花费数亿计的资金，那么移动通信网就不可能提供免费的服务，必然要采取收费的商业运营模式。而 Wi-Fi 则选用了免于批准的 ISM 频段，它就成为供广大网民以移动方式免费接入 Internet 的重要信息基础设施。因此，Wi-Fi 对于物联网来说是一种经济、实用并有很好发展前途的接入技术之一。

表 5-2　主要的 IEEE 802.11 协议标准

IEEE 标准	频　段	最大传输速率	标准公布时间
802.11	2.4GHz	2Mbps	1997
802.11a	5GHz	54Mbps	1999
802.11b	2.4GHz	11Mbps	1999
802.11g	2.4GHz	54Mbps	2003
802.11n	2.4GHz、5GHz 2.4GHz 或 5GHz（可选） 或 2.4GHz 与 5GHz（同时支持）	600Mbps	2009
802.11ac	5GHz	1Gbps	2011（草案）
802.11ad	60GHz	7Gbps	2012（草案）

3. 蓝牙、ZigBee 与 LR-WPAN 技术

在无线个人区域网中，常用的技术与标准是蓝牙、ZigBee 技术，以及符合 IEEE 802.15.4 标准的低速无线个人区域网络（LR-WPAN）技术，这也是物联网常用的智能终端接入方法。

（1）蓝牙的基本概念

1994 年，爱立信公司看好移动电话与无线耳机的连接，以及笔记本计算机与鼠标、键盘、打印机、投影仪的无线连接的技术与市场，对于近距离的无线连接产生了浓厚的兴趣。之后，爱立信公司与 IBM、Intel、诺基亚和东芝等公司发起了开发一个短距离、低功耗、低成本通信标准和技术的倡议，并将它命名为蓝牙（Bluetooth）无线通信技术。

对于"蓝牙"这个名字，有一个已被普遍接受的说法，那就是它与一位丹麦国王的名字有关。Harald Blatand 是公元 940~985 年间的丹麦国王。据说在他统治期间统一了丹麦和挪威，并把基督教带入斯堪的纳维亚地区，因此就将"Blatand"近似地翻译成"Bluetooth"，中文直译为"蓝牙"。由于这项技术是在斯堪的纳维亚地区产生的，因此技术的创始人就用这个名字命名，表达他们要像当年的丹麦国王统一多国一样，统一世界上不同公司的"短距离无线通信"技术和产品的初衷。

蓝牙通信采用 ISM 频段。工作频率在 2.4GHz 时，数据传输速率最高为 1Mbps，通信距离一般在 10cm~10m，支持点对点、点对多点的通信。目前，应用蓝牙技术开发的蓝牙键盘、蓝牙鼠标、蓝牙耳机、蓝牙 MP3 播放器、蓝牙投影仪（笔）、蓝牙音箱已经得到广泛使用（如图 5-24 所示）。

1998 年 5 月，爱立信与 IBM、Intel、诺基亚和东芝等公司发起蓝牙技术联盟（SIG）。SIG 目前共有 1800 多个成员，包括消费类电子产品制造商、芯片制造厂家与电信业等。SIG 致力于蓝牙技术的推广。蓝牙技术已经出现了很多的版本，传输速率高达 480Mbps、传输距离达到几十米的标准已经出现。目前，智能手机、可穿戴计算设备和物联网智能终端设备在近距离、低速接入中都使用了蓝牙技术。

（2）ZigBee 技术的基本概念

ZigBee 是一种面向自动控制的低速、低功耗、低价格的无线网络技术。ZigBee 对通信速率的要求低于蓝牙，在 ISM 频段，2.4GHz 时的传输速率为 250kbps，在 915MHz 时为 40kbps。ZigBee 的功耗更低，由电池供电时，在不更换电池的情况下可以工作几个月，甚至几年。但是，ZigBee 网络的节点数量、覆盖规模比由蓝牙技术大得多，传输距离为 10~75m。

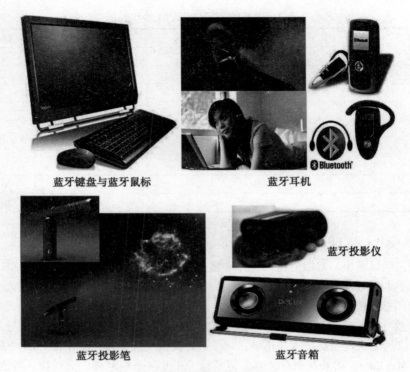

蓝牙键盘与蓝牙鼠标　　　　　　蓝牙耳机

蓝牙投影仪

蓝牙投影笔　　　　　　　　　蓝牙音箱

图 5-24　蓝牙技术的应用

ZigBee 适合数据采集与控制的点多、数据传输量不大、覆盖面广、造价低的应用领域，在家庭网络、安全监控、医疗保健、工业控制、无线定位等方面展现出广阔的应用前景。图 5-25 给出了采用 ZigBee 技术开发的人体健康状况监测系统结构示意图。ZigBee 也是物联网智能终端设备在近距离、低速接入常用的方法之一。

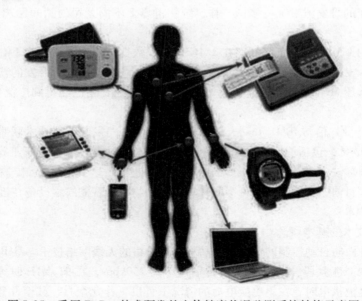

图 5-25　采用 ZigBee 技术研发的人体健康状况监测系统结构示意图

（3）IEEE 802.15.4 标准

蓝牙通信标准和 IEEE 无线个人区域网络（WPAN）标准是不相同的。通信标准的不同导致基于蓝牙通信技术开发的设备与基于 IEEE802.11 标准开发的设备之间无法直接通信。为了解决这个问题，IEEE 标准化委员会在 2000 年正式成立了 802.15 工作组，致力于低速无线个人区域网络（Low-Rate Wireless Personal Area Network，LR-WPAN）标准的研究与制定工作。LR-WPAN 研究的目标是解决近距离、低速率、低功耗、低成本、低复杂度的嵌入式无线传感器，以及自动控制设备、自动读表设备之间的数据传输问题。

IEEE 802.15.4 规定了长寿命电池、低复杂度的低速率无线收发机技术规范，适合靠电池运行 1~5 年的紧凑型、低功耗、廉价、嵌入式设备，如无线传感器网络中的传感器节点。IEEE 802.15.4 节点的发射功率只是 Wi-Fi 的 1%。

实际上，蓝牙和 Wi-Fi 已被认为不适合低功耗的传感网应用，目前无线传感器网络研究的平台大多数都采用 IEEE 802.15.4 标准。

4. 基于 IPv6 的低速无线个人区域网标准

随着 IPv4 地址的耗尽，IPv6 替代 IPv4 协议已是大势所趋。物联网技术的发展将进一步推动 IPv6 的部署与应用。2004 年 11 月，IETF 成立了基于 IPv6 的低速无线个人区域网（IPv6 over Low-Power Wireless Personal Area Networks，6LowPAN）工作组，将 IPv6 协议集成到以 IEEE 802.15.4 为底层协议的无线个人区域网中。IETF 6LoWPAN 工作组的任务是研究如何在利用 IEEE 802.15.4 链路支持基于 IP 的通信的同时，遵守互联网开放的标准，能够与其他 IP 设备实现互操作的问题。

6LoWPAN 协议将 802.15.4 协议与 IPv6 协议结合有以下几个好处：

1）IPv6 巨大的地址空间可以满足 LoWPAN 应用对网络地址的需求。

2）IPv6 协议的邻居发现、地址自动配置特征使 LoWPAN 的设计、构建与运行，以及智能终端设备接入到物联网更容易。

目前，基于 LoWPAN 的无线传感器网络研究已成为热点课题之一。

5. 超宽带通信技术

高速率低功耗的超宽带通信技术（Ultra-Wireband，UWB）又称为脉冲无线通信技术，它的出现可以追溯至 19 世纪，最初是用于军用雷达和定位。

UWB 将宽度在 ns（纳秒）量级的快速上升和下降的脉冲信号直接通过天线发射出去。脉冲峰峰时间间隔在 10~100 ps（皮秒）。其中，1ns 等于 1×10^{-9} 秒，1ps 等于 1×10^{-12} 秒。

UWB 通过在较宽的频谱上传送功率极低的信号，能在 10 米左右的范围内实现数百 Mbps 至数 Gbps 的数据传输速率。由于 UWB 具有较宽的频谱、较低的功率、脉冲化数据，因此 UWB 对其他无线系统的干扰小于传统的无线通信方案，在室内无线环境中能够与有线通信相媲美。2002 年 2 月，美国 FCC 批准将 UWB 技术用于民用。

由于 UWB 具有抗干扰性强、传输速率高、带宽高、消耗电能少、发送功率小等优点，因此特别适合室内密集多径场合的高速无线接入，如 WPAN、WBAN 与 WMSN。目前 UWB 已经用于室内通信、高速无线 LAN、家庭网络、移动电话、安全检测、位置测定等领域。

同时，由于 UWB 技术对信道衰落不敏感、定位与物体搜索能力强等特点，因此可以用于 VANET 中自动驾驶车辆的前方、后方、侧面障碍物的搜索、定位与报警。UWB 作为一种高速率、低功耗、低成本的无线通信技术，在未来的 WSN 应用中具有广阔的应用前景。尤其是在一些特定的应用领域，UWB 技术在无线传感器节点节能方面的优点会使它成为优秀的候选技术。

6. WBAN 与 IEEE 802.15.6 标准

随着物联网智能医疗应用的迅速发展，IEEE 于 2012 年正式批准了可以作为无线人体传感器网络（WBSN）的通信标准——IEEE 802.15.6。

2007 年 11 月，专门致力于为医疗保健服务的 IEEE 的 802.15 工作组（IEEETG6）成立，研究适应于人体与人体周边（3～5m）无线通信的无线人体区域网络（WBAN）的通信技术及标准。经过 5 年多的努力，于 2012 年 3 月公布了 802.15.6 标准的正式版本。802.15.6 标准涵盖了 WBA 的物理层、MAC 层，以及网络拓扑与网络安全（加密认证）的实现方法。

IEEE 802.15.6 标准具有短距离、低功耗、低成本、实时性与安全性高的特点，除了可以应用于健康医疗之外，还可以应用于航空、个人娱乐、体育运动、环境智能、军事与社会公共安全等领域，能够取代蓝牙与 ZigBee 等通信标准。

IEEE 802.15.6 除了应用于医疗保健与疾病控制之外，还可以用于消防、探险、军事等危险场合，也可用于日常生活中人体周边便携式装置（如便携播放器与无线耳机）之间的通信，它将成为物联网有短距离、低功耗终端接入技术之一。

7. NFC 技术

一种由非接触式 RFID 识别技术演变出的近距离（可用距离约为 10 厘米）的高频无线通信技术——近场通信（Near Field Communication，NFC）引起了产业界的高度重视。

NFC 可以用于 RFID、电子身份识别（如信用卡、门禁卡等）与数据传输。用户可以用智能手机替代公交卡、银行卡、员工卡、门禁卡、会员卡等非接触式智能卡，还能读取广告牌上附带的 RFID 标签信息。现在很多研究人员正在研究如何使用 NFC 标签控制手机，快速实现无线网络的配置，自动实现将手机设置为静音模式、启动时间记录功能和切换 PIN 锁模式等功能。这样，管理人员可以在会议室门口贴一块 NFC 标签，进入会场的人将手机靠近 NFC 标签，手机就自动进入静音状态；若在车上贴一块 NFC 标签，司机将手机靠近 NFC 标签时，就可以自动启动导航或语音播放功能。

NFC 具有成本低廉、方便易用、功耗小的优点。同时，内嵌 NFC 通信功能的移动设备通过射频信号可以实现自动识别、信道建立、交换数据，共享网络服务的功能。这种用户免于安装、使用简便、自动实现服务功能的工作方式能够满足各类用户普遍的需求，因此引起了业界广泛的关注。NFC 技术目前仍处于发展的初始阶段，NFC 在物联网接入中的应用已经引起了产业界的重视。

8. NB-IoT

在移动通信网中，针对低功耗、广覆盖、超可靠、低时延的物联网通信技术主要有两种：NB-IoT 与 eMTC。2016 年 10 月，中国移动联合华为等厂商进行了基于 3GPP 标准的窄带物联网（NB-IoT）和增强机器类通信（eMTC）商用产品的实验室测试，希望能够促进蜂窝物联网产品的快速成熟，推动我国物联网发展。

（1）NB-IoT

NB-IoT 的全称是基于蜂窝网络的窄带物联网（Narrow Band Internet of Things）技术，这项研究的目标就是针对物联网市场。NB-IoT 标准是由华为公司主导制定的。

对于移动蜂窝通信市场，4G 成功商用之后，5G 的标准化、商业化都需要时间，但物联网应用需要不断地得到新技术的支持，因此在 5G 之前需要有一个技术来支撑运营商开拓物联网市场。而且，运营商要很容易地在现有的基础上通过升级而支持这项技术。在这样的背景下，华为公司推出了 NB-IoT 技术。

NB-IoT 技术的特点是覆盖广、规模大、功耗低、成本低。"覆盖广、规模大"表现在 NB-IoT 构建于蜂窝网络中，只消耗大约 180kHz 的带宽，单个小区支持 10 万个移动终端接入。"功耗低、成本低"表现在 NB-IoT 终端模块的待机时间可长达 10 年，终端模块的成本将不超过 5 美元。

NB-IoT 可以广泛应用于多种行业和应用中，如远程抄表、资产跟踪、智能停车、智慧城市、智能物流、智能农业、智能医疗、智能家居等。NB-IoT 将成为物联网一种经济、实用的接入技术。

（2）eMTC

另一项与 NB-IoT 设计思路相近的技术是 eMTC。eMTC 也是部署在蜂窝移动通信网中，支持的数据传输速率为 1Mbps，其他技术参数与 NB-IoT 基本相同，如单个小区能支持 10 万个移动终端接入，eMTC 终端模块的待机时间可长达 10 年。eMTC 计划在支持移动性、可定位、成本更低与更高的速率等方面形成自己的特色。

eMTC 在智能物流应用上具有防盗、防调换、实时温度传感与可定位的优势；能够实时监控、定位，并将信息记录上传；可以对行驶轨迹进行查询。在智能可穿戴设备中，可支持健康监测的视频、数据上传和定位；还可以用于智能充电桩、电梯安防、智能公交站牌、公共自行车管理等方面。

未来在基于蜂窝网络的窄带物联网接入技术的竞争中，应用规模、运营与接入模块的成本将起到决定的作用。

*5.3.4 软件无线电、认知无线电在物联网中的应用

1. 无线频谱稀缺与低效率并存的局面

随着无线通信的普及，尤其是物联网应用的发展，大量移动终端设备投入使用，使得本来就很匮乏的无线频谱资源变得越来越珍贵。按照现在的频谱分配策略，我们已经很难再为新的无线通信应用申请新的频点。同时，人们又不能不面对另一个现象，那就是无线通信专家在监测一些常用无线频段时发现，这些频段的平均利用率实际上低于 5%。因此，我们面临着无线频谱稀缺与低效率并存的局面。究其原因，主要还是因为频谱使用的不开放，利益关系造成用户之间不合作而造成的。

我们在 ISM 频段问题的讨论中已经说过，除了 ISM 频段之外，其他频段的使用是需要先申请的。所谓"频谱资源不开放"是指不允许非授权用户使用已经被授权的频段。即使某一个频段的利用率不高或在空闲期，非授权用户也不能使用。当然，这样做的目的还是要保证各行各业都能够合法地使用申请到的频段，不出现抢占与相互干扰的问题。出于对已分配频谱资源的保护，申请单位不愿意同非授权、但是非常需要使用这个频段的用户合作和共享也就容易理解了。

面对这种局面，除了从频谱管理与使用的角度想办法，还必须从技术角度设法改善。软件无线电与认知无线电就是一个可行的方案。

2. 软件无线电

顾名思义，传统的无线电设备是用硬件电路组成的。例如，打开传统的无线电台，我们看见的是焊接在主板上的集成电路、电感、电阻、电容，以及连接各部件的导线和天线，可以说，传统的无线电台就是硬件无线电。从这个意义上说，软件无线电技术就是利用软件完成传统上由

硬件实现无线通信功能。软件无线电的出现打破了无线通信功能的实现依赖于硬件的发展格局。在通信领域，软件无线电技术是继从固定通信到移动通信，从模拟通信到数字通信之后的第三次革命。

从实现技术上看，除了射频的前端（包括天线）之外，许多通信功能都可以通过软件来实现。例如，通过软件编程可以实现模数变换器（A/D）与数模变换器（D/A）功能；通过软件编程可以实现各种通信频段（HF、VHF、UHF 和 SHF）的选择；通过软件编程可以完成数据信号的抽样、量化、编码/解码、运算处理和变换；通过软件编程可以实现不同的信道调制方式（调幅、调频、单边带、数据、跳频和扩频）的选择；通过软件编程可以实现不同的网络协议、终端控制协议与加密/解密的功能。

软件无线电（Software Radio，SR）可以充分利用软件技术的灵活性、模块化、可定制特点，改变了无线通信系统单一的工作模式，提高了系统的灵活性与对外部环境的动态适应能力，也为认知无线电的发展奠定了基础。

3. 认知无线电

频谱已经成为制约移动通信与无线接入技术发展的一个重要问题，这个问题在物联网中将会很突出。解决这个问题有两个思路，一是进一步利用更高的毫米波段进行通信，二是寻找频谱优化利用的方法。显然，第二种方法更有利于提高频谱的利用率。

美国加州大学伯克利分校的研究人员在伯克利市区对中午时分的不同频段的使用情况进行了测试。测试的结果是：3~4GHz 频段的利用率只有 0.5%，4~5GHz 频段的利用率只有 0.3%，而 3GHz 以下的频段 70% 没有被充分地利用。研究人员发现，频谱利用率与时间、地理位置有高度的相关性。那么，能不能够找到一种频谱动态利用的方法呢？这就是认知无线电研究的起点。1999 年，科学家提出了感知无线电（Cognitive Radio，CR）的概念，其核心思想是：无线通信系统自身具有学习能力，能够与周围环境交互信息，以感知和利用该空间的可用频谱，并限制和降低冲突的发生。感知无线电的关键技术包括频谱感知、频谱管理与频谱共享。

使用认知无线电的物联网终端通信系统要能够对它所处的外部环境实时认知，获得频谱使用的现状，能够根据自身对速率、延时与频谱利用率的需求，在不产生干扰的情况下，动态地选择可使用的无线信道。

认知无线电以软件无线电技术为基础，是无线电、软件工程、人工智能等多学科融合形成的交叉学科。由于认知无线电具有灵活、智能、可重配置的特征，因此又被称为机会频谱接入无线电或智能无线电。

随着物联网研究工作的深入，研究人员逐渐认识到频谱稀缺对未来物联网发展的影响。例如，很多物联网应用项目虽然使用了大量的 ISM 频段，并且 WSN 节点部署在郊外比较空旷的山林之中，但是由于系统中包含数以千计的无线传感器节点，在实际使用中已经出现了频谱资源紧张的情况。因此，在物联网研究中，必须关注软件无线电与认知无线电研究的进展，前瞻性地针对未来的物联网大规模中可能出现的问题，通过认知无线电应用来解决这些问题。

本章小结

1）计算机网络是计算机学科最活跃的研究领域之一，互联网是计算机网络最成功的应用。通信学科是信息技术领域发展最快的学科之一，移动通信产业为信息产业的发展注入了强劲的动力，正在改变着人们的社会生活与经济社会。在这样的一个大的背景之下，出现了信息通信技术（ICT）的概念。

2）随着物联网应用的发展，智能医疗对人体区域网提出了强烈的需求，促进了人体区域网技术的发展与标准的制定，扩展了计算机网络的种类。物联网是在互联网技术上发展起来的，因此研究物联网通信与网络技术，必须了解广域网、城域网、局域网、个人区域网与人体区域网的基本知识。

3）物联网将成为 5G 技术研究与发展的重要推动力，同时 5G 技术的成熟和应用也将使很多物联网应用的带宽、可靠性与延时的瓶颈得到解决。

4）物联网的发展不断向移动通信网提出新的研究课题与应用需求，推动着移动通信网技术的发展。M2M、D2D 技术就是很好的例证。

5）物联网接入技术关系到如何将成千上万的传感器、控制器与智能终端设备接入到物联网应用系统，关系到物联网能够提供的服务类型、应用水平、服务质量、资费等切身利益问题，同时也是构建物联网网络基础设施时需要解决的一个重要问题。

习题

一、单选题

1. 以下关于计算机网络分组交换特点的描述中，错误的是（　　）。

    A）分组交换适合于突发性强的计算机数据通信的需求

    B）分组交换在发送数据之前需要事先建立线路连接

    C）分组头部带有源地址与目的地址

    D）分组的最大数据长度有限制

2. 以下关于计算机网络分组传输过程的描述中，错误的是（　　）。

    A）路由选择算法为每个分组选择一条到达目的主机最佳的传输路径

    B）同一个报文的不同分组可能通过不同的传输路径到达目的主机

    C）分组在到达目的主机时不会出现乱序或丢失的现象

    B）高层软件要对接收到的多个分组进行排序

3. 以下关于三网融合的描述中，错误的是（　　）。

    A）"三网"是指计算机网络、电信通信网与电视传输网

    B）"融合"是指技术的融合

    C）"融合"是指业务的融合

    D）"融合"是指网络结构的融合

4. 以下不属于计算机网络分类的是（　　）。

    A）广域网　　　　　　B）城域网　　　　　　C）接入网　　　　　　D）人体区域网

5. 以下关于广域网特点的描述中，错误的是（　　）。

    A）覆盖的地理范围从几十公里到几千公里

    B）主要用于互联不同地理位置的局域网

    C）广域网一般属于公共数据网络

    D）广域网建设投资很大

6. 以下关于宽带城域网的描述中，错误的是（　　）。

    A）宽带城域网是以 CDMA 协议为基础

    B）一般可以分为核心交换、汇聚与接入三个层次

C）汇聚层将用户访问互联网请求汇聚到核心交换层

D）通过核心交换层连接到互联网

7. 以下关于 TCP/IP 协议的描述中，错误的是（　　）。

A）TCP/IP 包括实现复杂网络功能的一组协议

B）提供 Web 服务的 HTTP 协议属于应用层

C）TCP 协议属于互联网络层

D）主机 – 网络层没有规定具体的协议

8. 以下关于移动通信网小区制的描述中，错误的是（　　）。

A）将一个大区制覆盖的区域划分成多个小区

B）多个小区组成一个区群

C）每个小区智能架设一个基站

D）小区内的手机与基站建立无线链路

9. 以下关于移动通信网无线信道与空中接口的描述中，错误的是（　　）。

A）移动通信与有线通信的信道接口标准是相同的

B）无线信道是手机与基站之间的无线"空中接口"

C）移动通信中手机与基站使用的是无线信道

D）4G、5G 是指不同的空中接口技术与标准

10. 以下关于 5G 特点的描述中，错误的是（　　）。

A）端 – 端延时可以达到 10ms

B）用户体验速率在 0.1 ~ 1Gbps

C）流量密度为每平方米为 10Mbps

D）每平方公里可以支持 100 万个在线设备

二、思考题

1. 为什么要研究容迟网技术？

2. 为什么说 IPv6 协议将成为物联网核心协议之一？

3. 为什么说进入 5G 时代，受益最大的是物联网？

4. 请举出两个本书中没有列举的物联网应用移动通信网 M2M 的例子。

5. 请举出两个本书中没有列举的物联网应用移动通信网 D2D 的例子。

6. 我国在 NB-IoT 的技术研发与标准制订上占据主导地位。请列举出 NB-IoT 技术的主要优点，以及在我国成功的应用案例。

第6章 位置信息、定位技术与位置服务

位置是物联网信息的重要属性之一，缺少位置的感知信息是没有实用价值的。位置服务采用定位技术，确定智能物体当前的地理位置，利用地理信息系统技术与移动通信技术，向物联网中的智能物体提供与其位置相关的信息服务。本章将在介绍位置信息与位置服务概念的基础上，对物联网中的位置服务、定位系统与定位技术进行系统的讨论。

本章教学要求
- 掌握位置信息的概念和内涵。
- 理解卫星定位系统概念与基本工作原理。
- 了解各种定位技术特点。
- 理解物联网位置服务的基本概念。

6.1 位置信息与位置服务

6.1.1 位置信息——从互联网到物联网

位置信息是人们生活中每一个时刻都必须掌握的信息，是最基本的一类信息。下面以作者三次参观山东曲阜孔庙的感受来说明位置信息在互联网应用普及之前、普及之后，以及未来物联网时代的作用。

作者第一次参观山东曲阜孔庙时还没有互联网。当时第一步是找到山东省地图，找到曲阜市的位置，了解到曲阜市的位置在京沪铁路线上；第二步是找到最新的铁路运行时刻表，查一下从天津到曲阜的车次与时间；第三步是提前到火车票预售点购买火车票，而到达曲阜之后所住的旅馆只能在到达之后再去寻找。尽管是一趟非常简单的旅行，用"人工安排"的方式安排行程却很麻烦，并且有很多不确定性。

作者第二次参观孔庙是在互联网普及之后，作者这次与研究室的同事们采取自驾游的方式参观孔庙。利用互联网，我们只要在搜索引擎上输入"曲阜 孔庙"，搜索引擎就立即检索出170多万条有关的信息，按照与检索关键字贴近的程度，顺序地提供给我们。排在检索结果前列的是孔庙的介绍、地理位置、孔庙内部地图、参观的内容与注意事项，还提供了从不同地区到达曲阜的火车时刻表与自驾游路线，当地气温、天气情况，不同等级的宾馆与特色餐厅，同时还有很多去过曲阜孔庙的游客的游记。而且，我们还事先通过网络预订了宾馆，甚至午饭在哪个饭店

吃什么样的特色小吃也确定了。我们只要通过电子邮件或短信约定在什么地方集合、什么时候出发就可以了。一行的几辆车上都有 GPS（全球定位系统，Global Positioning System）导航仪，GPS 导航仪为我们制定了从各家的位置到达集结地、从集结地到目的地的最佳路径，在行进的过程中 GPS 不断提示驾驶的路线、是不是超速行驶，以及前方是否有服务区。一路上大家用手机以语音或短信方式相互联系，整个旅行过程都变得顺畅、舒适和惬意。从没有互联网到互联网普及之后，人们做一件事时经历了一个由人来"精心安排"逐步过渡到互联网辅助"周到服务"的演变过程。

我们可以设想一下物联网应用普及之后的情景。当我们准备驾车去孔庙旅游时，只要在智能手机或智能终端设备上输入吃住行的要求，智能系统就会自动地为我们安排好整个行程。当我们车队的几辆车行进在高速公路上时，几辆车自动地形成一个无线自组的车载网，同时与周边行驶的车辆保持联系。平时我们开车时遇到紧急情况靠踩刹车、减速来保证安全，这是一种被动安全性。在高速行驶的过程中，车载网的主动安全功能发挥作用。主动安全功能要求每一辆汽车随时根据自身的位置与速度，以及与周边车辆之间的距离和周边汽车的速度，计算出能够保证车辆安全的车速，并及时调整和控制车辆的安全行驶速度，以主动保证车辆行驶的安全。车载网通过高速公路旁设置的无线通信基站，接收高速公路状态信息。当前方某一个路段出现拥堵或道路维修时，GPS 导航仪将会自动调整行车路线。当汽车超速时，智能终端设备会主动发出提示，在紧急情况下将自动降低速度。当汽车行驶到曲阜市内时，我们不需要在预约的时间之前赶到宾馆去办理住房手续。智能手机或者是智能终端设备会主动向宾馆网站报告旅客已经到达城市的位置信息，宾馆网站会主动地发出提示，告知住房已经为我们准备好，随时欢迎入住。当车辆进入景区时，停车场信息系统主动地提示哪里有停车位。当我们进入景区时，我们可以通过智能手机或智能终端设备收听到我们所在位置的景点介绍。到了用餐时间，订餐的酒店会主动提示我们用餐，并告诉我们到达酒店的路线。从互联网到物联网，人们将经历从互联网辅助"周到服务"到物联网智能的"随机应变，无处不在"服务过程的演变。

我们可以设想出很多能够提高人们生活质量，提高劳动生产率，提高人类生活与环境协调发展的物联网的服务功能，但是如果仔细琢磨一下，我们会发现：在这些非常有价值服务的背后有一个共同的东西——位置信息。

6.1.2　位置信息在物联网中的作用

理解位置信息在物联网中的作用，需要注意以下几个问题。

（1）位置信息是各种物联网应用系统能够实现服务功能的基础

日常生活中 80% 的信息与位置有关，隐藏在各种物联网系统自动服务功能背后的是位置信息。在很多情况下，无线传感器网络的节点需要知道自身的物理位置。例如，通过 RFID 或传感器技术实现的生产过程控制系统，感知系统只有确切地得到装配的零部件是否到达规定的位置，才能够决定下一步装配动作是否应该进行。供应链物流系统必须通过 GPS 系统，确切地掌握配送货物的货车当前所处的地理位置，才能够控制整个物流过程有序地运行。当游客游览景区时，自动讲解设备只有感知到游客当前所在的位置，才能够选择适当的解说词，指导游客游览的路线和讲解景点的风光。车载 GPS 装置只有实时地测量到汽车所处的位置，才能够计算出汽车到达目的地的路径，向驾驶员提示行走的路线。分布在海、陆、空的舰船、战车、飞行器与单兵构成的军事应用物联网中，指挥员对整个战场态势的把握建立在不同位置节点反馈信息的基础之上。因此，位置信息是支持物联网各种应用系统功能实现的重要基础。

（2）位置信息涵盖了空间、时间与对象三要素

位置信息不仅仅是空间信息，它包含着三个要素：所在的地理位置、处于该地理位置的时

间，以及处于该地理位置的对象（人或物）。例如，用于煤矿井下工人定位与识别的无线传感器网络需要随时掌握哪位矿工下井，什么时间、在什么地理位置的信息。用于老年病患者健康状态监控的无线传感器网络需要及时采集被监控对象的血压、脉搏等生理参数，在发病时立即确定患者当时所在的地理位置，以便及时诊断和采取急救措施。用于森林环境监控的无线传感器网络在通过连续的监测，发现某一个传感器节点反馈的温度数值突然升高时，需要参考周边传感器在同一时间感知的温度，来判断是传感器出现故障还是出现了火警。如果出现火警，则需要根据同一时间、不同位置传感器感知的温度高低，来计算出起火点的地理位置。因此，位置信息应该涵盖空间、时间与对象等三要素。

（3）通过定位技术获取位置信息是物联网应用系统研究的一个重要问题

在很多情况下，缺少位置信息，感知系统与感知功能将失去意义。例如，在目标跟踪与突发事件检测应用中，如果无线传感器网络的节点不能够提供自身的位置信息，那么它提供的声音、压力、光强度、磁场强度、化学物质的浓度与运动物体的加速度等信息也就没有价值了，必须将感知信息与对应的位置信息绑定之后才有意义。在无线传感器网络中，无法用手工的方法为某一个节点确定物理位置信息，也不能为每一个节点配置 GPS 接收机。构建全球定位系统是为了解决全球范围的飞机、舰船、汽车的定位和自动导航问题，但是在室内应用中，会由于 GPS 接收机接收不到信号而造成失效。在战争环境中，GPS 卫星系统可能被损坏或被干扰。因此研究如何在物联网中应用GPS 定位技术的同时，也必须研究作为 GPS 定位技术补充的局部范围精确定位技术。

在特定的物联网应用中，有时甚至只需要测量位置信息。我们可以用一个例子来说明局部范围精确定位技术的研究思路。针对目前国际恐怖分子活动猖獗的现实，安全部门提出了基于声感知的狙击手定位系统的研究课题。基于声感知的狙击手定位系统主要是通过多个位于不同位置的声传感器所接收到的枪击声音强度和时间，来计算和确定射击者的位置。2003 年，第一套基于声传感器与无线传感器网络的反狙击系统研制成功。它通过向关注的区域事先撒布大量低成本的声传感器节点的方法，形成多跳自组的无线传感器网络。当发生枪击事件时，声传感器将枪响的时间、强度、角度数据传送给基站。基站通过对数据的融合和计算，定位射击者的位置。这套系统对于无线传感器覆盖范围内或附近的目标，三维坐标的定位的平均误差为 1m，方位角及俯仰角的角度为 1°，对于无线传感器网络覆盖范围之外的目标定位精度偏差也只有 10%。

2005 年，美国军方成功地测试了美国 Crossbow公司所研发的枪声定位系统。传感器节点被安置在建筑物周围之后，它们能够自动地形成无线传感器网络，可以对覆盖范围内发生的枪声与爆炸声进行感知、监测和定位。基于传感器与无线传感器网络的枪声定位系统的成功研制为反恐、救护与保障重点部位安全提供了有效的感知和监测手段。在这个例子中我们可以看出：尽管单个声传感器声强度的测量精度很高，但如果计算机不能够将不同的传感器测量的声强度与对应的传感器位置信息结合起来，也无法计算出射击者的精确位置。图 6-1 给出了声传感器枪声定位系统工作原理示意图。

获取位置信息是物联网应用研究的一个重要

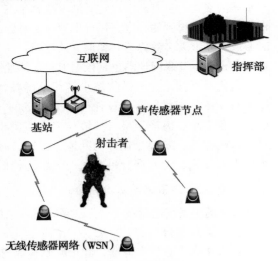

图 6-1　声传感器枪声定位系统工作原理示意图

课题。目前，物联网中关于定位技术的研究主要有：基于 GPS 的定位技术、基于移动通信网的定位技术、基于无线局域网 Wi-Fi 的定位技术，以及无线传感器网络中的定位技术。

（4）位置服务将成为物联网应用中一个重要的产业增长点

移动互联网、智能手机与 GPS 技术的应用带动了基于位置的服务（Location Based Service，LBS）的发展。基于位置的服务也叫做移动定位服务（Mobile Position Services，MPS），通常简称为位置服务。位置服务是通过 4G/5G 或全球定位系统获取移动数字终端设备的位置信息，在地理信息系统平台的支持下为用户提供的一种增值服务。位置服务的两大功能是：确定你的位置，提供适合你的服务。

随着移动互联网与智能手机、iPhone、iPad、PDA、各种智能数据终端设备应用，以及网络地图、移动互联网搜索、智能手机定位、位置服务的结合，位置服务将成为继短信之后，移动互联网与移动通信产业新的应用的增长点与盈利点。

6.2 定位系统

数字地球是以信息技术为核心，多学科交叉、融合的研究成果。从数字地球的数据获取、收集、传输、存储、处理到利用，可以看出支撑数字地球的核心技术主要包括：遥感（RS）、全球定位系统（GPS）、地理信息系统（GIS）、互联网地图。

6.2.1 航天航空遥感技术

1. 航天航空遥感技术的基本概念

顾名思义，"遥"就是在一定的距离之外去观测物体的特性；"感"就是你得了解它，收集它的信息。要理解遥感（Remote Sensing，RS）技术的作用，我们可以比较图 6-2 中的三幅图。图 6-2a 是一位摄影爱好者用数字相机近距离拍摄的我国青藏高原著名的纳木错湖照片，图 6-2b 是一幅纳木错湖卫星遥感图片。图 6-2a 是一张风景照片，尽管画面很美，但是我们只能获得关于纳木错湖一些局部和表面的信息。而通过卫星遥感获取的是纳木错湖全局性的信息，通过不同时间卫星遥感图的比较，可以宏观、全面、准确地了解纳木错湖的湖面积、周边的地貌、边界与水质的变化，更有利于决定对纳木错湖生态、旅游与环境保护的政策。这些信息是一个人站在地面所不能够得到的，也正体现出卫星遥感影像的作用。现在有了互联网地图服务之后，可以随时获取世界上大多数你感兴趣地方的地图。图 6-2c 就是从网络地图中截取的关于纳木错湖周边地形的地图。互联网地图也是依据卫星遥感地图制作的。

现代遥感技术主要是指航空航天遥感技术。通过遥感飞机和遥感卫星的遥感遥测，对地球进行完整的扫描，将地球任何一个地点的自然、人文景观实地拍摄下来。今后大地资源卫星、气象卫星、海洋卫星、环境与灾害监测小卫星群和航空遥感将构成一个完整的航空航天对地观测体系，实现对地球的陆地、大气、海洋的立体观测和动态监测。图 6-3 给出了利用飞机、无人飞机、无人直升机与无人飞艇进行低空遥感的示意图。

2. 航天遥感系统的基本概念

航天遥感系统由运载平台、成像传感器系统与数据处理系统组成。

（1）运载平台

要从高空"遥"看地球，首先需要有观测平台。从遥感观测平台与地面距离的角度看，比较远的运载平台是卫星，近一点平流层的运载平台是飞机、直升飞机、气球等工具。

a）用数字相机近距离拍摄的纳木错湖照片

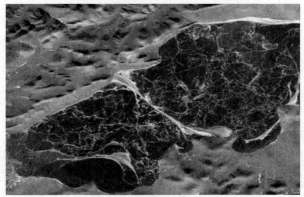

b）纳木错湖的卫星遥感图片

c）在互联网上下载的纳木错湖周边的地形图

图 6-2　用数字相机拍摄的照片、卫星遥感图片与互联网下载地形图的比较

　　近年来，遥感观测平台出现了两种重要的发展趋势：一是利用无人机（无人飞机、无人直升机与无人飞艇）开展灵活的低空、高精度、安全的遥感遥测；二是发展遥感小卫星星座技术。图 6-4 是利用飞机、无人飞艇、无人直升机与无人飞机进行低空遥感活动的照片。

　　卫星遥感运载平台技术的发展集中表现在卫星数量的快速增长、卫星寿命的增长与定位精度的提高上。一般对地观测卫星重访周期为 15 ~ 25 天，通过发射合理分布的卫星星座，可以 1 天甚至几个小时观测一次地球。

　　我国于 2008 年 9 月在太原卫星发射中心用一个长征二号运载火箭，采用"一弹两星"技术，成功地将"环境与灾害监控预报小卫星星座"A星、B星送上了太空轨道。图6-4是遥感卫星A星、B星外形，以及发射的场面与卫星发回的我国西部某地区遥感影像图片。

（2）成像传感器系统

遥感的目的就是获取遥感影像。卫星遥感影像是通过成像传感器系统来获取的。卫星遥感问世以来，卫星遥感影像的空间分辨率已经有了很大提高。空间分辨率指影像上所能看到的地面最小目标尺寸。在成像传感器技术中，光学高分辨率传感器技术进展最快。从遥感形成之初的80m，逐步提高到50m、10m、5.8m，乃至2m，军用甚至可达到10cm。

（3）数据处理系统

可以从遥感所获得的数据中提取有用的信息，经过分析、判断后将信息变成知识，运用到经济建设、国防建设、抗灾救灾等服务之中。目前遥感数据处理技术有三个主要的发展趋势：一是由以数据为主转向以信息与知识为主；二是用户由专家为主转向广大社会用户；三是由信息提取和数据检索转向信息承载与数据可视化。这些变化反映出遥感信息应用的服务深度的变化。行业需求的特点更强，不同的行业对卫星遥感信息需求的不同，也为计算机技术提出了更多的算法研究任务与应用软件开发课题。

飞机遥感　　　　无人飞艇遥感　　　　无人直升机遥感　　　　无人飞机遥感

图6-3　利用飞机、无人飞机、无人直升机与无人飞艇进行低空遥感

遥感卫星A星、B星的外形　　　　卫星发射　　　　遥感卫星发回的影像图片

图6-4　小遥感卫星外形、发射的场面以及发回的遥感影像图片

6.2.2　全球定位系统

1. 全球定位系统的基本概念

全球定位系统（Global Positioning System，GPS）是一种全新的定位方法，它将卫星定位和导

航技术与现代通信技术相结合，具有全时空、全天候、高精度、连续实时地提供导航、定位和授时的特点，给空间定位技术方面带来了革命性的变化，已经在越来越多的领域替代了常规的光学与电子定位设备。用 GPS 同时测定三维坐标的方法将测绘定位技术从陆地和近海扩展到整个地球空间和外层空间，从静态扩展到动态，从单点定位扩展到局部和广域范围，从事后处理扩展到定位、实时与导航。同时，全球定位系统将定位精度从米级逐渐提高到厘米级。

说到 GPS 的起源，就要谈到 1957 年 10 月苏联发射的世界上第一个人造地球卫星史伯尼克（Sputnik），尽管它的结构、功能都非常简单，但是它揭开了人类利用卫星定位、导航的序幕。

第一个人造地球卫星的诞生引起了各国科学家的高度关注。研究卫星信号多普勒效应的科学家的第一个推测是：如果在地球上一个位置已知的固定点观测到卫星信号的多普勒频移值，那么我们就能够推算出卫星运行的轨道。不久，科学家用实验证实了他们的推测。

另一批科学家又提出了第二个推测，它是第一个推测的逆命题，即如果卫星运行的轨道已知，那么根据卫星信号多普勒频移值，就能够推算出地球这个观测点的位置。这项有开创性的科学研究推动了 1960 年第一个名字叫做"子午"的卫星导航系统的出现。

为了满足连续、实时与精确导航应用的需要，1973 年 4 月，美国国防部提出了第一代卫星导航与定位系统的研究计划，这是 GPS 的前身。直到 1995 年，美国正式宣布 GPS 进入全面运行阶段。美国从研发 GPS 到使用 GPS 大致经历了 20 年，耗资几百亿美元，GPS 卫星经历了 5 代。

准确地说，全球导航卫星系统（Global Navigation Satellite System，GNSS）泛指所有的卫星导航系统，包括美国的全球定位系统（Global Positioning System，GPS）、俄罗斯的"格洛纳斯"（GLONASS）卫星定位系统、欧洲的"伽利略"（Galileo）卫星定位系统，以及中国的"北斗"（BeiDou）卫星导航系统。由于美国的 GPS 发展得比较早，技术成熟、应用面广，因此人们习惯上用 GPS 代替了更准确的术语 GNNS。

2. 北斗卫星导航定位系统

卫星导航系统是一个国家重要的空间信息基础设施，关乎国家安全。我国政府高度重视卫星导航系统的建设，一直在努力探索和发展拥有自主知识产权的卫星导航系统。2000 年，北斗导航试验系统的建成，使我国成为继美国、俄罗斯之后世界上第三个拥有自主卫星导航系统的国家。

北斗卫星导航系统（BeiDou Navigation Satellite System，BDS）由 5 颗静止轨道卫星和 30 颗非静止轨道卫星组成，计划 2020 年左右覆盖全球。北斗卫星导航系统的四大功能是：定位、导航、授时与通信。

北斗卫星导航系统的定位精度能够达到 10m，测速精度为 0.2m/s，系统向用户提供的时间同步精度可以达到 10ns。系统用户终端具有双向短报文通信功能，用户一次可以传送 40～60 个汉字的短报文信息通信，这在远洋航行中具有重要的应用价值。系统的最大用户数是每小时 540 000 个。

北斗卫星导航系统已成功应用于测绘、电信、水利、渔业、交通运输、森林防火、减灾救灾和公共安全等领域，特别是在 2008 年北京奥运会、汶川抗震救灾中发挥了重要作用。北斗卫星导航系统将在个人位置与导航服务、气象应用、道路交通、铁路运输、海运和水运、航空运输、应急救援、智能农业、智能物流、智能环保、智能电网等方面发挥重要的作用。

3. GPS 的组成

GPS 由三个独立的部分组成，即空间星座部分、地面监控部分与用户设备部分（如图 6-5 所示）。

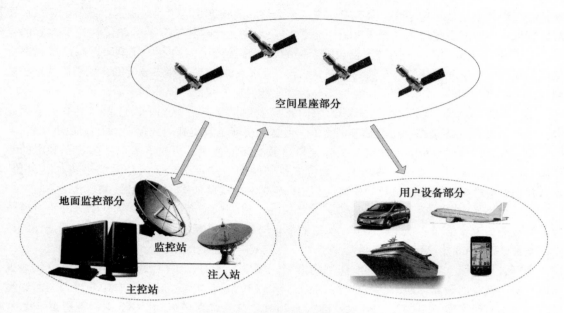

图 6-5   卫星定位系统结构示意图

（1）空间星座部分

GPS 的空间星座部分由 21 颗工作卫星与 3 颗备用卫星组成（如图 6-6 所示）。24 颗卫星分布在 6 个轨道上，每一个轨道上不均匀地分布着 4 颗卫星，轨道高度为 20 200km。卫星接收从地面监控部分发射的导航信息，执行控制指令，通过推进器调整自身的运行姿态；同时进行必要的数据处理，向地面发送导航信息。

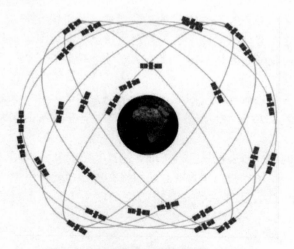

图 6-6   GPS 系统的空间星座结构示意图

（2）地面监控部分

GPS 的地面监控部分（如图 6-7 所示）由分布在全球的 1 个主控站、6 个监控站与 4 个注入站组成。监控站的主要任务是对卫星进行连续观测和数据采集，并将检测数据传送到主控站。

图 6-7　地面监控部分示意图

主控站是整个系统的核心，它主要有以下 5 项任务：

1）监视所有卫星的运行轨道。

2）计算卫星运行轨道的各种修正参数。

3）计算卫星时钟误差，维护 GPS 系统的时间基准。

4）发送调整卫星轨道的命令，确保卫星按预定的轨道运行。

5）监视卫星运行情况，发现故障时启动备份卫星。

GPS 的注入站将主控站的卫星导航报文与控制命令发送到各个卫星。

（3）用户设备部分

我们平时使用的 GPS 接收机、智能手机，以及飞机、轮船与汽车中的导航设备属于用户设备部分。用户设备由接收机硬件、数据处理软件、微处理机与终端设备组成。

用户设备的主要功能是跟踪可见的 GPS 卫星，对接收到的卫星无线信号进行处理，计算出位置信息与导航信息。

4. GPS 的基本工作原理

需要注意的是，位置与导航信息不是卫星计算好后发给我们的，而是用户设备自己算出来的。显然，全世界有那么多处于不同位置的接收机都需要 GPS 系统提供服务，那么无论是从计算的工作量的角度，还是从实时性角度，都不可能由卫星为我们计算出位置数据之后再发送给我们，而是要靠我们自己的接收机来计算位置信息与导航信息。图 6-8 给出了 GPS 接收机与空间卫星关系示意图。

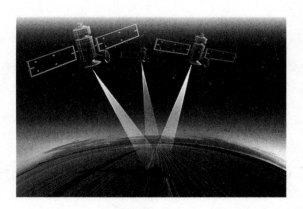

图 6-8　GPS 接收机与空间卫星关系示意图

如图 6-9 所示，假设你带着一台 GPS 接收机站在地球表面的位置 A。我们不知道自己的位置信息。假设 A 点的坐标是 (x, y, z)，A 点距卫星 1 的距离是 R_1。接收机可以检测到电磁波信号从卫星 1 发送到 A 点的传输时间是 Δt_1。

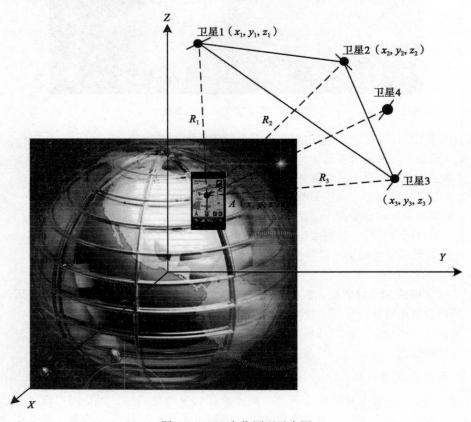

图 6-9　GPS 定位原理示意图

已知电磁波在自由空间的传输速度 $C = 1 \times 10^8 \mathrm{m/s}$。那么，卫星 1 与 A 点的距离为

$$R_1 = C \times \Delta t_1$$

根据立体几何的知识，已知卫星 1 的坐标是 (x_1, y_1, z_1)，那么距离 R_1 与 A 点坐标、卫星 1 坐标的关系为

$$R_1 = \sqrt{(x_1 - x)^2 + (y_1 - y)^2 + (z_1 - z)^2}$$

如果接收机同时能够接收到卫星 2 与卫星 3 的信号，确定 A 点与这两颗卫星的距离分别为 R_2、R_3，那么我们就可以推出 R_2 与 A 点坐标、卫星 2 坐标的关系以及 R_3 与 A 点坐标、卫星 3 坐标的关系：

$$R_2 = \sqrt{(x_2 - x)^2 + (y_2 - y)^2 + (z_2 - z)^2}$$

$$R_3 = \sqrt{(x_3 - x)^2 + (y_3 - y)^2 + (z_3 - z)^2}$$

从 3 个方程中解出 3 个未知数即 A 点的坐标 (x, y, z) 应该是可行的。计算出 A 点的坐标之后，结合电子地图，就可以确定 A 点在地图上的位置。

如果再在下一秒测量出下一个新坐标的值，接收机就可以算出用户的运动速度与方向。

如果用户输入一个目的地址的话，接收机就可以为其推荐导航的路线，或者为用户的汽车导航。

实际上，GPS 定位的计算过程很复杂，需要考虑很多的修正量，这里只是解释了基本的工作原理。

我们在前面讨论接收机位置求解过程时已经做了一个假设，那就是所使用的 GPS 接收机的时钟与卫星的时钟没有误差，时钟频率是相同的。这样，我们就可以根据卫星发射的电磁波信号在自由空间传播的时间 Δt_1 与光速 C，计算出距离 R_1。

在实际应用中，卫星系统的时钟与 GPS 接收机的时钟肯定有误差，计算出的 Δt 就有误差，由此计算出来的卫星与接收机的之间的距离 R，以及计算出的接收机坐标就有误差。

为了解决这个问题，接收机需要找到第四颗卫星。通过第四颗卫星计算出接收机时钟与卫星系统时钟的误差，从而修正计算出的卫星信号在空间传播的时间 Δt 来提高定位精度。也就是说，如果接收机同时能够接收到四颗 GPS 卫星的信号，就可以完成定位的任务了。

根据 GPS 接收机经纬度与海拔高度、速度的计算模型和算法，结合数字地图计算从给定的出发地与目的地的最佳路径的导航计算模型和算法，GPS 系统的设计者就可以通过软件的方法或将软件固化到 SoC 芯片中，使 GPS 接收机实现定位、导航、测距和定时的功能。

5. GPS 的主要应用领域

GPS 可以用于陆地、海洋、航空航天应用等领域，主要是为船舶、汽车、飞机、行人等运动物体进行定位导航。陆地应用主要包括：车辆导航、突发事件应急指挥、大气物理观测、地球物理资源勘探、工程测量、变形监测、地壳运动监测与市政规划控制。海洋应用主要包括：远洋船最佳航程航线测定、船只实时调度与导航、船舶远洋导航和进港引水、海洋救援、水文地质测量、海洋平台定位与海平面升降监测。航空航天应用主要包括：飞机导航、航空遥感姿态控制、低轨卫星定轨、导弹制导、航空救援和载人航天器防护探测等。

6. GPS 接收机类型

GPS 接收机种类很多，根据接收机的用途可以分为导航型接收机、测地型接收机与授时型接收机。

（1）导航型接收机

导航型接收机主要用于运动物体的导航，它可以实时给出物体的位置和速度。导航型接收机实时定位精度一般为 ±10m。根据应用领域的不同，又可以进一步分为车载型、航海型、航空型与星载型。目前很多智能手机都具备了个人定位与导航功能。

（2）测地型接收机

测地型接收机主要用于精密大地测量和精密工程测量。这类仪器定位精度高，设备复杂，价格较贵。

（3）授时型接收机

授时型接收机主要利用 GPS 卫星提供的高精度时间标准进行授时，常用于天文台及无线电通信的时间同步。

7. GPS 技术发展趋势

纵观 GPS 技术的发展历程，可以看出 GPS 技术正在朝着高精度、高可靠性、安全性、服务的综合性、多系统的兼容性方向发展。

（1）高精度与高可靠性

目前卫星导航定位精度已经达到 10m 量级，但是仍然不能够满足海上资源勘查、飞机精密定位与武器精确制导的 1 ～ 5m 精度要求，以及汽车驾驶防碰撞的 10cm 精度要求。同时，航空、航海与道路交通应用直接涉及人身安全，对应用系统有较高的要求。所以，各国都在努力提高卫星导航定位精度与可靠性，以扩大卫星导航定位技术的应用范围。

（2）安全性

由于卫星导航定位系统已经成为人类活动空间的位置与时间的基准系统，因此卫星导航定位的安全关乎国家安全与人身安全。卫星导航定位系统的特殊地位要求它必须具有强抗干扰能力、抗攻击能力与反利用能力。随着卫星导航定位系统应用的深入，各国必须认真解决好卫星导航定位系统的安全性问题。

（3）服务的综合性

随着应用的深入，人们已经不能够满足单一的定位、测速、定时服务，希望卫星导航定位系统能够提供定位、测速、定时、实时位置报告与短消息通信的综合服务能力。

（4）多系统的兼容性

出于安全性考虑，各国纷纷组建自己的卫星导航定位系统，由此出现了多个星座。如果多个星座之间能够相互兼容，就可以向用户提供更为精准和便捷的服务。因此，发展网格化、基于互联网的全球卫星导航定位系统（Grid GNSS）是 GPS 今后一个重要的研究方向。

随着我国北斗全球导航卫星系统的建设和营运，我国的卫星导航与位置服务产业将融合传感网、物联网和云计算技术，提供泛在的智能位置服务。全球卫星导航系统及其产业在今后十年内将呈现出四大发展方向：从单一的 GPS 系统向多星座并存的的方向发展；从以卫星导航为应用主体，向定位、导航、授时、位置服务与移动通信服务融合的方向发展；从专业服务向大众化服务的方向发展；从室外导航向室内外无缝导航的方向发展。

6.2.3　地理信息系统

1. 地理信息系统的基本概念

（1）地理信息系统的定义

地理信息系统（Geographic Information System，GIS）是在地理学、遥测遥感技术、全球定位系统、管理科学与计算机科学的基础上发展起来的一门交叉学科。遥感影像可以作为 GIS 系统的一种基本地图，由 GPS 系统提供的精确位置数据，以及其他社会经济数据共同形成地理空间数据库。GIS 是以地理空间数据库为基础，在计算机技术的支持下，运用系统工程和信息科学的理论，科学管理和综合分析具有空间内涵的地理数据，为智慧城市规划和建设科学依据。

（2）地理信息系统在位置服务中的作用

LBS 的核心是位置与地理信息，两者相辅相成，缺一不可。一个经纬度位置对于一般的用户来说并不具有任何特殊的意义，必须将用户的位置信息置于一个地理信息之中，代表某个地点、标志、方位等，才能被人们所理解。因此，在 GPS 终端获得位置信息的基础上，必须通过 GIS 将经纬度转换成用户真正关心的地理信息，如地图、位置、路径，以及关注的学校、商店、加油站、餐厅等搜索结果，才能真正发挥其作用。

2. 地理空间数据库的特点

地理信息系统作为一种综合处理和分析地理空间数据的软件技术，包括地理空间数据库、空间信息检索软件、空间信息分析与处理软件、空间信息显示软件。

地理空间数据库是 GIS 的核心与基础，它具有以下几个特点。

（1）数据的来源是多样的

地理空间数据库存储的数据包括遥测遥感数据、地面测绘数据、建筑物设计图纸与数据、地区与城市规划图纸，以及政府管理文件等。这些数据格式不同，数据量不同，处理的方式与精度要求也不同。GIS 软件工具需要将同一个对象的多种数据采用数据融合（Data Aggregation）技术，在地理空间数据库中建立统一的描述，为地理数据的综合分析和利用提供条件。图 6-10a 给出了卫星遥感地图、人工测绘的城市地图与 GPS 位置数据叠加之后形成的城市 GIS 效果图（如图 6-10b 所示）。

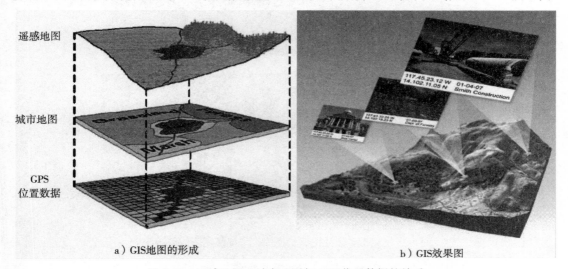

a）GIS 地图的形成　　　　　　　　　　　　　　b）GIS 效果图

图 6-10　遥感地图、城市地图与 GPS 位置数据的关系

（2）数据的选取是面向行业和面向应用的

建立全方位的地理空间数据库是不可能的。实际应用的 GIS 都是面向行业、面向应用的。例如，国土资源部门的 GIS 数据涉及它所管辖范围内的土地资源、土地使用规划、建筑用地、农业用地、工业用地等信息。智能交通系统的 GIS 数据与道路、交通环境、交通控制系统的位置和道路流量等信息有关。图 6-11 给出了一个很直观的例子。对于同一个地区来说，地理学研究人员关心的是城市的总体地理概貌，他通过 GIS 软件系统获取的是城市等高线地图；如果是城市交通管理人员，他需要一张有关城市交通的地图；而城市土地规划的管理人员需要一张有关城市土地使用情况的地图；城市绿化管理人员则需要一张有关城市植被的地图。

（3）数据是动态的

面向行业的 GIS 数据必然要随着行业发展而不断地更新。例如，国土资源部门的 GIS 数据一定要根据城市建设的发展，动态、实时地采集建筑用地、农业用地、工业用地的信息，使 GIS 地理空间数据库能够及时、准确地反映城市用地的变化。智能交通系统的 GIS 关心的道路交通环境与交通流量信息更是在不断地变化的。

（4）数据是海量的

动态反映一个地区或城市的 GIS 数据是海量的。如何管理、分析与利用信息取决于所采用的计算机应用的水平。在 GIS 的数据收集、存储与处理中，普遍采用了互联网与移动通信作为数据采集与传输的平台，用数据仓库作为存储数据的环境，依据空间数据分析模型，使用数据挖掘技术和并行计算方法深度提取数据内涵的信息，用三维动画与虚拟现实技术显示提取的信息，为管理者提供决策服务。

地形等高线图　　　　　　　　　　交通图

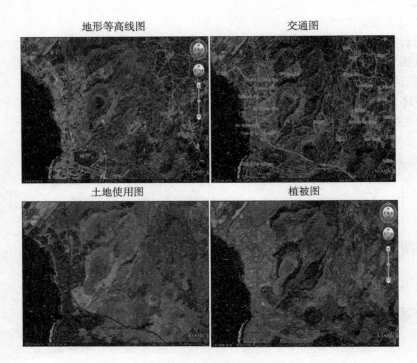

土地使用图　　　　　　　　　　植被图

图 6-11　城市等高线图、交通图、土地使用图与植被图

3. GIS 技术的发展过程

GIS 技术在发展过程中不断融合移动通信技术、3D 可视化技术、虚拟现实技术、人工智能技术与网络技术。

早期出现的 GIS 技术使用二维的平面方式显示地图、建筑物位置与状态信息。随着 3D 可视化技术的发展与应用，三维 GIS 可以将空间地理数据展现为三维的图形，能够动态和交互地显示立体空间图形，极大地丰富了 GIS 所表达的空间数据的信息量，改善了视觉效果，扩大了 GIS 的应用领域。虚拟现实 GIS 技术可以进行地形环境的仿真，真实再现地物场景，交互地观察和分析空间信息，将抽象数据可视化。互联网与 Web 技术为全球范围的用户查询、利用 GIS 空间信息提供了极大的方便。网络版的 Web GIS 软件为用户提供空间地理信息的查询、缩放、漫游功能。移动 GIS 系统可以安装在移动的应急处理指挥车上，指挥员可以在移动的过程中，查询相关地理位置的地形地貌、建筑物分布，以及重点保护的建筑物内部结构信息，为制定突发事件处置方案和临场指挥提供决策依据。

4. GIS 的应用领域

GIS 技术发展迅速，已经广泛应用于资源调查、环境评估、灾害预测、国土管理、城市规划、邮电通信、交通运输、军事公安、水利电力、公共设施管理、农林牧业、统计、商业金融等领域。

1）在资源管理方面，主要用于农业和林业领域，在完成对农业和林业各种资源（如土地、森林、草场）调查的基础上，进行分级、统计与分析处理。

2）在资源配置方面，主要用于全国范围内能源保障、粮食供应调派、救灾减灾中物资的分配。

3）在城市规划和管理方面，主要用于大规模城市基础设施建设中保证建筑面积与绿地的比例和合理分布、城市道路与整体发展规划的问题。

4）在生态、环境管理方面，主要用于区域生态规划、环境现状评价、环境影响评价、污染控制、环境与区域可持续发展的决策支持、环保设施的管理与环境规划。

5）在突发事件应急方面，主要用于洪水、治安、核事故等重大自然或人为灾害的应对和处置。

6）在基础设施管理方面，主要用于城市的地上地下基础设施如电信、自来水、道路交通、天然气管线、排污设施、电力设施及地下管网的管理。

6.2.4 高精度地图

随着互联网的高速发展与应用，以 Web 方式访问电子地图的应用受到越来越多的网民的欢迎。近十年来，互联网地图（Internet Map）经历了从简单到复杂，从提供静态地图到提供动态地图的发展过程。目前，国内外各大网站都开通了网络地图专栏，出现了一批专业、通用的地图网站。手机定位、导航与位置服务已经成为用户常用的移动服务功能之一，也为物联网高精度地图的应用奠定了坚实的基础。

自动驾驶汽车的研究是当前物联网应用研究的热点领域之一，但是自动驾驶离普通消费者的使用还有一段距离，主要制约因素是高精度地图。自动驾驶汽车在移动过程中需要使用多种传感器，根据传感器收集到的信息产生三维地图，以此来判断自身位置、周边交通状况、规划到达目的地路径的依据。但是在遇到恶劣天气时，例如 2015 年一场大雪掩埋了道路上的车道线，路边的交通标变得模糊不清，车载的雷达和摄像头都得了"雪盲症"，这时自动驾驶汽车就无法正常工作。因为在大雪、暴雨、浓雾等恶劣天气下，传感器不能提供准确的信息，三维地图无法构建，自动驾驶系统就无法运行。自动驾驶测试中暴露出的传感器的"软肋"使研究人员认识到：高精度地图是保障自动驾驶汽车全天候运行的重要基础设施。

现有的互联网地图精度一般只能达到米级，而自动驾驶汽车需要达到厘米级（如 10~20cm），同时需要增加更多、更精确的信息，如详细的道路坡度、曲率、车道数量、车道宽度、车道速度限制，以及路边地标、防护栏、树木、道路边缘类型等数据。高精度地图会准确提醒机器人驾驶员前方情况，提前对所处环境有精准的预判，优先形成行驶策略，而雷达、摄像头与控制系统的工作重点则放在对突发情况的实时监控与处置上。高精度地图在自动驾驶中的作用如图 6-12 所示。

图 6-12　高精度地图在自动驾驶中的作用

由于未来自动驾驶汽车的运行很大程度上依托于高精度地图，因此高精度地图的价值体现在两个方面。一是所呈现的内容要求越接近于现实道路状态越有价值；二是覆盖的地理范围越广越有价值。

真实世界的路况不断发生变化，因此需要不断采集和更新地图资源。自动驾驶汽车要求地图更新的速度必须达到秒级，这必须通过高网络带宽、低延时的无线通信网（如 5G）与云平台在线更新才能实现。

高精度地图的应用对汽车硬件也提出了更高的要求。高精地图将成为自动驾驶汽车"未到先知"的"千里眼"，成为自动驾驶汽车对环境理解的基础。大量的交通与地图数据可以模拟出复杂的真实路况，基于人工智能的深度学习将发挥重要的作用。目前，世界多家专业地图公司、自动驾驶汽车与人工智能研究机构都在开展高精度地图、精确实时的位置定位、基础设施平台构建与智能技术应用的研究。高精度地图有望创造百亿的产业规模。

*6.3 定位技术

6.3.1 移动通信定位技术

1. 移动通信定位技术的基本概念

GPS 在位置服务领域起到了主导作用，但是 GPS 也有它固有的缺点。缺点之一是 GPS 接收机在开机时进入稳定工作状态需要 2～5 分钟。这一点我们每一位使用车载 GPS 导航仪的用户都深有体会，因为 GPS 接收机需要找到起码 3 颗卫星之后才能够提供位置信息。缺点之二是在室内环境中，GPS 接收机不能稳定地接收，或者根本就接收不到卫星信号。同时，很多种手机和数字移动终端设备并没有配置 GPS 接收机模块，因此有必要研究基于移动通信基站的定位技术，作为对 GPS 定位技术的补充。除了公共紧急救助电话服务外，移动通信定位还可以用于移动电子商务、健康监控系统、被盗车辆跟踪系统与智能交通等领域。

（1）单基站定位方法

我们目前使用的手机移动通信网采用小区制的蜂窝结构。每个小区有一个基站。单基站定位方法是指将基站的坐标视为接入基站的手机坐标。也就是说，如果一部手机通过基站 i 接入移动通信网，那么我们就用基站 i 的坐标 (X_i, Y_i) 去标识该手机的当前位置。这种方法的优点是简单，定位速度一般为 3～5 秒，但是误差也大。如果基站覆盖区域的半径是 50m，那么手机的位置误差最大也是 50m。但是，实际上很多基站的区域半径可以达到几千米，这种情况下的误差就太大了。单基站定位方法在某些情况下非常有用，如游客在大型景区走失时，我们可以根据这位游客手机在景区多个移动通信基站登录的时间，来判断他在走失之前最后出现的大致位置，因此对于大型、复杂地形景区的安全保卫是非常有价值的。图 6-13 给出了单基站定位方法示意图。

（2）多基站定位方法

只使用一个基站测量数据是很难准确定位的，因此人们开始研究多基站定位方法。多基站的定位方法主要有：基于距离的定位与基于入射角度的定位。

基于距离的定位要首先测量出移动节点到它能够接收到信号的多个基站的距离，然后结合基站的坐标计算出目标的位置坐标数据。如图 6-14

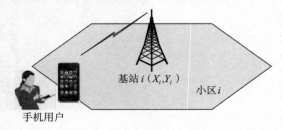

图 6-13 单基站定位示意图

所示，如果我们测量出手机到基站 i、基站 j、基站 k 的距离，同时有 3 个基站的坐标，那么可以

计算出手机的坐标。但是，通过手机去测量到基站的距离受到电磁波反射多径效应，以及基站时钟精度的影响。同时，要通过电磁波传播延时来计算出从基站到手机的距离，那么手机必须增加相应的测量电路，这必然要增加手机的成本。这种方法也叫做"三角定位方法"。多基站定位方法的精度高于单基站定位精度，但是也只能用于对定位精度要求较低的应用场景。

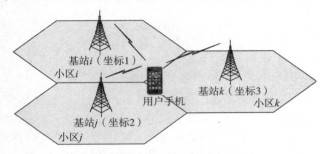

图 6-14　基于距离差的定位方法示意图

人们还研究了基于入射角度的定位方法。这种方法根据两个基站天线阵列测出手机发送电磁波的入射角度，通过入射角与基站坐标计算出手机的位置。基于入射角度的定位需要用到造价昂贵的高精度的天线阵列设备，因此这种方法的应用也受到较大约束。

2. A-GPS 技术

GPS 技术具有全天候、高精度定位的优点，在世界范围内得到了广泛应用。在利用 GPS 定位时，GPS 接收机一定要能够找到 3 颗以上的 GPS 卫星，同时接收机与卫星之间不能有建筑物、树木的遮挡，因此在建筑物密集的城区、树林及建筑物内部存在 GPS 信号接收的盲区。

辅助 GPS（Assisted GPS，A-GPS）定位技术融合了 GPS 高精度定位与移动通信网高密集覆盖的特点。一般 GPS 在开机之后的 2～5 分钟才能够正常接收到 GPS 卫星信号。而 A-GPS 技术可以将开机寻找 GPS 卫星的时间减少到 5～10 秒，理想情况下误差在 10m 以内。

A-GPS 的工作原理是：在 A-GPS 手机没有捕捉到 GPS 卫星信号之前，首先将手机的基站地址通过移动通信网传输到 A-GPS 中的位置服务器。位置服务器根据手机的当前位置，将与该位置相关的 GPS 辅助信息（GPS 卫星的方位与俯仰角数据）传送到手机，手机根据卫星的方位与俯仰角数据能够立即寻找到 GPS 卫星信号。手机在接收到 GPS 初始信号后，计算出手机到卫星的伪距（受到各种 GPS 误差影响的距离数据），然后将这个数据传送回位置服务器。位置服务器根据传送的 GPS 伪距信息，结合其他的定位手段计算出手机更为精确和动态的位置数据。位置服务器实时地将该手机的位置信息传送到位置服务平台，使得手机可以获得更为及时和更高精度的服务。图 6-15 给出了 A-GPS 工作原理示意图。

A-GPS 可以在 GSM/GPRS、WCD-MA、CDMA2000 和 TD-SCDMA 网络中使用，适用于具有特殊要求的车辆，如警车、运钞车、救护车、消防车、危险品运输车辆等的跟踪与导航。A-GPS 的应用能够提高车辆的安全性、效率和服务

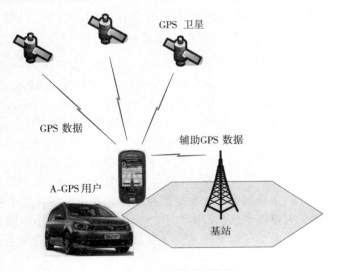

图 6-15　A-GPS 原理示意图

质量。随着 4G/5G 商用，中国移动和中国联通等网络运营商都制订和推出了各自的 A-GPS 位置服务方案。

6.3.2 基于 Wi-Fi 的定位技术

1. 基于 Wi-Fi 的定位技术的研究背景

为什么有了成熟的 GPS 定位技术，人们还要研究基于 Wi-Fi 的位置指纹定位方法呢？Wi-Fi 位置指纹定位方法的研究是在什么样的背景下提出的呢？

可以想象，GPS 定位方法在实际应用中会受到外部环境的限制。例如，城市高楼会遮挡卫星信号，建筑物内部、地铁、地下停车场等场所无法接收到卫星定位信号，这些场合就无法使用 GPS 定位技术。

随着 Wi-Fi 技术的日益普及，很多城市已经实现了 Wi-Fi 信号的全覆盖，其中也包括建筑物内部、地铁、地下停车场等场合。在这样的背景下，人们研究基于 Wi-Fi 的定位方法就很容易理解了。我们也将基于 Wi-Fi 的定位叫做 Wi-Fi 位置指纹定位技术。

2. 什么是 Wi-Fi 的位置指纹

要理解 Wi-Fi 的位置指纹需要注意以下几点：

1）一个 Wi-Fi 的接入点（AP）设备发送的无线信号可以用来唯一地表示这个 AP 设备，因为按照 IEEE 802.11 协议的规定，每一个接入点设备在出厂时都设置了一个全世界唯一的设备号（例如 00:0C:25:60:A2:1D）。

2）IEEE 802.11 协议规定，在正常工作的情况下，AP 设备要每隔一定的时间（如 0.1s）发送一个信标帧。信标帧包含这个接入点设备唯一的设备号。

3）一个 AP 设备覆盖的地理范围是有限的，例如，IEEE 802.11 协议规定，一个无线终端设备（智能手机、笔记本计算机或物联网移动终端设备）如果超出 AP 覆盖的最大距离（假设为 100m），那么移动终端设备就无法正常接收 AP 发送的无线信号。

基于以上理由，我们可以得出一个推论：只要这个 AP 设备没有被人为地移动，那么只要监测到一个含有设备号 00:0C:25:60:A2:1D 的信标帧，就说明监测设备在这个 AP 设备的 100m 范围之内。也可以说，AP 设备包含我们利用 Wi-Fi 信号定位的位置信息，即位置指纹。

3. 基于 Wi-Fi 位置指纹的定位方法

达成以上共识之后，下一步就可以考虑是不是能建立一个位置指纹数据库。这个数据库保存着很多收集来的 AP 设备的设备号，以及这个 AP 设备在不同位置产生的不同的信号强度。如果能够建成一个这样的数据库，我们就能通过一个移动终端当前接收到的 AP 的设备号与信号强度，在数据库中查找到它当前的地理位置。基于 Wi-Fi 的定位原理如图 6-16 所示。

在基于 Wi-Fi 的定位系统中，我们将保存 AP 的设备号、对应不同位置信号强度的数据库叫做位置指纹数据库，同时配置一台位置搜索引擎服务器。待定位的移动终端设备只需要将位置查询请求发送给位置搜索引擎服务器，服务请求中包含它接收到的发送无线信号的 AP 设备号、信号强度，位置搜索引擎就能在位置指纹库中匹配出符合查询条件的位置信息。位置搜索引擎将查询的位置信息作为应答反馈给移动终端设备，就完成了一次位置查询服务。客户端只需要将检测出 Wi-Fi 的 AP 设备号与信号强度发送给位置搜索引擎，位置计算任务由服务器端完成。

虽然这种方法看起来简单，但是会不会出现一部移动终端同时接收到多个 AP 发送的信号

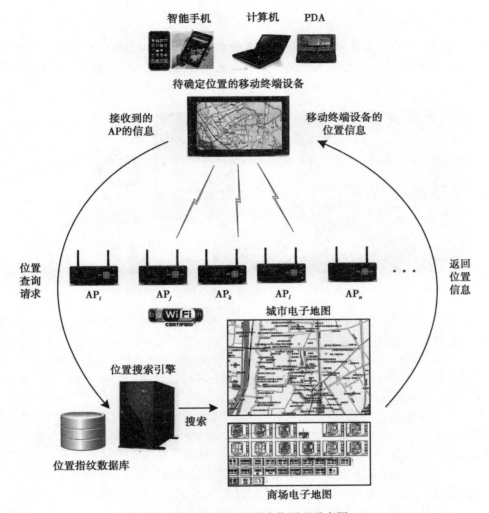

图 6-16　基于 Wi-Fi 的定位原理示意图

的情况？回答是：当然会。当我们打开笔记本计算机时，注意一下"连接无线网络状态列表"，可以看到，笔记本计算机会同时检测到多台 AP 设备的信号，其中有些 AP 设备需要密码才能登录；有些 Wi-Fi 的 AP 离我们比较远，信号很弱，不适合连接，但是它们依然出现在列表中。这些都为我们收集接入点的设备号与不同位置的信号强度，建立位置指纹库提供了有利条件。

那么要建立多大的位置指纹库才够用？这个问题无法回答，因为这和应用系统设计的目标、应用场景、功能与精度等因素直接相关。

Wi-Fi 位置指纹定位应用可以分为两类：一类是针对室外的应用，一类是针对室内的应用。Google 开发的室外 Wi-Fi 位置指纹定位的应用需要采集很多地区的 AP 信息，因此它动用了 Google 街景车，在拍下街景的同时，沿路搜集所有可能采集到的 Wi-Fi 接入点设备号、发射的信号强度、用 GPS 测量的 AP 设备地理位置信息。这个工作量非常大，因为只有 AP 信息的密度足够大，定位的精度才能高。

4. Wi-Fi 位置指纹定位应用示例

我们先假设一个应用场景：大型商场中顾客的实时位置查询与显示。我们试着用 Wi-Fi 位置指纹定位方法，说明室内与地下环境的定位服务系统的设计问题。这个例子的示意图如图 6-17 所示。

图 6-17   Wi-Fi 位置指纹定位应用实例示意图

我曾经听到一位同学抱怨："上个星期天想到一个大商城去买一双篮球鞋，但是我不熟悉这个商城，不知道我想去的那家品牌店在哪里。"这种情况我们都曾经遇到过。其实，"有抱怨就有机会"。为了解决这个问题，我们可以设计一个基于 Wi-Fi 位置指纹定位的位置查询服务系统。因为现在几乎所有的大型商场都实现了 Wi-Fi 全覆盖，所以研发 Wi-Fi 位置指纹定位系统已经有了很好的基础，也很有实用价值。

当然，这里存在一个问题：既然是在室内与地下定位，那么室内与地下的 AP 设备的位置信息无法用 GPS 来提供，该怎样解决这个问题呢？只能从 AP 设备位置标识方法的角度去思考。

AP 设备地理位置的标识可以采用两种方法。第一种方法是用 GPS 接收机来标定 AP 的绝对位置信息；第二种方法是在无法使用 GPS 定位的前提下，使用自定义的室内坐标的方法标定 AP 的相对位置信息。显然，大型商场中顾客的实时位置查询可以采用第二种方法。

设计与实施基于 Wi-Fi 位置指纹定位的大型商场顾客实时位置查询系统的工作可以分为以下几步：

1）绘制大型商场各层平面图与 AP 安装位置图，为 AP 设备编号，标定 AP 设备的编号、MAC 地址与对应的位置数据，为形成位置指纹数据库做好准备。

2）根据商场平面图，沿着通道中轴线、边线、转弯位置，以及商铺的入口位置，根据允许的误差范围，选择 Wi-Fi 信号强度与对应 MAC 地址测试点。

3）建立位置指纹数据库，完成客户端、位置搜索引擎的软件编程任务。

4）系统测试。

5）实际使用。

用户在商城入口处可以通过扫二维码的方式安装商场的 APP，进入商场之后就能够在 APP 中输入想去的商店、想购买的商品信息，系统将在定位的基础上实现导航、导购的服务。目前大家都在关注这一类的应用，很多公司都在研发这一类的产品。

随着基于位置服务应用的发展，很多学者在研究适用于大型商场、机场、校园，以及地铁、矿井的基于 Wi-Fi 位置指纹的定位技术。如果我们将 Wi-Fi 位置指纹定位方法应用到地铁系统中，可以为地铁提供车辆定位、运行轨迹、实时到站信息、乘客位置、地铁地图、地铁站点地图服务。

Wi-Fi 位置指纹定位技术的难点主要是：位置指纹数据库与定位精度的关系、位置指纹数据库建立方法、隐私保护问题。

1）Wi-Fi 信号强度受周围环境的影响较大，复杂的室内环境、外部信号反射，以及活动的人与物带来的随机扰动都会造成定位误差。如何找出适合各种真实环境的 Wi-Fi 信号传播模型与算法是一项困难的工作，它将影响建立位置指纹数据库时位置指纹的数值，即 Wi-Fi 信号强度的大小将直接影响到定位精度。

2）建立位置指纹数据库有两种基本的方法：一种是前面描述的由人工方式建立位置指纹数据库的原始方法；另一种是目前研究人员正在研究的自适应算法，希望自主、动态地生成与更新位置指纹数据库。实际上，我们周边的 Wi-Fi 的基站随时都在增减，或者被改变了位置，因此动态生成和更新位置指纹数据库的方法非常重要，也是目前研究的热点问题。

3）与其他定位方法一样，Wi-Fi 位置指纹定位也存在个人隐私保护问题。这个问题已经引起了研究人员的高度重视。

6.3.3　基于 RFID 的定位技术

从 RFID 基本工作原理可以看出：RFID 标签通过与标签读写器的数据交互，可以将存储在 RFID 标签中物品的信息自动传送到计算机中，同时 RFID 标签与 RFID 标签读写器交互的过程也记录下带着 RFID 标签物体的位置。例如，在 RFID 应用于供应链管理时，在生产过程控制、质量跟踪、库存管理、固定资产管理等环节，RFID 应用系统一直要记录物品的位置信息。在物流管理应用中，RFID 标签在采购、入库、库存管理、出库、配送运输的整个过程，都一直要记录和分析物品的位置信息。在医院管理的应用中，从药品、医疗器械、医用废弃物等物的管理，以及患者、医护人员管理都涉及通过 RFID 记录、分析物品与人的位置信息问题。

当带有 RFID 身份标识的工作人员通过门禁时，门禁就是一个 RFID 读写器。通过门禁的记录，我们可以分析一位工作人员什么时候，通过哪个入口进入公司。对人员工作区域有特殊要求和限制的单位，可以在办公大楼的各个位置安装 RFID 读写器。读写器可以记录工作人员在不同区域进出的时间，判断是否违反了相关规定。目前，这种定位方法已经成功地应用到幼儿园幼儿管理、医院新生儿管理，博物馆与旅游景区对到达不同区域的游客播放不同解说词的服务，全国性重要考试的试卷管理，机场乘客导航与服务以及监狱服刑人员管理中。总之，凡是应用 RFID 技术的应用领域，在自动感知物品信息的同时，还可以从中提取物品的位置信息。

6.3.4　无线传感器网络定位技术

1. 无线传感器网络定位的基本概念

在无线传感器网络中，位置信息是事件发生位置报告、目标跟踪、路由控制、网络管理的前提。事件发生的位置或获取信息的节点位置，是传感器节点监测信息中包含的重要信息，没有位置信息的监测数据是毫无意义的，错误的位置信息往往会导致判断的错误。

在环境监测应用中，人们需要知道采集的环境信息所对应的具体区域位置。一旦监测到事件发生，人们关心的下一个重要问题就是事件发生的位置。对于突发事件，如森林火灾现场位置，战场上敌方车辆运动的区域，天然气管道泄漏的具体地点，这些信息都是决策者进一步采取措施和做出决策的依据之一。定位信息除用来报告事件发生的地点外，还可以用于目标跟踪，实时监视目标的行动路线，预测目标的前进轨迹；可以直接利用节点位置信息，实现数据传递按地理的路由；根据节点位置信息构建网络拓扑图，实时统计网络覆盖情况，对节点密度低的区域及时采取必要的措施，进行网络管理。

无线传感器节点有两种基本的部署方式：确定部署与随机部署。在一些特定的应用领域，如高层建筑、桥梁安全性监测项目中，无线传感器节点是在预先设计好的位置部署。但是，一般应用多是随机部署。因为无线传感器网络工作条件一般都很恶劣，传感器节点通常以随机播撒的方式部署，节点之间以自组织的方式互联成网。最常见的例子是用飞机将传感器节点抛洒到指定的区域中，随机部署的传感器节点无法事先知道自身位置，传感器节点必须能够在部署后实时地进行定位，因此节点定位是无线传感器网络一个重要的研究方向。

2. 无线传感器网络定位方法研究的发展

(1) 对无线传感器网络定位算法的要求

GPS 是目前广泛应用的成熟的定位系统，但是 GPS 定位适应于无遮挡的室外环境，成本比较高，需要固定的基础设施，这使得它只能用于无线传感器网络的某些特殊节点，其他的无线传感器节点就需要根据少数已知位置的节点，按照某种定位机制确定自身的位置。同时，由于无线传感器节点的能量限制、计算与数据存储能力限制、网络拓扑动态变化，就要求无线传感器网络的定位必须是在多节点之间协作情况下完成，同时要求定位算法要简单、低能耗和可靠。

在无线传感器网络节点定位技术中，根据节点是否已知自身的位置，可以将传感器节点分为两类：信标节点（Beacon Node）和未知节点（Unknown Node）。信标节点在网络节点中所占的比例很小，可以通过携带 GPS 定位设备等手段，获得自身的精确位置。除了信标节点外，其他传感器节点都是未知节点，它们通过信标节点的位置信息来确定自身的相对位置。图6-18给出了传感器网络中的信标节点和未知节点。M 代表信标节点，S 代表未知节点。S 节点通过与邻近 M 节点或已经得到位置

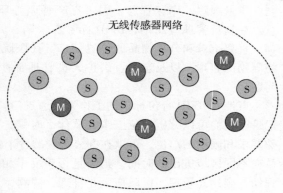

图 6-18　传感器网络中的信标节点和未知节点

信息的 S 节点之间的通信，根据一定的定位算法计算出自身的位置。

(2) 定位的基本方法

根据定位过程中是否测量实际节点间的距离，把定位算法分为基于距离的（Range-Based）定位算法和距离无关的（Range-Free）定位算法。前者需要测量相邻节点间的绝对距离或方位，并利用节点间的实际距离来计算未知节点的位置；后者无需测量节点间的绝对距离或方位，而是利用节点间的估计距离计算节点位置。

基于距离的定位机制是通过测量相邻节点间的实际距离或方位进行定位。具体过程通常分为三个阶段：测距阶段、定位阶段与修正阶段。

第一阶段（测距阶段）：未知节点首先测量到邻节点的距离或角度，然后进一步计算到邻近信标节点的距离或方位。在计算到邻近信标节点的距离时，可以计算未知节点到信标节点的直线距离，也可以用二者之间的跳段距离作为直线距离的近似。

第二阶段（定位阶段）：未知节点在计算出到达三个或三个以上信标节点的距离或角度后，利用三角测量法计算未知节点的坐标。

第三阶段（修正阶段）：对求得的节点的坐标进行求精，提高定位精度，减少误差。

基于距离的定位机制根据实际测量节点间的距离或角度来计算位置，因此定位精度相对较高，但对节点的硬件也提出了很高的要求，定位过程中消耗的能量相对多。使用声波、超声波、无线电波等进行距离或角度的测量，使得基于距离的定位算法易受温度、湿度、障碍物等环境因素的影响。

虽然基于距离的定位能够实现精确定位，但是往往对无线传感器节点的硬件要求高。出于硬件成本、能耗等方面的考虑，某类应用只关心节点的相对位置，误差允许大一些。针对这类应用，人们提出了距离无关的定位技术。这种定位技术不需要测量节点间的绝对距离或方位，从而降低了对节点硬件的要求，但是定位的精度也相应有所降低。

随着无线传感器网络研究和应用的不断深入，定位技术的研究也越来越深入。由于定位的准确性直接关系到无线传感器节点采集的数据的有效性，而节点又受到能量、存储能力和计算能力的限制，这些约束要求定位算法必须是低复杂性的。要进一步延长网络的生存周期，就必须要减少定位过程中的通信开销，因为无线通信的能耗是节点的主要能耗。目前的算法大都在能耗、成本和精度上作了折中考虑。由于各种应用差别很大，还没有普遍适合于各种应用的定位算法，因此要针对不同的应用，通过综合考虑节点的规模、成本及系统对定位精度的要求，来选择最适合的定位算法。传感器网络定位技术是一个具有挑战性的研究课题，也是目前物联网应用研究的热点问题之一。

6.4　位置服务

6.4.1　位置服务的基本概念

基于位置的服务简称为位置服务（LBS）。随着智能手机、可穿戴计算设备与物联网移动终端设备应用的发展，位置服务迅速流行，并成为信息服务业一种新的服务模式与经济增长点。

在智能工业应用中，通过 RFID 或传感器技术实现的生产过程控制系统，感知系统能确切地得知装配的零部件是否到达规定的位置，从而决定下一步装配动作是否进行。

在智能物流应用中，供应链物流系统通过 GPS 系统，能确切地掌握配送货物的货车当前所处的地理位置，从而控制整个物流过程有序地运行。

在智能交通应用中，车载 GPS 装置能实时地测量到汽车所处的位置，计算出汽车到达目的地的最佳行车路线，为驾驶员导航。

在智能农业应用中，传感器能够根据感知的土地的干湿度，确定哪一片土地需要浇水，并直接控制浇灌设备完成浇灌任务。

在军事应用中，分布在海、陆、空的舰船、战车、飞行器与单兵构成的军事应用物联网中，指挥员对整个战场态势的把握是建立在不同位置节点反馈信息的基础之上的。

在煤矿安全应用中，无线传感器网络可以随时掌握哪位矿工下井，什么时间在什么位置，并根据位置信息来提供安全服务。

在医疗保健应用中，老年病患者健康监控系统能够及时采集被监控对象的血压、脉搏等生理参数，在发病时能够立即确定患者所在的地理位置，从而及时诊断并采取急救措施。

在环境保护应用中，森林环境监控系统通过连续的监测环境温度，能够及时地发现火警，快速地采取处置措施。

在商业应用中，位置服务网站与商店、餐饮业、电影院、宾馆与旅游业合作，能够为顾客提供周到的服务，提高服务业的经济与社会效益。

目前，位置服务已经开始与各行各业广泛融合，渗透到社会生活的各个方面，改变着人们的生活方式、工作方式与社交方式，从而产生巨大的社会影响。

6.4.2 位置服务系统的设计方法

在了解了位置服务基本概念之后，我们选择一个具体的应用场景，通过规划和设计一种位置服务来了解位置服务系统的设计方法。

乘坐公交车应该是我们很熟悉的事。在一个陌生的地方，我们可能会为不知道乘哪一路公交车、找不到离我们最近的公交站而发愁。当我们找到了公交站，又会为"下一辆公交车什么时间到"而焦虑不安。看到乘客们在站台上翘首以待的神情，作为一名物联网工程专业的大学生，你会不会有一种要为广大公交车乘客开发方便乘车应用软件的冲动呢？

实际上，国内已经有一些厂商推出了这类的应用系统，并且开始在一些城市试用。产业界将这种能够提供手机查询公交车信息的应用统称为"掌上公交"。"掌上公交"是物联网智能交通中的一种典型的应用，也是"智慧城市"的便民服务的功能之一。这项应用还处于研发阶段，目前还没有形成统一的功能要求、协议与标准。

"掌上公交"应用系统的方案设计包括三项主要内容：客户需求分析、"掌上公交"客户端软件功能设计与"掌上公交"后台系统结构设计。

1. 客户需求分析

设计"掌上公交"系统的第一步是调查和分析乘客的需求，从而确定系统的服务功能。因为我们就是城市公交的用户，所以可以从乘客的角度去思考：如果我们在一个陌生的城市乘坐公交车，我们希望从"掌上公交"系统中获得哪些帮助和服务。

假设我们现在的位置是天津火车站，想乘坐公交车到南开大学。那么，我们需要的帮助可能包括：

- 从火车站到南开大学可以坐哪一路公交车？
- 离我最近的公交站在哪里？
- 如何走到公交车站？
- 找到公交站之后，下一趟公交车什么时间到站？
- 乘坐上公交车之后，手机能不能在到站前提醒我下车？
- 如果需要转车的话，我需要在哪一站下，转乘哪一路车？

在了解了乘客的需求之后，我们需要将乘客的需求转变为"掌上公交"客户端软件的服务功能。根据以上的分析，"掌上公交"客户端软件应该具有的服务功能是：

- 公交线路查询功能：提供从一个地点（例如火车站）到另一个地点（例如一所学校）应该乘哪一路公交车、到哪一站下，以及如何找到公交车站的位置服务。
- 公交车到站时间查询功能：提供下一趟公交车到达乘客等候站预计时间的服务。
- 公交车换乘查询功能：提供从当前公交车到达乘客目的地需要转乘的公交车和转乘站的服务。
- 公交车到站提示功能：根据公交车上乘客的设置，以手机振铃方式向乘客提示到站信息，以免乘客坐过站，耽误出行。

2. "掌上公交" 客户端软件功能设计

我们可以根据以上的功能需求，设计一个 "掌上公交" 客户端软件。乘客可以将 "掌上公交" APP 软件下载到手机上。"掌上公交" 客户端手机显示的界面如图 6-19 所示。

对于第一次参与研发工作的同学，我们适当地降低难度，只选择其中一项服务功能，即 "公交车到站时间预报"，讨论它的实现方法。

实现 "公交车到站时间预报" 的功能表面上看很简单，但是，要实现这项服务功能并不容易。"掌上公交" 后台系统的结构很复杂，涉及的技术也很多。例如，我们要解决以下几个基本的问题：

1）公交车行驶过程的实时位置定位问题。

2）公交车到站行驶时间的计算方法问题。

3）公交车的车载嵌入式设备设计与制造问题。

4）数字公交站台、数字站牌与站台嵌入式控制系统的设计、制作与建设问题。

5）公交车与公交车运营调度中心、公交运营系统与城市交管中心、公交车运营调度中心与乘客之间的信息交互问题。

注意，这样一个 "掌上公交" 服务系统运行的前提是覆盖城市的无线网络。

图 6-19 "掌上公交" 客户端手机界面示意图

3. "掌上公交" 后台系统的结构设计

（1）无线城市的网络通信环境

目前，我国在推进 "无线城市" 建设，很多城市都实现了无线网络的全覆盖。支撑 "无线城市" 运行的无线网络技术主要是移动通信网与无线局域网 Wi-Fi 技术。"掌上公交" 可以运行在移动通信网或 Wi-Fi 网络之上。本例中我们可以选择移动通信网 4G 技术作为 "掌上公交" 系统运行的基本网络通信环境。

（2）公交车定位技术

"公交车到站时间预报" 的基础是公交车实时定位技术。实现车辆定位的技术主要有全球定位系统（GPS）、基于移动通信网 4G 定位、基于无线局域网 Wi-Fi 定位，以及多种定位方法的融合。本例中的公交车定位属于室外定位，可以选择我国自主研发的北斗 GPS 定位系统来提供公交车的位置信息。

（3）嵌入式设备

在 "掌上公交" 系统中，需要研发的嵌入式设备有两种，一种是车载嵌入式设备，另一种是站台嵌入式控制设备。

车载嵌入式设备是由 GPS 位置数据接收单元、公交线路路况监控单元、基于 4G 移动通信网的发射接收单元，以及车内乘客状态监控单元等部分组成。

GPS 位置数据接收单元接收卫星提供的车辆实时位置感知数据；公交线路路况监控单元向公交车运营调度中心提供现场拍摄的公交线路运行状况信息，报告公交线路是否出现拥堵或交通事故的实时运行状态信息；车辆实时位置数据与公交线路运行状况信息通过基于 4G 移动通信网的发射接收单元发送到公交车运营调度中心。

站台嵌入式控制设备是由站台显示屏控制单元、公交车到站/离站监控摄像单元、站台候车乘客情况监控单元，以及基于 4G 移动通信网的发射接收单元组成的。

站台显示屏控制单元向显示屏传送不同线路的公交车到站预报信息；公交车到站/离站监控摄像单元向公交车运营调度中心提供公交车到站/离站的实时数据，控制公交车到站预报时间数据的偏差值；站台候车乘客情况监控单元向公交车运营调度中心报告不同站台候车乘客人数，帮助公交车运营调度中心调度不同线路的运行车辆数与间隔密度。

4. 公交车运营调度中心计算机系统

公交车运营调度中心计算机系统的主要有以下 3 项功能。

1）根据接收到的公交车实时位置感知数据、车载嵌入式设备传输的公交线路运行状况信息、城市交通指挥中心发布的实时路况信息，结合车辆运行时间的历史数据，启动公交车到站行驶时间的智能计算软件，计算出不同公交车到达不同公交站的行驶时间。

2）发布不同公交路线、不同站点的公交车到站时间的预算值。

3）这样将形成一种人与人、人与车、车与车、车与路融为一体的"掌上公交"系统的结构。

"掌上公交"系统的结构如图 6-20 所示。

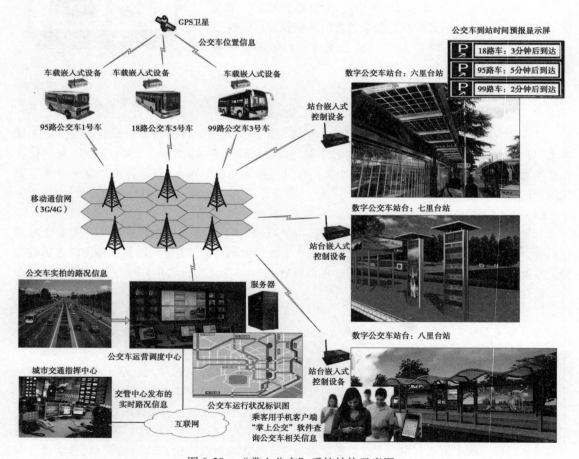

图 6-20   "掌上公交"系统结构示意图

从以上讨论中，我们可以看出两个问题：

1）位置服务的商业应用成为信息服务业一种新的服务模式与经济增长点。

2）物联网应用高度依赖位置信息与位置服务。位置服务将成为物联网重要的研究内容与新的产业增长点。

本章小结

1）位置信息是各种物联网应用系统能够实现服务功能的基础。位置信息涵盖了空间、时间与对象三要素。位置是物联网信息的重要属性之一，缺少位置的感知信息是没有实用价值的。通过定位技术获取位置信息是物联网应用系统研究的一个重要问题。

2）全球定位系统是将卫星定位和导航技术与现代通信技术相结合，具有全时空、全天候、高精度、连续实时地提供导航、定位和授时的特点。

3）卫星导航系统是一个国家重要的空间信息基础设施，关乎国家安全。我国政府高度重视卫星导航系统的建设，一直在努力探索和发展拥有自主知识产权的卫星导航系统。目前我国的北斗卫星导航系统具有定位、导航、通信与授时四大功能，已成功应用于测绘、电信、水利、渔业、交通运输、森林防火、减灾救灾和公共安全等领域。

4）物联网定位技术还包括移动通信定位技术、基于无线局域网的定位技术、基于 RFID 的定位技术与无线传感器网络定位技术。

5）随着智能手机、可穿戴计算设备与物联网移动终端设备应用的发展，位置服务迅速地流行开来。位置服务已经成为信息服务业一种新的服务模式与经济增长点。

习题

一、单选题

1. 以下关于位置信息三要素的描述中，错误的是（　　）。

A）对象　　　　　　B）空间　　　　　　C）数量　　　　　　D）时间

2. 以下关于位置服务特征的描述中，错误的是（　　）。

A）位置服务可以缩写为 LBS

B）位置服务功能之一是确定你的身份

C）位置服务功能之一是确定你的位置

D）位置服务功能之一是提供适合你的服务

3. 以下不属于实际使用的卫星定位系统是（　　）。

A）GPS　　　　　　B）GLONASS　　　　　　C）北斗　　　　　　D）GPRS

4. 以下关于我国北斗卫星定位系统特征的描述中，错误的是（　　）。

A）定位精度为 100m

B）时间同步精度可以达到 10ns

C）一次可以传送 40～60 个汉字短报文

D）系统的最大用户数是每小时 540 000

5. 以下不属于卫星定位系统组成单元的是（　　）。

A）用户设备　　　B）地面监控　　　C）注入站　　　D）空间星座

6. 以下关于用户设备功能的描述中，错误的是（　　）。

A）跟踪可见的 GPS 卫星

B）计算出位置信息与导航信息

C）计算卫星运行轨道各种修正参数

D）对接收到的卫星无线信号进行处理

7. 卫星定位系统能够精确计算出位置信息至少需要接收到信号的卫星数量是（　　）。

A）2 个　　　　　　B）3 个　　　　　　C）4 个　　　　　　D）5 个

8. 以下 GPS 接收机类型的描述中，错误的是（　　）。

A）导航型　　　　　B）通信型　　　　　C）测地型　　　　　D）授时型

9. 以下关于 GIS 系统特点的描述中，错误的是（　　）。

A）数据的选取是面向 GPS 应用的

B）数据的来源是多样的

C）数据是动态的

D）数据是海量的

10. 以下不涉及基于移动通信网的定位技术是（　　）。

A）单基站定位　　　B）多基站定位　　　C）RFID 定位　　　D）A-GPS 定位

二、思考题

1. 为什么说是否拥有自主知识产权的卫星定位系统关乎国家安全？

2. 我国北斗卫星定位系统具有哪些特点？

3. 为什么卫星定位系统中必须有一颗卫星用来校正时钟误差？

4. 为什么说 Wi-Fi 基站设备 AP 具有位置指纹的特征？

5. 请试着设计一套为机场乘客寻找登机口的路径指示系统，并说明工作原理。

6. 请试着设计一套带有定位功能的共享单车服务系统，并说明系统功能与工作原理。

7. 请搜索并评述"高精度地图"领域的研究与应用进度。

第 7 章 物联网智能数据处理技术

物联网通过覆盖全球的传感器、RFID 标签技术实时感知海量数据不是目的，只有通过汇聚、挖掘与智能处理，从海量数据中获取有价值的知识，为不同行业的应用提供智能服务才是发展物联网的真正目的。本章在介绍物联网数据特点的基础上，对物联网海量数据存储、数据融合、云计算、数据挖掘与大数据技术进行讨论。

本章教学要求

- 掌握物联网数据的特征。
- 理解云计算在物联网中的应用。
- 理解大数据的基本概念。
- 了解物联网大数据研究的特殊性。

7.1 物联网智能数据处理技术的基本概念

7.1.1 物联网数据的特点

要研究物联网数据处理技术，首先要了解物联网数据的特点。我们可以从一些应用实例出发，去总结物联网的数据特点。图 7-1 给出了由美国弗吉尼亚大学研究的军事监控无线传感器网络 VigilNet 的应用场景、网络拓扑与数据处理研究示意图。从这张示意图中我们可以看出，在军事应用、边境与敏感区域安全保卫、应急处置等物联网应用系统中，成千上万个无线传感器节点需要通过飞机抛洒到被监控的区域。这些无线传感器节点的分布是随机的。它们首先要通过自组织的方式形成一个无线传感器网络。无线传感器节点不是简单地定期对环境信息采样，然后将感知的数据传送出去。VigilNet 设计者要求节点对不同目标的感知数据进行分类和处理，以区分目标是人、汽车或坦克。如果是人，还要判断出经过传感器节点周边的人是否携带武器。多个节点对目标进行协同跟踪之后，向指挥者提供不同等级的报警信息。从这个例子可以看出，大量的无线传感器节点将产生海量的数据，这些数据是动态变化的。如果我们只使用一种声传感器，可以判断出是人、汽车或坦克，但是无法判断这个人是不是携带有武器，因此感知的数据可能是由多种传感器产生的，即感知信息的多态性。同时，要准确地判断出坦克出现的位置、行进的方向与速度，需要对相关联的节点的数据进行处理。可见，物联网数据具有海量、多态、动态与关联等特性。

（1）海量

如果无线传感器网络中有 1000 个节点，每个传感器每分钟传输的数据是 1KB，那么每一天产生的数据量是 1.4GB。对于实时性要求高的智能工业、智能电网、智能交通，以及桥梁安全监控、水库安全监控、机场安全监控等系统，每天产生的数据量可以达到 TB 量级（1TB = 1024GB）。医疗护理应用中需要对患者的体温、心率、血压等生理指标进行 24 小时不间断的实时采集，这也将产生大量的数据。当越来越多的物联网应用系统建立起来之后，物联网节点的数量将是非常多的，它们所产生的数据量也一定是海量的。因此，物联网数据的一个重要特征是海量。

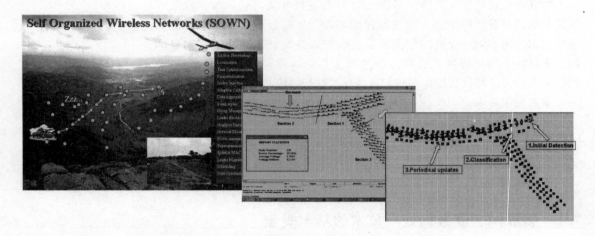

图 7-1　VigilNet 网络拓扑与数据处理研究的示意图

（2）多态

我们可以通过一些例子来认识物联网数据的多态性特征。当一个物体通过一个传感器节点周边时，传感器节点可以通过感知物体所产生的压力、振动、磁场声音、无线信号、速度与加速度来区分出目标是人还是坦克或直升机。零售连锁店中的 RFID 要标识出不同品种的商品、同一品种不同规格的商品，以及同一规格商品的不同产地、价格等。精准农业生态环境监控系统感知的数据有温度、湿度、光照、二氧化碳浓度、土壤成分等环境数据。我们需要使用多种传感器去观测不同的数据。而不同类型的数据有不同的数值范围、不同的表示格式、不同的计量单位、不同的精度。因此，物联网数据的一个重要特点是多态性。

（3）动态

物联网数据的动态性很容易理解。不同的时间、不同的传感器测量的数值都可能有变化。比如每一天的晚上和白天、上下班的高峰时段、晴天与雨雪天气，通过同一个交通路口的汽车与行人流量差异很大。因此，物联网数据的另一个重要特征是动态性。

（4）关联

物联网中的数据之间不可能是相互独立的，一定存在着关联性。例如，VigilNet 节点可以通过感知移动物体所产生的压力、振动、声音、电磁信号、方位来区分目标是坦克还是其他。我们需要根据多个节点在同一个时刻感知到的目标物体数据，计算出目标的位置；根据不同时刻目标位置的变化，计算出目标行进的方向、速度与路线，以提供准确的报警信息。对于生态环境监控系统感知的数据，我们可能要比较同一个传感器节点在不同时间温度数据的变化，或者比较同一个时间不同位置传感器节点的湿度数据的变化。物联网中的数据之间在空间、时间维度上存在着紧密的关联性。

表 7-1 给出了由伯克利大学的研究人员设计的无线传感器网络 TinyDB 的数据库结构。从表中可以清晰地看到物联网数据具有"海量、动态、多态、关联"的特点。

表 7-1　TinyDB 关系表结构

传感器号	查询周期	时间	湿度	光强	温度	水平加速度	垂直加速度	水平磁感应	垂直磁感应	噪声	音调	原始声音
1	1	2003-05-01	562	388	235	432	886	76	145	422	0.2	522
2	1	2003-05-01	475	233	543	655	567	65	331	655	0.5	256
3	1	2003-05-01	491	256	455	345	654	42	456	211	0.3	654
1	2	2003-05-02	586	155	654	342	432	77	470	118	0.5	422
2	2	2003-05-02	512	257	454	566	323	61	423	135	0.7	656
……	……	……	……	……	……	……	……	……	……	……	……	……

无线传感器网络节点需要完成环境感知、数据传输、协同工作的任务，所以在一段时间内就会产生大量的数据。但是采集数据不是组建物联网的根本目的，如果我们不能从大量数据中提取出有用的信息，那么采集的数据量越大，信息"垃圾"就越多。我们需要根据不同的物联网应用需求，深入研究物联网数据处理技术。

7.1.2　物联网中的数据、信息与知识

我们平时并不关注"数据"与"信息"的区别，很多人认为"数据"与"信息"是同义词。但是，我们在研究物联网数据存储与挖掘技术时，首先需要了解"数据""信息"与"知识"的区别。

我们可以从图 7-2 中了解这三个概念的区别与联系。图中显示的是一个用于森林防火监控的无线传感器网络系统。我们将在这片森林的不同位置安置很多无线传感器节点，节点的温度与湿度传感器就可以连续地向监控中心传送森林中不同位置的温度、湿度数据。假设在 11 月 15 日 18：00，节点 A 传送来的数据是"150、18"。如果我们不将这些数据放在一定的背景之下去解读，那么不会知道这两个数据有什么用处。当无线传感器网络软件将这两个数据分别存储到数据库的温度与湿度记录中时，就给这些数据赋予了确定的背景。这时应用软件就会"认识"到这两个数据分别表示节点 A 处传感器测量的温度是"摄氏 150 度"、湿度是"18%"。这样，"温度摄氏 150 度""湿度 18%"不再是让人看不懂的数据，而是能够传达一定含义的"信息"。

监控中心的数据分析软件通过对长期采集的不同季节、不同时间的温度、湿度数据，可以分析出 11 月中旬 18：00，森林的平均温度是 10℃，平均湿度为 20%。这些从大量数据中找出的规律是我们用来判断是否发生森林火情的"知识"。如果简单地看，节点 A 报告的环境温度已经达到 150℃，那么就应该判断出现火情。但是，从大量数据中找出的森林火灾判断的"知识"告诉我们，出现这种情况有三种可能：一是的确发生了火情，二是数据传输出现错误，三是温度传感器故障。环境数据是关联的。如果确实出现火情，那么节点 A 的湿度传感器测量到的湿度应该快速下降；周边节点测量的温度、湿度数据都应该发生快速变化。现在，节点 A 处的湿度数据在合理的范围之内；同时，我们需要观察周边节点的温度与湿度数据，看它们是不是有规律地改变。如果没有，那么存在着两种可能，一是温度传感器故障，二是数据传输出现错误。我们连续

观察节点 A 发送的数据，结果湿度传感器数据保持在 18 ~ 22 之间，而温度传感器数据仍然是 150，那么说明网络传输也是正常的，最终我们可以判断节点 A 的温度传感器出现故障，立即派技术人员去现场检查、修理或更换。

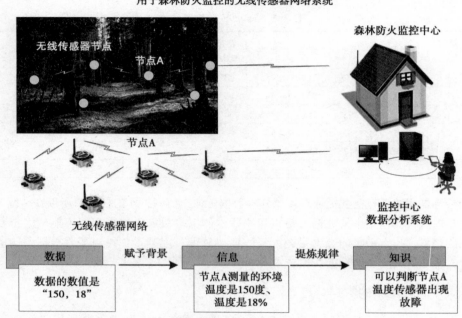

图 7-2　物联网中的数据、信息与知识

从以上讨论中可以看出：在物联网中，数据是感知设备对外部世界信息的一种数字化的表达；只有赋予数据一个特定的背景，我们才能理解数据所表达的含义；只有按照一定的规律，我们才能从大量信息中挖掘出有用的知识；有了正确的知识，我们才知道如何智慧地处理外部世界的问题。

7.1.3　物联网数据处理的关键技术

面对物联网数据海量、多态、动态与关联的特征，物联网的数据处理需要重点解决以下几个关键技术。

1. 海量数据存储

（1）物联网数据存储的重要性

物联网海量数据的产生主要表现在两个方面：一是每一个传感器、RFID 读写器在连续、实时地产生着大量的数据；二是物联网中有数以亿计的物品，如现代物流中贴有 RFID 标签的商品在世界范围内流通，它们每时每刻都在产生着大量的数据。医疗监护系统中保存着与人生命安危相关的重要数据，智能电网系统中保存着影响一个国家与地区供电效率与安全性的数据，现代物流系统中保存着正在不同地区销售和运输物资的数据，而机场安防系统保存着机场敏感区域人员活动的数据，物联网数据的重要性远高于互联网中 Web、聊天与游戏应用中的数据。因此，如何利用数据中心与云计算平台存储物联网的海量数据，如何充分地利用好物联网信息，同时又要实现对隐私的保护，这是物联网数据处理技术首先要面对的一个重要问题。

（2）物联网数据存储的模式

在物联网中，无线传感器网络的数据存储具有代表性。无线传感器网络存储监测数据的模式主要有两种：分布式存储与集中式存储。

图 7-3a 给出了分布式存储结构示意图。在分布式存储方式中，网络传感器节点分为三类：中继节点、存储节点与汇聚节点。其中，中继节点只能感知和传递数据，不能存储数据。存储节点除了能够感知和传递数据之外，还能够存储数据。中继节点采集到数据，它就向汇聚节点方向传送，如果下一个节点也是中继节点，那么中继节点继续转发数据，如果下一个节点是存储节点，那么数据就存储在存储节点之中。当汇聚节点接到一个查询命令时，该查询命令会分发到网络之中，存储节点负责回复查询结果，中继节点不参加查询回复过程。分布式存储结构的优点是：通常用户只会对某一部分数据感兴趣，因此数据查询过程限制在汇聚节点与存储节点范围内，可以减少不必要的大范围查询的通信量，以节约能量。不足之处是：一旦存储的数据量超过存储节点的能力，就会造成数据丢失；同时，存储节点本身能量消耗较大，一旦存储节点能量耗尽，就会导致网络不能正常工作。

图 7-3b 给出了集中式存储结构示意图。在集中式存储结构中不设存储节点，网络中所有感知的数据都发送到汇聚节点，查询也限制在汇聚节点。集中式存储结构的优点是：所有采集的数据都存储在计算和存储资源配置较高的汇聚节点，计算工作量较大的查询任务由汇聚节点承担，不需要分散到整个网络中的中继节点。不足之处是：由于所有数据都必须通过多跳的传感器节点多次转发，因此中继节点不能够保证转发数据不被丢失，不能够解决数据重复与冗余，以及数据转发过程的能量优化问题。海量数据的存储结构影响着物联网系统的可靠性与效率，因此在讨论物联网数据处理技术时必须研究海量数据的存储结构问题。

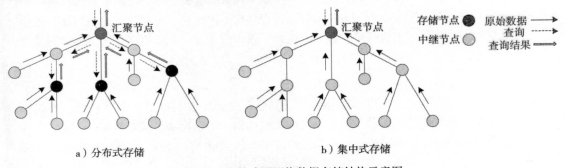

a）分布式存储　　　　　　　　b）集中式存储

图 7-3　无线传感器网络数据存储结构示意图

2. 数据融合

针对物联网数据的多态性，我们需要研究基于多种传感器的数据融合技术，综合分析各种传感器的数据，从中提取有用的信息。

关于数据融合技术的研究已经有很长的一段时间了。在第二次世界大战期间，多传感器数据融合技术就已经达到实用阶段。当时研究人员在高炮火控雷达上加装了光学测距系统，这种综合利用雷达与光学传感器等多种感知信息的方法，不仅提高了系统的测距精度，同时也大大提高了系统的抗干扰能力。由于当时没有先进的计算机技术的支持，数据的综合、比较与判断工作是由人工方式实现的。

20 世纪 70 年代，数据融合（Data Fusion）这个术语才正式出现。20 世纪 80 年代初，有关多传感器数据融合方面的文献还很少见到,但是到了 80 年代末,美国每一年要举行两个关于数据融合领域的会议。到了 20 世纪 90 年代初,美国和世界各国纷纷研制出多种军用的数据融合系统,同时出现了很多种关于数据关联、多目标跟踪、身份估计、状态估计的数据融合算法。数据融合已经成为数据处理的一个新的重要的分支。

在智能交通、工业控制、环境监控、精准农业、突发事件处置、智慧城市、智能电网等物联网应用系统中,必然要应用多种传感器去综合感知多种物理世界的信息,从中提取对于我们智慧处理物理世界问题有用的信息和知识,因此数据融合技术是物联网数据处理研究的重要内容之一。

3. 数据查询、搜索与数据挖掘

物联网环境中的感知数据具有实时性、周期性与不确定性等特点。从感知数据的查询方法角度来看,目前的处理方法主要有:快照查询、连续查询、基于事件的查询、基于生命周期的查询与基于准确度的查询。在互联网环境中,Web 搜索引擎已经成为网民查询各类信息的主要手段。传统的搜索引擎是通过搜索算法,在服务器、计算机上抓取人工生成的信息。然而在物联网环境中,由于各种感知手段获取的信息与传统的互联网信息共存,搜索引擎需要与各种智能的和非智能的物理对象密切结合,主动识别物理对象,获取有用的信息,这对于传统的搜索引擎技术是一个挑战。

很多银行、企业、政府部门已经在数据库中存储了大量的数据。很多用户不再满足于查询、搜索与报表统计等简单的数据处理方式,而是希望从数据库中发现更有价值的信息,这就需要使用数据挖掘技术。数据挖掘是在大型数据库中发现、抽取隐藏的预言性信息的方法。它使用统计方法和人工智能方法找出普通数据查询中所忽视的数据隐含的趋势性的信息,用户可以利用数据挖掘技术从大量数据中提取有价值的信息。例如,银行管理人员可以从大量储户存取行为的数据中,提取不同收入群体、不同时间段、不同地区的规律性的活动与变化的信息,有针对性地开展新业务与新服务。大型商业与零售连锁店可以根据不同地区、不同时段、不同商品销售信息,应用数据挖掘技术寻找销售规律,有针对性地扩张销售业务。数据挖掘是物联网数据处理中一个重要的方法。

4. 智能决策

发展物联网的最终目标不是简单地将物与物互联,而是要催生很多具有"计算、通信、控制、协同和自治"特征的智能设备与系统,实现实时感知、动态控制和智能服务。

在人类整个活动中,感知、通信、计算、智能、控制构成了一个完整的行为过程。"智能"是运用信息、提炼知识、生成策略、认识问题和解决问题的能力,同时"智能"又是生命体的能力标志,是人类生存发展能力的最高体现。人类通过眼、耳、鼻、舌、皮肤去感知外部世界,获取信息;通过神经系统将感知的信号传递到大脑;大脑通过分析、比对,从表象的信息中提炼出相应的知识,升华为处理问题的智能策略;最终大脑将智能策略变化为智能行为,形成"智慧"地处理问题的能力。从感知、通信、计算到提炼出知识,再到形成智能策略的过程叫做智能决策。智能决策是物联网信息处理技术中追求的最重要的目标。

7.2　物联网与云计算

7.2.1　云计算产生的背景

我们可以通过一段故事来了解云计算产生的背景,以及云计算在互联网、移动互联网与物联网中的应用。

2006 年 8 月，一家名叫 Animoto 的小公司在纽约悄然成立。这家公司是由一个大学毕业不久的年轻人史蒂维·克里夫登创立的。他和几位年轻人看到人们将旅行中拍摄的照片编成 Flash 短片的需求，就用几台服务器组成一个基于网络视频展示服务的平台，在互联网上提供一种可以根据用户上传的图片与音乐，自动生成定制视频的服务。公司创建之初，每天大约有 5000 个用户。

2008 年 4 月，Facebook 社区向它的用户推荐了 Animoto 公司的服务项目，3 天之内就有 75 万人在 Animoto 网站上注册。高峰时期每小时的用户达到 25000 人。这时，公司的几台服务器已经不堪重负了。根据当时业务的发展，Animoto 公司需要将它的服务器扩容 100 倍。史蒂维既没有资金进行这么大规模的扩容，也没有技术能力与兴趣来管理这些服务器。正在他一筹莫展的时候，一位专门为亚马逊公司设计云计算应用软件的同学告诉他不需要自己购买服务器和存储设备，也不需要自己管理，只需要租用亚马逊的云计算资源和存储资源就可以解决问题，这样不仅可以节省很多费用，并且可以很方便地将视频业务服务移植到亚马逊云中。史蒂维接受了同学的建议，与亚马逊公司签订了合作协议。

通过这种合作，Animoto 公司没有购买新的服务器与存储器，只花了几天的时间就将业务转移到亚马逊云上，根据用户的流量来租用亚马逊云的计算与存储资源，而且网络系统、服务器、存储器的管理也交给亚马逊公司的专业人员负责。Animoto 公司使用亚马逊云的一台服务器，一小时只需要花费 10 美分，其中还包括了网络带宽、存储与服务的费用。

从用户的角度，云计算技术大大降低了互联网公司的创业门槛和运营成本，使得创业者只需要关注互联网服务本身，而把繁重的服务器、存储器与网络管理任务交给专业公司来负责。从云计算提供商的角度，他们可以通过高速网络技术，将成千上万台廉价的 PC 主板互联起来，在云计算软件系统的支持下，以较低价格提供即租即服务的计算与存储服务。因此，云计算不仅仅是技术，更是一种商业运营模式。

也许你会说 Animoto 公司的成功是大洋彼岸的故事，离我们太遥远。其实不然，现在，互联网、移动互联网与物联网中的很多应用都得益于云计算技术的支持。我们可以通过几个例子来说这个问题。

假设你和几位同学同时通过互联网与对弈机器人下国际象棋，尽管你们人多势众，也未必下得过机器人。这里的奥妙就在机器人背后的"云"上。在与多人博弈的过程中，机器人通过视觉传感器将对手走棋的图像，使用有线链路或无线 Wi-Fi 信道，通过互联网传送到后台的"云"中。在"云"中，可能有几十甚至是上百个 CPU 并发运行国际象棋对弈软件，它将分别针对不同的棋盘信息去搜索存储在数据库中的国际象棋大师的棋谱，然后再决定针对不同棋盘的下一步应对策略。其实，你们不是在与对弈机器人下棋，而是在与"隐藏"在"云"中的多名虚拟的国际象棋大师下棋。

你在网上与机器人对弈时，可能还有很多人也在与对弈机器人下棋，而你并没有觉得因为下棋人数量的增加而导致机器人走子的速度减慢，这都得益于云计算系统资源动态调度能力。试想，如果没有强大的云计算技术的支持，网上人机对弈能够实现吗？图 7-4 给出了云计算与人机对弈原理的示意图。

手机地图服务也依赖于云计算技术的支持。我们可以通过一个生活现象来说明。

我们在乘坐高铁时，在车未启动时打开手机的地图服务，可以清晰地找到自己在高铁站的具体位置。当高铁运行到城市之间的某些地段时，你会发现，手机屏幕上标志你的位置的点在移动，但是周边的地图消失了；快到下一个城市时，地图又恢复了。

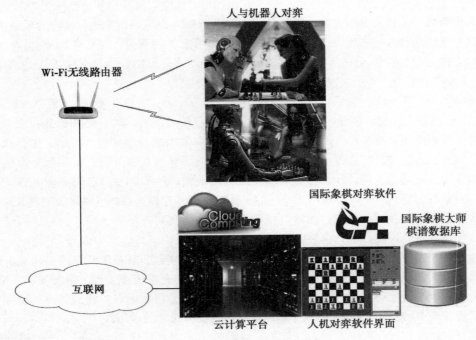

图 7-4　云计算与人机对弈

出现这种现象是因为你的手机一直能很好地接收 GPS 位置信息，但不能很好地接收地图信息。这又是因为你的手机地图不是预先下载到手机内存的，而是通过移动通信网动态下载的。在高铁行驶过程中可能是移动基站信号没有覆盖到，或者是手机的信号不好，也可能是无线信道的带宽不够，会造成地图不显示的现象。

在同一个时刻，可能有很多用户在使用手机进行地图定位与导航，如果没有强大的云计算技术的支持，移动互联网手机地图服务是不可能实现的。图 7-5 给出了云计算与移动互联网手机地图服务的原理示意图。

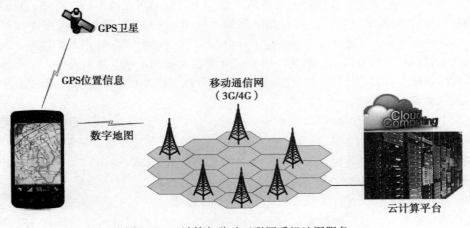

图 7-5　云计算与移动互联网手机地图服务

在现实生活中，当你对云计算技术感兴趣的时候，你可能会通过百度搜索"什么是云计算？"百度"云"接受你的搜索指令，完成搜索请求，将查询到的相关"云计算"的内容反馈给你。这样一个搜索的计算过程、大量有关"云计算"的内容的存储都依赖于百度的云计算平台。当你进行网上购物与网上支付时，也是在与后台的"云"打交道。因此，小到我们每天都会使用的搜索引擎、电子邮件、Web浏览与网上购物、网上支付，大到涉及上千个智能机器人的工业物联网系统、覆盖一个地区的智能交通系统，无一不是在云计算技术的支持下完成的。云计算已经成为我们生活和工作中不可或缺的技术。

正是因为云计算具有以上的技术特性，因此云计算技术非常适合于物联网应用。例如，一些刚开始运行的智能物流、智能环保、智能交通等物联网应用系统需要完成复杂的物流运输线路规划与供应链分析，大量用户的位置信息的感知、存储与分析，大量环境数据的存储、分析与计算。但是出于经济或其他原因，企业不打算买大型计算机、服务器与专用软件，急需一类能够满足它们的计算与存储需求的企业，实现按需租用计算资源，这种按需为用户提供计算与存储资源的企业就是云计算服务提供商。

7.2.2 云计算的分类

云计算有多种分类方法，最常见的是按是否对外提供服务与服务类型进行分类的方法。

按照云平台是否对外提供服务可以分为公有云与私有云两类。公有云为用户提供免费或低收费的计算与存储服务。私有云是企事业单位自己运行与使用的云平台，因此也叫做企业云或内部云。

云计算服务提供商提供的服务类型可以分为三种：

1）如果我们不想购买服务器，仅仅是通过互联网，租用虚拟主机、存储空间与网络带宽，那么这种服务方式称为基础设施即服务（IaaS）。

2）如果再进一步，我们不但租用虚拟主机、存储空间与网络带宽，而且利用操作系统、数据库、API来开发物联网应用，那么这种服务方式称为平台即服务（PaaS）。

3）如果更进一步，直接在为我们定制的软件上部署物联网应用系统，那么这种服务方式称为软件即服务（SaaS）。

显然，基础设施即服务（IaaS）只涉及租用硬件，是一种基础的服务；平台即服务（PaaS）在已有硬件的基础上，租用一个特定的操作系统与应用程序来进行应用软件的开发；而软件即服务（SaaS）则是在云平台提供的定制软件上，直接部署自己的应用系统。

7.2.3 云计算的主要技术特征

云计算作为一种利用网络技术实现的随时随地、按需访问和共享计算、存储与软件资源的计算模式，具有以下几个主要的技术特征：

1. 按需服务

云可以根据用户的实际计算量与数据存储量，自动分配CPU的数量与存储空间的大小，从而避免因为服务器性能过载或冗余而导致服务质量下降或资源浪费。

2. 资源池化

利用虚拟化技术，云就像一个庞大的资源池，可以根据用户的需求进行定制，用户可以像使用水和电那样使用计算与存储资源。计算与存储资源的使用、管理对用户是透明的。

3. 服务可计费

云可以监控用户的计算、存储资源的使用量，并根据资源的使用量进行计费。

4. 泛在接入

用户的各种终端设备，如 PC、笔记本计算机、智能手机和移动终端设备，都可以作为云终端，随时随地访问云。

5. 高可靠性

云采用数据多副本备份冗余、计算节点可替换等方法来提高云计算系统的可靠性。

6. 快速部署

云计算不针对某些特定的应用。在云的支持下，用户可以方便地组建千变万化的应用系统。云能够同时运行多种不同的网络应用。用户可以方便地开发各种应用软件，组建自己的应用系统，快速部署业务。

云计算并不是一个全新的概念。早在 1961 年，计算机科学的先驱 John McCarthy 就预言："未来的计算资源能像公共设施（如水、电）一样被使用"。为了实现这个目标，在之后的几十年里，学术界和产业界陆续提出了集群计算、网格计算、服务计算等技术，而云计算正是在这些技术的基础上发展而来的。云计算采用计算机集群构成数据中心，并以服务的形式交付给用户，使用户可以像使用水、电一样按需购买云计算资源。因此，云计算是一种计算模式，它将计算与存储资源、软件与应用作为服务，通过网络提供给用户（如图 7-6 所示）。

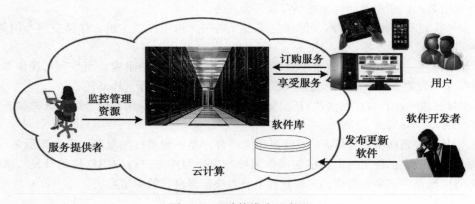

图 7-6　云计算模式示意图

未来的各种物联网应用，以及个人计算机、笔记本计算机、平板电脑、智能手机、GPS、RFID 读写器、智能机器人、可穿戴计算等数字终端设备装置，都可以作为云终端在云计算环境中使用。云计算将成为物联网重要的信息基础设施之一。

7.2.4　云计算在物联网中的应用

1. 物联网数据中心的特征

随着物联网应用的发展，物联网数据中心的建设又一次被提上了议事日程。在新的形势之下，物联网数据中心的建设面临着新的挑战，主要表现在：虚拟化与云计算、海量数据管理与安全、绿色与节能。物联网数据中心应具有"部署快捷、运行可靠、可扩展、安全、节能"的特征。

（1）部署快捷

物联网的应用涉及国民经济与社会生活的各个领域。一种物联网应用从研发成功到推广应用，能否不走传统互联网应用系统建设的老路，不在基础设施上搞重复建设，而是以最节约的方式实现快速部署，是物联网能不能够普及的关键。

（2）运行可靠

物联网的数据中心应该达到电信级的运营要求，实行 7×24 服务。这就要求数据中心能够自动监测与修复设备故障，实现从服务器、存储系统到应用的端到端的基础设施统一管理。

（3）可扩展

物联网应用系统从研发、小规模应用到大规模应用必然要经历一个不断被用户接受的过程，因此为应用系统服务的数据中心也必须具有可扩展性，能够随着用户数量和数据资源的增长而扩大。物联网数据中心必须走统一规划、分期建设的道路，系统整体设计时必须考虑可扩展性问题。

（4）安全

数据安全是物联网赖以发展的基础，很多物联网应用系统的数据关乎企业经营与发展，甚至是关乎社会稳定与国计民生，因此用来存储物联网海量数据的数据中心的重要特征之一是它的安全性。云存储运营商与客户数据安全性的法律关系，是政府与法律界一个重大的研究课题。

（5）节能

稳定可靠的能源系统是数据中心持续在线服务的基础，任何原因促成的临时停电都会造成数据的丢失和错误。同时，数据中心在运行过程中必须保证机房恒温，其耗电是很大的。因此如何设计数据中心的供电系统，如何选用节能服务器、存储设备和网络设备，并通过先进的供电和散热技术，实现供电、散热和计算资源的无缝集成和管理，成为成功运行物联网数据中心一个重要的问题。物联网数据中心必须解决高效利用能源，支持物联网运营机构获得可持续发展计算环境的问题。

2. 云计算在物联网中的应用实例

我们可以从以下三种可能的应用出发来研究云计算技术在物联网中的应用。

第一种情况是：一些刚刚运行的用于物流、位置服务、环境监测等服务的物联网应用系统，它们需要完成复杂的物流运输线路规划与效益分析，大量用户的位置信息的感知、存储与分析，潜在用户与服务的分析与计算，但是出于经济或技术原因，这些单位暂时不打算买大型计算机、服务器与专用软件，他们希望社会上出现一类能够满足其计算与存储需求的企业，用户可以按需租用云计算服务提供商的存储和计算资源。

第二种情况是：随着物联网应用的深入，用户终端设备开始从计算机向各种家庭电器、智能手机与各种移动终端设备方向发展。但是智能手机的计算资源与存储资源十分有限。我们已经习惯了用手机去浏览新闻、搜索信息。如果我们在手机上键入一个搜索某个智能交通系统的应用请求，那么整个应用请求的执行过程需要物联网中大型服务器集群来协同进行。随着基于智能手机等移动终端设备的物联网服务的不断增加，提供新的物联网服务的系统就可以不需要在硬件设施上进行大量重复性的建设，而只要按需租用云计算服务提供商的计算资源与存储资源，就可以快速组建应用系统，提供物联网服务，满足包括智能手机在内的各种移动终端设备访问物联网应用系统的需求。

第三种情况是：随着物联网应用的扩大，各种公共事业部门（例如医院、社保、企业、交通管理与公安）或个人需要存储的信息量不断增长，他们需要通过物联网将部门或个人的信息存储或备份到一个安全的地方，云计算服务提供商能够帮助他们完成这项工作。当然，如果物联网的应用规模达到一定的程度，也可以考虑组建部门、企业或公司专用的私有云平台。

云计算是一种典型的"胖服务器"/"瘦客户机"的计算模式。在云计算模式中，系统对用户端的设备要求很低。客户使用一台普通的个人计算机，甚至是一部智能手机或智能终端设备，就能够完成用户需要的计算与存储任务。对于云计算用户来说，他们只需要提出服务需求，而不需要了解"云"中基础设施的细节，不必具备相应的专业知识，也无须直接进行控制，只需要关注自己真正需要什么样的资源，以及如何通过网络来得到相应的服务。组建任何一种物联网应用系统，如大型零售与物流企业的 RFID 应用系统时，无须像早期组建互联网应用系统那样，首先要购置大量的服务器，建立专用的服务器集群，而是按照要求租用云计算平台提供的计算资源与存储资源，就能够快速地部署和运行应用系统了。因此云计算必然会在物联网中得到广泛应用。

7.3 物联网与大数据

7.3.1 数据挖掘的基本概念

1. 数据挖掘研究背景

数据挖掘是大数据数据分析的基础。大数据技术的基本原理仍然基于聚类、分类、主题推荐等方法，很多方法都是在原有数据挖掘算法基础上改进，并将单机实现改成适应多台计算机并行计算的算法。因此，了解大数据技术首先要理解数据挖掘的基本概念。

接触过数据挖掘技术的人几乎都知道"啤酒与尿布"的故事。美国沃尔玛旗下有一家出售日用品的超市，出售各种品牌的啤酒与尿布。有一天，超市工作人员接到通知，要他们将尿布放在啤酒柜台附近。看起来，啤酒与尿布是完全不相干的两件商品，服务员并不知道为什么要把它们放在一起。但是放在一起之后，当月的啤酒与尿布的销售量都上升了。之所以这样做，是因为沃尔玛公司的工作人员对旗下超市销售记录分析时发现，消费者经常在购买尿布的同时购买啤酒。通过进一步调查最终找到了原因，原来一些年轻的父亲在给孩子买尿布的同时，不会忘记给自己买一些啤酒。沃尔玛公司管理人员在确认这个信息之后，采取将啤酒与尿布放在一起的策略，既方便了顾客购物，又提高了销售业绩，两全其美。从这个例子可以看出：对于同样的数据，可以只是做做统计，也可以透过这些数据，应用人类的智慧，找到一定的规律，从中提取出一些非常有价值的信息和知识，这个过程就是数据挖掘（Data Mining）。

数据挖掘技术是人们长期研究和开发数据库技术的结果。现在，很多公司已经在数据库中存储了大量商业数据。很多用户满足于使用查询、搜索与报表统计的方式处理数据。但是另一部分用户希望从数据库中发现更有价值的信息，这就需要使用数据挖掘技术。数据挖掘是在大型数据库中发现、提取隐藏的预言性知识的方法。它使用统计方法和人工智能方法去找出普通数据查询中所忽视的数据隐含的趋势性的信息。用户可以通过数据挖掘技术从大量数据中提取有价值的信息和知识。

2. 数据挖掘的功能

数据挖掘是物联网数据处理中一个重要的方法。数据挖掘可以完成两方面的功能。一是通过描述性分析，做到"针对过去、揭示规律"；二是通过预测性分析，做到"面向未来、预测趋势"（如图 7-7 所示）。

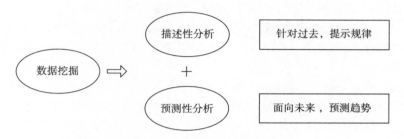

图 7-7　数据挖掘的两个功能

俗话说："历史告诉我们未来"，若要知道未来的事情，最好的方法是"往后"看。微软大数据研究院的研究人员采集了过去 20 年间《纽约时报》报道的内容，这 20 年的网上数据共有 90 个数据源，从而构建出自然灾害与疾病的预警系统。预警系统采用一个时间序列模型，从海量数据中挖掘知识，预测未来可能发生的事情，预测的结果令人惊讶。比如，根据某一个地区干旱发生几年后爆发霍乱的概率会上升这一规律，预警系统认为 2006 年发生过干旱的安哥拉很可能发生霍乱，后来安哥拉的确发生了霍乱。这种预测系统不但能够预测各种各样的自然灾害在每一个地区发生的概率，而且可以预测该地区暴力活动的可能性。尤其是在疾病爆发和暴力活动方面预测的正确性能够达到 70%～90%。

目前，数据挖掘技术已经广泛应用于银行、商业与政府部门。大型零售商依靠大数据来分析消费者的购买偏爱，从而能够及时满足客户的需求。银行管理人员可以从大量储户存取行为的数据中，提取不同收入群体、不同时间段、不同地区的规律性的活动与变化的信息，有针对性地开展新业务与新服务。警察通过对城市街头犯罪的数据预测，加大重点区域的防范力度，大幅度降低该地区街头犯罪的发案率。

通过无处不在的传感器、RFID 标签来自动获取、存储物理世界的各种数据，不是我们构建物联网应用系统的目的，我们是要透过海量数据，寻找物理世界的变化规律与发展趋势，以便更加智慧地处理物理世界的问题，否则我们就在制造大量的信息垃圾。因此，如何有效地利用物联网海量数据已经成为物联网应用研究的关键。面对物联网各种类型的应用系统和不同的需求，会产生层出不穷的新型数据挖掘算法。

7.3.2　大数据的基本概念

1. 大数据概念的提出

我们可以用两个不同领域的例子来说明大数据概念产生的背景。其中一个例子是关于流行病学的问题，另一个例子是与物联网的位置信息发现与位置服务相关的例子。

2009 年出现一种新的甲型 H1N1 流感病毒，这种病毒结合了导致禽流感和猪流感病毒的特点，在短短的几周内迅速地传播开来。由于患者可能在患病多日之后才到医院就诊，因此关于新型流感的统计数据往往要滞后一到两周。对于快速传播的疾病，信息滞后是致命的。就在甲型 H1N1 流感爆发的几周前，Google 公司的工程师在著名的《自然》杂志上发表了一篇论文，引起了全世界公共卫生防疫专家与计算机科学家的高度重视。

Google 公司每天可以收到来自全世界的 30 亿条以上的搜索指令，Google 云中保存着大量的用户搜索相关词条的数据。Google 工程师将 5000 万美国人检索最频繁的词条，如 "哪些是治疗咳嗽和发热的药物"，与美国疾病控制中心在 2003 年到 2008 年之间季节性流感传播时期的数据进行了比较。为了找出特定的检索词条的使用频率与流感传播在时间、空间之间的联系，他们总共处理了 4.5 亿个不同的数学模型。研究人员发现，他们选择了 45 条检索词条与相应的数学模型分析，计算的结果与 2007 年、2008 年美国疾病控制中心的官方公布的实际流感病例数据对比，相关度高达 97%。

这项研究成果表明：基于大数据的分析结果，能够判断出哪个地区、哪个州可能有多少人患了流感。这种预测非常及时，不像疾病控制中心要在流感爆发之后的一两周之后才能做出判断。所以，在 2009 年甲型 H1N1 流感爆发的时候，公共卫生机构的官员不再仅仅依靠分发口腔试纸与统计医院患病人数的方法，而是将 Google 建立在大数据分析基础上产生的预测数据，作为应对甲型 H1N1 流感传播的决策依据。

第二个例子是 2011 年度 "诺基亚移动数据挖掘竞赛"。在 2009 年初，诺基亚洛桑研究中心等 3 家研究机构发起了一项移动数据研究计划。这个计划开始的任务是搜集数据。他们首先组织了洛桑数据采集小组，并在日内瓦湖区募集了 185 名数据采集志愿者，这些志愿者覆盖各个年龄段和职业阶层，他们之间有一些社交活动。数据采集小组要求每位志愿者在日常生活中使用诺基亚 N95 智能手机。从每部手机采集的数据就成为这项研究计划的数据来源。这个数据采集过程经历了一年多的时间，它为移动数据挖掘研究提供了充足的数据。采集的移动数据主要分为两类。

第一类是用户手机使用的各项记录。例如，用户打电话或发短信的数量、通信录使用情况、链接的手机基站号、音乐和多媒体文件使用记录、手机进程记录、手机充电和静音等数据。

第二类是在手机，后台收集的用户行为数据。例如，GPS、Wi-Fi 定位信息和加速度传感器的数据。为了保护数据采集者的隐私，所有的内容信息都没有被记录，对用户特定的信息都采取了匿名处理。

竞赛规定了三项任务：

- 第一项任务是地点预测，即从用户在某个地点的移动信息来推断这个地点的类型。这个任务有 10 个不同的地址类型，例如家庭、学校、工作单位、朋友家与交通地点等。
- 第二项任务：下一地点预测。已知用户在某个地点和一些在这个地点记录的移动信息，推断用户下一个要去的地点。
- 第三项任务：用户特征分析。从用户的移动信息来推断用户的五个特征。这五个特征是性别、职业、婚姻状态、年龄与家庭人口。

全世界共有 108 支队伍参加这次竞赛。竞赛从 2011 年 11 月开始，到 2012 年 6 月结束。这次竞赛的题目在移动数据挖掘、社交网络、位置分析与预测方面都是很有挑战性的。参赛选手有很多奇思妙想，对于物联网智能数据处理与基于位置数据挖掘的研究具有重要的启示作用。

对于同一组数据的数据挖掘结果，不同的人有不同的认知角度与使用价值。对于提供移动通信网运营的公司技术人员来说，他们可通过对以上移动数据挖掘结果的分析，了解移动通信用户的行为特征、不同位置手机用户的密度、通信流量，可以对当前基站分布的状况进行评价，并规划近期继续增加的基站的位置与通信带宽。对于位置服务提供商，他们可以根据数据挖掘的结果，了解客户的需求，根据不同消费群体有针对性地开发新的服务类型。对于当地政府的官员，他们可以根据数据挖掘的结果，了解不同社区人群的结构、经济状况、消费特点，寻求更适合与不同阶层人员沟通的渠道，提高政府的服务水平。对于心怀叵测的黑客来说，数据挖掘的结果无疑暴露了很多人与家庭的隐私，为他们从事非法活动提供了极为重要的情报。对于从事信息安全的研究人员与政府官员来说，不能不对泄露这些重要的隐私信息所产生的后果进行评估，并千方百计地保护这些重要的隐私信息不被坏人利用。

在对商业、金融、银行、医疗、环保与制造业领域大数据分析基础上，通过获取的重要知识，衍生出很多有价值的新产品与新服务，人们逐渐认识到大数据的重要性。2008 年之前我们一般将这种大数据量的数据集称为海量数据。2008 年，《自然》杂志出版了一期专刊，专门讨论未来大数据处理的挑战问题，提出了大数据（Big Data）的概念。

2. 大数据的数据量单位

我们非常熟悉计算机处理数据的二进制位（bit）的概念，知道计算机储存数据的基本单元是字节（byte）。在使用计算机写作业和上网时，一张纸上的文字大约需要占用 5 KB 的存储空间，下载一首歌曲大约需要占用 4MB 的存储空间，下载一部电影大约需要占用 1 GB 的存储空间。随着海量数据的出现，数据单位也在不断发展。为了客观地描述信息世界数据的规模，科学家定义了一些新的数据量单位。表 7-2 给出了数据量单位与换算关系。

表 7-2　数据量单位与换算关系

单位	英文标识	单位标识	大小	含义与例子
位	bit	b	0 或 1	计算机处理数据的二进制数
字节	byte	B	8 位	计算机存储数据的基本物理单元，存储一个英文字母用 1 个字节表示，一个汉字用 2 个字节表示
千字节	KiloByte	KB	1024 字节或 2^{10} 个字节	一张纸上的文字约为 5KB 个字节
兆字节	MegaByte	MB	2^{20} 个字节	一个普通的 MP3 格式的歌曲约为 4MB
吉字节	GigaByte	GB	2^{30} 个字节	一部电影大约是 1GB
太字节	TeraByte	TB	2^{40} 个字节	美国国会图书馆所有书籍的信息量约为 15TB，截至 2011 年底，其网络备份数据量为 280TB，之后每个月以 5TB 的速度增长
拍字节	PetaByte	PB	2^{50} 个字节	NASA EOS 对地观测系统 3 年观测的数据量约为 1PB
艾字节	ExaByte	EB	2^{60} 个字节	相当于中国 13 亿人每人读一本 500 页书的数据量的总和
皆字节	ZetaByte	ZB	2^{70} 个字节	截至 2010 年人类拥有的信息量的总和约为 1.2ZB
佑字节	YottaByte	YB	2^{80} 个字节	超出想象 1YB = 1024ZB = 1 208 925 819 614 629 174 706 176B
诺字节	NonaByte	NB	2^{90} 个字节	超出想象
刀字节	DoggaByte	DB	2^{100} 个字节	超出想象

我们以 YB 为例，给出不同单位之间的换算关系为：

$$1YB = 1024 \ ZB$$
$$= 1024 \times 1024 \ EB$$
$$= 1024 \times 1024 \times 1024 \ PB$$
$$= 1024 \times 1024 \times 1024 \ \times 1024 \ TB$$
$$= 1024 \times 1024 \times 1024 \ \times 1024 \times 1024 \ GB$$

3. 物联网对大数据发展的贡献

互联网、移动互联网与物联网应用的发展，使得网络传输、存储、处理的数据量呈爆炸性增长的趋势。全球互联网的主干网每天要传输数万兆兆字节的数据。Google 每一分钟要处理的 69 万次搜索请求。社交网络 Facebook 的注册用户超过 10 亿，每个月上传的照片超过 10 亿张，每分钟要进行 65 万个状态更新。百度的总数据量已经达到 1000PB（1 个"拍 B"等于 2^{50} 个字节），每天上传到百度搜索引擎的图片数量超过 3 亿张，每天需要处理的网页数据达到 10~100PB。淘宝累计的交易数据量已经超过 100PB。

物联网中大量的传感器、视频监控探头、电网监控与工业控制系统也是造成数据"爆炸"的主要原因之一。例如，一个中等城市智能交通系统中仅车辆视频监控的数据，3 年累计下来可达到 200 亿条，数据量达到 120TB（1 个"太 B"等于 2^{40} 字节）。我们可以用美国政府的数据为例来说明这个问题。美国政府的数据大致有 3 种来源，一是从社会各个层面调查、搜集的数据形成了政府在制定政策时辅助决策的民意数据；二是各级政府部门办公形成的很多业务数据；三是政府部门通过各种物联网应用系统自动感知城市、农村的气象、地质、公路、水资源、陆地、海洋等实时、动态的环境数据。因此，政府数据可以进一步细分为民意数据、业务数据与环境数据（如图 7-8 所示）。

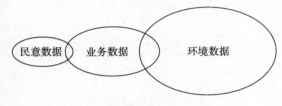

图 7-8 政府数据的组成示意图

这 3 种数据收集的方式不同，数据量不同，数据发展的速度也不同。它们之间存在一些交叉和重叠。有一些民意数据同时也是政府的业务数据，有一些环境监控数据也是某些政府部门的业务数据。随着物联网应用的发展，环境数据增长最快。环境数据包括各种传感器数据、RFID 数据与视频监控等感知数据，以及数字地图、遥感、GPS、GIS 等空间数据。它们具有各种形式与结构，具有不同的语义。这三类数据都呈现出快速增长的趋势。这种数据增长方式表现在三个维度上：一是同类数据的数据量快速增长；二是数据增长的速度在加快；三是数据的多样化，新的数据种类与新的数据来源也在不断增长。这种增长趋势如图 7-9 所示。

2000 年，Google 的首席经济学家数据哈尔·范里安在研究了数据与信息产生的速度后指出：人类社会每年所产生的数据量实在太大，已经无法用准确的方法计算出。2011 年，全球新产生和被复制的数据量约为 1.8ZB（1 个"皆 B"等于 2^{60} 个字节）。2015 年，人类总共创造了 4.4ZB 的数据，而这个数字大约每两年就会翻番。这些数据中隐藏了各种关于经济、社会、政治、全球气候变化，以及事业、消费与公共健康等多方面的重要信息。可惜的是，每年只有不到 10% 的数据会被分析。根据预测，到 2020 年，全球联网的 PC、平板电脑、智能手机与物联网终端设备总数将超过 300 亿台，各种设备产生的数据量将会突破 40ZB。

随着物联网的发展，新的数据将不断产生、汇聚、融合，这种数据量增长已经超出人类的预想。无论是从数据的采集、存储、维护，还是管理、分析和共享，对人类都是一种挑战。

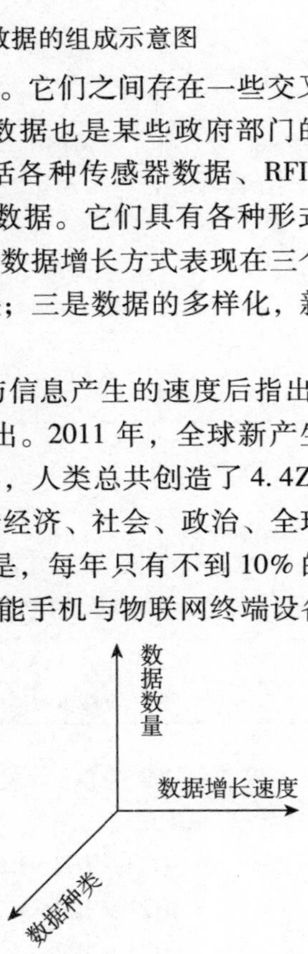

图 7-9 数据的三维增长

7.3.3 大数据的定义与特征

1. 大数据的定义

大数据还没有公认的定义。到底多大的数据是大数据，不同的学科领域、不同的行业会有不同的理解。目前对于大数据大致可以看到三种定义。一是大到不能用传统方法进行处理的数据；二是大数据是指那些大小超过标准数据库工具软件能够收集、存储、管理与分析的数据集；第三种是维基百科给出的定义，即大数据是指无法使用传统和常用的软件技术与工具在一定的时间内完成获取、管理和处理的数据集。

理解大数据的定义时，需要注意以下几点：

（1）人为的主观定义

对大数据人为的主观定义将随着技术发展而变化，同时不同行业对大数据的量的衡量标准也会不同。目前，不同行业比较一致的看法是数据量在几百 TB 到几十 PB 量级的数据集都可以叫作大数据。

（2）大数据的"5V"特征

数据量的大小不是判断大数据的唯一标准，判断大数据的依据是看它是不是具备"5V"的特征：

- 大体量（Volume）：数据量达到数百 TB 到数百 PB，甚至是 EB 的规模。
- 多样性（Variety）：数据为各种格式与各种类型。
- 时效性（Velocity）：数据需要在一定的时间限度下得到及时处理。
- 准确性（Veracity）：处理结果要保证一定的准确性。
- 大价值（Value）：分析挖掘的结果可以带来重大的经济效益与社会效益。

（3）工业界对大数据的理解

大数据的大小不是关键，重要的是我们能不能从 TB、PB 量级的数据中分析、挖掘出有价值知识。因此，工业界对大数据给出了一个三维的定义：大小、多样性、速度。大小、多样性容易理解，速度是指数据创建、积累、接收与处理的速度。快速发展的市场要求企业必须进行实时信息的处理，或者是"准实时"的响应和决策，否则大数据分析与挖掘是没有实际价值的。

（4）大数据研究的价值

关于大数据研究的科学价值，我们可以援引 2007 年图灵奖获得者吉姆·格雷的报告来说明这个问题。吉姆指出：科学研究将从实验科学、理论科学、计算科学，发展到数据科学。"数据密集型科学发现"将成为科学研究的第四范式。科学研究将从实验科学、理论科学、计算科学发展到目前兴起的数据科学。

2. 大数据的国家战略

关于大数据研究对世界经济与社会发展的影响，我们可以援引国际咨询机构麦肯锡公司 2011 年 5 月发布的《大数据：下一个创新、竞争和生产力的前沿》报告来说明。该研究报告指出：大数据将成为全世界下一个创新、竞争和生产率提高的前沿。抢占这个前沿，无异于抢占下一个时代的"石油"和"金矿"。IT 界流传着这样一句话："数据是下一个'Intel Inside'，未来属于将数据转换成产品的公司和人们"。

2012 年 3 月，美国政府为进一步推进大数据战略，由总统高级顾问、总统科学技术顾问委员会主席霍尔德伦代表国防部、能源部等 6 个联邦政府部门宣布，投入 2 亿多美元立即启动"大数据研究与发展计划"，以推动大数据的提取、存储、分析、共享和可视化方面的研究。霍尔德伦在讲话中表示：像历史上美国对超级计算和互联网的投资一样，这个大数据发展研究计划将对美国的创新、科研、教育和国防产生深远的影响。

2012 年 7 月，联合国发布了一本关于大数据的白皮书《大数据促发展：挑战与机遇》。

我国政府与学术界也高度重视大数据的研究，并于 2015 年 9 月发布了《关于促进大数据发展的行动纲要》，实施"国家大数据战略"。大数据分析挖掘将会给政府、企业带来巨大的经济效益和社会效益。我国具有世界上最多的人口、最多的网民、最多的手机用户、最大的访问量，因此也拥有开展社会计算最重要的大数据的基础，这就迫切要求我国计算机学者与社会学科的学者密切合作，根据中国国情创新性地开展社会计算的研究，不断开拓新的研究领域，为促进我国社会和谐、持续发展做出贡献。而物联网围绕着人们社会生活、经济活动获取的大量感知数据，是社会计算不可或缺的信息来源。

从以上分析中我们可以看出，大数据将对世界经济、自然科学、社会科学的发展产生重大和深远的影响。物联网的大数据应用是国家大数据战略的重要组成部分，结合物联网应用的大数据研究必将成为物联网研究的重要内容。

*7.3.4 物联网大数据研究的特殊性

1. 物联网大数据与一般大数据研究的共性

物联网中的大数据与一般的大数据研究有共性的一面，也有个性的一面。它们共性的一面首先表现在大数据分析的基本内容上。大数据分析的五个基本内容是：可视化分析、数据挖掘算法、预测性分析能力、语义引擎、数据质量与数据管理。这五个内容在物联网大数据分析中依然存在，当然物联网行业应用也有它的特殊要求。

（1）可视化分析（Analytic Visualizations）

物联网大数据分析的结果将直接服务于物联网应用系统的行业用户。由于分析结果的可视化能够以非常直观的形式呈现给普通物联网用户，从而帮助不同行业的物联网用户从中提取有价值的知识，进行科学决策。因此，大数据分析结果的可视化对于物联网用户尤为重要。

（2）数据挖掘算法（Data Mining Algorithms）

大数据分析的理论核心是数据挖掘算法，各种数据挖掘的算法基于不同的数据类型和格式，才能更加科学地呈现出数据自身的特点，挖掘出有价值的知识。物联网行业应用，如智能电网、智能交通、智能医疗关系国计民生与生命安全，某些应用对于数据挖掘结果的时效性、可靠性与可信性要求很高，因此面对各行各业的物联网应用系统，必须由大数据专家与行业专家合作研究数据挖掘算法。

（3）预测性分析能力（Predictive Analytic Capabilities）

预测性分析是大数据分析中重要的研究内容之一。预测分析是利用各种统计、建模、数据挖掘工具对最近的数据和历史数据进行研究，从而对未来进行预测。显然，对于物联网智能电网、智能交通、智能环保、智能安防等应用，预测性分析十分重要。我们必须以应用为导向，针对特定的行业，组织行业专家、物联网专家与大数据专家相结合的研究队伍，研究适应不同行业物联网大数据的预测模型与算法。

（4）语义引擎（Semantic Engines）

针对物联网的语义网络和语义引擎的研究将成为大数据研究的一个重要问题。建立适用于物联网环境的语义数据模型是实现对物联网中数据、知识与服务有效共享与管理的重要途径。物联网中大量的非结构化数据给数据分析带来新的挑战，要确保在物联网结构化与非结构化数据上叠加语义映射层，使不同的物联网用户用不同的方法处理同一个数据，并存储在不同数据库时，不产生混乱和歧义。物联网需要一套新的理论与方法来实现对不同地理位置分布的各种数据资源进行规范和灵活的组织，以实现对物联网数据资源的有效共享与智能利用，方便用户通过关键词、标签关键词或其他输入语义的搜索，提高主动获取知识的能力。

（5）数据质量与数据管理（Data Quality and Master Data Management）

高质量的数据和有效的数据管理是保证分析结果的真实性与和有价值的基础。不同传感器感知的原始数据的汇聚，多维数据融合、多用户协同感知与数据质量管理，在大量验证的情况之下找出最适当的算法，使得处理之后的结果更能够高精度地反映物理世界的真实面貌，是物联网大数据研究的重点。

2. 物联网大数据研究的个性问题

我们需要注意物联网大数据与一般大数据的不同。物联网数据具有异构性、多样性、实时性、颗粒性、非结构化与隐私性等特点，这也形成了物联网大数据研究的独特之处。

（1）异构性与多样性

物联网的数据来自不同的行业、不同的应用、不同的感知手段，有人与人、人与物、物与物、机器与人、机器与物、机器与机器等各种数据，这些数据可以进一步分为状态数据、位置数据、个性化数据、行为数据与反馈数据，数据具有明显的异构性与多样性。物联网大数据的研究需要注意数据异构性与多样性的特点。

（2）实时性、突发性与颗粒性

物联网感知数据是系统控制命令与策略制定的基础，显然，当物联网感知数据处理时间是一秒、一分钟、一小时、一天或者是几天时，它们的价值可能就天差地别。不同的物联网应用系统的数据带有时间、位置、环境与行为特征。当一个事件发生时，围绕着这个事件、来自不同角度的大量感知数据会"突然"出现。感知数据呈现出明显的实时性、突发性与颗粒性。同时，因为事件发生往往很突然，并且超出我们的预判，事先无法考虑周全，所以物联网感知设备从外部真实世界获得的数据很容易出现不全面和噪声干扰。物联网大数据的研究需要注意到数据实时性、突发性与颗粒性的特点。

（3）非结构化与隐私性

物联网应用系统中存在着大量图像、视频、语音、超媒体等非结构化数据，增加了数据处理的难度。物联网应用系统的数据中隐含着大量企业重要的商业秘密与个人隐私信息，数据处理中的信息安全与隐私保护难度大。

通过以上分析，我们可以得出三点结论：

1）物联网的智能交通、智能环保、智能医疗系统中的大量传感器、RFID 芯片、视频监控探头、工业控制系统是造成数据"爆炸"的重要原因之一。物联网为大数据技术的发展提出了重大的应用需求，成为大数据技术发展的重要推动力之一。

2）物联网通过不同的感知手段获取大量的数据不是目的，而通过大数据处理，提取正确的知识与准确的反馈控制信息，这才是物联网对大数据研究提出的真正需求。

3）大数据的应用水平直接影响着物联网应用系统存在的价值与重要性。大数据的应用的效果是评价物联网应用系统技术水平的关键指标之一。

7.3.5 物联网与智能决策、智能控制

研究物联网的目的就是实现网络虚拟空间与现实社会物理空间的融合。在物联网中，所有物理空间的对象，无论是智能的物体或者是非智能的物体，都可以参与到物联网的感知、通信、计算的全过程中。计算机在获取海量信息的基础上，通过对物理空间的建模和数据挖掘，提取对人类处理物理世界有用的知识。利用这些知识产生正确的控制策略，将策略传递到物理世界的执行设备，实现对物理世界问题的智能处理。这种从感知物理世界的原始信息，到人类处理物理

世界问题的智能行为，这样一个从感知、通信、计算、知识、智能决策到智能控制的闭环过程如图 7-10 所示。

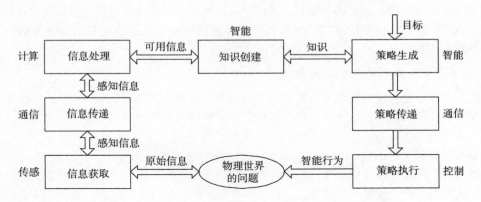

图 7-10　感知、通信、计算、知识与智能决策关系

　　我们可以通过物联网在精准农业中应用的例子来说明物联网的上述闭环过程的作用。在精准农业物联网应用中，通过埋在土壤中的传感器与空气中的温度、湿度、氧气、二氧化碳、土壤湿度与酸碱度等多种传感器，来监测农作物生长环境、土壤状态参数。这些数据通过网络传输到远程控制中心，使得工作人员能够及时、准确地掌握农作物生长环境与发展趋势。从大量历史数据中挖掘影响产量的主要因素，以及使产量达到最大化的最佳水、肥配比和控制的模型，研发可以用于农作物生长数据挖掘的作物生长的专家系统软件。依据专家系统软件，结合感知的作物实时的生长参数，分析农作物生长的现状，决定是不是应该浇灌、施肥。如果决定浇灌，那么远程控制中心可以通过网络将指令传送到田间的浇灌控制器，控制器将根据指令执行什么时间放水，放多少水。这样，物联网实现了精准农业中从感知、通信、计算、智能决策到智能控制的闭环过程，控制整个农作物生长的最佳状态，以最小的投入获取更高的收成，高效地利用各类农业资源，取得良好的经济效益与环境效益。

本章小结

　　1）未来的各种物联网应用，以及从个人计算机、笔记本计算机、平板电脑、智能手机、GPS、RFID 读写器、智能机器人、可穿戴计算等数字终端设备装置都可以作为云终端在云计算环境中使用。云计算将成为物联网重要的信息基础设施之一。

　　2）物联网数据具有海量、动态、多态与关联等特性。物联网中智能交通、智能环保、智能医疗系统中的大量传感器、RFID 芯片、视频监控探头、工业控制系统是造成数据"爆炸"的重要原因之一。物联网为大数据技术的发展提出了重大的应用需求，成为大数据技术发展的重要推动力之一。

　　3）大数据对世界经济、自然科学、社会科学的发展将会产生重大和深远的影响。物联网的大数据应用是国家大数据战略的重要组成部分，结合物联网应用的大数据研究必将成为物联网研究的重要内容。

　　4）大数据的应用水平直接影响着物联网应用系统存在的价值与重要性。大数据的应用的效果是评价物联网应用系统技术水平的关键指标之一。

习题

一、单选题

1. 以下关于物联网数据特征的描述中，错误的是 （　　　）。

    A）海量　　　　　　　B）动态　　　　　　　C）离散　　　　　　　D）关联

2. 以下不属于云计算服务类型的是 （　　　）。

    A）IaaS　　　　　　　B）BaaS　　　　　　　C）PaaS　　　　　　　D）SaaS

3. 以下关于云计算特征的描述中，错误的是 （　　　）。

    A）按需服务与资源池化　　　　　　　　B）泛在接入与服务可计费

    C）开发标准与移动服务　　　　　　　　D）快速部署与高可靠性

4. 以下关于数据量单位的描述中，错误的是 （　　　）。

    A）$1GB = 2^{30}B$　　　　B）$1TB = 2^{50}B$　　　　C）$1ZB = 2^{70}B$　　　　D）$1DB = 2^{100}B$

5. 以下关于数据量换算关系的描述中，错误的是 （　　　）。

    A）$1YB = 1024\ ZB$　　　　　　　　B）$1YB = 1024 \times 1024\ EB$

    C）$1YB = 1024 \times 1024 \times 1024\ PB$　　　　D）$1YB = 1024 \times 1024 \times 1024 \times 1024\ GB$

6. 以下关于数据量增长维度的描述中，错误的是 （　　　）。

    A）数据的数量　　　　　　　　　　　　B）数据的增长速度

    C）数据的种类　　　　　　　　　　　　D）数据的实时性

7. 以下不属于大数据 5V 特征的描述中，错误的是 （　　　）。

    A）准确性　　　　　　B）大价值　　　　　　C）随机性　　　　　　D）多样性

8. 以下不属于物联网数据特点的是 （　　　）。

    A）可视性与预测性　　　　　　　　　　B）实时性与颗粒性

    C）非结构化与隐私性　　　　　　　　　D）异构性与多样性

二、思考题

1. 请用例子说明你对物联网数据、信息与知识之间关系的理解。

2. 请举出 3 个能够说明物联网数据关联性的例子。

3. 如何理解用户 "可以像使用水、电一样按需购买和使用云计算资源"？

4. 请结合生活中的例子说明你对数据挖掘作用的理解。

5. 请结合生活中的例子说明大数据对于物联网应用重要性的理解。

第 8 章　物联网网络安全

随着物联网的广泛应用，物联网网络安全问题引起了世界各国的高度重视。本章将从网络空间安全的基本概念出发，系统地讨论物联网网络安全技术研究的基本内容与物联网网络安全的特殊性。

本章教学要求

- 了解网络空间安全的基本概念。
- 了解物联网网络安全面临的严峻考验。
- 了解物联网网络安全研究的主要内容。
- 了解物联网网络安全的特殊性。

8.1　网络空间安全与网络安全的基本概念

8.1.1　网络空间安全概念的提出

由于互联网、移动互联网、物联网已经应用于现代社会的政治、经济、文化、教育、科研与社会生活的各个领域，人们的社会生活与经济生活已经无法离开网络，因此网络安全必然成为影响社会稳定、国家安全的重要因素之一。

回顾网络安全研究的历史，"网络空间"与"国家安全"关系的讨论由来已久。早在 2000 年 1 月，美国政府在《美国国家信息系统保护计划》中就有这样一段话："在不到一代人的时间内，信息革命和计算机在社会所有的方面的应用，已经改变了我们的经济运行方式，改变了我们维护国家安全的思维，也改变了我们日常生活的结构。"未来学家预言："谁掌握了信息，谁控制了网络，谁就将拥有世界。"《下一场世界战争》一书预言："在未来的战争中，计算机本身就是武器，前线无处不在，夺取作战空间控制权的不是炮弹和子弹，而是计算机网络里流动的比特和字节。"网络空间安全已经严重地影响到每一个国家的社会、政治、经济、文化与军事安全。网络空间安全问题已经上升到世界各国国家安全战略的层面。

2010 年，美国国防部发布的《四年度国土安全报告》中，将网络安全列为国土安全五项首要任务之一。2011 年，美国政府在《网络空间国际战略》的报告中，将"网络空间（Cyberspace）"视为与国家"领土、领海、领空、太空"四大常规空间同等重要的"第五空间"。近年来，世界各国都纷纷研究和制定国家网络空间安全政策。

8.1.2　我国《国家网络空间安全战略》涵盖的主要内容

我国网络空间安全政策是建立在"没有网络安全就没有国家安全"的理念之上的。2016年12月27日，经中共中央网络安全和信息化领导小组批准，国家互联网信息办公室发布《国家网络空间安全战略》报告（后文简称"报告"）。物联网网络安全是网络空间安全的重要组成部分，研究物联网网络安全就必须理解"国家网络空间安全战略"确定的目标、原则与战略任务。

1. 网络安全形势

报告指出：网络安全形势日益严峻，国家政治、经济、文化、社会、国防安全及公民在网络空间的合法权益方面面临严峻风险与挑战。这种威胁主要表现在以下几个方面：

（1）网络渗透危害政治安全

政治稳定是国家发展、人民幸福的基本前提。利用网络干涉他国内政、攻击他国政治制度、煽动社会动乱、颠覆他国政权，以及大规模网络监控、网络窃密等活动严重危害国家政治安全和用户信息安全。

（2）网络攻击威胁经济安全

网络和信息系统已经成为关键基础设施乃至整个经济社会的神经中枢，遭受攻击破坏、发生重大安全事件，将导致能源、交通、通信、金融等基础设施瘫痪，造成灾难性后果，严重危害国家经济安全和公共利益。

（3）网络有害信息侵蚀文化安全

网络上各种思想文化相互激荡、交锋，优秀传统文化和主流价值观面临冲击。网络谣言、颓废文化和淫秽、暴力、迷信等违背社会主义核心价值观的有害信息侵蚀青少年身心健康，败坏社会风气，误导价值取向，危害文化安全。网络上道德失范、诚信缺失现象频发，网络文明程度亟待提高。

（4）网络恐怖和违法犯罪破坏社会安全

恐怖主义、分裂主义、极端主义等势力利用网络煽动、策划、组织和实施暴力恐怖活动，直接威胁人民生命财产安全、社会秩序。计算机病毒、木马等在网络空间传播蔓延，网络欺诈、黑客攻击、侵犯知识产权、滥用个人信息等不法行为大量存在，一些组织肆意窃取用户信息、交易数据、位置信息以及企业商业秘密，严重损害国家、企业和个人利益，影响社会和谐稳定。

（5）网络空间的国际竞争方兴未艾

国际上争夺和控制网络空间战略资源、抢占规则制定权和战略制高点、谋求战略主动权的竞争日趋激烈。个别国家强化网络威慑战略，加剧网络空间军备竞赛，世界和平受到新的挑战。

2. 目标

我国网络空间安全战略的总体目标是：以总体国家安全观为指导，贯彻落实创新、协调、绿色、开放、共享的发展理念，增强风险意识和危机意识，统筹国内国际两个大局，统筹发展安全两件大事，积极防御、有效应对，推进网络空间和平、安全、开放、合作、有序，维护国家主权、安全、发展利益，实现建设网络强国的战略目标。具体内容包括：

1）和平：信息技术滥用得到有效遏制，网络空间军备竞赛等威胁国际和平的活动得到有效控制，网络空间冲突得到有效防范。

2）安全：网络安全风险得到有效控制，国家网络安全保障体系健全完善，核心技术装备安全可控，网络和信息系统运行稳定可靠。网络安全人才满足需求，全社会的网络安全意识、基本防护技能和利用网络的信心大幅提升。

3）开放：信息技术标准、政策和市场开放、透明，产品流通和信息传播更加顺畅，数字鸿沟日益弥合。不分大小、强弱、贫富，世界各国特别是发展中国家都能分享发展机遇、共享发展成果、公平参与网络空间治理。

4）合作：世界各国在技术交流、打击网络恐怖和网络犯罪等领域的合作更加密切，多边、民主、透明的国际互联网治理体系健全完善，以合作共赢为核心的网络空间命运共同体逐步形成。

5）有序：公众在网络空间的知情权、参与权、表达权、监督权等合法权益得到充分保障，网络空间个人隐私获得有效保护，人权受到充分尊重。网络空间的国内和国际法律体系、标准规范逐步建立，网络空间实现依法有效治理，网络环境诚信、文明、健康，信息自由流动与维护国家安全、公共利益实现有机统一。

3. 原则

一个安全稳定繁荣的网络空间，对各国乃至世界都具有重大意义。中国愿与各国一道，加强沟通、扩大共识、深化合作，积极推进全球互联网治理体系变革，共同维护网络空间和平安全。

（1）尊重维护网络空间主权

网络空间主权不容侵犯，尊重各国自主选择发展道路、网络管理模式、互联网公共政策和平等参与国际网络空间治理的权利。各国主权范围内的网络事务由各国人民自己做主，各国有权根据本国国情，借鉴国际经验，制定有关网络空间的法律法规，依法采取必要措施，管理本国信息系统及本国疆域上的网络活动；保护本国信息系统和信息资源免受侵入、干扰、攻击和破坏，保障公民在网络空间的合法权益；防范、阻止和惩治危害国家安全和利益的有害信息在本国网络传播，维护网络空间秩序。任何国家都不搞网络霸权、不搞双重标准，不利用网络干涉他国内政，不从事、纵容或支持危害他国国家安全的网络活动。

（2）和平利用网络空间

和平利用网络空间符合人类的共同利益。各国应遵守《联合国宪章》关于不得使用或威胁使用武力的原则，防止信息技术被用于与维护国际安全与稳定相悖的目的，共同抵制网络空间军备竞赛、防范网络空间冲突。坚持相互尊重、平等相待，求同存异、包容互信，尊重彼此在网络空间的安全利益和重大关切，推动构建和谐网络世界。反对以国家安全为借口，利用技术优势控制他国网络和信息系统、收集和窃取他国数据，更不能牺牲别国安全谋求自身所谓的绝对安全。

（3）依法治理网络空间

全面推进网络空间法治化，坚持依法治网、依法办网、依法上网，让互联网在法治轨道上健康运行。依法构建良好网络秩序，保护网络空间信息依法有序自由流动，保护个人隐私，保护知识产权。任何组织和个人在网络空间享有自由、行使权利的同时，须遵守法律，尊重他人权利，对自己在网络上的言行负责。

（4）统筹网络安全与发展

没有网络安全就没有国家安全，没有信息化就没有现代化。网络安全和信息化是一体之两翼、驱动之双轮。正确处理发展和安全的关系，坚持以安全保发展，以发展促安全。安全是发展的前提，任何以牺牲安全为代价的发展都难以持续。发展是安全的基础，不发展是最大的不安全。没有信息化发展，网络安全也没有保障，已有的安全甚至会丧失。

4. 战略任务

我国的网民数量和网络规模世界第一,维护好中国网络安全,不仅是自身需要,对于维护全球网络安全乃至世界和平都具有重大意义。中国致力于维护国家网络空间主权、安全、发展利益,推动互联网造福人类,推动网络空间和平利用和共同治理。

《国家网络空间安全战略》确定了九项战略任务:
- 坚定捍卫网络空间主权。
- 坚决维护国家安全。
- 保护关键信息基础设施。
- 加强网络文化建设。
- 打击网络恐怖和违法犯罪。
- 完善网络治理体系。
- 夯实网络安全基础。
- 提升网络空间防护能力。
- 强化网络空间国际合作。

网络空间是国家主权的新疆域,应建设与我国国际地位相称、与网络强国相适应的网络空间防护力量,大力发展网络安全防御手段,及时发现和抵御网络入侵,铸造维护国家网络安全的坚强后盾。

*8.1.3 网络空间安全的理论体系

1. 网络空间安全涵盖的主要内容

如图8-1所示,网络空间安全研究包括如下五个方面的内容:
- 应用安全
- 系统安全
- 网络安全
- 网络空间安全基础
- 密码学及其应用

从图8-1中可以看出,传统意义上的网络安全只是网络空间安全的重要组成部分。由于物联网网络安全研究目前处于初期阶段,因此了解网络空间安全涵盖的主要内容,对于指导物联网网络安全研究有重要的意义。

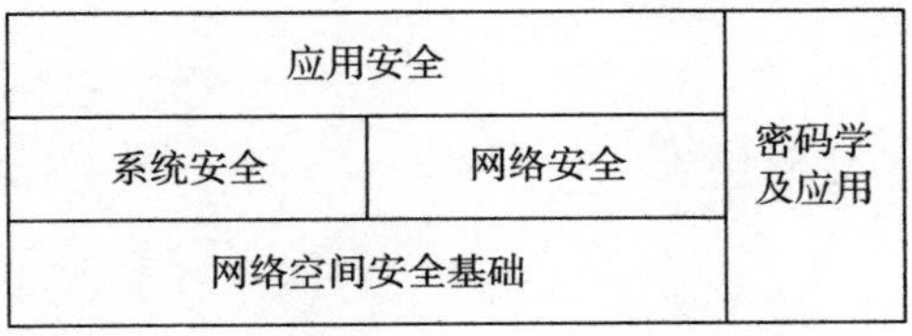

应用安全		密码学及应用
系统安全	网络安全	
网络空间安全基础		

图 8-1 网络空间安全涵盖的主要内容

2. 网络空间安全理论体系

网络空间安全理论包括三大体系,即基础理论体系、技术理论体系与应用理论体系,其体系结构与涵盖的主要内容如图8-2所示。

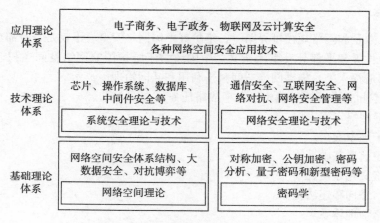

图 8-2　网络空间安全研究的基本内容

（1）基础理论体系

基础理论体系包括网络空间理论与密码学。

网络空间理论研究主要包括：

- 网络空间安全体系结构
- 大数据安全
- 对抗博弈

密码学研究主要包括：

- 对称加密
- 公钥加密
- 密码分析
- 量子密码和新型密码

（2）技术理论体系

技术理论体系包括系统安全理论与技术、网络安全理论与技术。

系统安全理论与技术的研究主要包括：

- 可信计算
- 芯片与系统硬件安全
- 操作系统与数据库安全
- 应用软件与中间件安全
- 恶意代码分析与防护

网络安全理论与技术研究主要包括：

- 通信安全
- 网络对抗
- 互联网安全
- 网络安全管理

（3）应用理论体系

应用理论体系主要是指各种网络空间安全应用技术，研究的内容主要包括：

- 电子商务、电子政务安全技术

- 云计算与虚拟化计算安全技术
- 社会网络安全、内容安全与舆情监控
- 物联网安全
- 隐私保护

为了以法律手段进一步保障我国网络空间安全，2016 年 11 月，全国人民代表大会常务委员会通过了《中华人民共和国网络安全法》（以下简称《网络安全法》），并于 2017 年 6 月 1 日起施行。《网络安全法》是我国第一部全面规范网络空间安全管理的基础性法律，在我国网络空间安全史上具有里程碑意义。《网络安全法》全文共有七章 79 条，涵盖了保障网络空间安全的原则以及网络安全等级保护制度、个人信息保护、关键信息基础设施运行安全、网络信息安全、监测预警与应急处置、法律责任等具体细则。《网络安全法》也为物联网的网络安全提供了法律保障，使物联网网络安全研究有法可依。

8.2 OSI 安全体系结构

8.2.1 OSI 安全体系结构的基本概念

1989 年发布的 ISO 7498—2 描述了 OSI 安全体系结构（Security Architecture），提出了网络安全体系结构的三个概念：网络安全攻击（Security Attack）、网络安全服务（Security Service）与网络安全机制（Security Mechanism）。

1. 网络安全攻击

任何危及网络与信息系统安全的行为都视为攻击。常用的网络安全攻击分类方法将攻击分为被动攻击与主动攻击两类。图 8-3 描述了网络安全攻击的基本形式。

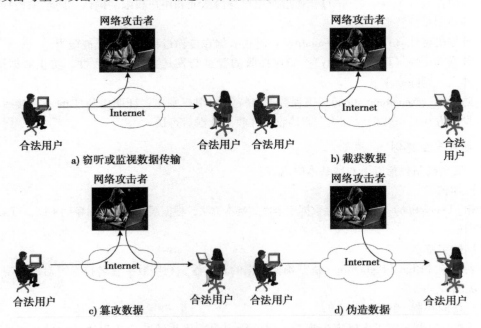

图 8-3 网络攻击的四种基本类型

（1）被动攻击（Passive Attack）

窃听或监视数据传输属于被动攻击（如图 8-3a 所示）。网络攻击者通过在线窃听的方法，非法获取网络上传输的数据，或通过在线监视网络用户身份、传输数据的频率与长度，破译加密数据，非法获取敏感或机密的信息。

（2）主动攻击（Active Attack）

主动攻击可以分为三种基本的方式。

- 截获数据：网络攻击者假冒和顶替合法的接收用户，在线截获网络上传输的数据（如图 8-3b 所示）。
- 篡改或重放数据：网络攻击者假冒接收者，截获网络上传输的数据之后，经过篡改再发送给合法的接收用户；或者是在截获到网络上传输的数据之后的某一时刻，一次或多次重放该数据，造成网络数据传输混乱（如图 8-3c 所示）。
- 伪造数据：网络攻击者假冒合法的发送用户，将伪造的数据发送给合法的接收用户（如图 8-3d 所示）。

2. 网络安全服务

为了评价网络系统的安全需求，指导网络硬件与软件制造商开发网络安全产品，ITU 推荐的 X.800 标准与 RFC2828 对网络安全服务进行了定义。

X.800 标准对网络安全服务的定义是：安全服务是开放系统的各层协议为保证系统与数据传输足够的安全性所提供的服务。RFC2828 进一步明确：安全服务是由系统提供的对网络资源进行特殊保护的进程或通信服务。

X.800 标准将网络安全服务分为五类、十四种特定的服务。五类安全服务主要包括：

- 认证（Authentication）：提供对通信实体和数据来源认证与身份鉴别。
- 访问控制（Access Control）：通过对用户身份认证和用户权限的确认，防治未授权用户非法使用系统资源。
- 数据机密性（Data Confidentiality）：防止数据在传输过程中泄漏或被窃听。
- 数据完整性（Data Integrity）：确保接收的数据与发送数据的一致性，防止数据被修改、插入、删除或重放。
- 防抵赖（Non-Reputation）：确保数据由特定的用户发出，证明由特定的一方接收，防止发送方在发送数据后否认，或接收方在收到数据后否认。

3. 网络安全机制

网络安全机制包括以下八项基本的内容。

（1）加密

加密（Encryption）机制是确保数据安全性的基本方法，根据层次与加密对象的不同，可采用不同的加密方法。

（2）数字签名

数字签名（Digital Signature）机制确保数据的真实性，利用数字签名技术可对用户身份和消息进行认证。

（3）访问控制

访问控制机制按照事先确定的规则，保证用户对主机系统与应用程序访问的合法性。当有非法用户企图入侵时，实现报警与记录日志的功能。

（4）数据完整性

数据完整性机制确保数据单元或数据流不被复制、插入、更改、重新排序或重放。

（5）认证

认证机制用口令、密码、数字签名、生物特征（如指纹）等手段，实现对用户身份、消息、主机与进程的认证。

（6）流量填充

流量填充（Traffic Padding）机制通过在数据流中填充冗余字段的方法，预防网络攻击者对网络上传输的流量进行分析。

（7）路由控制

路由控制（Routing Control）机制通过预先安排好路径，尽可能使用安全的子网与链路，保证数据传输安全。

（8）公证

公证（Notarization）机制通过第三方参与的数字签名机制，对通信实体进行实时或非实时的公证，预防伪造签名与抵赖。

8.2.2 网络安全模型与网络安全访问模型

为了满足网络用户对网络安全的需求，相关标准针对网络攻击者对通信信道上传输的数据，以及对网络计算资源等不同的情况，分别提出了网络安全模型与网络安全访问模型。

1. 网络安全模型

图 8-4 给出了一个通用的网络安全模型。

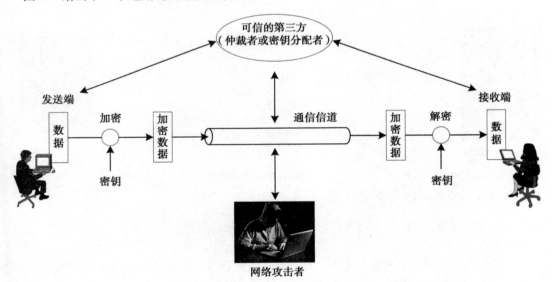

图 8-4　网络安全模型

网络安全模型涉及三类对象：通信对端（发送端用户与接收端用户）、网络攻击者以及可信的第三方。发送端通过网络通信信道将数据发送到接收端。网络攻击者可能在通信信道上伺机窃取传输的数据。为了保证网络通信的机密性、完整性，我们需要做两件事：一是对传输数据进行加密与解密；二是要有一个可信的第三方，用于分发加密的密钥或确认通信双方身份。那么，网络安全模型需要规定四项基本任务：
- 设计用于对数据加密与解密的算法。
- 对传输的数据进行加密。
- 对接收的加密数据进行解密。
- 制定加密、解密的密钥分发与管理协议。

2. 网络安全访问模型

图 8-5 给出了一个通用的网络安全访问模型。网络安全访问模型主要针对两类对象从网络访问的角度实施对网络的攻击。一类是网络攻击者，另一类是"恶意代码"类的软件。

黑客（Hacker）的含义经历了一个复杂的演变过程，现在人们已经习惯将网络攻击者统称为"黑客"。恶意代码主要是利用操作系统或应用软件的漏洞、通过浏览器、利用用户的信任关系，从一台计算机传播到另一台计算机，从一个网络传播到一个网络的程序，目的是在用户和网络管理员不知情的情况下故意修改网络配置参数，破坏网络正常运行并非法访问网络资源。恶意代码包括病毒、特洛伊木马、蠕虫、脚本攻击代码，以及垃圾邮件、流氓软件等多种形式。

网络攻击者与恶意代码对网络计算资源的攻击行为分为服务攻击与非服务攻击两类。服务攻击是指网络攻击者对 E-mail、FTP、Web 或 DNS 服务器发起攻击，造成服务器工作不正常，甚至造成服务器瘫痪。非服务攻击不针对某项具体的应用服务，而是针对网络设备或通信线路。攻击者使用各种方法对各种网络设备（如路由器、交换机、网关或防火墙等），以及通信线路发起攻击，使得网络设备出现严重阻塞甚至瘫痪，或者是造成通信线路阻塞，最终造成网络通信中断。网络安全研究的一个重要的目标就是研制网络安全防护（硬件与软件）工具，保护网络系统与网络资源不受攻击。

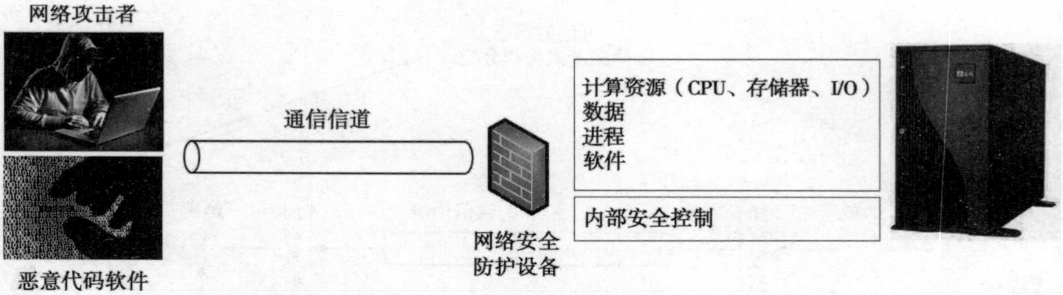

图 8-5　网络安全访问模型

8.2.3　用户对网络安全的需求

从以上的讨论中，我们可以将用户对网络安全的需求总结为以下几点。

（1）可用性

可用性是指在可能发生的突发事件（如停电、自然灾害、事故或攻击等）的情况下，计算机网络仍然处于正常运转状态，用户可以使用各种网络服务。

（2）机密性

机密性是指保证网络中的数据不被非法截获或被非授权用户访问，保护敏感数据和涉及个人隐私信息的安全。

（3）完整性

完整性是指保证数据在网络中完整地传输、存储，数据没有被修改、插入或删除。

（4）不可否认性

不可否认性是指确认通信双方的身份真实性，防止对已发送或已接收的数据进行否认的现象的出现。

（5）可控性

可控性是指能够控制与限定网络用户对主机系统、网络服务与网络信息资源的访问和使用，防止非授权用户读取、写入、删除数据。

8.3 物联网网络安全研究的主要内容

8.3.1 物联网中可能存在的网络攻击方式

1. 从感知层、网络层、应用层看物联网面临的网络攻击类型

组建计算机网络的目的是为处理各类信息的计算机系统提供一个良好的通信平台。网络可以为计算机信息的获取、传输、处理、利用与共享提供一个高效、快捷、安全的通信环境。网络安全技术从根本上来说，就是要保证信息在网络环境中的存储、处理与传输安全性。研究网络安全技术，首先要考虑对网络安全构成威胁的主要因素，图8-6给出了针对物联网的网络攻击形式。

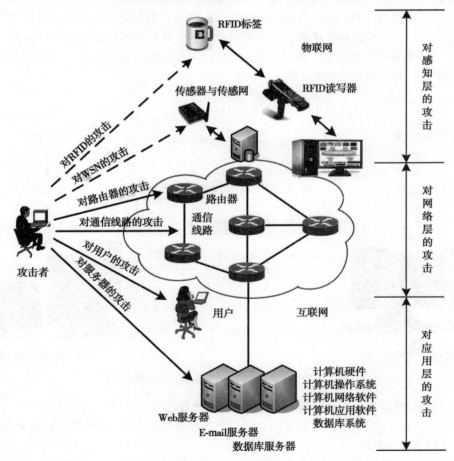

图8-6 针对物联网的网络攻击形式

物联网包括感知层、网络层与应用层，而传统的互联网一般没有感知层。那么物联网与互联网相比，攻击者还会对感知层的 RFID、传感器与传感网进行攻击。

所有的网络信息系统与现代服务业都是建立在互联网环境之中的。用户的各种信息保存在不同类型的应用系统之中，这些应用系统都是建立在不同的计算机系统之中。计算机系统包括硬件、操作系统、数据库系统等，它们是保证各类信息系统的正常运行的基础。而运行信息系统的大型服务器或服务器集群，以及用户的个人计算机都是以固定或移动的方式接入到计算机网络与互联网中。

实现任何一种网络功能的服务都需要通过网络在不同的计算机系统之间多次交换数据与协议信息。网络协议设计时存在的瑕疵、协议软件与应用软件的瑕疵，以及系统和网络的配置错误都会给安全带来隐患。例如，TCP/IP 协议最初是专门为 ARPANET 网络设计的，因此 IP 协议缺乏对通信双方身份的认证，以及对在 IP 网络上传输的数据的完整性与机密性的保护，使得 IP 协议存在着数据被监听、捕获、IP 地址欺骗等漏洞。网络层的 TCP/UDP 协议，以及应用层的各种协议都有很多可能被攻击者利用的地方。

2. 典型的网络攻击

为了帮助大家形象地理解网络攻击，我们通过典型的分布式拒绝服务攻击（Distributed Denial of Service，DDoS）来描述网络攻击究竟是如何形成的。

我们在学习网络原理知识时知道，互联网中 Web 应用的数据传输是通过网络层 TCP 协议实现的。为了保证网络中数据报文传输的可靠性和有序性，TCP 协议的设计者在 TCP 连接建立过程中设计了"三次握手"的过程。Web 应用的客户端与服务器端在已经建立的对 TCP 的理解上传输命令和数据。这个过程如图 8-7 所示。

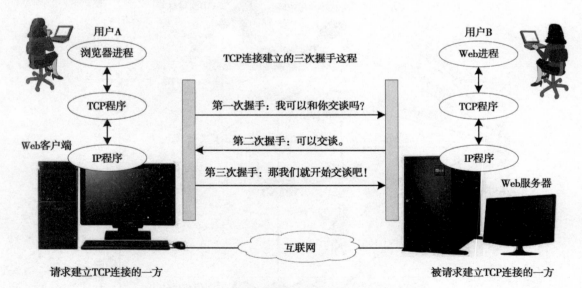

图 8-7　TCP 建立连接的"三次握手"过程示意

TCP 协议规定客户端与服务器端"三次握手"的过程如下。

- 第一次"握手"：客户端向服务器端发出"连接建立请求"，客户端询问服务器端："我可以和你交谈吗？"
- 第二次"握手"：服务器端向客户端发出"连接建立请求应答"，服务器端回答客户端：

"可以交谈。"

- 第三次"握手"是客户端向服务器端发出"连接建立请求确认",客户端告诉服务器端:"那我们就开始交谈吧!"

就是这样一个看似优雅和文明的"握手"过程,也可以被网络攻击者利用。如果网络攻击者想给一个 Web 服务器制造麻烦的话,他只要用一个假的 IP 地址向这个 Web 服务器发出一个表面上看是正常的 TCP 连接的"请求报文",Web 服务器如果能够提供服务,就会向申请连接的客户端发送一个同意建立连接的"应答报文",但是由于 IP 地址是伪造的,因此 Web 服务器进程不可能得到第三次握手的确认报文。如果网络攻击者向服务器发出大量虚假的请求报文,并且 Web 服务器没有发现这是一次攻击的话,那么 Web 服务器将处于忙碌地处理应答和无限制地等待状态,最终会导致 Web 服务器不能正常服务,甚至出现系统崩溃。这就是一种常见的拒绝服务攻击(Denial of Service,DoS)。

我们可以用一个生活中的例子来类比。如果一个别有用心的人发布了一个假消息,说有人要低价出售一套房屋,房主的电话号码是 0351-620∗∗∗∗。一批想买房子的人就会不停地打这个电话,导致真正打给房主的有用电话反而打不进来。房主没有别的办法,只好用手机给电话局打电话或者直接到电话局去,要求停掉这部座机,因为他快被响个不停的电话逼疯了。尽管这是一个假想的情况,但是它与拒绝服务(DoS)攻击有很多类似之处。这种攻击行为并不是直接闯入被攻击的服务器,而是通过选择一些容易感染病毒的计算机(俗称"肉机"),预先将能够实行 DoS 攻击的病毒"悄悄地"植入到这些"肉机"中,神不知鬼不觉地发出攻击命令,让这些"肉机"在不知情的情况下,同时向被攻击的服务器连续发出大量的 TCP 建立连接请求,使得被攻击的服务器无法应对这些看似正常的连接请求,造成服务器无法正常提供服务,甚至造成整个服务系统崩溃。因此,人们也将这种攻击叫作 DoS 攻击或僵尸网络(botnet)攻击。

从以上分析中可以看出,典型的 DoS 攻击是资源消耗型 DoS 攻击。资源消耗型 DoS 攻击常用的方法是:

- 制造大量广播包或传输大量文件,占用网络链路与路由器带宽资源。
- 制造大量电子邮件、错误日志信息、垃圾邮件,占用主机中共享的磁盘资源。
- 制造大量无用信息或进程通信交互信息,占用 CPU 和系统内存资源。

分布式拒绝服务(DDoS)攻击是在 DoS 攻击基础上产生的一类攻击形式,其攻击过程如图 8-8 所示。

DDoS 攻击采用了一种比较特殊的体系结构,一般包括三层:攻击控制层、攻击服务器层与攻击执行器层。

网络攻击者控制着攻击控制台。攻击控制台可以是网络上的一台计算机,甚至是一台智能手机,它的作用是向攻击服务器发布攻击命令。DDoS 攻击的实现一般采取三步。

第一步是网络攻击者选择一些防护能力弱的主机或服务器,通过寻找系统漏洞或系统配置错误,成功侵入并安装后门程序,这类服务器进而发展为攻击服务器。攻击服务器的数量一般为几台到几十台。设置攻击服务器的目的是隔离网络的联系渠道,防止被追踪,保护攻击者。

第二步是攻击服务器发展为攻击执行器。攻击执行器的数量都很大,一般从几百台到几百万台。攻击执行器安装相对简单的攻击软件,它只需要连续向目标主机发送大量的"连接请求",而不进行任何应答。

第三步是发起网络攻击。攻击控制台向攻击服务器发出攻击命令,由多个攻击服务器再分别向攻击执行器发出攻击命令,攻击执行器同时向目标主机发起攻击。在向攻击服务器发出攻击命令的很短时间内，攻击控制台可以立即撤离网络，使得追踪很难实现。

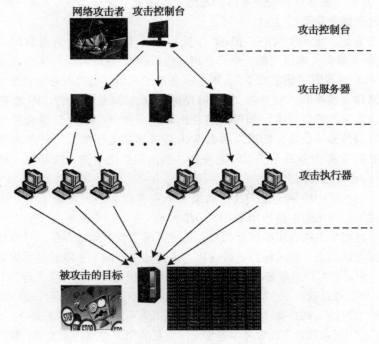

图 8-8 DDoS 攻击过程示意

DDoS 攻击的特点是：网络攻击者提前通过病毒软件渗透和组织了执行攻击任务的"肉机"的群体；执行攻击任务的"肉机"自身并不知晓；攻击命令一旦发出，成千上万台"肉机"会重复发送看似简单的连接建立请求；被攻击者一时难以招架，支持的网络服务被迫终止，严重时会出现系统崩溃；而攻击命令的发出者早已销声匿迹，难以追查。

尽管 DDoS 攻击只是网络攻击中的一种类型，但是它具有一定的代表性。同时，互联网常见的 DDoS 攻击目前已经出现在物联网中，并且还可以通过物联网的硬件设备攻击互联网。

从以上分析中可以看出：互联网与物联网的网络攻击原理基本上是相同的，互联网中所有的网络攻击基本上在物联网中都会出现，而针对物联网的网络攻击也有它的特殊性。

8.3.2 物联网网络安全的新动向

随着物联网与人工智能、云计算、大数据技术的融合发展，物联网的网络安全面临着严峻的挑战。根据韩国产业研究院预测，到 2020 年，由于物联网网络安全问题带来的经济损失将达到180 亿美元。

在深入讨论网络安全问题时，我们必须注意到危及物联网安全的几个新动向。

1. 计算机病毒已经成为攻击物联网的工具

国际著名的网络安全厂商卡巴斯基（Kaspersky Labs）于 2012 年 5 月发现了一种攻击多个中东国家的恶意程序，并将其命名为火焰（Flame）病毒。火焰病毒是一种后门程序和木马病毒程序的结合体，同时又具有蠕虫病毒的特点。一旦计算机系统被感染，只要操控者发出指令，火焰病毒就能在网络、移动设备中进行自我复制。火焰病毒程序将开始进行一系列复杂的破坏行动，包括监测网络流量、获取截屏画面、记录蓝牙音频对话、截获键盘输入等。被感染的计算机系统中所有的数据都将传送到病毒指定的服务器。火焰病毒被认为是迄今为止发现的最大规模和最为复杂的网络攻击病毒。

火焰病毒极为复杂，能够避过 100 多种防病毒软件。一般的恶意程序都设计得比较小，以便隐藏，但是火焰病毒程序很庞大，代码程序有 20MB，20 个模块。同时，病毒软件的结构非常巧妙，其中包含多种加密算法与压缩算法，能很好地隐藏，使得防病毒软件几乎无法追查到。火焰病毒主要感染局域网中的计算机、U 盘、蓝牙设备，可以利用钓鱼邮件、受害网站进行传播。火焰病毒早在 2010 年 3 月就开始活动，直到 2012 年 5 月卡巴斯基实验室发现之前，没有任何的安全软件检测到这种病毒程序。卡巴斯基实验室的专家认为：火焰病毒程序可能是"某个国家专门开发的网络战武器"。由此可知，病毒将成为攻击物联网的重要工具。

2. 物联网中的工业控制系统成为新的攻击重点

近日，卡巴斯基实验室又进一步发现了曾经席卷全球的 2009 年的震网（Stuxnet）病毒、2011 年的 Duqu 病毒与火焰病毒之间深层次的关联。它们应该是出自同一个病毒炮制者。2010 年 6 月发现的震网病毒是第一个将目标锁定在工业控制网络的病毒。2011 年 9 月发现的 Duqu 是一种复杂的木马病毒，其主要功能是充当系统后门、窃取隐私、盗取机密信息、从事网络间谍活动。

对于长期从事网络安全研究的人来说，我们的注意力集中在互联网、移动互联网，以及人们熟悉的操作系统，例如 Windows 操作系统及其应用软件上。工业控制系统是一种专用系统，它在系统规划和设计过程中重视的是它的功能、性能与可靠性问题，研究人员的主要目标集中在企业资源计划（ERP）、制造执行系统（MES）、过程控制系统（PCS）以及基础自动化（DCS）等方面。工业控制网络采用相对独立的网络通信协议、网络设备与应用软件，因此工业控制网络的攻击与病毒问题一般没有得到重视。

造成物联网中的工业控制系统成为新的攻击重点的原因可以归结为以下三点。

1）随着物联网在工业的广泛应用，很多大型企业在整个生产过程中将采用智能控制技术。而这些大型企业除了生产民用产品之外，也必然涉及军用产品的生产。例如，冶金工业除了生成工农业与建筑用钢之外，也会生产军舰、坦克等用途的钢材，因此这样的企业的生产过程自动化与企业管理系统内部蕴藏着很多军事秘密。同时，还有一些涉及核电站、兵工厂等关乎国家安全的企业的智能控制系统，一定会成为某些别有用心的人通过网络攻击的对象。

2）随着物联网应用的发展，智能控制技术将逐步应用到智慧城市的智能楼宇自动控制、电梯系统联动与控制、城市供电与供水控制，以及其他与国计民生相关的领域。某些别有用心的人可以采取网络攻击的手段，破坏或干扰这些重要系统，影响社会稳定。

3）由于 Windows 操作系统在互联网中广泛应用，使得一些工业控制系统的研发人员逐步在封闭的工业控制系统中使用 Windows 操作系统、TCP/IP 协议与网络设备。生产、销售与管理的一体化，也使得相对封闭的工业控制网络也开始与物联网连接，这也从客观上为网络入侵与网络攻击提供了便利条件。

正是存在以上的各种因素，2010 年 6 月出现了第一个威胁工业控制网络的震网（Stuxnet）病毒。震网病毒首先通过 CPS 与嵌入式系统，借助工业控制中广泛应用的 SIMATIC WinCC 操作系统，利用操作系统与数字签名的漏洞，进入工业控制网络，直接破坏工业控制系统的运行。

未来大量的智能设备将连接到物联网，小到病患者的心脏起搏器、家庭照明灯泡与路灯、居民的电子门锁、婴儿监控设备、植入式传感器，大到城市供水、供电系统、智能工厂制造设备、无人驾驶汽车、飞机控制系统，这些设备都可能因针对物联网的攻击而遭到破坏，进而造成危及人身安全与社会稳定的重大危害。

3. 网络信息搜索工具可能演变成攻击物联网的工具

另外一个值得注意的事件是网络信息搜索工具对物联网的潜在威胁。例如，美国一位程序员出于对互联网连接的网络设备精确数量的好奇，经过十多年的努力，建立了暴露在线联网设备的搜索引擎 SHODAN。SHODAN 搜索引擎主页上写道："暴露的联网设备：网络摄像机、路由器、发电厂、智能手机、风力发电厂、电冰箱、网络电话"。SHODAN 搜索引擎目前已经搜集到的在线网络设备数量超过 1000 万个，搜索到的信息包括这些设备的准确地理位置、运行的软件等。SHODAN 被称为"黑客的谷歌"。

SHODAN 可以搜索到与互联网连接的工业控制系统，那么自然有可能搜索到接入物联网的智能设备与智能系统。之前被认为是相对安全的工业控制系统目前已经处在危险之中，它们随时可能遭到来自互联网的攻击。当我们在讨论物联网应用时，必须注意到智能工业、智能农业、智能交通、智能医疗、智能家居、智能安防、智能物流等应用中，会接入大量的智能设备与智能系统。网络信息搜索工具有可能演变成攻击物联网的工具。

Juniper Research 预测，2021 年接入物联网的智能终端设备数量将超过 460 亿个。物联网接入终端设备的增长，将在很大程度上降低硬件设备成本，传感器的平均价格将下降到 1 美元左右。硬件设备低成本的发展趋势很容易影响到设备的安全性，导致被非法入侵的可能性增大。在 RSA 2017 信息安全大会上，研究人员透露，他们曾用 SHODAN 发现在美国的十大城市中，超过 178 万台接入物联网的终端设备有被入侵攻击的漏洞。这些终端设备包括用于控制业务运营、交通管理、发电与制造等领域。如果这些漏洞被攻击，其后果不堪设想。

4. 僵尸物联网正在成为网络攻击的新方式

2016 年 10 月，网络攻击者用木马病毒 Mirai 感染超过 10 万个物联网终端设备——网络摄像头与硬盘录像（DVR）设备，通过这些看似与网络安全无关的硬件设备，向提供动态 DNS 服务的 DynDNS 公司展开 DDoS 攻击，造成美国超过一半的互联网网站瘫痪了 6 个小时，其中包括 Twitter、Airbnb、Reddit 等著名的网站，个别网站瘫痪长达 24 小时。受到 Mirai 病毒攻击影响的区域如图 8-10 所示。这种攻击方式称为僵尸物联网（Botnet of Things）攻击，也是第一次通过物联网硬件向互联网展开的大规模 DDoS 攻击，造成了极其严重的影响。2017 年，美国《麻省理工科技评论》将"僵尸物联网"列为十大突破性技术之一。

当人们对发生在 2016 年 10 月的"僵尸物联网"攻击惊魂未定之时，2017 年初又有人警告："忘记 Miari 吧，新的'变种'病毒会让物联网设备彻底完蛋"。这种变种病毒是指升级版的僵尸物联网病毒 BrickerBot。

BrickerBot 能够感染基于 Linux 操作系统的路由器与物联网设备。一旦找到一个存在漏洞的攻击目标，BrickerBot 便可以通过一系列指令清除路由器与物联网终端设备中的所有文件，破坏存储器，并切断设备网络链接，制造一种永久拒绝服务（Permanet Denial of Service，PDoS）的攻击。这并不是危言耸听，著名的网络安全公司 Radware 的研究人员已经用"蜜罐"技术捕捉到"肉机"遍布全球的两个僵尸网络，分别命名为 BrickerBot. 1 与 BrickerBot. 2。2017 年 4 月，研究人员发现 BrickerBot. 1 已经不再活跃，而 BrickerBot. 2 的杀伤力正与日俱增，几乎每隔两个小时

"蜜罐"系统就会有新的记录。由于攻击之前并没有明显的症状,这些路由器与物联网设备的管理人员无从知晓已经被感染上病毒。因此,一旦被攻击,这些设备将真的要变成"砖头"。网络安全机构认为:2017年物联网安全问题会愈演愈烈,攻击手段和攻击规模都会不断升级,安全事件的数量至少会再翻一番。

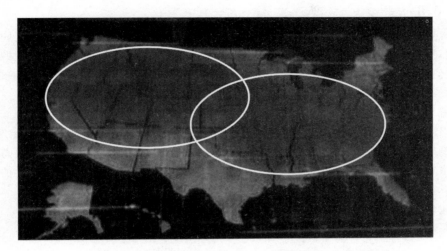

图8-9 美国受到"僵尸物联网"病毒攻击影响的区域

8.3.3 RFID安全与隐私保护研究

由于RFID是支撑物联网应用的主要技术手段之一,因此我们有必要专门针对RFID安全与涉及的隐私保护问题进行讨论。

1. RFID标签的安全缺陷

RFID标签的安全缺陷主要表现在以下三个方面。

(1)RFID标签自身访问的安全性问题

由于RFID标签的成本所限,RFID很难具备足以保证安全的能力。目前广泛使用的RFID标签的价格大约为10~20美分,内部包括5000~10000个逻辑门。这些逻辑门主要用于实现一些基本的标签功能,只有少量的逻辑门用于支持安全功能。而要实现一个基本的加密算法大约需要用3000~4000个逻辑门。如果要在RFID标签中实现更加安全的公钥加密算法,就需要使用更多的逻辑门。因此,标签的造价限制了RFID集成电路的复杂度,也限制了RFID自身安全性的提高。

在海关、安检、机场、商场、超市、医院、制造业、仓库管理、物流等领域应用的RFID系统中,为了交易的安全,RFID标签与读写器之间的数据传输是加密的。开始时采用的密钥长度是40位,之后不断地进行改进。但是,研究人员担心RFID在大量应用后有可能遭到攻击。未来的标签的价格希望能够降到5美分,因此设计安全、高效和低成本的RFID安全机制仍然是一个具有挑战性的课题。

(2)通信信道的安全性问题

RFID使用的是无线通信信道,这就给非法用户的攻击带来了方便。攻击者可以非法截取通信数据;可以通过发射干扰信号来堵塞通信链路,使得读写器过载,无法接收正常的标签数据,制造拒绝服务攻击；攻击者还可以冒名顶替向 RFID 发送数据，篡改或伪造数据。

（3）RFID 读写器的安全问题

RFID 读写器也面临很多安全问题，比如攻击者可以仿造一个读写器，直接读写 RFID 标签，获取 RFID 标签内保存的数据，或者修改 RFID 标签中的数据。

2. 对 RFID 系统的攻击方法

RFID 标签存储了很多有价值的商业信息、流通信息、工业信息和个人信息，这些信息对于攻击者具有极大的诱惑。RFID 信息的泄漏会给商业、工业机密与个人隐私带来巨大的灾难。因此，我们必须通过研究攻击 RFID 的主要方法来保护 RFID 信息安全。对 RFID 潜在的攻击方法主要表现在以下几个方面。

（1）窃听与跟踪攻击

由于 RFID 标签与读写器之间是通过无线通信方式进行数据传输的，因此窃听是对 RFID 系统最简单的一种攻击方式。如果 RFID 应用系统对 RFID 标签读写通信过程没有采取必要的保护措施，攻击者就能够很容易地使用一个窃听的 RFID 读写器接近标签，在标签与正常的读写器通信过程中，窃取 RFID 标签身份信息和传输的数据。

也许攻击者并不需要直接获取 RFID 标签的内部信息，但是它可以通过窃听的方法，跟踪对象的位置。

图 8-11 给出了窃听 RFID 传输数据的方法示意。对于 RFID 来说，最基本的安全保护是防止标签信息被窃听。

（2）中间人攻击

对 RFID 的另一种攻击方法"中间人攻击"是建立在窃听攻击的基础之上的。图 8-12 给出了中间人攻击的原理示意图。

攻击者通过一个充当中间人的 RFID 读写器接近标签，在窃取标签身份信息与数据之后，攻击者使

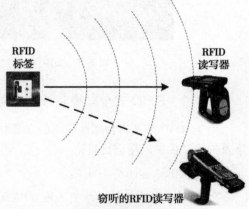

图 8-10　窃听 RFID 传输数据的方法

用充当中间人的 RFID 读写器对数据处理，再假冒标签，向合法的 RFID 读写器发送数据。被窃取数据的标签与读写器都以为上述是正常的读写数据的过程。

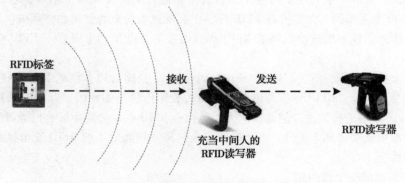

图 8-11　中间人攻击原理示意图

（3）欺骗、重放与克隆攻击

欺骗、重放与克隆攻击也是建立在窃取标签数据的基础上的。欺骗攻击是在窃取 RFID 标签的身份信息与存储的数据之后，冒充该标签合法身份，再去欺骗读写器；重放攻击是在短时间内多次向读写器发送窃取的数据，使得读写器来不及处理这些数据，破坏 RFID 系统的正常工作；克隆攻击是将窃取的数据写到另一个标签中，制造一种物品标签的多个假冒的标签。

（4）破解与篡改攻击

窃听攻击与欺骗、重放、克隆攻击基本上是在窃取到 RFID 标签的身份信息与数据之后，在不破译标签身份信息与数据编码规则的情况下，欺骗正常的读写器，达到破坏系统正常工作，或用低价格骗取贵重商品的目的。而物理破解攻击是根据窃取的身份信息和数据，破解安全机制和数据编码规则。在破解之后，一种做法是按照数据编码规则，篡改数据，伪造大量的 RFID 标签；另一种做法是依据破解的安全机制与数据编码规则，继续破解新的 RFID 标签与读写器之间的身份认证算法，以及物品编码规则。

2003 年，一位黑客在网站上公布了他攻入一家公司作为门警的无源 RFID 系统的方案。这家公司将 RFID 用于门警系统，黑客窃取数据之后，破解了 RFID 的安全机制与编码规则，仿制出用于出入门的门卡。2005 年 1 月，一所大学的研究小组公布了他们的研究成果。该小组经过两年的研究，破解了一种 RFID 的安全机制与编码规则，写出它的模拟软件，并仿真了标签与读写器的工作过程。另外有一份报告称：一名学生已经破解了超过 1.5 亿个安装有 RFID 的汽车钥匙和超过 600 万个购买汽油的钥匙扣的密码，解密计算的过程只花了 15 分钟。

另一种用物理手段破解 RFID 标签的方法是：通过特殊的溶液将标签上的保护层去掉，再使用特殊的电子设备与标签中的电路连接，这样攻击者不但能够获取标签中的数据，还能够分析标签的结构设计，找出可利用的攻击点，有针对性地设计攻击方法。

（5）干扰与拒绝服务攻击

攻击者对 RFID 系统的另一种攻击方法与互联网的拒绝服务攻击非常相似。在使用 RFID 标签的地方放置工作频率相同的大功率干扰源，使得 RFID 标签与读写器之间不能正常地交换数据，造成 RFID 系统瘫痪；或者是在顾客将贴有 RFID 标签的商品接近读写器的位置时，攻击者开启小型干扰器，使交易失败；再或者是在短时间发送大量伪造的错误 RFID 标签数据给读写器，造成读写器无法正常地识别和处理，使 RFID 系统无法正常提供服务。

（6）灭活标签攻击

在客户结账之后，通常会对标签进行"灭活（kill）"，使得标签不再接受读写器的读写，以免重复结账，或被攻击者利用，既保护了客户的隐私，又保护了 RFID 标签体系的安全。但是，攻击者可以采取同样的原理，制造灭活标签的工具，在结账之前就对标签灭活，从而盗窃贵重商品。

（7）病毒攻击

人们一般认为 RFID 标签不会被病毒攻击。但是 2006 年研究报告表明，攻击者可以将病毒事先写入标签之中，然后通过读写器传播到中间件软件，进而迅速感染后台数据库和应用软件。尽管 RFID 标签存储空间很小，并且目前对 RFID 标签做了很多安全保护工作，但是病毒技术也在不断发展，我们对 RFID 病毒攻击的可能性还是不容忽视。

对于 RFID 系统的安全性问题，业界有很多争议。一派认为：安全性与成本是一对根本不可调和的矛盾。如果我们希望降低 RFID 的价格，减小芯片，增加功能，那就要以牺牲安全性为代价。这种意见有它合理的一面。但是，从另一个角度去思考，对于银行等领域的应用，安全性应该高于造价；而在一些安全性要求相对较低的场合，经济性应该作为主要的考虑因素。所以，应根据使用场景在造价与安全性之间寻求一个折衷的方案。安全的 RFID 系统应解决保密性、信息泄露和可追踪性三大难题。目前研究人员正在 RFID 系统的中间件、密码体系、认证协议，以及病毒攻击、抗干扰等方面研究 RFID 系统安全性问题。

3. 基于 RFID 的位置服务与隐私保护

任何一件事都有利有弊，基于 RFID 的位置服务也如此。先说有利的一面，这是作者的亲身经历。有一次作者搭乘一架经停的飞机，在经停城市，所有旅客都要下机，再和补充的乘客一起登机继续飞行。但是到了登机的时候，有一位从前一站登机的旅客没有来。机场工作人员只能停止后一批乘客登机，一边广播通知，一边举着写有这位乘客名字的牌子在整个候机楼中寻找。半个小时过去了，还是没有找到这位乘客。为了确保飞行安全，机场工作人员又将已经登机的乘客请下飞机，安保人员登机对所有放在飞机上的行李、物品逐个检查，确定安全之后，才让所有的乘客登机。这个过程造成航班大约延误了两个小时。在这种场景下，如果每一位乘客的登机牌都有一个 RFID 标签，那么乘客在机场逗留时，安装在机场的 RFID 读写器就能够实时地记录乘客当前所在的位置。即使乘客在咖啡馆睡着了，机场工作人员也可以通过查询 RFID 位置记录，快速、准确地找到这名乘客，既节约时间，也保证了飞行安全。这体现出基于 RFID 的位置服务非常有价值的一面。

同时，作者也注意到一个报道。一位女士按照她的习惯，在休息日准备到大型商场旁的咖啡屋喝杯咖啡，然后再去购物。正当她喝咖啡的时候，收到第一条短信："欢迎您再次光临商场"。看到短信她很高兴，感觉商场服务周到，但是她感到不解的是，"商场怎么知道我要去购物呢？"过了很短的时间，第二条短信又发来了："您今天穿的绿色连衣裙非常漂亮，商场女装部新到了一种牙黄色的连衣裙，很适合您的体型和气质，欢迎您来选购"。这一条短信使她更加困惑，"商场怎么知道我今天穿的是绿色连衣裙呢？"第三条短信是："您用的那个牌子的香水已经到货，今天购买八折优惠，您可以到商场二楼购买"。看到第三条短信之后，这位女士的感觉是恐惧，"我什么时候，在什么地方，穿什么衣服，用什么牌子的香水，怎么别人都知道？"这位女士选择夺路而逃，并且发誓再也不来这里购物了。这个故事可能已经经过演绎，但是它告诉我们：基于 RFID 的位置服务涉及个人隐私保护问题。

如果说"在互联网上没有人知道你是一条狗"的话，那么"在物联网上我可以知道你很多隐私"。目前随着手机定位技术的发展，通过分析用户手机漫游到某个基站的信息，移动通信网可以快速地获得用户的位置信息。基于位置的服务（LBS）也随之迅速地发展起来。我们无论是坐火车、乘飞机、开车，只要进入一个城市，立即会收到一条"＊＊欢迎您"的短信。利用手机获取用户的位置信息，服务提供商可以提供餐饮、旅游、购物的一条龙服务。这对于我们每一个人好像都是司空见惯的事。基于位置的服务有它有利的一面。但是作为一个自由的人，我们在什么地方、我想去哪儿，难道就没有隐私可言吗？对于自己在什么位置，我们愿不愿意告诉与我不相识的人或企业，我们允许在什么时候告诉别人，难道就没有一点决定权吗？更深层次的问题是：长期跟踪、收集和分析一个人的位置信息，可以推测出这个人的职业、健康状况、经济状况、社会关系、兴趣爱好、生活习惯、政治面貌、宗教信仰等重要的隐私信息。位置信息应该是受到法律保护的一种隐私，而位置隐私的重要性往往被人们忽视了。

隐私的内涵很广泛，通常包括个人信息、身体、财产，但是不同的民族、不同的宗教信仰、不同文化的人对隐私都有不同的理解，但是尊重个人隐私已经成为社会的共识与共同的需要。除了 RFID 之外，各种传感器、摄像探头、手机定位功能的不正当使用，都有可能造成个人信息的泄漏、篡改和滥用。对于隐私的保护手段是当前物联网信息安全研究的一个热点问题。保护个人隐私可以从以下 4 个方面入手：

（1）法律法规约束

通过法律法规来规范物联网中对包括位置信息在内的涉及个人隐私信息的使用。

（2）隐私方针

允许用户本着自愿的原则，根据个人的需要，与移动通信运营商、物联网服务提供商协商涉及个人信息的使用。

（3）身份匿名

将位置信息中的个人真实身份用一个匿名的编码代替，以避免攻击者识别和直接使用个人信息。

（4）数据混淆

采用必要的算法，对涉及个人的资料与位置信息（时间、地点、人物）进行置换和混淆，避免被攻击者直接窃取和使用。

我们必须清醒地认识到：物联网网络空间问题已成为信息化社会的一个焦点问题。每个国家只有立足于本国，研究网络安全技术，培养专门人才，发展网络安全产业，才能构筑本国的网络与网络安全防范体系。自主研发物联网网络安全技术，发展物联网网络安全产业是关系到国计民生与国家安全的重大问题。因此，我们在建设物联网的同时，必须高度重视物联网网络安全技术研究与人才的培养。

本章小结

1）由于互联网、移动互联网、物联网已经应用于现代社会的政治、经济、文化、教育、科研与社会生活的各个领域。网络空间已经上升到与国家"领土、领海、领空、太空"等四大常规空间同等重要的高度，成为"第五空间"。

2）我国网络空间安全政策是建立在"没有网络安全就没有国家安全"的理念之上的。2016年12月27日发布了《国家网络空间安全战略》报告。物联网网络安全是网络空间安全的重要组成部分，研究物联网网络安全就必须理解"国家网络空间安全战略"确定的目标、原则与战略任务。

3）网络空间安全研究包括应用安全、系统安全、网络安全、网络空间安全基础与密码学及其应用五个方面的内容。

4）随着物联网与人工智能、云计算、大数据技术的融合发展，物联网的网络安全面临严峻的挑战。

5）物联网安全的几个新的动向是：计算机病毒已经成为攻击物联网的工具；物联网工业控制系统成为新的攻击重点；网络信息搜索工具可能演变成攻击物联网的工具；僵尸物联网正在成为网络攻击的新方式；涉及位置服务、RFID 的隐私保护成为重要的研究课题。

习题

一、单选题

1. 以下关于网络安全形势特点的描述中，错误的是（　　）。
   - A）网络渗透危害政治安全
   - B）网络攻击威胁经济安全
   - C）网络有害信息侵蚀文化安全
   - D）网络安全威胁网络硬件安全

2. 以下关于我国网络空间安全战略总体目标的描述中，错误的是（　　）。
   - A）和平
   - B）有序
   - C）可控
   - D）合作

3. 以下关于我国网络空间安全战略原则的描述中，错误的是（　　）。
   - A）统筹网络技术与产业的发展
   - B）尊重维护网络空间主权
   - C）依法治理网络空间
   - D）和平利用网络空间

4. 以下关于网络空间安全涵盖主要内容的描述中，错误的是（　　）。
   - A）网络安全
   - B）系统安全
   - C）应用安全
   - D）设计安全

5. 以下关于 OSI 安全体系结构的描述中，错误的是（　　）。
   - A）安全攻击
   - B）入侵检测
   - C）安全服务
   - D）安全机制

6. 以下关于网络攻击的四种基本的类型的描述中，错误的是（　　）。
   - A）泄露隐私
   - B）篡改或重放数据
   - C）窃听或监视数据传输
   - D）伪造数据

7. 以下属于网络安全机制内容是（　　）。
   - A）加密
   - B）认证
   - C）路由选择
   - D）流量填充

8. 以下不属于用户对网络安全的需求的是（　　）。
   - A）可用性
   - B）机密性
   - C）认证性
   - D）可控性

9. 以下哪条不是资源消耗型 DoS 攻击常见的方法（　　）。
   - A）制造大量广播包或传输大量文件，占用网络链路与路由器带宽资源
   - B）制造大量电子邮件、错误日志信息、垃圾邮件，占用主机中共享的磁盘资源
   - C）制造大量无用信息或进程通信交互信息，占用 CPU 和系统内存资源
   - D）非授权用户读取、写入、删除数据

10. 以下不属于物联网网络安全的新动向的是（　　）。
    - A）计算机病毒已经成为攻击物联网的工具
    - B）物联网工业控制系统成为新的攻击重点
    - C）网络信息搜索功能将演变成攻击物联网的工具
    - D）防火墙难以控制内部用户对系统资源的非授权访问

二、思考题

1. 试结合物联网与互联网的比较，说明你认为物联网网络安全的特殊性表现在什么地方，并通过例子来说明。

2. 为什么说对工业控制系统的网络攻击对物联网威胁非常大？

3. 请列出两个威胁 RFID 应用系统安全的实际例子。
4. 试分析僵尸物联网病毒 DDoS 与 PDoS 攻击的形式与后果有哪些不同。
5. 结合自己的切身体会，找出一个在物联网应用中涉及个人隐私的问题，并提出相应的解决方法。
6. 试分析无人驾驶汽车可能存在的安全威胁，并提出相应的防范对策。

第 9 章 物联网应用

　　应用是物联网存在的理由，创新是推动物联网发展的原动力。物联网的高附加值体现在平台与解决方案上。物联网的发展应该是从大规模感知设备的接入入手，向物联网平台与解决方案方向延伸，以获得持续的创造价值的能力。建设物联网必须一手抓传统行业发展中"头痛"的问题，提出在物联网平台上融合云计算、大数据、智能技术的解决方案；一手要抓新兴市场的潜在需求，提出创新的技术、产品与解决方案。

　　我国《物联网"十二五"发展规划》确定了智能工业、智能农业、智能物流、智能交通、智能电网、智能环保、智能安防、智能医疗与智能家居等九大重点应用领域。本章将系统地分析物联网在各个重点领域的应用，帮助读者了解物联网应用的发展。

本章教学要求
- 掌握我国物联网应用的重点领域。
- 了解物联网在智能工业等九大领域应用的现状与发展趋势。
- 了解物联网产业的发展趋势。

9.1　智能工业

9.1.1　工业 4.0 的基本概念

　　物联网应用的核心是智能制造。因为制造业是国民经济的主体，是立国之本、强国之基。智能制造又叫作工业物联网、智能工业。实现智能工业的技术基础是 CPS 与物联网。

　　工业 1.0 是以蒸汽机为代表的机械化时代。工业 1.0 产生在英国，它使英国成为当时强大的"日不落帝国"。工业 2.0 是以生产线为代表的流水线时代，工业 3.0 是以软硬件结合的信息化时代。工业 2.0 与工业 3.0 产生在美国、德国等发达国家，它使美国、德国进入了世界第一工业大国方阵。

　　进入 21 世纪，制造大国的发展动力不再是土地、人力等资源要素，而是更多地依靠互联网、物联网、云计算、大数据、智能硬件、3D 打印等新技术，开展创新驱动。

　　2012 年，美国政府提出"工业互联网"的发展规划。2013 年，德国政府提出"工业 4.0"的发展规划。世界上两大制造强国开始了无声的角力赛。我国于 2015 年制定了《中国制造 2025》行动计划，目标是实现"弯道超车，后发先至"。

从技术角度看，前三次工业革命从机械化、规模化、标准化与自动化生产方面，大幅度提升了生产力。但是从工业价值链的角度看，传统的工业生产采取的是从生产端到消费端，从上游向下游推动的模式。例如，传统的汽车生产商设计了 5 种车型，其中排量为 2.5L 的 SUV 车只有黑色、白色、银色与红色，排量为 4.0L 的 SUV 只有黑色与银色。客户如果想买一款排量为 4.0L 的红色 SUV，由于没有相应的产品，那么客户要么买 2.5L 的红色 SUV 车，要么就买 4.0L 其他颜色的 SUV 车。从这个例子可以看出：在传统工业时代，企业生产什么产品，用户就买什么产品；产品的价值是由企业决定的，企业定什么价，客户就要付多少钱。在产品生产与销售的过程中，主导权掌握在企业手里。

工业 4.0 改变了传统的工业价值链，它是从用户的价值需求出发，将大规模定制的批量生产改变为定制化生产；将制造型生产转变为服务型生产。我们可以以未来一位客户订购一辆 SUV 汽车的过程来说明从产品竞争向商业模式竞争转化所引起的制造业的变化。

现在，客户买车一般是要到一家 4S 店去选车和订车；未来，客户可能只需要到汽车生产厂家在汽车商城的一个销售点就能定制一辆车，从而省去了商业的中间环节，降低了成本和购车价格。

客户去汽车制造厂家的销售点订购一辆车时，不再是仅仅选择车型、颜色和内饰，而是通过在一个布满了传感器的真实汽车中进行试驾，来定制一辆适合自己的汽车。当客户坐上驾驶座椅时，传感器会自动记录整个座椅的压力分布，一款适合客户体型、高度与坐姿习惯的座椅就自动设计完成了；在客户开车的过程中，汽车内部的传感器自动记录客户的驾驶动作，进而预测客户的驾驶习惯，一套兼顾驾驶操作体验和舒适性的动力系统、控制系统就被自动匹配完成了；在客户驾驶汽车的过程中，汽车能够自动地识别客户在不同状态路段上驾驶方式的变化，提醒客户驾驶方式的变化对油耗的影响；在驾驶过程中，汽车会根据路面的平整度，记录客户在通过一段坑洼地段时的驾驶速度和汽车颠簸的情况，设计 SUV 悬挂系统的数据，以提高车辆行驶的舒适度。针对上下班高峰期，客户在家与上班地点之间行驶的路线，选车软件会通过海量交通数据的分析，预测出未来一段时间汽车行驶道路交通的拥堵情况，将推荐的优化行车路线预先输入导航系统中。

根据以上的试驾过程，适应客户需求的汽车设计参数就会通过车联网传送到销售点的计算机。客户选车软件就会自动生成适合这位客户的车辆座椅、内饰、车体颜色、动力系统、控制系统与悬挂系统、导航的主要参数，以及是否需要天窗与儿童座椅。如果需要天窗与儿童座椅，那么天窗的大小与位置、儿童座椅安装的位置与安全性需求也会进一步根据客户需求确定。在与客户沟通和签订购车合同之后，这辆 SUV 的生产参数被发送到汽车生产商。汽车生产商一改传统的批量生产方式，按照客户的需求，为客户定制一辆独一无二的 SUV。同时，汽车生产商会变传统方式统一采购的部件为给这辆车定制一个部件，从而实现个性化生产。

未来的汽车生产商不只满足个性化生产的需求，它还会将价值链从生产端的制造型生产向服务型制造方向延伸。在传统的制造型生产模式中，当汽车交付给客户之后，汽车生产商的制造价值已经创造了，服务价值（日常维护与故障维修）则由 4S 店去完成。而在服务型制造模式中，制造出汽车只是完成了"制造服务"的一个阶段。在客户每天驾驶汽车的过程中，这辆汽车的运行参数、性能参数、安全状况都会通过物联网传送到汽车维护中心。汽车维护中心计算机将通过采集到的汽车大数据，对汽车的耗油、车辆的安全状况做出分析，及时将车辆安全驾驶的建议，以及各个关键部件的健康状况和维修意见传送给客户，以节省汽车维修费用，提高汽车运行的安全性。未来的汽车制造业销售给用户的不只是产品，还有更深层次的服务。对于客户，汽车不再是一个产品，而是汽车带来的一种舒适、安全、周到的服务。

我们这里只举了汽车行业的例子，实际上这是当今制造业普遍面临的问题。传统的制造业"批量生产"模式，从生产组织方式、生产车间、生产设备，到零部件采购、库存与销售渠道的整个产业链，都不适应"定制生产"方式，都面临着从制造模式、服务模式到商业模式的全面改造。工业4.0就是在这样的大背景之下产生的。

工业4.0改变了传统的工业价值链，它是从用户的价值需求出发，从大规模批量化生产转变为定制化的产品与服务，并以此作为整个产业链的共同目标，在产业链的各个环节实现协同。

工厂将从一种或一类型产品的生产单元，变成全球生产网络的组成单元；产品不再只是由一个工厂生产，而是全球生产。创造附加值的不再仅仅是产品制造，而是"制造+服务"。未来企业之间的竞争已经从产品的竞争向商业模式竞争转化。

因此，工业4.0是一个创新制造模式、商业模式、服务模式、产业链与价值链的革命性概念。如图9-1所示，工业4.0带动了制造业的全面转型。

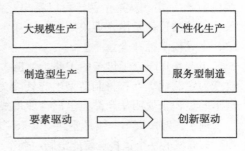

图 9-1 制造业的转型

9.1.2 工业4.0涵盖的基本内容

1. 工业4.0的特点

工业4.0具有五大特点：互联、数据、集成、创新、转型。根据"工业4.0"提出的设想，将运用信息物理融合系统（CPS）技术，升级工厂中的生产设备，实现智能化，将工厂变成智能工厂。

图9-2给出了工业4.0的技术框架。工业4.0依靠工业物联网、云计算、工业大数据组成信息基础设施；具有两大硬件技术和两大软件技术：3D打印、工业机器人，工业物联网安全、知识工作自动化；依靠面向未来的两大技术：虚拟现实与智能技术。工业4.0的核心是智能工厂、智能制造与智能物流。

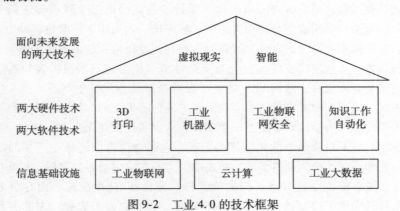

图 9-2 工业4.0的技术框架

2. 智能工厂

智能工厂的三大特征是：高度互联，实时系统，柔性化、敏捷化、智能化。有"汽车界的苹果"之称的特斯拉（Tesla）公司，在一定程度上已经与"工业4.0"的理念相匹配。特斯拉公司对自己所生产的汽车的定位是一个大型可移动的智能终端；它具有全新的人机交互方式；它接入互联网，成为一个包括硬件、软件、内容与服务的用户体验工具。特斯拉的成功不仅仅体现在能源的利用上，更重要的是它将互联网的思维融入到汽车制造与服务的全过程。图 9-3 是特斯拉超级工厂的照片。

图 9-3　特斯拉超级工厂

特斯拉电动智能汽车的生产制造是在美国北加州弗里蒙特市的"超级工厂"完成的。在这个花费巨资建造的"超级工厂"里，自动化几乎覆盖了从原材料到成品的全部生产过程。其中工业机器人是生产线的主要力量。目前"超级工厂"内一共有 160 台机器人，分别配置在冲压生产线、车身中心、烤漆中心与组织中心。

车身中心的多工机器人（Multitasking Robot）是目前最先进的工业机器人。它们大多只是一个巨型的机械臂，能够完成多种不同的任务，包括车身冲压、焊接、铆接、胶合等工作。它们可以先拿起钳子进行点焊，然后放下钳子拿起夹子胶合车身板件。这种灵活性对于小巧、有效率的作业流程十分重要。

在车体组织好之后，位于车体上方的运输机器人就要将整个车体吊起，运到喷漆中心的喷漆区。在那里，具有弯曲机械臂的喷漆机器人会根据订单的颜色要求给车身喷漆。

喷漆完成后，车体由运输机器人送到组装中心。安装机器人安装好车门、车顶，然后将定制的座椅安装好。同时，位于车顶的相机拍下车顶的照片，传送给安装机器人。安装机器人计算出天窗的位置，再把天窗玻璃粘合上去。

在车间里，运输机器人按照工序流程，根据地面上事先用磁性材料铺设好的行进路线，游走在各道工序的机器人之间。在流程执行的过程中，运输机器人、加工机器人、喷漆机器人与组织机器人之间，车体与部件的位置必须控制到丝毫不差。要做到这一点就必须要对机器人进行"训练"和"学习"。特斯拉团队在前期"训练"机器人大约用了 1 年半的时间。

从以上介绍中可以看出：智能工厂是运用 CPS、物联网与智能技术，升级生产设备，加强生产信息的智能化管理与服务，减少对生产线的人为干预，提高生产过程的可控性，优化生产计划与流程，构建高效、节能、绿色、环保、人性化的智慧工厂，实现人与机器的协调合作。

3. 智能制造

智能制造包括产品智能化、装备智能化、生产方式智能化、管理智能化与服务智能化（如图 9-4 所示）。

（1）产品智能化

产品智能化是指将传感器、处理器、存储器、网络与通信模块与智能控制软件融入到产品之中，使产品具有感知、计算、通信、控制与自治的能力，实现产品的可溯源、可识别、可定位。

（2）装备智能化

装备智能化是指通过先进制造、信息处理、人工智能、工业机器人等技术的集成与融合，形成具有感知、分析、推理、决策、执行、自主学习与维护能力，以及自组织、自适应、网络化、协同工作的智能生产系统与装备。

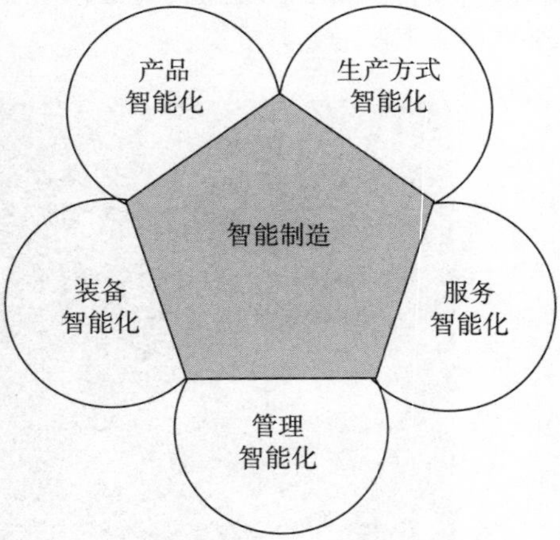

（3）生产方式智能化

图 9-4　智能制造涵盖的主要内容

生产方式智能化是指个性化定制、服务型制造、云制造等新业态、新模式，本质是重组客户、供应商、销售商以及企业内部组织关系，重构生产体系中的信息流、产品流、资金流的运作模式，重建新的产业价值链、生态系统与竞争格局。

（4）管理智能化

管理智能化可以从横向集成、纵向集成和端到端集成等三个角度去认识。

横向集成是指从研发、生产、产品、销售、渠道到用户管理的生态链的集成，企业之间通过价值链与信息网络实现的资源整合，实现各企业之间的无缝合作、实时产品生产与服务的协同。

纵向是指从智能设备、智能生产线、智能车间、智能工厂到生产环节的集成。

端到端集成是指从生产者到消费者，从产品设计、生产制造、物流配送、售后服务的产品全生命周期的管理与服务。

（5）服务智能化

服务智能化是智能制造的核心内容。工业 4.0 要建立一个智能生态系统，当智能无处不在、连接无处不在、数据无处不在的时候，设备与设备、人与人、物与物之间，人与物之间最终会形成一个系统的系统。智能制造的生产环节是研发系统、生产系统、物流系统、销售系统与售后服务系统的集成。

9.1.3　《中国制造 2025》发展规划

我国政府高度重视新一轮世界制造业的转型升级的历史机遇，并于 2015 年 5 月 8 日颁布了《中国制造 2025》发展规划。

规划明确指出：经过几十年的快速发展，我国制造业规模跃居世界第一位，建立起门类齐全、独立完整的制造体系，成为支撑我国经济社会发展的重要基石和促进世界经济发展的重要力量。持续的技术创新，大大提高了我国制造业的综合竞争力。但是，我国仍处于工业化进程中，与先进国家相比还有较大差距。制造业大而不强，自主创新能力弱。建设制造强国，必须紧紧抓住当前难得的战略机遇，积极应对挑战，加强统筹规划，突出创新驱动，发挥制度优势，动员全社会力量奋力拼搏，更多依靠中国装备、依托中国品牌，实现中国制造向中国创造的转变，中国速度向中国质量的转变，中国产品向中国品牌的转变，完成中国制造由大变强的战略任务。

立足国情，立足现实，我国政府确定了通过"三步走"来实现制造强国的战略目标。

第一步：力争用十年时间，迈入制造强国行列。到 2020 年，基本实现工业化，制造业大国地位进一步巩固，制造业信息化水平大幅提升。掌握一批重点领域关键核心技术，优势领域竞争力进一步增强，产品质量有较大提高。制造业数字化、网络化、智能化取得明显进展。重点行业单位工业增加值能耗、物耗及污染物排放明显下降。到 2025 年，制造业整体素质大幅提升，创新能力显著增强，形成一批具有较强国际竞争力的跨国公司和产业集群，在全球产业分工和价值链中的地位明显提升。

第二步：到 2035 年，我国制造业整体达到世界制造强国阵营中等水平。创新能力大幅提升，重点领域发展取得重大突破，整体竞争力明显增强，优势行业形成全球创新引领能力，全面实现工业化。

第三步：新中国成立一百年时，制造业大国地位更加巩固，综合实力进入世界制造强国前列。制造业主要领域具有创新引领能力和明显竞争优势，建成全球领先的技术体系和产业体系。

《中国制造 2025》是全面提高我国制造业发展质量与水平的重大战略决策，也给物联网产业发展带来了重大的机遇。

9.2 智能农业

9.2.1 智能农业的基本概念

我国农业正处于从传统农业向现代农业转型的重要阶段。我国面临着农业用地减少、农田水土流失、土壤生产力下降，大量使用化肥导致农产品与地下水污染，以及食品安全与生态环境恶化等问题。为了解决这些问题，科技工作者开始研究生态农业、绿色农业、精细农业，提出了物联网智能农业与农业物联网的概念。人们已经深刻地认识到：物联网在农业领域的应用是未来农业经济社会发展的重要方向，是推进社会信息化与农业现代化融合的重要切入点，也为培育农业新技术与服务产业的发展提供了巨大的商机。

早期的精细农业理念定位于利用 GPS、GIS、卫星遥感技术，以及传感技术、无线通信和网络技术、计算机辅助决策支持技术，对农作物生产过程中气候、土壤进行从宏观到微观的实时监测，对农作物生长、发育状况、病虫害、水肥状况、环境状况进行定期信息获取，根据获取的信息进行分析、智能诊断与决策，制定田间实施计划，通过精细管理，实现科学、合理的投入，获得最佳的经济和环境效益。

随着物联网技术的发展，传统的精细农业理念已经被赋予了更深层次的内涵。改造传统农业、发展现代农业，迫切需要将物联网技术用于大田种植、设施园艺、畜禽养殖、水产养殖、农产品物流、农副产品食品安全质量监控与溯源等领域，实现对农业生产过程中的土壤、环境、水资源的实时监测，对动植物生长过程的精细管理，对农副产品生产的全过程监控，对食品安全的可追溯管理，对大型农业机械作业服务的优化调度，以实现农业生产"高产、优质、高效、生态、安全"的发展要求。物联网技术的应用将为现代农业的发展创造前所未有的机遇。

9.2.2 智能农业应用示例

物联网技术可以在农业生产的产前、产中和产后的各个环节发展基于信息和知识的精细化的过程管理。在产前，可以利用物联网对耕地、气候、水利、农用物资等农业资源进行监测和实时评估，为农业资源的科学利用与监管提供依据。在生产中，通过物联网可以对生产过程、投入品使用、环境条件等进行现场监测，对农艺措施实施精细调控。

在农作物生产管理中，传感器技术可以准确、实时地监测各种与农业生产相关的信息，如空气温湿度、风向风速、光照强度、CO_2浓度等地面信息，土壤温度和湿度、墒情等土壤信息，PH值、离子浓度等土壤营养信息，动物疾病、植物病虫害等有害物信息，植物生理生态数据、动物健康监控等动植物生长信息，这些信息的获取对于指导农业生产至关重要。

水是农业的命脉，农业也是我国用水大户。我国农业用水约占全国用水量的73%，但是水利用效率低，水资源浪费严重。渠灌区水利用率只有40%，井灌区水利用率也只有60%。一些发达国家水利用率可以达到80%，每立方米水生产粮食大体上可以达到2公斤以上，而以色列已经达到2.32公斤。由此可以看到，我国农业节水问题是农业现代化需要解决的一个重大的任务。农业节水灌溉的研究具有重大的意义，而无线传感器网络可以在农业节水灌溉中发挥很大的作用。在庄稼地安装上传感器，可以监控植物根部是否需要水分，并且可以根据湿度、温度与土壤养分来控制灌溉。这种方法一改传统的定时定点机械洒水模式，大幅降低了农业用水的消耗，同时有针对性地解决作物成长不同阶段的灌溉问题，实现农作物的精细化管理。

无线传感器网络在大规模温室等农业设施中的应用已经取得了很好的进展。目前主要用于花卉与蔬菜温室的温度、光照、灌溉、空气、施肥的监控，形成了从种子选择、育种控制、栽培管理到采收包装的全过程自动化。以西红柿、黄瓜种植试验结果表明，无土、长季节栽培的西红柿、黄瓜采收期可以达到9~10个月，黄瓜平均每株采收80条，西红柿平均每株采收35穗果，每平方米的平均产量为60公斤/米²，而采用传统方法，产量一般为每平方米6~10公斤。物联网在农作物生产过程中的应用如图9-5所示。

图9-5　物联网在农业生产中的应用

农产品流通是农业产业化的重要组成部分。农产品从产地采收或屠宰、捕捞后，需要经历加工、储藏、运输、批发与零售等流通环节。流通环节作为农产品从"农场到餐桌"的主要过程，不仅涉及农产品生产与流通成本，而且与农产品质量紧密相关。在产后，通过物联网把农产品与消费者连接起来，使消费者可以透明地了解从农田到餐桌的生产与供应过程，解决农产品质量安全溯源的难题，促进农产品电子商务的发展。

食品安全已经成为全社会关注的问题。我国是畜牧业大国，生猪生产与消费量几乎占世界总量的一半。近年来，食品安全问题尤其是猪肉质量与安全问题突出，已经引起政府与消费者的高度重视，建立猪肉从养殖、屠宰、原料加工、收购储运、生产和零售的整个生命周期可追溯体系，是防范猪肉制品出现质量问题，保证消费者购买放心食品的有效措施，也是一项重要的惠民工程。在构建猪肉质量追溯系统中，物联网技术可以发挥重要的作用。

我们可以通过一套畜牧养殖与肉类产品质量追溯系统来说明物联网在农副产品食品安全中的应用。

畜牧养殖中的物联网应用主要包括动物疫情预警和畜禽的精细化养殖管理。在养殖环节，利用耳钉式 RFID 标签记录每头生猪养殖过程中发生的重要信息，例如猪的品种与三代系谱、饲料与配方、有无病史、用药情况、防疫情况、瘦肉精检测、磺胺类药物检测信息等。RFID 读写器将这些信息读出并存储在养猪场控制中心的计算机中为每一头猪建立从出生、饲养到出栏全过程、完整的数据记录，帮助管理者及时、准确地了解养猪场的管理状况，提高养殖水平（如图 9-6 所示）。

图 9-6　RFID 在畜牧养殖中的应用

在屠宰环节，通过 RFID 读写器获取生猪来源及养殖信息，判断其是否符合屠宰要求，进而进行屠宰加工。在屠宰过程中，RFID 读写器将采集的重要工序的相关信息，例如寄生虫检疫信息等，添加到 RFID 标签记录中。在加工过程中，需要将一头猪的 RFID 标签记录的信息转存到可追溯的条码中。这个可追溯的条码将附加在这头生猪加工后生成的各类产品上。同时，养殖场与屠宰场关于每头生猪的所有信息都需要传送到"动物标识及防疫溯源体系"的数据库中，以备销售者、购买者与质量监督部门的工作人员查询。这个过程如图 9-7 所示。

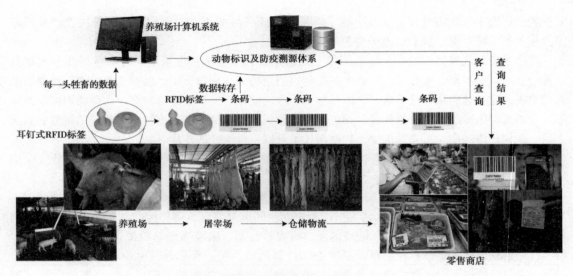

图 9-7　畜牧产品溯源系统工作流程示意图

　　在零售环节，电子秤完成零售肉品称重后，自动打印出包含有可追溯信息的条码。销售者、购买者与质量监督部门的工作人员可以通过手机短信、手机对条码拍照、计算机等方式，通过网络实时查询所购买猪肉的质量与安全信息（如图9-8所示）。

图 9-8　用户查询猪肉质量与安全信息

　　目前，我国正在建立"动物标识及防疫溯源体系"。通过动物标识将牲畜从出生到屠宰历经的防疫、检疫、监督工作贯穿起来，将生产管理和执法监督数据汇总到数据中心，建立从动物出生到动物产品销售各环节化全程追踪管理系统。

　　从以上的讨论中，我们可以得出三个重要的结论：

　　第一，物联网技术可以加快转变农业发展方式，推动农业科技进步与创新，健全农业产业体系，提高土地产出率、资源利用率，有利于改善生态环境，增强我国农业抗风险与可持续发展能力，引领现代农业产业结构的升级改造与生产方式的转型。

　　第二，物联网技术能够覆盖农业生产的农作物生产、畜牧业生产、水产等各个领域，覆盖农作物生长，以及猪、牛、羊等牲畜生长到农副产品加工、销售的全过程，物联网在智能农业中的应用大有作为。

　　第三，物联网在农业领域的应用关乎我国粮食安全与食品安全，关乎民众的日常生活，因此必然是我国政府高度重视和优先发展的领域。

9.3 智能交通

9.3.1 物联网智能交通与传统智能交通的区别

在研究物联网智能交通应用时，我们经常听到一种观点，那就是：智能交通研究已经开展很多年了，并且取得了很多成果，那么物联网智能交通与传统的智能交通研究到底有哪些重要的区别呢？只有回答了这个问题，才能理解物联网智能交通的特点是什么，以及应该把研究工作的重点放在哪里。

工业化与城镇化促进了汽车产业的发展，汽车产业的发展又刺激经济的发展。但是，大量的汽车的使用带来了交通阻塞、交通事故、能源消费和环境污染等严重的社会问题。这个问题大家都会有切身的体会。

智能交通 ITS 的研究已经有几十年的历史。目前，智能交通方面的研究主要包括城市公共交通管理、交通诱导与服务、车辆自动收费等问题。这一阶段研究与应用的特点是：城市公共交通管理相对成熟，应用比较广泛；交通诱导与服务开始从研究逐渐走向应用；车辆自动收费已经在很多高速公路出入口得到应用。

需要注意的是：城市交通涉及"人"与"物"。"人"包括行人、驾驶员、乘客与交警。"物"包括道路、机动车、非机动车与道路交通基础设施。"人""车""路"构成了交通的大"环境"。面对"人、车、路、基础设施"的四个因素复杂交错的局面，传统的智能交通一般只能抓住其中一个主要问题，采取"专项治理"的思路去解决。例如，用交通信号灯来控制交通路口的通行秩序，防止交通事故的发生。在这里，行人与是相对独立的，我们只能要求行人与驾驶员各自遵守秩序，人与车辆之间的协调只能通过行人与驾驶员的"道德"去规范；出现事故后由交警来处理。

而物联网智能交通的研究思路是：面向城市交通的大系统，利用物联网的感知、传输与智能技术，实现人与人、人与车、车与路的信息互联互通，实现"人、车、路、基础设施与计算机、网络"的深度融合。在"人与车"这一对主要矛盾中，抓住"车"这个矛盾的主要方面，通过提高车辆主动安全性，达到进一步提高车与人通行的安全性与道路通行效率的目的。在这一方面，典型的研究工作是无线车载网（VANET），以及在此基础上发展起来的车联网（Internet of Vehicle，IOV）。图 9-9 给出了车联网的示意图。

图 9-9　车联网的示意图

9.3.2 车联网

1. 车联网的特点

要理解车联网的特点，应注意以下几个问题。

1）车联网中的车辆是无线自组网中的独立节点，它们可以实时感知车辆自身的信息，并能通过无线自组网与城市智能交通网络，实现车与车、车与人、车与城市基础设施之间的信息互联互通。

2）车联网中的车辆能够根据获取的信息，智能地判断路况，提高车辆运行的安全性。同时，车联网中的车辆也可以具有智能机器人的特征，实现自动驾驶。

3）研究智能汽车是车联网发展的一个重要方向。智能汽车是由两大身份识别、三大感知系统、两大通信网络构成。

两大身份识别包括对汽车牌照、道路运输证件等实体身份识别，对 RFID 卡、汽车电子身份标识号的身份识别。

三大感知系统包括：

- 对车辆自身状态（如胎压、温度、车速、尾气、油耗）的感知系统。
- 对交通环境（如 GPS 位置信息、道路信息、相邻汽车运行状态信息）的感知系统。
- 对驾驶员状态（如疲劳状态、注意力预警）的感知系统。

两大通信网包括车内通信网与车外通信网。

4）车联网研究的最终目标是建立一个不依赖于视觉、天气状态与人工操作的交通系统，从而解决城市交通拥塞问题，为汽车驾驶员、乘客与行人提供更加安全、便捷、舒适、环保的社会环境。

未来的车联网是将行驶在公路上的各种车辆，通过无线车载网与互联网，以及各种智能交通设施互联起来，实现车与人、车与车、车与路的互联，将汽车与交通参与方、道路基础设施、社会环境融为一体，建立"泛在、可视、可信、可控"的智能交通体系。车联网是物联网智能交通研究的重要组成部分。

2. 车联网研究的主要内容

目前车联网研究的内容主要包括以下几个方面。

（1）车辆主动安全技术

主动式安全系统推动了车载传感器的应用深度与广度。在汽车行业中，安全系统将成为传感器应用的最大市场。当前，一辆国内普通家用轿车上大约安装了近百个传感器，而豪华轿车上安装的传感器数量超过 200 个。车联网将会通过多传感器感知、信息融合、交通安全控制策略与算法、智能处理技术，综合利用各种传感器感知的信息，为设计下一代主动安全汽车提供重要的理论依据。

道路交通中高速公路的出/入口与十字路口，往往是驾驶员无法掌控周边行驶车辆状态的"盲区"。车辆辅助驾驶系统可以在接近盲区时，及时与附近的车辆交换位置、车速、行进方向等信息，能够协助驾驶员安全、快速地通过这些地段，避免交通事故的发生。同时，如果驾驶员没有对车辆预警系统发出警告，没有注意到或没有做出正确回应时，车辆辅助驾驶系统的防碰撞系统将采取转向、减速、制动等措施。车辆辅助驾驶技术可以将车辆、驾驶员、道路基础设施、行人以及非机动车作为一个有机的整体，互相感应，协调运行，提供车辆变道预警、盲区探测、车辆急停、正面碰撞警告、自动刹车和路口碰撞预警功能，最终目标是追求汽车交通的零碰撞，尽可能地避免人身与财产的损失。

（2）驾驶员状态感知与预警

驾驶员状态感知与预警系统由传感模块、检测模块与预警模块组成。作为汽车主动安全性技术，传感模块的轮胎胎压传感器、速度传感器、位置传感器、加速度传感器、温度传感器将为预警系统提供车辆状态参数。通过视频传感器采集驾驶员面部信息，分析驾驶员面部朝向；以疲劳状态判断模型与参数为依据，判断驾驶员眼动疲劳、方向盘驾驶疲劳、行车轨迹疲劳指标，作为判断驾驶员注意力是否集中，以及疲劳状态的依据。预警模块通过视觉提醒、听觉提醒、触觉提醒或嗅觉提醒等方式，向驾驶员安全驾驶发出预警提示。图 9-10 给出了驾驶员状态感知与预警系统示意图。

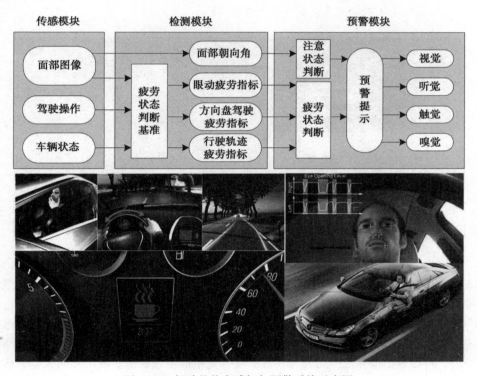

图 9-10　驾驶员状态感知与预警系统示意图

9.3.3　无人驾驶汽车及其研究进展

最早的汽车驾驶机器人 Stanford Cart 是在 1979 年由美国斯坦福大学研制出来的。Stanford Cart 是第一个具有视觉能力，并且能够自动导航的移动机器人。尽管它运行的速度很慢，但是它可以自动导航连续行驶近 5 小时。在这之后，斯坦福大学又研制出汽车驾驶机器人 Stanley，并在 2005 年 10 月夺得美国国防部举办的无人驾驶汽车越野大赛冠军。Stanley 无人驾驶赛车上装备了 1 部 GPS 设备、4 台激光传感器与雷达、3 部相机和惯性传感器，这些设备将获得的数据实时地传送给一台 Pentium 笔记本计算机进行处理。Stanley 能够检测到前面的地形，并自动选择合适的路径到达预定目的地。该车用时 6 小时 54 分穿越了 212 公里的内华达沙漠，平均时速为 30.7 公里。

Google Driverless Car 是谷歌公司的 Google X 实验室研发中的无人驾驶汽车，测试阶段已驾驶了 48 万公里。谷歌公司甚至考虑到无人驾驶汽车与周围行人的沟通方式问题。例如，通过车门上的停止标志，行人可以知道不要从车前方横穿马路；如果车辆前保险杠的灯亮起，那么行人知道可以从车前方穿过；通过机械臂，无人驾驶汽车可以提醒周围的骑车人车辆即将转向。

从软件的角度，谷歌无人驾驶汽车需要研究传感器数据处理、环境感知与建模；任务规划；行为生成；运动规划。传感器数据处理、环境感知与建模的研究需要解决：如何根据多种传感器的感知信息，自动完成对车辆周边环境与障碍物，以及道路标志与信号灯的正确判断。任务规划研究应重点解决：车辆根据已知的路网，计算可能的路径对应的时间与风险成本，找出最佳路径。行为生成研究主要解决根据地图，解析出道路行驶、穿越路口与泊车策略。运动规划研究主要解决车辆游戏过程中的控制加速、减速和转向，以及对应的车辆的自身位置和自身姿态状态的处理问题。Google 无人驾驶汽车的研究如图 9-11 所示。

图 9-11　Google 无人驾驶汽车

2012 年 5 月，在美国内华达州允许无人驾驶汽车上路 3 个月后，机动车驾驶管理处为 Google 的无人驾驶汽车颁发了一张合法车牌。

2013 年，国际知名汽车企业开展了一场无人驾驶汽车的研发竞赛，新的无人驾驶汽车纷纷亮相，并计划在 10~15 年内实现量产。2010~2015 年，与汽车无人驾驶技术相关的发明专利超过 22 000 件，可以看出世界范围无人驾驶汽车技术竞争的激烈程度。我国多所大学、研究机构与汽车生产商都在研究无人驾驶汽车，并且取得了较大的进展。图 9-12 给出了各国研制的无人驾驶汽车照片。

从长远角度看，汽车发展的趋势是实现自主驾驶，无人驾驶汽车是自主驾驶的一种表现形式。目前国际上还没有对无人驾驶汽车给出统一的定义。从广义的角度，无人驾驶汽车是在网络环境中用计算机、通信、感知与智能技术武装起来的汽车，是有着汽车外壳、具备汽车功能的移动机器人。无人驾驶汽车真正实现将驾驶员、行人、汽车、道路、交通设施与网络融为一体，体现出物联网"人机物"融合的本质特征，是对物联网内涵最好的诠释。无人驾驶汽车已经成为物联网产业竞争的一个新的制高点。国内外很多互联网公司纷纷与传统的汽车制造商合作，研发无人驾驶汽车。

从以上的讨论中，我们可以得出三点结论：

第一，物联网智能交通研究的重点是将行驶在公路上的各种车辆，通过无线车载网与互联

图 9-12　各国研制的无人驾驶汽车照片

网，将各种智能交通设施互联起来，实现"车与人""车与车""车与路""车与网"的互联，使汽车与人、道路基础设施、社会环境融为一体。

第二，车联网充分利用物联网中传感网、RFID、环境感知、定位技术、无线自组网与智能控制技术，彻底颠覆了传统汽车与交通的概念，重新定义了车辆、驾驶员与行人的运行模式，也为未来的智能交通开辟了新的研究方向和内容。

第三，无人驾驶汽车的出现引起了世界各国研究机构与产业界的高度重视，成为物联网智能交通研究与应用的重点问题。国内外互联网公司与传统汽车生产商的合作，用互联网、物联网、云计算、大数据、机器学习与深度学习、虚拟现实与增强现实、智能人机交互与智能控制等先进技术改造传统的汽车制造业，将彻底颠覆我们心目中对汽车、汽车制造业形象与社会交通体系的格局，最终建立起一个全新的"安全、可信、可控、可视"的社会智能交通体系。

9.4　智能电网

9.4.1　智能电网的基本概念

电力是国家的经济命脉，是支撑国民经济的重要基础设施，也是国家能源安全的基础。从事电力事业的技术人员对 2003 年发生在美国东北部的大规模停电事件可能还记忆犹新。那次大停电波及美国整个东北部和中西部，以及安大略湖区。大约有 4.5 亿人受到影响长达 2 天之久。这次大停电造成了极坏的社会影响和重大的经济损失，也使人们认识到电网安全的重要性。

进入 20 世纪，全球资源环境的压力日趋增大，能源需求不断增加，而节能减排的呼声越来越高，电力行业面临着前所未有的挑战。自然界中的能源主要有煤、石油、天然气、水能、风能、太阳能、海洋能、潮汐能、地热能、核能等。传统的电力系统是将煤、天然气或燃油通过发电设备，转换成电能，再经过输电、变电、配电的过程供应给各种用户。电力系统是由发电、输电、变电、配电与用电等环节组成的电能生产、消费系统。电力网络将分布在不同地理位置的发电厂与用户连成一体，把集中生产的电能送到分散的工厂、办公室、学校、家庭。研究应用物联网技术提高智能电网安全性与效率的任务摆到了各国政府的面前。

　　智能电网本质上是物联网技术与传统电网融合的产物，它能够极大地提高电网信息感知、信息互联与智能控制的能力。物联网技术能够广泛应用于智能电网从发电、输电、变电、配电到用电的各个环节，可以全方位地提高智能电网各个环节的信息感知深度与广度，支持电网的信息流、业务流与电力流的可靠传输，以实现电力系统的智能化管理。图 9-13 描述了物联网在智能电网中应用的示意图。

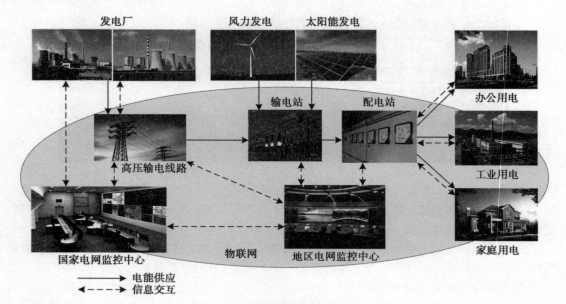

图 9-13　物联网在智能电网中的应用

　　物联网在智能电网中的作用主要表现在以下几个方面：

　　第一，深入的环境感知。

　　随着物联网应用的深入，在未来智能电网中，从发电厂、输变电、配电到用电全过程电气设备中可以使用各种传感器对从电能生产、传输、配送到用户使用的内外部环境进行实时监控，从而快速地识别环境变化对电网的影响；通过对各种电力设备的参数监控，可以及时、准确地实现对从输配电到用电的全面在线的监控，实时获取电力设备的运行信息，及时发现可能出现的故障，快速处理故障点，提高系统安全性；利用网络通信技术，整合电力设备、输电线路、外部环境的实时数据，通过对信息的智能处理，提高设备的自适应能力，进而实现智能电网的自愈能力。

　　第二，全面的信息交互。

　　物联网技术可以将电力生产、输配电管理、用户等各方有机地联结起来，通过网络实现对电网系统中各个环节数据的自动感知、采集、汇聚、传输、存储，全面的信息交互为数据的智能处理提供了条件。

　　第三，智慧地信息处理。

　　基于物联网技术组建的智能电网系统，可以获取电能生产、配电调度、安全监控到用户计量计费全过程的数据，这些数据反映了从发电厂、输变电、配电到用电全过程状态，管理人员可以通过数据挖掘与智能信息处理算法，从大量的数据中提取对电力生产、电力市场智慧处理有用的知识，以实现对电网系统资源的优化配置，达到提高能源的利用率、节能减排的目的。

9.4.2 智能电网应用示例

1. 输变电线路检测与监控

输电线路状态的在线自动监测是物联网在智能电网中一个重要的应用。传统的高压输电线检测与维护是由人工完成的。人工方式在高压、高空作业中存在着难度大、工作繁重、危险、不及时和不可靠的缺点。在输电网大发展的形势下，输电线路越来越复杂，覆盖的范围也越来越大，很多线路分布在山区、河流等各种复杂的地形中，人工检测方式已经不能够满足要求。

由我国科学家自行研发的超高压输电线路巡检机器人与绝缘子检测机器人使用了多种传感器，如温度、湿度、振动、倾斜、距离、应力、红外、视频传感器，用于检测高压输电线路与杆塔的前驱期气象条件、覆冰、振动、导线温度与弧垂、输电线路风偏、杆塔倾斜，甚至是人为的破坏。控制中心通过对各个位置感知的环境信息、机械状态信息、运行状态信息，进行综合分析与处理，对输电线路、杆塔与设备信息进行实时监控和预警诊断，从而实现故障的快速定位与维修，提高输电线路、杆塔与设备的自动检测、维护与安全水平（如图 9-14 所示）。

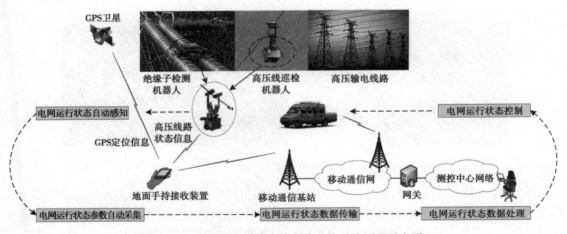

图 9-14　高压输电线路自动在线监控系统原理示意图

2. 变电站状态监控

为了把发电厂生产的电能输送到较远的地方，必须把电压升高，变为高压电，经过高压输电线路进行远距离传输之后，到用户附近再按需要把电压降低，这种升降电压的工作靠变电站来完成。我们生活的城市、农村、学校周边都会有大大小小各种规模的变电站。按规模大小不同，我们将它称为变电所、配电室等。变电站的主要设备是开关和变压器，我们经常会看到变电站工作人员对变电站的线路与设备进行检测与维修。传统的检测与维护方法工作量大，巡检的周期长，维护工作依赖工作人员的工作经验，无法实时、全面地掌握整个变电站各个设备与部件的运行状态。

在建设智能电网的同时，必须对原有的传统变电站与数字化变电站进行升级和改造。智能变电站应该具备自动、互联与智能的特征。智能变电站可以是无人值守的。

传感器可以应用于智能变电站多种设备之中，感知和测量各种物理参数。在智能变电站中使用传感器测量的对象包括负荷电流、红外热成像、局部放电、旋转设备振动、风速、温度、湿度、油中水含量、溶解气体分析、液体泄漏、低油位，以及架空电缆结冰、摇摆与倾斜等。通过使用各种基于多种传感器的感知与测量设备，管理人员可以及时地采集、分析智能变电站的环境、安全、重要设备、线路的运行状态，实时掌握变电站运行状态，预测可能存在的安全隐患，及时采取预防与处置措施。智能变电站结构如图 9-15 所示。

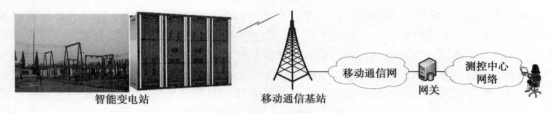

图 9-15　智能变电站结构示意图

3. 配用电管理

配用电管理的核心设备是智能电表。智能电表是具有自动计量计费、数据传输、过载断电、用电管理等功能的嵌入式电能表的统称。智能电表如图 9-16 所示。

图 9-16　智能电表

传统的电表是由抄表员每月定期到用户家中，读出用电的度数，然后按照电价计算出用户应缴纳的费用。这种传统电表逐步被数字电表所取代。使用电子电表之后，用户预先去银行或代销店缴费，工作人员将用户购买的电量用机器写到他的 IC 卡上。用户回到家中，再将 IC 卡插到数字电表中，数字电表就存入了用户购买的电量，在电量快用完之前提示用户。这种数字电表比起传统的电表已经有所进步，但是仍然不能适应智能电网的需要。家庭用户的 220V 交流电通过智能电表接入家中。智能电表可以记录不同时间的家庭用电数据。家庭用电数据可以通过手工远距离数据终端抄表，或者通过移动通信网、电话交换网、互联网、有线电视网中的任何一种网络，接入到电力公司网络，传送到数据库服务器中。电力公司数据库存储有不同时间的家庭用电数据，可以根据分时用电的价格计算出用户应缴的费用，用户可以通过网上银行支付或通过手机支付。同时，网络公司关于停电或其他服务的通知也可以通过智能电表传送到家庭网络的主机。这样，我们就可以实现从供电、用电、计量、计费到收费全过程的自动服务与管理。图 9-17 给出了智能电表工作原理示意图。

2009 年，我国国家电网公司提出了"坚强智能电网"的概念，并计划在 2020 年基本建成智能电网。我国智能电网建设总计将创造近万亿的市场需求。智能电网与物联网的建设将拉动两个产业链。横向拉动智能电网的发电、输电、变电、配电到用电的产业链，纵向拉动物联网芯片、传感器、嵌入式测控设备、中间件、网络服务与网络运行的产业链。

从以上的讨论中，我们可以得出两点结论：

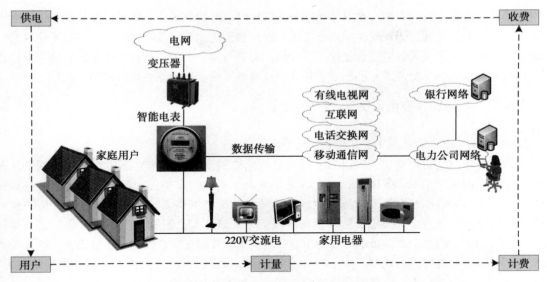

图 9-17 智能电表工作原理示意图

第一，智能电网的建设涉及实现电力传输的电网与信息传输的通信网络的基础设施建设，同时要使用数以亿计的各种类型的传感器，实时感知、采集、传输、存储、处理与控制从电能生产到最终用户用电设备的环境、设备运行状态、与安全的海量数据，物联网与云计算、大数据技术能够为智能电网的建设、运行与管理提供重要的技术支持。同时，智能电网也必将成为物联网最有基础、要求最明确、需求最迫切的一类应用。

第二，智能电网对社会发展的作用越大、重要性越高、受关注的程度也就越高，所面临的信息安全形势也越严峻。在发展智能电网技术的同时，必须高度重视智能电网信息安全技术的研究。

9.5 智能环保

9.5.1 智能环保的基本概念

人类在享受到高度物质文明的同时，也面临着全球环境恶化的严峻挑战。多年的实践使得人们认识到：物联网是应对环境保护问题的重要技术手段。

环境信息感知是指通过传感器技术对影响环境的各种物质的含量、排放量以及各种环境状态参数进行监测，跟踪环境质量的变化，确定环境质量水平，为环境污染的治理、防灾减灾工作提供基础数据和决策依据。

环境监测的对象包括反映环境质量变化的各种自然因素，如大气、水、土壤、自然环境灾害等。随着工业和科学的发展，环境监测的内涵也在不断扩展。由初期对工业污染源的监测为主，逐步发展到对大环境的监测，延伸到对生物、生态变化的监测。通过网络对环境数据进行实时传输、存储、分析和利用，才能全面、客观、准确地揭示监测环境数据的内涵，对环境质量及其变化做出正确的评价、判断和处理。

基于物联网技术的环境监测网络可以融合无线传感器网络的多种传感器的信息采集能力，利用网络的宽带通信能力，集成高性能计算、云计算、数据挖掘与大数据技术，构成现代化的环境信息采集与处理平台，全面、客观、准确地揭示环境信息的内涵，对环境质量及其变化做出正确的评价、判断和处理，为环境保护决策提供依据。和传统的环境监控网络相比，基于物联网技术的智能环保应用系统具有监测更加精细、全面、可靠与实时的特点。智能环保已经成为世界各国环境科学与信息科学交叉研究的热点，并且已经取得了很多有价值的研究成果。

9.5.2 智能环保应用示例

1. 大鸭岛海燕生态环境监测系统

在讨论环境对生态影响的研究时，人们会自然地想到大鸭岛海燕生态环境监测的例子。大鸭岛是位于美国缅因州 Mount Desert 以北 15 公里的一个动植物保护区。美国加州大学伯克利分校的研究人员希望能够在大鸭岛监测海燕的生存环境，研究海鸟活动与海岛微环境。传统的方法是在海岛上用电缆将多处安置的监测设备连接起来，研究人员定期到海岛去收集数据。这种方法不但开销大，而且会严重影响海岛的生态环境。由于环境恶劣，海燕又十分机警，研究人员无法采用通常方法进行跟踪观察。为了解决这个问题，研究人员决定采用无线传感器网络技术，构成低成本、易部署、无人值守、连续监测的系统。根据环境监测的需要，大鸭岛系统具有以下的功能：感知、采样与存储数据，数据的访问与控制。为了尽可能地减少对海岛生态环境以及海燕的影响，研究人员在动物繁殖期之前或动物不敏感的时期在岛上放置无线传感器节点。节点具有监测光照、温度、湿度、气压等环境参数，并且能够实时传送到控制中心计算机中存储，以供研究人员使用。

2002 年的第一期的原型系统有 30 个无线传感器节点，其中有 9 个在海燕鸟巢里面。无线传感器节点通过无线自组网的多跳传输的方式，将数据传输到 300 英尺外的基站计算机，再由基站计算机通过卫星通信信道接入到互联网，研究人员可以从加州大学伯克利分校接入位于缅因州大鸭岛系统。2003 年的第二期的大鸭岛系统有 150 个无线传感器节点。传感器类型包括光、湿度、气压计、红外、摄像头在内的近 10 种。基站计算机使用数据库存储传感器的数据，以及每个传感器状态、位置数据，每隔 15 分钟通过卫星通信信道传送一次数据。有了大鸭岛系统之后，全球的研究人员都可以通过互联网查询第一手的环境资料，从而为生态环境研究者提供了一个极为便利的工作平台。大鸭岛海燕生态环境监测系统成为在局部范围内利用物联网技术，开展全球合作研究濒稀动物保护的成果案例。图 9-18 给出了大鸭岛海燕生态环境监测系统示意图。

2. 太湖环境监控系统

太湖环境监控系统是我国科学家开展的将物联网用于环境监测应用示范工程项目。2009 年 11 月，无锡（滨湖）国家传感信息中心和中国科学院电子学研究所合作共建了"太湖流域水环境监测"传感网信息技术应用示范工程。在太湖环境监控系统中，传感器和浮标被布放在环太湖地区，建立定时、在线、自动、快速的水环境监测无线传感网络，形成湖水质量监测与蓝藻暴发预警、入湖河道水质监测，以及污染源监测的传感网络系统。通过安装在环太湖地区的这些监控传感器，将太湖的水文、水质等环境状态提供给环保部门，实时监控太湖流域水质等情况，并通过互联网将监测点的数据报送至相关管理部门。自 2010 年运行以来，太湖蓝藻集聚情况出现了 50 余次，但是由于该系统的及时预报，环保部门提前采取措施，因此未发生蓝藻大规模爆发的现象。太湖环境监控系统在水域环境保护中开始发挥重要的作用。图 9-19 给出了太湖环境监控系统示意图。

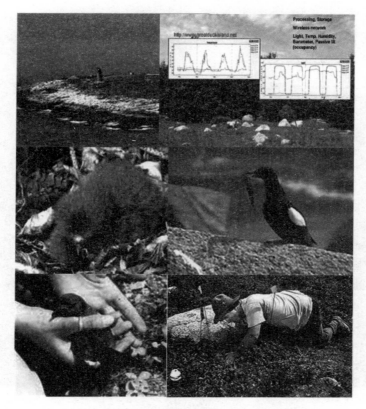

图 9-18　大鸭岛海燕生态环境监测系统示意图

图 9-19　太湖环境监控系统传感器和浮标

3. 森林生态物联网研究项目——绿野千传

林业在可持续发展战略中占据重要地位，在生态建设中居于首要地位。精确地描述森林系统生态结构与计算森林固碳的方法已经成为研究的瓶颈，而物联网无线传感器网络可以用于大规模、持续、同步监测森林环境数据，是解决林业应用瓶颈的有效方法。

"绿野千传"是由清华大学、香港科技大学、西安交通大学、浙江林学院合作研究的森林生态物联网项目。"绿野千传"系统研究工作开始于 2008 年下半年。主要任务是通过无线传感器网络实现对森林温度、湿度、光照和二氧化碳浓度等多种生态环境数据的全天候监测，为森林生态环境监测与研究、火灾风险评估、野外救援应用提供服务。2009 年 8 月，项目组在浙江省天目山脉部署了一个超过 200 个无线传感器节点的实用系统。利用无线传感器网络收集大量数据，通过数据挖掘的方法，帮助林业科研人员开展精确的环境变化对植物生长影响的研究。图 9-20 给出了绿野千传系统示意图。

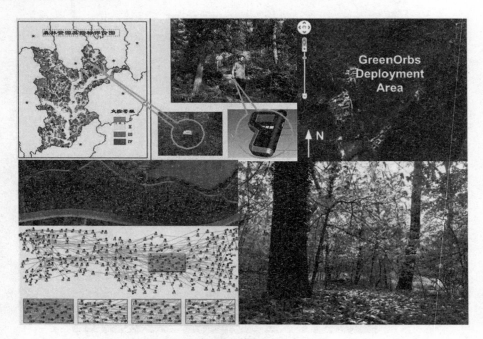

图 9-20　绿野千传系统示意图

4. 高海拔山区气候、地质结构监测 PermaSense 项目

全球气候变化日益引起各国关注，因此逐渐将无线传感器网络应用于环境与气候变化关系的研究之中，比较有代表性的是阿尔卑斯山脉监测项目——PermaSense。阿尔卑斯山脉的高海拔地区的永冻土和岩石受气候变化与强风侵蚀，山体不断改变，潜在的地质灾害危及当地居民与登山者的生命与财产安全。但是，高海拔、永冻土与险峻的山体无法用传统的方法进行长期、连续、大范围与实时的监测，而基于无线传感器网络的物联网技术恰恰适合这种复杂、危险地区的环境监测。

2006 年，来自瑞士巴塞尔大学、苏黎世大学与苏黎世联邦理工大学的计算机、网络工程、地理与信息科学等领域的专家，在阿尔卑斯山脉的岩床上部署了一个用于监测气候、地质结构与地表环境的无线传感器网络，用于实时、连续、大范围采集环境数据。根据这些数据，科学家结合地质结构模型，研究温度对山体地质结构的影响，预报雪崩、山体滑坡等地质灾害。图 9-21 给出了 PermaSense 系统示意图。

5. 全球气候变化监测 Planetary Skin 项目

Planetary Skin 是由 Cisco 公司与美国国家航空航天局一起开展的一个旨在应对全球气候变化的合作研究项目。该项目是在 2009 年 3 月在美国召开的以"气候议题：全球经济展望"为主题的官方论坛上由 Cisco 公司与美国国家航空航天局联合发起的。

在过去的 20 年里，自然界出现了天气变暖、冰川融化、海平面上升、持续干旱、湖泊干涸、土地沙漠化，以及各种自然灾害。但是，节能减排的责任和义务的界定由于各国节能减排的量化

图 9-21　PermaSense 系统示意图

审核互相孤立，没有统一标准。如果仅仅依赖于局部的信息，没有一个覆盖全球的可信机制来对气候变化相关的环境和人类活动因素进行精确、可靠、可审核的检测、报告和验证，共同行动纲领就无法科学地执行。建立 Planetary Skin 的目的是联合世界各国的科研和技术力量，整合所有可以连接的环境信息监测系统，利用包括空间的卫星遥感系统、无人飞行器监测设备、陆地的无线传感器网络监测平台、RFID 物流监控网络、海上监测平台，以及个人手持智能终端设备，建立一个全球气候监测物联网系统。图 9-22 给出了 Planetary Skin 系统示意图。

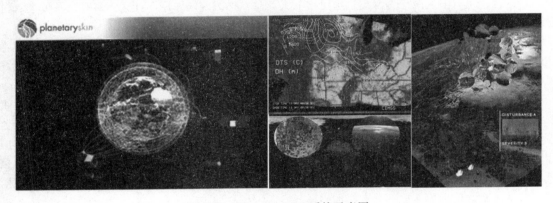

图 9-22　Planetary Skin 系统示意图

该项目提出了四项研究内容：

1）建立一个开放式的网络平台，对地球的环境指标进行远程感知、测量、持续监控和风险评估，获得实时精确数据，促进世界各国在减少碳排放方面的信任与合作。

2）人类可以利用该平台，对全球气候变化和极端天气做出预警、预报，做好粮食生产布局及调整，减少天气灾害造成的损失。长期、大范围的气候环境监测数据可以帮助各国对涉及农业生产的环境因素，以及农田产量、土地利用效率、可持续发展能力、经济效益，进行深入分析与全面评估，以保障粮食和食品安全。

3）利用空间卫星遥感和近地航空器，对陆地、水库、河流、湿地等区域的水资源状态进行实时宏观监控，准确预报洪涝和干旱灾害，对水资源调配、蓄存、使用进行全面评估，以提高城市与农业用水的安全性。

4）利用遍布全球的监测物联网系统，对地球土地、土壤、水资源、生物、能源、污染等影响地球生态环境的因素进行系统、量化的研究，在提高社会生产力的同时，促进土地的合理利用，以实现人类与地球生态环境的和谐、可持续发展。

读者可以登录 www. planetaryskin. org 网站了解该项目当前研究的进展情况。

从以上几个研究案例中,我们可以得出以下的几点结论:

第一,智能环保是物联网技术应用最为广泛、影响最为深远的领域之一。

第二,如何发挥物联网的技术优势,利用传感器、传感网技术手段,开展大范围、多参数、实时与持续的环境参数采集和传输,设计和部署大规模、长期稳定运行的环境监测系统,是当前研究的热点问题。

第三,如何云计算平台汇聚、存储海量的环境监测数据,利用合理的模型与大数据分析手段,对环境数据进行及时、正确的分析,获取准确、有益的"知识",是智能环保研究的核心问题。

9.6 智能医疗

9.6.1 智能医疗的基本概念

智能医疗是将物联网应用于医疗领域,实现 RFID、传感器与传感网、无线通信、嵌入式系统、智能技术与医疗技术的融合,贯穿于医疗器械与药品的监控管理、数字化医院、远程医疗监控的全过程,将有限的医疗资源提供给更多的人共享,把医院的作用向社区、家庭以及偏远农村延伸和辐射,提升全社会的疾病预防、疾病治疗、医疗保健与健康管理水平。

随着经济与社会的发展,以及欧美和我国都先后步入老龄化社会,医疗卫生社区化、保健化的趋势日趋明显,智能医疗必将成为物联网应用中实用性强、贴近民生、市场需求旺盛的重点发展领域之一。

近十几年来,欧美等发达国家一直致力于推行"数字健康(e-Health)计划"。世界卫生组织认为,数字健康是先进的信息技术在健康及健康相关领域,如医疗保健、医院管理、健康监控、医学教育与培训中一种有效的应用。维基百科认为,数字健康不仅仅是一种技术的发展与应用,还是医学信息学、公共卫生与商业运行模式结合的产物。数字健康技术的发展对推动医学信息学与数字健康产业的发展具有重要的意义,而物联网技术可以将医院管理、医疗保健、健康监控、医学教育与培训连接成一个有机的整体。

我国目前已经进入了老龄化社会,面向老人和慢性病患者的个人健康监护需求将不断增大。健康监测主要用于人体的监护、生理参数的测量等,可以对于人体的各种状况进行监控,将数据传送到各种通信终端上。监控的对象不一定是病人,也可以是正常人。各种传感器可以把测量数据通过无线方式传送到专用的监护仪器或者各种通信终端上,如 PC、手机、PDA等。无线传感器网络将为健康的监测控制提供更方便、更快捷的技术实现方法和途径,应用空间十分广阔。例如,在需要护理的中老年人或慢性病患者身上安装特殊用途传感器节点,如心率和血压监测设备,通过无线传感器网络,医生可以随时了解被监护病人的病情,进行及时处理,还可以应用无线传感器网络长时间地收集人的生理数据,这些数据在研制新药品的过程中是非常有用的。

智能医疗是物联网技术与医院管理、医疗与保健融合的产物,它覆盖医疗信息感知、医疗监护服务、医院管理、药品管理、医疗用品管理,以及远程医疗等领域,实现医疗信息感知、医疗信息互联与智能医疗控制的功能。智能医疗涵盖的基本内容如图 9-23 所示。

2013 年,智能医疗设备市场处于发展的初期阶段,市场规模主要由硬件销售额构成,仅为2亿元。2014 年,随着更多的智能医疗产品的出现,市场规模达到 6 亿元。2015 年与 2016 年处于

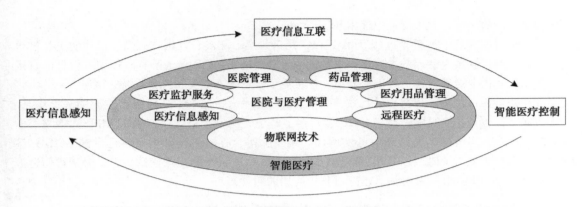

图 9-23　智能医疗涵盖的基本内容

智能医疗产业的调整期，商业模式也从硬件销售转向软件与服务，市场规模达到了 26 亿元。2017 年智能医疗产业进入快速发展期，商业模式更加清晰，增值服务趋向个性化与多样化，预期市场规模能够达到 90 亿元。到 2019 年，市场规模将达到 230 亿元。随着广大消费者对医疗健康关注度的提升，智能医疗产品与服务日趋丰富，产业链日趋完善。

9.6.2　智能医疗应用示例

1. 智能手术橱柜和智能纱布

"智能手术橱柜"和"智能纱布"是物联网概念与技术用于与患者生命息息相关的手术中的一个典型例子。

2006 年，美国德州仪器公司研究了无源 13.56 MHz 的 RFID 标签嵌入医用的智能纱布，2007 年 6 月获得美国食品和药品管理局的市场许可。2011 年 4 月，恩智浦半导体公司宣布，该公司的 RFID 芯片已经被美国"智能纱布系统"采用。智能纱布利用 RFID 技术准确检测和计算外科手术时使用的纱布，提高计数的准确性，防止纱布被遗忘在患者体内，确保患者安全。图 9-24 给出了智能手术橱柜与智能纱布示意图。

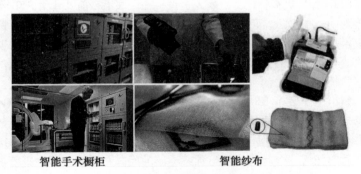

智能手术橱柜　　　　　　　　智能纱布

图 9-24　智能手术橱柜与智能纱布

2. RFID 技术医疗管理中的应用

医药卫生行业的服务质量直接关系人们的身体健康。药品作为治病救人的特殊商品，与患者的生命直接相关，绝对不能出错。目前，RFID 技术已在医疗卫生管理中得到应用，可以实现对药品、输血、手术、医疗器械、患者、医生，以及对医疗信息进行跟踪、记录和监控。欧盟的部分国家已开始在医疗卫生管理中试用 RFID 系统。

在对患者的管理中，患者的 RFID 卡记录了患者姓名、年龄、性别、血型、以往病史、过敏史、亲属姓名、联系电话等基本信息。患者就诊时只要携带 RFID 卡，所有医疗相关信息就直接显示出来，不需要患者自述、医生反复录入，避免了信息的不准确和人为操纵的错误。

住院患者可以使用一种特制的腕式 RFID 标签，这种标签记录了住院患者重要的医疗信息、治疗方案。医生和护士可随时通过 RFID 读写器了解患者的治疗情况。如果将 RFID 标签与医学传感器相结合，患者的生命状态信息（例如心跳、脉搏、心电图等）可定时记录到 RFID 标签中，医生和护士就能随时通过 RFID 读写器了解患者的生理状态的变化信息，为及时治疗创造条件。图 9-25 是 RFID 在药品与病人治疗过程中应用的照片。

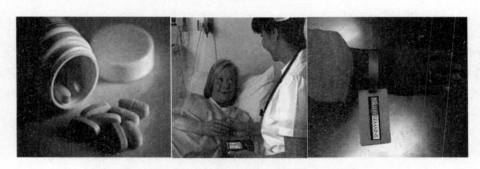

图 9-25   RFID 在药品与病人治疗过程中的应用

3. RFID 在手术与手术器械管理中的应用

由于某些医院一天同时进行的手术人数很多，因此美国政府同意将 RFID 标签像绷带一样贴到病人手术处，以确保在病人进行手术过程中因人为疏忽或其他原因出现差错。

SurgiChip 公司 RFID 标签在手术中的应用是防止出现手术管理失误的一个典型的例子。RFID 标签中记录了病人的名字和手术位置，以及手术的类型、名称、日期等信息。在实施手术之前，首先对 RFID 标签进行扫描，然后对病人进行询问，以证实 RFID 标签信息的正确性。在手术前对病人实施麻醉时，再次对 RFID 标签进行扫描，对病人进行验证。在手术前，才将 RFID 标签取下。

在外科手术管理中，美国俄亥俄州哥伦布儿童医院在 RFID 用于心脏手术管理方面做出了有益的尝试。心脏手术过程非常复杂，涉及的人与器械非常多。医院必须预先采购各种手术所需要的器械、工具，并放置在指定的位置。对于医院来说，这就需要多人花费很大的精力，精确地管理手术器械和工具，任何工作中的失误都可能导致非常严重的后果。哥伦布儿童医院安装了 13 台智能手术橱柜，橱柜中安装了 RFID 读写器，用于管理橱柜中存放的带有 RFID 标签的心脏支架、导管、止血带与手术常用的器械等。每一次手术之前，工作人员根据医院数据库了解手术主刀医生、患者、手术内容，准备手术所需要的设备、器械所在的位置、规格与数量。手术之前、手术之中和手术之后的任何一个环节出现与预案不同的问题，系统立即会报警、提示，这样可以减少了心脏手术中出现错误的可能性。目前，美国、英国、日本等很多国家和地区都开展了 RFID 标签在医疗，以及血液制品、药品在生产、流通、患者服用过程中应用的尝试。

外科术后病人发生体内异物残留的概率难以估计，部分原因在于这些异物能够在病人体内存在数年却难以检测出来。根据《美国外科学院学报》一项研究显示，每 5500 次外科手术留下异物的概率约为 1 次。在腹部手术中，异物残留体内的概率约为 0.10% ~ 0.15%。手术纱布是最常见的残留异物，因为它们在浸透血液后很难被肉眼识别。《新英格兰医学杂志》发表的一篇重要文章显示，纱布在已研究残留异物中占 69%。同时，即使在对纱布和其他手术器械计数的情况下，仍有高达 88% 的病例最终出现计数错误。在时间紧张的高难度手术中，尤其是在多名外科医师参与的情况下，异物残留病人体内发生的概率将更大，并很可能导致生命危险。RFID 的应用可以大大减小医疗事故发生的概率。

4. 手术机器人

世界各国都在研究医用机器人。2000 年，世界上第一个医生可以远程操控的手术机器人"达芬奇"诞生，它集手臂、摄像机、手术仪器于一身。这套机器人手术系统内置拍摄人体内立体影像的摄影机，机械手臂可连接各种精密手术器械并如手腕般灵活转动。医生通过手术台旁的计算机操纵杆精确控制机械臂，具有人手无法相比的稳定性、重现性及精确度，侵害性更小，并能够减少疼痛及并发症，缩短病人手术后住院的时间。指挥机器人做手术的另一个优点是医生不必到手术现场，可以通过网络操作机器人，对在异地的病人做远程手术。实践证明，对特定的对象和特定的手术，使用"达芬奇"的手术效果可能比人类更精确，失血更少，病人复原更快。图 9-26 为世界上第一个手术机器人"达芬奇"的照片。

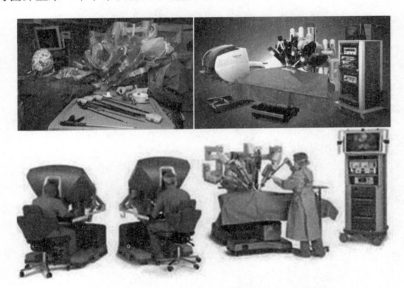

图 9-26　世界上第一个手术机器人"达芬奇"

"达芬奇"系统由三个部分组成：外科医生主控制台、病人床边用于放置手术器械的手术推车和成像处理设备。该系统的三维可视化功能可提供深度感知，减少外科大夫手的抖动对手术的影响。主控装置将外科医生的动作转换成在患者体内进行的精确、实时的机器手臂的动作。例如，对于腹腔镜手术这一类外科手术，在手术过程中需要将一个长柄器械，通过小切口插入患者体内的目标手术部位。与"达芬奇"机器人配套的还有 EndoWrist 手术器械。这些手术器械的灵巧性超过了人类手腕。每一类手术器械都有特定的作用，如用于夹紧、缝合手术和组织处理。图 9-27给出了外科医生通过手柄控制 EndoWrist 执行器，进行刀口缝合的图片。

5. 基于无线人体区域网的智能远程医疗系统

针对当前社会老龄化与慢性病患者远程监控与及时救治问题，研究人员提出了基于无线人体区域网（WBAN）的智能远程医疗监控，其结构如图 9-28 所示。

图 9-27　外科医生通过手柄控制刀口缝合

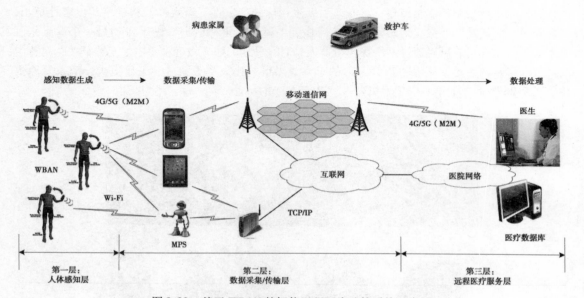

图 9-28　基于 WBAN 的智能远程医疗监控系统示意图

（1）人体感知层

WBAN 的第一层是人体感知层。由于无线体域网设计的目标是解决被检测者可穿戴传感器、随身携带的检测设备、植入式传感器等少量节点之间的通信问题，因此不同无线体域网的汇聚节点之间并不要通信。无线体域网汇聚节点与第二层数据采集节点之间的通信一般采用无线局域网 Wi-Fi。

无线体域网汇聚节点与第二层数据采集节点使用 IEEE802.11 协议，通过"一跳"方式完成感知数据的传输。第二层的数据采集节点与第一层的多个无线体域网汇聚节点之间采用星型结构。

（2）数据采集/传输层

第二层的数据采集节点采用智能手机、PDA、平板电脑或移动个人服务器（Mobile Personal Server，MPS），就近接收无线体域网汇聚节点发送的被监控对象的人体生理参数（如体温、血糖、血压、心率、心电图等）数据，然后通过 Wi-Fi 或 4G/5G（M2M）将数据传送到医院网络。

（3）远程医疗服务层

医院网络将日常的正常数据存储到患者数据库中。遇到紧急情况时，负责远程医疗诊断的医生会从医院网络与移动通信网同时获得报警信号。医生将根据被监控对象的人体生理参数启动相应的预案，派出救护车，提高患者监控状态的级别，通知家属，同时准备提供紧急医疗救助。

在医疗救助项目中，时间就是生命。系统设计者必须考虑到各种可能出现的情况，为防万一，在采集数据的传输技术中，同时启用 Wi-Fi 与 4G/5G（M2M）是必要的。

从以上讨论中，我们可以得出以下几点结论：

第一，应用物联网技术，我们可以建立"保健、预防、监控与救治"为一体的健康管理、远程医疗的服务体系，使得广大患者能够得到及时的诊断、有效的治疗。

第二，智能医疗将逐步变被动的治疗为主动的健康管理，物联网智能医疗的发展对于提高全民医疗保健水平意义重大。

第三，智能医疗关乎全民健康管理、疾病预防、患者救治，是政府与民众共同关心、涉及切身利益的重大问题。因此，智能医疗一定会成为物联网应用中优先发展的技术与产业。

9.7　智能安防

9.7.1　智能安防的基本概念

谈到安全，我们自然会想到个人安全与公共安全。公共安全是指危及人民生命财产、造成社会混乱的安全事件。个人安全与社会公共安全息息相关。公共安全关乎社会稳定与国家安全，社会平安是广大人民安居乐业的根本保证。近年来，国内外公共安全事件屡屡发生，恐怖活动日益猖獗，智能安防越来越受到政府与产业界的重视。物联网技术在智能安防中的应用的例子小到我们身边小区的安防系统，大到一个国家或地区的安防系统。基于物联网的智能安防系统具有范围更大、更全面、更实时的特点，能够实现更智慧的感知、传输与处理，目前已成为智能安防研究与开发的重点。

广义的公共安全包括两大类：一类是指自然属性或准自然属性的公共安全，另一类是指人为属性的公共安全。自然属性或准自然属性的公共安全问题不是有人故意或有目的制造，而人为属性的公共安全问题是有人故意、有目的参与、制造。

我国政府将公共安全分为 4 类：自然灾害、事故灾害、突发公共卫生事件与突发社会事件。公共安全涉及的范围很广，我们在智能安防技术的讨论中主要研究针对社会属性，以维护社会公共安全，例如城市公共安全防护、特定场所安全防护、生产安全防护、基础设施安全防护、金融安全防护、食品安全防护与城市突发事件应急处理的技术问题（如图 9-29 所示）。

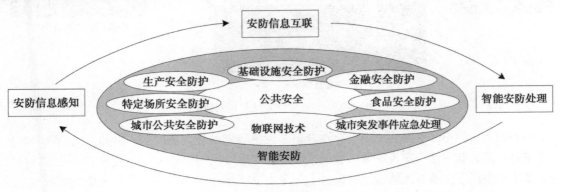

图 9-29　智能安防与物联网

9.7.2 智能安防应用示例

1. 居民小区的智能安防系统

居民小区安防是我们每一天都会接触到的。当你下班开车回家时，必须在进入小区的汽车入口时拿出标识你合法身份的 RFID 卡，在 RFID 读写器刷卡之后，横杆才会抬起，你才能够将车停到停车场。当你走到楼门口时，同样需要用 RFID 卡在门禁的卡读写器刷过之后，才能打开楼门。

当你在小区散步时，安装在小区庭院不同位置的视频或红外摄像探头都会将你活动的视频实时传送到小区物业的监控中心。物业公司的保安会关注显示屏幕，关注着每一位业主的安全状态。出现问题时，保安会通过步话机通知值班保安人员立即赶到业主的身边提供帮助。

夜晚，部署在小区庭院、楼栋与小区围栏的视频、红外摄像探头会将视频信号实时传送到小区物业的监控中心显示并存储起来。如果有不法之徒乘夜深人静之时潜入小区准备干坏事，值班保安会第一时间发现异动，在报警的同时赶到现场，保护业主的生命财产安危。同时，视频监控系统会记录不法分子所有的踪迹，为破案和指证罪犯提供依据。同时，智能家居应用中的家庭安防系统的报警信号也需要接入小区物业监控中心。一旦家庭安防系统被异常事件触发，报警信号会立即呈送到监控中心。监控中心工作人员立即出动，到达现场处置。小区安防系统的应用对于建设平安小区、和谐人居环境将发挥重要的作用。小区安防结构如图 9-30 所示。

图 9-30 小区安防系统结构示意图

在看似普通的小区安保系统中也存在着很多值得研究的智能化问题。例如，随着视频监控需求的日益增长和摄像头安装数量的增加，大规模监控给控制中心工作人员带来极大的工作压力，要求一个或几个监视人员随时注视几十甚至上百路视频图像，并且要快速地判断每一幅视频画面中是否存在异常状况，这无疑是不现实的，并将大大降低监控系统的安全性与有效性。因此，智能视频分析软件悄然问世。智能视频分析软件可以更加精确地定义安全威胁的特征，可以在图像监视范围内设定多个虚拟警戒线或警戒区域，可以分时段地设定、分析不同的重要对象，真正做到只有出现违犯警戒规则顾客的行为才报警的高效监控。智能视频分析软件可以有效地协助安全人员及时发现、预防和处置安全事件，有效地降低误报率，提高小区安保系统的监控效能。

2. 城市公共突发事件应急处理体系

典型的城市公共突发事件应急处理中心一般由三级结构组成，其结构如图 9-31 所示。

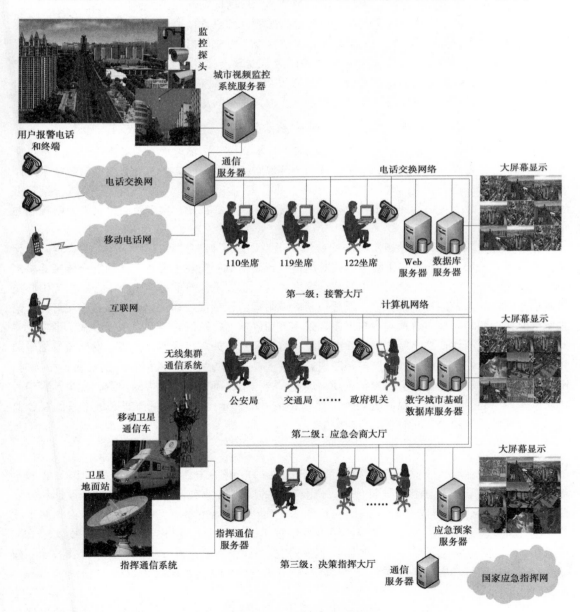

图 9-31　城市公共突发事件应急处理系统结构示意图

第一级是接警大厅，接警大厅的坐席分为 110 接警坐席、119 接警坐席与 122 接警坐席，他们分别接受公安、消防与交管请求信息。如果属于正常的公安、消防与交管业务的请求信息，不同的接警人员按照制度处理，结合城市公安、消防与公共交通视频监控信息来处置。如果涉及城市公共突发事件，他们需要向接警大厅的指挥长报告，由指挥长决定是否需要向高层领导报告。如果发生城市公共突发事件，将启动第二级应急会商大厅的坐席。

第二级应急会商大厅的坐席分别由政府各个部门更高层的领导组成，他们将按照公共突发事件应急预案的规定，利用公共突发事件现场视频、现场人员报告，以及数字城市基础数据库的信息和应急预案，提出解决方案，为第三级决策指挥大厅的最高领导决策提供科学依据。

在公共突发事件处置方案决定之后，执行部门的领导可以直接通过固定电话、手机、专用无线集群电话或者是卫星电话与现场人员联系，下达命令，听取汇报。城市最高领导可以通过决策指挥大厅的保密通信设备接入国家公共突发事件应急处理网络，通过口头、文字或视频方式向上级领导汇报。应用先进的信息技术建设的城市公共突发事件应急处理中心是城市电子政务的重要组成部分，对保障城市发展、安全和稳定具有极其重要的意义。

3. 重要区域的安全保卫与入侵防范产业发展前景

机场、核电站、军事设施、党政机关、国家的动力系统、广播电视、通信系统、国家重点文物单位、银行、仓库、百货大楼等重要区域和公共场所的监控与防入侵是社会安全防范技术工作的重点。无论对于几十公里的机场外围还是对于几公里的小区围界，仅仅靠人为的巡检是不可能实现的，要保障这些场所的安全就必须采用先进的无人值守技术，实现及时报警、及时控制的实时远程监控。

通过传感网技术，可以对场馆周围的砖墙、围栏以及无物理围界区进行防入侵监测以及预警。当入侵者采用工具切割、推摇等方式对围栏进行破坏时，安装于围栏上端的复合传感器检测到异常震动信号，经过匹配分析，以及智能识别和定位，发出预警信号至指控中心。指控中心根据震动传感器的预警信号提示位置，通过预警区域附近的视频监控确认，通过围界前端灯光、喇叭发出警报，同时启动应急预案。当入侵者采用系留气球、跳跃翻越等低空入侵方式从围栏上方通过时，安装于围栏顶端的微波雷达检测到异常目标经过，确定目标所在位置，发出预警信号通知指控中心。指控中心启动视频监控跟踪追查，并实施应急方案。当入侵者在围栏附近掘坑时，围栏下方地埋震动传感器感应到异常震动，通过综合分析，确定事件发生的位置，发出预警信号传送至指控中心。指控中心根据震动传感器预警信号的提示位置，启动预警区域附近的视频监控，观察预警区域状况，同时启动应对方案。

4. 国家级公共安全防护体系

物联网技术在城市公共安全防护中最有代表性的应用系统之一是美国橡树岭国家实验室（ORNL）与美国国家海洋和大气管理局，以及其他的国家实验室、大学、公司联合设计和开发的 SensorNet 系统。组建 SensorNet 系统的目的是应对国家范围的突发事件与恐怖袭击，基于化学、物理、生物、辐射传感器与无线传感器网络技术，有线、无线与卫星通信网络技术，GPS、GIS 与遥感卫星与位置服务技术，数据库、数据挖掘与建模技术，以及大规模并行计算技术，建立具有全面、系统、实时地检测、识别与评估能力的公共安全防护体系。图 9-32 给出了 SensorNet 系统示意图。

由于这样一个全国性安全防护体系涉及的技术、应用非常复杂，并且要随着技术的发展与安全形势的变化不断增加新的应用、开展新的业务、利用新的技术，因此设计者采用了一种开放

图 9-32　SensorNet 系统示意图

式的设计理念。在美国有线通信网、移动通信网、卫星通信网的基础上，为各种部署在不同地理位置的传感器接入提供开放式接口，为控制中心、行动支持、数据分析与建模的计算机系统，以及各种应用与应用系统的接入提供开放式接口，形成融合、协同与可扩展的系统结构。图 9-33 给出了 SensorNet 系统开放的接口示意图。

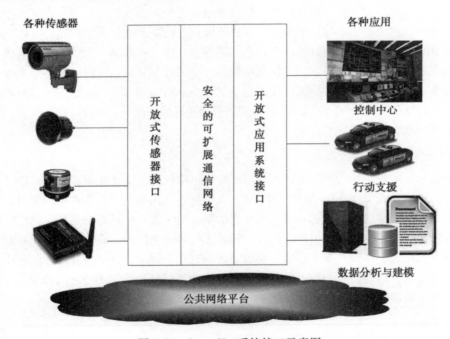

图 9-33　SensorNet 系统接口示意图

从以上问题的讨论中，我们可以得到以下两个结论：

第一，智能安防关乎个人安全与社会安全，应用范围小到我们身边生活的社区与城市，大到一个重要区域的安全保卫，以及国家范围的应急处置系统，因此智能安防的产业发展前景广阔，市场规模巨大。

第二，随着对安防要求的提高，大数据量、实时性的视频图像感知信息成为重点。安防数据包含结构化、半结构化和非结构化的数据信息。其中结构化数据主要包括报警记录、系统日志、运维数据；半结构化数据包括人脸建模数据、指纹记录等；非结构化数据主要包括监控、报警的视频录像和人脸图片记录，如何对非结构化的数据进行分析、提取、挖掘、搜索与处理，将对智能安防系统提出更高的要求。

9.8　智能家居

9.8.1　智能家居的基本概念

理解智能家居的概念时，需要注意以下几个问题。

1. 智能家居涵盖的基本内容

智能家居（Smart Home）又称为智能家庭（Intelligent Home）。与智能家居含义近似的术语有家庭自动化（Home Automation）、数字家园（Digital Family）、电子家庭（Electronic Home，E-home），比较相近的术语还有智能建筑（Intelligent Building）和家庭网络（Home Networks）等。家庭是人类最重要的生活场所，智能家居将成为人们接入物联网的主要接口。2014 年，Google 公司以 32 亿美元收购了美国智能家居公司 Nest Labs，从而激发了科技界对智能家居的热情，预计 2017 年全球智能家居的市场规模可以达到 960 亿美元。

智能家居是以住宅为平台，综合应用计算机网络、无线通信、自动控制与音视频技术，集服务、管理为一体，将家庭供电与照明系统、音视频设备、网络家电、窗帘控制、空调控制、安防系统，以及电表、水表、煤气表自动抄送设施连接起来，通过触摸屏、无线遥控、电话、语音识别等方式实现远程操作或自动控制，提供家电控制、照明控制、窗帘控制、室内外遥控、防盗报警、环境监测、暖通控制等多种功能，实现与小区物业和社会管理联动，达到居住环境舒适、安全、环保、高效与方便的目的。智能家居可以成为智能小区的一部分，也可以独立安装。图 9-34 给出了智能家居的概念示意图。

2. 物联网与智能家居的关系

随着生活水平的提高，人们已经认识到：传统家电能耗高、安全性差，设计时较多考虑价格因素，对环境污染以及节能环保问题考虑不够。大量电器尤其是空调、洗衣机的使用，以及无线通信基站的建设，已成为城市生态环境日趋恶化的重要因素之一。只有增强环保意识，才能使我们的生存环境走上可持续发展的道路。同时，随着人们居住条件的不断改善，人们对家居环境的要求已从初期的位置、户型，逐步转向对家居整体的安全、健康、舒适与智能方向转化。在这样的社会需求背景下，随着物联网技术的日趋成熟和应用，智能家居的概念也逐渐被人们所接受。智能家居已成为物联网重要的应用领域之一。

图 9-35 给出了物联网技术在智能家居中应用的示意图。智能家居主要包括四个方面的研究内容：智能家电、家庭节能、家庭照明、家庭安防。

3. 智能家居的效益

将物联网技术应用于智能家居可以达到以下的效益。

（1）高效节能

各种家居设备，例如空调、洗衣机、电饭煲、热水器等家用电器，以及照明灯具等能源消耗设施，可以根据室温、光照等外部条件和用户需求，自动运行在最佳的节能状态。智能家居研究的一个重要方向是接入网络的温度、光照控制系统能够帮助我们节约能源，节省能源开支，而不需要对房屋进行太大的改造。目前有一些公司正在研究对窗户、暖气阀门进行远程、智能联网控制，使得房间的温度可以控制在一个更精准的水平上；将不使用的电器自动关闭，在降低能耗、不影响使用的同时增加舒适度。

图 9-34　智能家居概念示意图

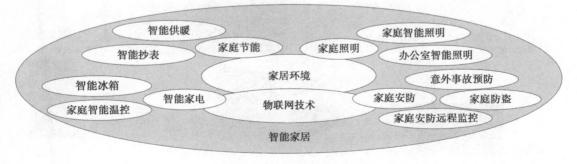

图 9-35　智能家居与物联网技术

（2）使用方便，操控安全

用户可以利用手机、电话座机或互联网对各种家庭设施与电器的工作状态进行远程监控或操作。用户在对家庭智能控制平台或智能家电发送控制命令时，要经过指纹或其他方法的身份认证，采用加密方法传送指令，以确保系统的安全性。

（3）提高家庭安全性

家庭安全防护系统可以自动发现和防范入室盗窃等非法入侵状态，可以自动监测意外事故，如火情、煤气泄漏或跑水并在出现异常时报警，用户也可以远程通过手机查看室内安全，以及儿童、老人生活状态。

（4）提升居家舒适度

智能家居研究的目的就是通过对供热、照明、温度、门警、安全性、娱乐、通信的自动控制，在节约能源、降低成本、保证安全的前提下，整体提升居家的舒适性。

9.8.2 智能家居应用示例

1. 智能家居的组成

从系统组成的角度来看，智能家居系统由八个子系统构成：智能家居中央控制管理系统、智能家电控制系统、家庭安防监控系统、家庭影院与多媒体系统、家庭办公与学习系统、家庭环境监控系统、自动远程抄表系统与家庭网关与家庭网络系统。

家庭网络系统包括智能家电、家庭节能、家庭照明、家庭安防与家居娱乐等子系统。在家庭网络系统中，家庭影院、各种家用电器、照明灯具、厨房电器与安防监控设施都可以通过家庭网络互联起来。在家中，用户可通过智能遥控器操控各种电器。在办公室，用户可通过连接在互联网的计算机实现远程监控。在其他地点，用户可通过手机实现对家庭网络的远程监控。应用物联网技术的家庭网络可以为人们创造一个舒适、节能与安全的家居环境。物联网在智能家居中的应用如图9-36所示。

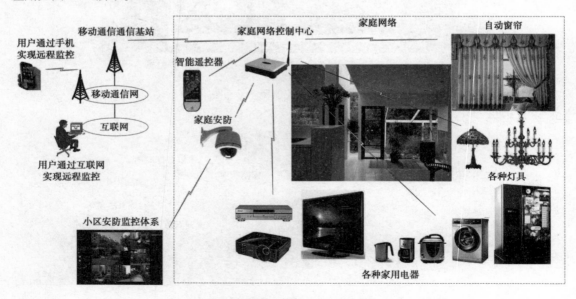

图 9-36　物联网技术在家庭网络中应用

2. 各个子系统的主要功能

（1）智能家居中央控制管理系统

智能家居中央控制管理系统是整个智能家居系统的核心，它接受用户的本地控制与远程控制命令，根据预定的控制策略，实现对智能家电控制系统、家庭安防监控系统、家庭影院与多媒体系统、家庭办公与学习系统、家庭环境监控系统，以及自动远程抄表系统工作过程的控制功能。

（2）家庭安防监控系统

家庭安防监控系统担负着防火、防盗、防入侵、防煤气泄漏，以及保障儿童与老人安全的功能。家庭安防监控包括烟雾监测、燃气监测、门窗监测与事件报警；对室内儿童、老人安全状况的远程监控，以及安全与健康突发事件报警；在紧急情况下，向辖区派出所、医院与小区保安请求帮助。

（3）智能家电控制系统

智能家电又称为功能家电，它包括智能冰箱、智能微波炉、智能洗衣机等。智能家电控制系统接受并执行智能家居中央控制管理系统的控制命令，满足用户的生活需求。

（4）家庭影院与多媒体系统

休息娱乐是人们家庭生活的一个重要内容，因此家庭影院与多媒体系统是智能家居的一个重要组成部分。家庭影院与多媒体系统整合电视机、音响、DVD 播放机、录像机、游戏机、照相机、MP3 播放器、网络收音机、PC、笔记本计算机，以及网上、网下视频与娱乐休闲设备，形成能观看 DVD 与网络视频资源的一体化、互动式的家庭影院与多媒体系统。

（5）家庭办公与学习系统

居家办公、在线学习已成为继休息娱乐之后，人们在家庭中另一个重要的内容。智能家居可以通过家庭网关与 ISP、电话交换网 PSTN、电信移动通信网 4G/5G、有线电视网 CATV 或移动通信网 Wi-Fi 等多种灵活的方式，接入互联网，实现网上办公和网上学习的功能。

（6）家庭环境监控系统

家庭环境监控系统中所说的家庭环境与安全监控不同，它主要是指人们的"生活环境"，监控对象包括灯光、温度、窗帘、电热水器、背景音乐等。家庭环境监控系统由以下几个子系统组成：空调与暖气温度控制、灯光控制、窗帘控制、电热水器控制与背景音乐控制。

（7）自动远程抄表系统

智能电网的建设加快了智能电表的普及，同时智能水表、智能燃气表也相继进入家庭。智能家居系统必须与智能电表、智能水表与智能燃气表接口，以保证远程自动收费服务功能的实现。

（8）家庭网关与家庭网络系统

家庭网络支持智能家居中央控制管理系统、家庭安防监控系统、智能家电控制系统、家庭影院与多媒体系统、家庭办公与学习系统、家庭环境监控系统、自动远程抄表系统中各种家电设备的组网与互联，家庭网关实现家庭网络与互联网、移动通信网、电话交换网、有线电视网的互联互通，为家庭网络提供互联网服务，实现家庭网络与外部的各类网络服务系统的互联。

未来的智能家居将更能体现节能环保的理念，很多功能的设计会更重视家庭环境的智能控制和优化，从有利于使用者的身心健康出发，服务于居住者的安全与健康。未来的智能家居不仅要将家庭内部的各种家用电器与设备互连起来，还要与社区网络、互联网，以及其他物联网系统互联起来，为人们创造更安全、舒适和宜居的生活环境。

我国政府大力支持物联网智能家居产业的发展，已将智能家居产业列为智能化小康示范小区，以及惠民工程的重要组成部分。智能家居的应用将改变人们的生活方式、工作方式，促进传统家电制造商生产模式的转变和产品的升级换代，逐渐形成和完善智能家居的产业链。

9.9 智能物流

9.9.1 智能物流的基本概念

物流是人类基本的社会经济活动之一。随着社会的发展，物品的生产、流通、销售逐步专业化，连接产品生产者与消费者之间的运输、装卸、存储逐步发展成专业化的物流行业。第二次世界大战中美军围绕着军事后勤保障发展和完善了物流的理念。

1998 年，美国物流管理协会对物流做出了新的定义：物流是供应链管理的一部分，是为了满足客户对商品、服务及相关信息从原产地到消费地的高效率、高效益的双向流动与存储进行的计划、实施与控制的过程。新的供应链管理模式将物流的核心问题归结为：如何在保证满足生产需要和客户需要的前提下，使得材料、半成品与成品的库存能够达到最小。物联网的发展与物流业有密切的关系。产品电子编码（EPC）标准与网络体系的研究为我们展现了物联网应用的前景。

智能物流利用 RFID 与传感器技术，实现对物品从采购、入库、制造、调拨、配送、运输等环节全过程的信息的采集、传输与处理；利用信息流精确控制物流过程，将制造、库存、运输的成本减到最低。

要达到这个目标，就需要在智能物流的运行平台之上，实行供应物流、生产物流与销售物流各个环节的协调工作；超级计算机利用数据挖掘与大数据算法，对社会需求、销售、库存、制造的海量数据进行分析，利用获取的知识指挥物流快速流动，从而加快资金流的周转，使得企业从中获取更大的经济效益。

9.9.2 智能物流与物联网的关系

智能物流是智能制造的重要组成部分，是物联网主要的应用领域之一。智能物流与物联网的关系表现在以下几个方面。

第一，物联网技术覆盖智能物流运行的全过程。

智能物流的特点是精准、协同与智能。未来的智能物流需要利用 RFID 与传感器技术，获取物流中各个环节的准确信息，将各环节的成本降到最低，同时将各个环节可能造成的浪费也降到最低，通过精确控制物流过程使利润最大化。在物流各环节协同工作的基础上，利用大数据对物流与产品流通、销售数据的分析，实现商品配送的优化、业务流程的优化，优化销售流程与销售策略，为企业争取更大的经济与社会效益。

第二，智能物流中"虚拟仓库"的概念需要由物联网技术来支持。

物流不仅在产品价值链上占有重要的份额，而且在生产效率上起到了决定性的作用。如果任何一个加工环节出现原材料的短缺，生产线就必须停工待料。据我国国家发展改革委员会的有关调查发现，从原材料到生产成品，一般商品的加工制造时间不超过整个生产周期的 10%，而 90% 以上的时间是处于仓储、运输、搬运、包装、配送等物流环节。

传统的物流配送企业需要置备大面积的仓库，而电子商务系统网络化的虚拟企业将散置在各地的分属不同所有者的仓库通过网络系统连接起来，使之成为"虚拟仓库"，并进行统一管理和调配，这使得服务半径和货物集散空间都放大了。这样的企业在组织资源的速度、规模、效率与资源的合理配置方面，都是传统物流配送企业所不可比拟的，相应的物流概念也必须是全新的，而支持新的物流概念的技术是物联网。

第三，智能物流运行过程的实时监控和实时决策必须有物联网来支持。

传统的物流配送过程是由多个业务流程组成的，受人为因素和地理位置限制的影响很大。如果仍然延续人在物流各个配送过程的介入，人为的错误则不可避免的，而任何一个环节中人为的错误，都会使计算机精确数字的统计、分析与智能处理无法进行。因此，实现智能物流的一个关键问题是从原材料的采购、生产、运输的末梢神经到整个系统的运行过程都实现自动化、网络化。物联网的应用可以实现整个过程的实时监控和实时决策。当物流系统收到一个需求信息的时候，该系统都可以在极短的时间内做出反应，并拟订详细的配送计划，通知各环节开始工作。现代工业生产追求的"零库存"与"准时制"目标就有可能实现，从而降低成本，减少库存和资金占压，缩短生产周期，保障现代化生产的高效进行。

在一些行业龙头企业的先进的自动化物流中心，实现了机器人码垛与装卸，采用无人搬运车进行物料搬运，采用自动输送分拣线开展分拣作业，出入库操作由堆垛机自动完成，物流中心信息系统与企业信息管理系统无缝对接，整个物流作业与生产制造实现了自动化、智能化。

管理者可以利用物流规划设计仿真软件，评价不同的仓储、库存、客户服务和仓库管理策略对成本的影响。世界最大的自动控制阀门生产商在应用物流规划设计仿真软件后，销售额增加了 65%，出库量增加了 44%，库存周转率提高了近 25%。

物联网可以在物流的"末梢神经"的产品与原材料数据采集环节使用 RFID 与传感器网络技术，在物流运输过程中应用 GIS、GPS 技术准确定位、跟踪与调度，在产品销售环节应用电子定货与电子销售 POS 设备。现代物流原材料采购、运输、生产到销售的整个运行过程的实时监控和实时决策可以依靠物联网技术的支持。智能物流涵盖了从供应物流、生产物流到销售物流的全过程。

从以上的讨论中可以看出，物联网的智能物流技术已经覆盖了从生产、库存、配送到销售的全过程。

9.9.3 未来商店与物联网

物联网技术出现之后，人们一直设想着未来商店的各种模式。目前主要出现了三种模式，第一种是麦德龙公司在德国杜塞尔多夫建立的世界第一家未来商店"real"，第二种是亚马逊的智能超市（Amazon Go），第三种是出现在我国上海、北京、杭州等地采用"刷脸支付"的无人超市。

1. 麦德龙公司的未来商店——real

谈到未来商店（Future Store），人们自然会想到麦德龙公司于 2014 年在德国杜塞尔多夫建立的世界第一家未来商店"real"。如图 9-37 所示。

在 real 里，电子货架上配有 RFID 标签，能够不断更新价格信息，这种标签直接与结账系统联网，从而避免不同的价格标识。电子广告系统直接显示现有的优惠和促销信息，可以与库存系统集成推销现有产品，并且可以通过网络下载厂家的促销信息。智能的水果和蔬菜秤可以简化秤重流程，自动识别称重产品，同时打印出条形码标签。

当顾客选择好某样商品后，可以用手机对商品进行扫描，商品名称、规格、价格等信息就会立即显示出来。未来商店内的服务人员并不多，但设置了导购机器人。如果顾客要寻找某种商品，只要在导购机器人自带的触摸屏上输入指令，导购机器人就会带领顾客前往。

real 超市有多种结账方式，既有传统的收银员用智能收款机为顾客结账，这时顾客不需要将商品一件一件地拿给工作人员，RFID 读写器可以快速、自动地显示出智能购物车中商品的总价格；也有配备了便携式结账设备的店员在商店内直接为顾客结账。顾客还可以通过自助设备完成付款。这家用智能货架、智能镜子、智能试衣间、智能购物车、智能信息终端、网上支付等技术装备的未来商店总面积为 8500 平米，顾客在这家超市购物时会感到非常便捷与有趣。

图 9-37　未来商店"real"

2. 亚马逊的智能超市——Amazon Go

2017 年 2 月，在美国出现了一家超市，超市里没有导购和收银员，顾客扫码进店，看中什么就拿什么，不用排队结账，出门时利用手机自动付款，它就是亚马逊"拿了就走"的"Amazon Go"智能超市（如图 9-38 所示）。以往，大家对亚马逊公司的印象是一家电商，但是它又用物联网技术改造了实体店。当顾客进入超市时，只要用手机扫描一下二维码就可进门，进门之后，安装在墙上、货柜架上，以及货架顶上等不同部位的摄像头和传感器就会实时记录顾客的行为轨迹。根据摄像头拍摄的图像可以分析顾客关注的商品；压力或红外传感器能够判断顾客是不是拿走了货物。顾客可以将购买的商品直接放到手提包里，而购物的数据则通过超市自动购物系统的通信模块传送到顾客的手机 APP 中。当顾客购物完成走出超市闸口的特定区域时，闸口会自动打开，顾客可以直接走出商店，与此同时，Amazon Go 系统已经通过网上支付，自动完成了付费。可见，Amazon Go 采用了多种感知手段、图像处理与深度学习算法等智能技术，将无人超市从概念推向应用。瑞典、日本、韩国、美国等已出现了一批无人超市。

图 9-38　智能超市"Amazon Go"

3. 刷脸支付的无人超市

人脸识别技术的成熟催生了刷脸支付技术在无人超市中的应用。2017 年 6 月，上海出现了 24 小时营业的无人便利店"缤果盒子"；7 月初，杭州出现了阿里巴巴的无人超市"天猫淘咖啡"。目前已经有很多电商与零售商提出建立连锁无人超市的规划。

从商业角度看，近年来电商的发展速度很快，但是线下仍是主要市场。根据《2016 电商消费行为报告》提供的数据，2016 年，我国电子商务交易市场规模稳居全球第一，交易额超过 20 万亿元，但是它也只占社会消费品零售总额的 10% 左右，绝大部分消费仍然在线下。随着流量红利的消失，电商零售的经营成本逐年上升，网购人数日趋饱和，在这种情况下，寻求转型与升级成了电商的当务之急。电商与传统零售商的转型、升级必须做到在"发展网购平台的同时发展实体店"，走"线上与线下相结合"的道路。而无人超市将 RFID 与多种感知手段、机器人应用、图像处理、客户购物行为分析、大数据与深度学习、人脸识别与网上支付结合起来，为实体店的转型升级探索出一种新型模式。

进入无人超市购物，顾客好像只需要三步：手机扫码进店、挑选商品、离店。但是，在整个过程的背后要用到很多种技术。首先，在顾客进入商店用手机扫码时，系统会自动地关联上顾客的网上支付账户，并且与顾客的脸部信息绑定在一起。在顾客进入超市之后，超市的摄像头会一直跟踪客户的购物行为与行走的轨迹，分析客户在哪个货架停留、停留多长时间、拿过哪些货物。通过分析这些数据，一可以了解客户关注哪些商品，二可以了解货物摆放是不是合理。顾客准备离开超市时，购买的货物的 RFID 信息已经被门口的 RFID 读写器读出，系统生成了顾客购物应付款的数据。离店前会经过一道"支付门"，在几秒钟内通过刷脸支付自动完成网上支付。无人超市为用户实现了一种"拿着就走、即走即付"的购物体验。

随着技术的发展，"网购平台与实体店结合、线上与线下结合"可能还催生出其他更为先进的模式，但是网购平台与实体店的运行必须建立在一个强大的智能物流系统之上，因此我们必须要研究大型智能物流系统的设计方法。

9.9.4 大型智能物流系统的设计方法

为了帮助读者更加深入地了解物联网应用系统，我们将以一个大型连锁零售企业为例，通过分析网络设计的基本思路与方法来进一步说明物联网智能物流系统的系统结构、工作原理与网络系统的基本设计方法。图 9-39 给出了大型连锁零售企业的智能物流系统的结构和原理示意图。

1. 网络总体结构设计原则

（1）总体结构

大型网络系统一定要采用分层结构。覆盖一个国家，甚至是跨国的大型连锁零售企业从管理的角度可以分为总公司、分公司与仓库、配送中心，以及基层的连锁销售商店等三个层次。它服务的客户群也分为两类：网购（互联网与移动互联网）客户与实体店客户。

总公司管理企业整体的资金和运作，监督计划、采购、配送、销售策略的制定与执行。大型连锁企业按照区域可成立多个分公司。分公司管理在一个地区设置的仓库、配送中心与销售商店。例如，沃尔玛的一个配货中心要管理 100 个销售商店或超市，辐射半径是 200 公里。对采用这种运行模式的大型连锁零售企业，支持智能物流系统的网络一般采用"两网、三层"的结构。"两网"是指公司内网与公司外网；"三层"是指公司内网，包括核心交换层、汇聚层与接入层。

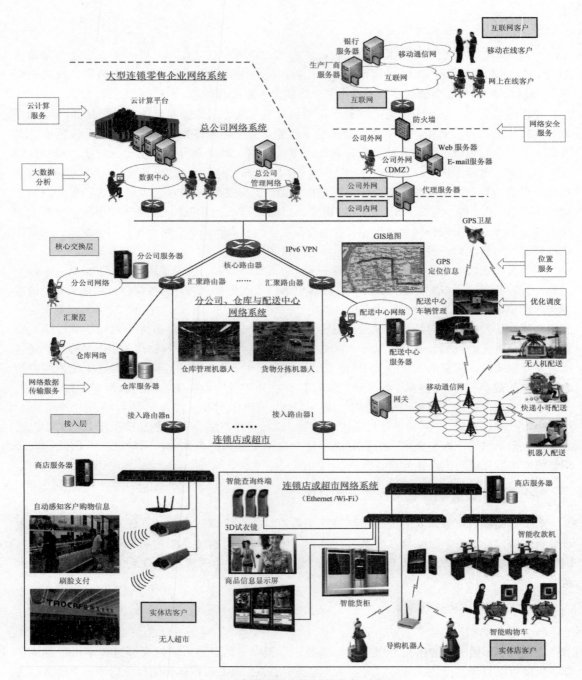

图 9-39 智能物流网络系统结构示意图

（2）公司内网

为了保证智能物流系统网络的安全性，公司内网可以采用 IPv6 VPN（虚拟专网）方式组建。对应总公司、分公司、连锁店的结构，公司内网需要设计为核心层、汇聚层与接入层的三层结构。

如果一个大型连锁企业有 4000 个销售商店与超市，按每 100 个销售商店与超市设置一个分公司与仓库、配送中心，需要设置 40 个分公司与仓库、配送中心，那么每 100 个销售商店与超市通过接入路由器，再通过汇聚路由器接入到主管分公司的网络；40 个汇聚路由器再通过一个或多个核心路由器，连接到总公司的主干网络之中，从而构成覆盖大型连锁零售企业各个分公司、仓库、配送中心与销售商店、超市的层次型网络结构。

（3）公司外网

为了保证公司内网的安全，公司内网必须要通过代理服务器连接到公司外网之后，通过外网接入到互联网。代理服务器的功能是保证公司内网与外部客户合法信息交互的畅通，又确保外部客户不能直接访问公司内网。公司设置专门的岗位，由专人处理互联网与公司内网之间交互的信息，确保客户身份的合法性、数据的安全性，防止感染病毒、黑客入侵，以及商业机密与客户个人信息的泄漏。

在这种结构中，互联网客户发来的网购信息时，代理服务器要先审查网购客户身份的合法性与信息安全性，然后才作为"代理"转发客户信息。同时，代理服务器在保证网络安全的前提下，转发公司内网与银行网络之间的资金流通信息，与生产厂商网络之间交互的采购、订货信息，以及对客户网购的应答、售后服务等信息。代理服务器起到了安全隔离公司内网与外网的作用。

为了方便公司与互联网客户的信息交互，公司外网要设立安全缓冲区域（Demilitarized Zone, DMZ）。DMZ 是指一个公共访问区域，放置在 DMZ 中的 Web 服务器存储了公司的政策信息与产品广告信息，允许外部客户直接访问；E-mail 服务器用于公司客服与客户的邮件交互。尽管 DMZ 是通过防火墙接入到互联网中，但是 DMZ 中的服务器还是很容易受到攻击，因此需要提前做出受到攻击时的应急处置预案，使得 DMZ 中的服务器即使受到网络攻击，也不会对公司内网与整个网络系统的安全构成威胁。

2. 销售商店或超市网络的设计

销售商店或超市网络采用的是层次型局域网结构，涉及的技术主要有高速 Ethernet 网（IEEE802.3）与无线局域网 Wi-Fi（IEEE802.11）。按照销售商店或超市中接入网络的节点数，可以规划为两层局域网交换机或三层局域网交换机级联的结构。

（1）主干交换机

销售商店或超市网络一般选用高速（如速率为10Gbps 或 100Gbps）以 Ethernet 交换机作为主干交换机。主干交换机连接各部门的第二层交换机，以及商店、超市的服务器与运行管理软件的计算机。

（2）第二层或第三层的交换机

第二层交换机的选型主要取决于连接的节点类型、数量、传输的数据量，以及对传输实时性的要求。如果零售店采用的是基于 RFID 的"real"模式，在具体设计时要根据连接的节点是智能收款机，还是智能柜橱、智能查询终端、智能试衣镜或导购机器人。不同的节点传输的数据类型不同，传输数字与文字性数据时信息量比较小，而传输图形或视频文件时数据传输量比较大。智能收款机将顾客智能购物车或购物袋中的商品 RFID 数据传输到计算机；智能柜橱只需要在数据改变或定时更新物价与商品信息时与管理计算机有数据交互。而智能查询终端需要在接收客户的查询指令，及时回答问题时与管理计算机交互数据；智能试衣镜需要根据顾客的体形与衣服的颜色、尺寸，完成图形计算与显示时，不断地与计算机交换数据。因此，交互性的智能查询终端、智能试衣镜对数据传输的速率与实时性要求高于智能收款机与智能柜橱。

如果零售店采用更加智能的"Amazom go"模式，那么零售店局域网中更多的是传输图像数据，然后通过对图像信息的分析，结合 RFID 与其他技术感知的信息，跟踪客户的购物过程。在这种情况下，系统对局域网的数据传输速率与实时性要求会更高。设计者可以根据要求选择更高速率（如速率为 1Gbps 或 10Gbps）的 Ethernet 交换机作为第二层交换或第三层的交换机。

（3）无线局域网 Wi-Fi

由于销售商店或超市网络需要支持导购机器人、移动终端设备，以及安装有 RFID、可以接入销售商店或超市网络的智能手机，因此销售商店或超市网络一般会选择组建符合 IEEE802.11 标准的无线局域网（Wi-Fi）。无线局域网要覆盖销售商店或超市的售货区、库房与管理区，客户的智能手机与职员在工作时使用的移动终端设备需要分别接入到不同的无线局域网中。

需要注意的是，无论零售店采用的是"real"模式，还是"Amazom Go"模式，都只是零售店内部客户购物、服务方式与技术手段的变化，只会造成零售店局域网传输数据的流量、响应时间要求的改变，不影响整个公司内网的结构设计。公司内网汇聚层与核心交换层中传输的数据量只与购物量、物品类型与资金的流量相关，与零售店内部所采用的技术手段、购物模式不相关。

3. 分公司、仓库与配送中心网络系统的设计

分公司、仓库与配送中心作为整个企业管理的第二层，数量远少于销售商店或超市，属于网络结构中的汇聚层。

（1）分公司子网

属于一个分公司管辖的近百个销售商店或超市的网络需要分别通过各自的接入路由器连接到汇聚路由器，接入到分公司。分公司将用于分公司管理的网络、仓库网络、配送中心网络与下属的销售商店、超市的网络，构成一个分公司子网。

（2）分公司管理网络

分公司管理网络作为大型连锁零售企业管理的第二层，它汇聚所属销售商店或超市的的销售数据，向总公司管理层汇报。同时，它连接仓库与配送中心网络，实时采集、分析当前库存商品的数据，控制仓库库存与商品的配送。

（3）仓库网络

仓库网络连接智能入库、出口管理系统，以及智能货架、以及智能运输车、RFID 智能数据终端、仓库管理机器人、货物分拣机器人和仓库计算机与服务器。

（4）配送中心网络

配送中心网络根据分公司计算机系统的指令，完成商品配送、补给、运输的全过程。配送中心网络的一个主要任务是对运行在辖区内的运输车辆位置、运送商品的类型、数量进行管理和控制。配送中心网络通过网关连接移动通信网，移动通信网通过 M2M 协议与运输车辆通信。通过移动通信网与 GPS 系统，在配送中心的显示屏上，管理人员可以通过 GIS 地图，方便地掌握货物配送运输车辆当前的位置，以及急需了解的某一辆运输车的运行轨迹。如果某一个销售商店或超市急需某一种商品时，配送中心管理人员可以及时查找离该销售商店或超市最近的装有这种商品的车辆，从而实现就近、及时配送。

配送中心通过互联网、移动互联网与 GPS 网络的互联系统，指挥和控制商品配送过程，优化配送车辆的运行路径，可以缩短商品配送的时间，减少运输车辆空载运行的现象，减少浪费，节约能源、提高效益。同时，配送中心可以指挥货物分拣机器人，以及快递小哥、配送无人机、配送机器人，完成网购货物的快速分拣与配送任务。

4. 总公司主干网的设计

（1）总公司主干网的基本结构

总公司主干网是由总公司管理网络、数据中心网络，连接分公司子网的主干路由器，以及通

过防火墙连接互联网的公司外网组成。总公司主干网按照高速 Ethernet 局域网方案来设计，需要考虑接入公司数据中心与云平台的需求。

（2）数据中心网络

作为大型连锁零售企业，它必然要在总公司主干网中设置一个数据中心。数据中心用来存储与企业经营相关的数据。数据中心网络的设计重点放在带宽、延时与安全性上。大型连锁零售企业根据企业计算与存储的需要，在数据中心网络组建企业专用的私有云平台。利用在云平台存储和积累的大量内部和外部销售数据，应用大数据分析方法与工具，将海量数据转化成企业运营和管理的知识，为提高公司运营效率提供决策支持。

（3）公司内网安全需要注意的几个问题

在网络总体结构设计中必须从网络安全的角度，制定严格的公司内网安全使用规则，防止公司内网感染病毒、受到网络攻击，以及商业机密与客户信息的泄漏。制定公司内网安全使用规则时应该注意以下几个问题：

1）总公司的核心交换层、汇聚层、接入层的网络都属于公司内网，是处理企业商务的专用网络，统一采用 VPN 的方式规划、设计、组建与维护。公司内网只用于处理与公司业务相关的事务。

2）公司内网只能通过代理服务器接入公司外网，再由公司外网接入互联网。

3）不允许公司内网中任何一台路由器、计算机与终端设备，以有线或无线等任何一种通信方式私自接入互联网。

4）公司职员不允许在公司内网计算机与终端设备上，以任何方式访问互联网，观看新闻、收发个人的电子邮件。

5）不允许公司职员私自带入移动硬盘、光盘等外部数据存储设备，私自接入公司内网的任何一台计算机或终端设备，进行拷入或拷出文件等操作。

6）总公司必须从技术、制度、教育等多方面入手，在加强防病毒、防攻击、防泄密、安全审计等技术手段的同时，加强对员工的网络安全教育和安全检查。

本章小结

1）物联网应用的核心是智能制造。因为制造业是国民经济的主体，是立国之本、强国之基。智能制造又叫做工业物联网、智能工业。实现智能工业的技术基础是 CPS 与物联网。

2）物联网在农业领域的应用是未来农业经济社会发展的重要方向，是推进社会信息化与农业现代化融合的重要切入点，也为培育农业新技术与服务产业的发展提供了巨大的商机。

3）物联网智能交通研究的重点是将行驶在公路上的各种车辆，通过无线车载网与互联网，与各种智能交通设施互联起来，实现"车与人""车与车""车与路""车与网"的互联，使汽车与人、道路基础设施、社会环境融为一体，建立"可视、可信、可控、安全"的智能交通体系。

4）物联网技术能够广泛应用于智能电网从发电、输电、变电、配电到用电的各个环节，可以全方位地提高智能电网各个环节的信息感知深度与广度，支持电网的信息流、业务流与电力流的可靠传输，以实现电力系统的智能化管理。

5）智能环保是物联网技术应用最为广泛、影响最为深远的领域之一。如何发挥物联网的技术优势，利用传感器、传感网技术手段，开展大范围、多参数、实时与持续的环境参数采集和传输，设计和部署大规模、长期稳定运行的环境监测系统，是当前研究的热点问题。

6）物联网智能医疗的发展对于提高全民医疗保健水平意义重大。应用物联网技术可以建立"保健、预防、监控与救治"为一体的健康管理、远程医疗的服务体系，使得广大患者能够得到及时的诊断、有效的治疗，将逐步变"被动"的治疗为"主动"的健康管理。

7）智能安防关乎个人安全与社会安全，应用范围小到我们身边生活的社区与城市，大到一个重要区域的安全保卫，以及国家范围的应急处置系统，因此智能安防的产业发展前景广阔，市场规模巨大。

8）智能家居的应用将改变人们的生活方式、工作方式，促进传统家电制造商生产模式的转变和产品的升级换代，将逐渐形成和完善智能家居的产业链。

9）物联网的智能物流技术已经覆盖从生产、库存、配送到销售的全过程。智能物流中"虚拟仓库"的概念需要由物联网技术来支持。智能物流运行过程的实时监控和实时决策必须有物联网来支持。

10）21 世纪信息时代的现代战争的特点是"感知"和"透明"。战场感知是随着信息技术与现代战争，特别是战场侦察手段结合产生的概念，同时也是新军事理论深化的必然结果。物联网军事应用内容包括军事指挥、侦查监控、战场监控、武器监控、装备维护、后勤保障、战场医疗救护。物联网技术必将成为现代战争致胜的法宝。

思考题

1. 请参考 9.1 节列举的定制汽车的例子，设想在工业 4.0 时代如下领域的相关问题：

   1）运动鞋的定制服务，并与传统生产方式比较，说明定制模式会给运动鞋生产商的生产过程带来哪些变化。

   2）西服定制服务，并与传统生产方式比较，说明定制模式会给西服生产商的生产过程带来哪些变化（建议男生选做）。

   3）连衣裙定制服务，并与传统生产方式比较，说明定制模式会给西服生产商的生产过程带来哪些变化（建议女生选做）。

2. 请试着设计一套蔬菜大棚滴灌智能控制系统，并给出架构和控制流程图。

3. 请试着设计一套智能教室照明节能控制系统，并给出架构和控制流程图。

4. 请试着设计一套用 RFID 定位机场候机乘客的系统，并说明你所采用的定位与位置服务的方法与原理。

5. 请试着设计一套智能电表从接收用户购电通知、用电计量、电费计算、下一次缴费同时的控制流程图。

6. 试着设计一套利用公交车实时、移动采集城市温度、湿度、氧气与二氧化碳浓度、噪声、污染物等参数的环境监测系统的解决方案。

7. 试着设计一套使用智能手机监控家庭安全的系统架构，并说明如何实现自动识别与报警的功能。

8. 试着设计一台智能冰箱，说明智能冰箱的功能，采用哪些传感器，各种传感器的作用，以及采用什么样的通信和控制方式。

9. 请分析一下阿里无人超市"淘咖啡"使用了哪些物联网智能技术，并规划出用户购物与超市计算机管理购物过程的流程。

10. 根据你对物联网概念与关键技术的学习的知识，参考本章对物联网典型应用案例的分析，请结合自己的认识与体验，选取一个你所感兴趣的课题，按以下要求完成物联网应用课题的概念性设计。

1）课题名称。

2）系统功能。

3）研究的意义与应用前景。

4）系统设计的特点与创新点。

5）如果你想今后研发这个项目，那么需要继续学习和掌握哪些知识与技能。

参 考 文 献

［1］Hakima Chaouchi. The Internet of Things ［M］. New York：John Wiley & Sons, Inc. , 2010.

［2］Jean-Philippe Vasseur, Adam Dunkeles. 基于 IP 的物联网架构、技术与应用 ［M］. 田辉，等译. 北京：人民邮电出版社，2010.

［3］刘云浩. 物联网导论 ［M］. 2 版. 北京：科学出版社，2013.

［4］Vlasios Tsiatsi. 从 M2M 到物联网：架构、技术及应用 ［M］. 李长乐，译. 北京：机械工业出版社，2016.

［5］Francis daCosta. 重构物联网的未来 ［M］. 周毅，译. 北京：中国人民大学出版社，2016.

［6］夏妍娜，等. 中国制造 2025 产业互联网开启新工业革命 ［M］. 北京：机械工业出版社，2016.

［7］Jay Lee. 工业大数据：工业 4.0 时代的工业转型与价值创造 ［M］. 邱伯华，等译. 北京：机械工业出版社，2015.

［8］Jonathan Follett. 设计未来：基于物联网、机器人与基因技术 UX ［M］. 寺主人，等译. 北京：电子工业出版社，2016.

［9］Bo Begole. 普适计算及其商务应用 ［M］. 朱珍民，等译. 北京：机械工业出版社，2012.

［10］赵永科. 深度学习 ［M］. 北京：电子工业出版社，2016.

［11］Hervé，等 RFID 与物联网 ［M］. 宋廷强，译. 北京：清华大学出版社，2016.

［12］Milette G. Android 传感器高级编程 ［M］. 裴佳迪，译. 北京：清华大学出版社，2013.

［13］张明星，等. Android 智能穿戴设备开发：从入门到精通 ［M］. 北京：中国铁道出版社，2014.

［14］Nitesh Dhanjani. 物联网设备安全 ［M］. 林林，等译. 北京：机械工业出版社，2017.

［15］任昱衡，等. 数据挖掘：你必须知道的 32 个经典案例 ［M］. 北京：电子工业出版社，2016.

［16］Schmidt B K. Supporting ubiquitous computing with stateless consoles and computation caches ［D］. Stanford University Computer Science Department, 2000.

［17］Dey Anind K, Daniel Salber, Gregory D Abowd. A conceptual framework and a toolkit for supporting the rapid prototyping of context-aware applications ［J］. Human-Compter Interaction （HCI） Journal, 2001, 16 （2 – 4）：97 ~ 166.

［18］康纳，张文栋. 纳米传感器：物理、化学和生物传感器 ［M］. 北京：科学出版社，2014.

［19］白海军，等. 战场无人：机器人的较量 ［M］. 北京：化学工业出版社，2015.

［20］Damith C Ranasinghe. 物联网 RFID 多领域应用解决方案 ［M］. 唐朝伟，等译. 北京：机械工业出版社，2014.

［21］Chiara Buratti，等. IEEE 802.15.4 系统无线传感器（影印版） ［M］. 北京：科学出版社，2012.

［22］蔡自兴. 人工智能及其应用 ［M］. 北京：清华大学出版社，2016.

[23] Robert Stackowiak，等．大数据与物联网：企业信息化建设新时代［M］．刘春容，译．北京：机械工业出版社，2016．

[24] 朱晨鸣，等．5G：2020 后的移动通信［M］．北京：人民邮电出版社，2016．

[25] 何蔚，等．面向物联网时代的车联网研究与实践［M］．北京：科学出版社，2014．

[26] Martin Forrd．机器人时代：技术、工作与经济的未来［M］．王吉美，等译．北京：中信出版社，2015．

[27] 凌永成．车载网络技术［M］．北京：机械工业出版社，2013．

[28] Hannes Hartenstein，等．VANET：车载网技术及应用［M］．孙利民，等译．北京：清华大学出版社，2013．

[29] 陈根．智能穿戴改变世界［M］．北京：电子工业出版社，2014．

[30] 陈慧岩，等．无人驾驶汽车概论［M］．北京：北京理工大学出版社，2014．

[31] 吴功宜，等．物联网技术与应用［M］．北京：机械工业出版社，2014．

[32] 吴功宜，等．解读物联网［M］．北京：机械工业出版社，2016．

[33] 吴功宜，等．计算机网络高级教程［M］．2 版．北京：清华大学出版社，2015．

解读物联网

书号：978-7-111-52150-1　作者：吴功宜 吴英　定价：79.00元

- 本书采用问/答形式，针对物联网学习者常见的困惑和问题进行解答。全书包括300多个问题，辅以400余幅插图及大量的数据、表格，深度解析了物联网的背景知识和疑难问题，帮助学习者理解物联网的方方面面。
- 本书贯彻了应用驱动的思路，贴近社会发展与技术发展的前沿。以物联网的特征、关键技术为主线，以九大应用领域为重点，阐明物联网发展对推动社会发展的重要作用；以物联网引发的科学研究问题为线索，说明物联网对未来科学技术发展的重大影响，向读者全方位展示物联网的"前世、今生与未来"。
- 本书不仅涵盖物联网关键技术和应用的介绍，还体现了作者对物联网这一新生事物的发展与前景的深度思考，以及把握一项新技术的前景与发展趋势的方法。这种从全局高度分析、考量新技术的方式对避免跟风新技术，把握技术发展的大趋势大有裨益。

推荐阅读

传感网原理与技术

作者: 李士宁 等 ISBN: 978-7-111-45968-2 定价: 39.00元

物联网信息安全

作者: 桂小林 等 ISBN: 978-7-111-47089-2 定价: 45.00元

传感器原理与应用

作者: 郑阿奇 等 ISBN: 978-7-111-48026-6 定价: 35.00元

ZigBee技术原理与实战

作者: 杜军朝 ISBN: 978-7-111-48096-9 定价: 59.00元

物联网工程设计与实施

作者: 黄传河 ISBN: 978-7-111-49635-9 定价: 45.00元

物联网通信技术

作者: 黄传河 ISBN: 978-7-111-52805-0 定价: 49.00元

雾计算：技术、架构及应用

作者：Mung Chiang, Bharath Balasubramanian, Flavio Bonomi

ISBN：978-7-111-58402-5　定价：79.00元

"雾"是更贴近地面的"云"，本书将带领你"拨云见雾"，开启5G与物联网的新时代！

随着终端设备性能的飞速提升，雾不仅能够解决云面临的难题，还能为企业的快速创新提供机遇。雾计算关注以客户端为中心的感知，充分利用边缘设备的计算、存储、通信和管理能力，具有低时延的优势，在智慧城市、车联网、AR/VR游戏和视频点播等方面有着广阔的应用前景，堪称物联网关键领域的完美解决方案。

本书云集了来自学术界和企业界的先锋学者和实践专家，全面讨论雾计算的关键技术和工程应用，对雾架构的组网、计算和存储等方面进行了深入分析，涉及众多前沿研究和设计挑战。本书对于相关领域的研究者、工程师和学生都非常有益，将助力其在技术变革的风暴中"腾云驾雾"。

用于物联网的Arduino项目开发：实用案例解析

作者：Adeel Javed　ISBN：978-7-111-56360-0　定价：59.00元

这是一本关于如何用Arduino构建日常使用的、能连接到互联网的设备的书。有了联网的设备，应用就可以发挥联网的优势。

本书给急于学习Arduino的爱好者提供绝佳参考。它通过具体的项目实例展示Arduino的工作原理，以及用Arduino能实现什么，涉及用Arduino实现互联网连接、常见的物联网协议、定制的网页可视化，以及按需或实时接收传感器数据的安卓应用等。

本书能给你提供基于Arduino设备开发的坚实基础，你可以根据自己特定的开发需求来选择起步的方向。